AF792891

Die Verbrennungskraftmaschine

Herausgegeben von

Prof. Dr. **Hans List** VDI
Dresden

Heft 11

Der Aufbau schnellaufender Verbrennungskraftmaschinen für Kraftfahrzeuge und Triebwagen

Wien
Springer-Verlag
1942

Der Aufbau schnellaufender Verbrennungskraftmaschinen für Kraftfahrzeuge und Triebwagen

Von

Obering. **H. Kremser**
Klöckner-Humboldt-Deutz A. G., Köln-Deutz

Mit 161 Textabbildungen

Wien
Springer-Verlag
1942

ISBN 978-3-7091-9755-4 ISBN 978-3-7091-5016-0 (eBook)
DOI 10.1007/ 978-3-7091-5016-0

Alle Rechte, insbesondere das der Übersetzung
in fremde Sprachen, vorbehalten
Copyright 1942 by Springer-Verlag OHG in Vienna

Vorwort.

Die Anleitung zum Entwurf von schnellaufenden Verbrennungskraftmaschinen, die mit den in Heft 10 zusammengefaßten Abschnitten über das Triebwerk begonnen wurde, wird mit vorliegendem Heft abgeschlossen. Die für die Darstellung maßgebenden allgemeinen Richtlinien wurden bereits im Vorwort zum Heft 10 hervorgehoben.

Das vorliegende Heft behandelt im ersten Teil die allgemeinen Überlegungen, die beim Entwurf von schnellaufenden Verbrennungskraftmaschinen für Kraftfahrzeuge und Triebwagen anzustellen sind und deren grundsätzliche Bauformen bestimmen. Im zweiten Teil wird der Entwurf von Einzelteilen des Motors und seiner Hilfseinrichtungen besprochen. Der dritte Teil zeigt an einer größeren Zahl ausgewählter, die verschiedenen Ausführungsmöglichkeiten kennzeichnenden Baumuster, den heutigen Entwicklungsstand.

Seit dem Erscheinen des Heftes 10 wurden Normbezeichnungen für die einzelnen Motorteile festgelegt. Diese wurden im vorliegenden Heft benützt, trotzdem dadurch Abweichungen gegenüber einigen Bezeichnungen des Heftes 10 entstanden.

Die Besprechung des Aufbaus von Flugmotoren, für den andere Gesichtspunkte maßgebend sind, bleibt einem besonderen Heft vorbehalten.

Den einzelnen Motorfirmen und Zubehörfirmen, die mich bereitwilligst durch Überlassung von Zeichnungen unterstützt haben, danke ich.

Köln-Deutz, im Mai 1942.

H. KREMSER.

Inhaltsverzeichnis.

Einleitung.

Die grundsätzlichen Entscheidungen, die vor dem Entwurf eines Motors getroffen werden müssen, sind im Heft 8/II und im ersten Abschnitt des vorliegenden Heftes behandelt. Sie betreffen z. B. die Wahl der Bauart, die Ausführung des Zylinderkopfs (Einzelköpfe oder gemeinsamen Kopf), die Lage des Steuerungsantriebes und die Anordnung der Hilfsmaschinen.

Man beginnt den Entwurf mit der Konstruktion des Triebwerkes, also der Kurbelwelle, der Pleuelstange und des Kolbens und findet dazu ausführliche Unterlagen im Heft 10.

Hierauf ist die Steuerung, also Ventilgröße, Anordnung der Ventile im Zylinderkopf, Nockenwelle und Ventilantrieb nach den Angaben im Heft 9 und im ersten Abschnitt dieses Heftes, im wesentlichen festzulegen. Dann kann der Zylinderkopf unter Berücksichtigung der durch den Versuch gewonnenen Unterlagen über die Brennraumform entworfen werden. An Hand dieses Entwurfes ist nun nachzuprüfen, ob mit den Annahmen, die der Konstruktion des Triebwerkes zu Grunde gelegt wurden, auszukommen ist oder ob eine Korrektur des Zylinderabstandes wegen des Raumbedarfs der Zylinderköpfe notwendig wird.

Es folgt die Konstruktion des Kurbelgehäuseoberteils. Im Zusammenhang damit muß die Anordnung der Hilfsmaschinen, die durch die Überlegungen über den allgemeinen Aufbau des Motors bereits gedanklich festgelegt wurde, nun eingehend untersucht und das Kurbelgehäuse zur Aufnahme dieser Hilfsmaschine ausgebildet werden. Zu den Hilfsmaschinen gehören Lüfter und Kühlwasserpumpe, welche im allgemeinen die stirnseitige Ausbildung des Kurbelgehäuseoberteils beeinflussen, Einspritzpumpe, Lichtmaschine, Anlasser und gegebenenfalls auch der Bremsluftverdichter. Der Steuerungsantrieb soll einfach und unter möglichster Vermeidung von Zwischenrädern ausgebildet werden. Der Ausbildung des Schmiersystems, also von Ölpumpe, Ölfilter und Rohrleitungen ist im Zusammenhang mit dem Entwurf des Kurbelgehäuseoberteils besonderes Augenmerk zuzuwenden.

Bei der Gestaltung des Kurbelgehäuseoberteils ist auch die Motoraufhängung festzulegen. Bei Personenwagenmotoren und Fahrzeugdieselmotoren lagert man den Motor in drei Punkten in Gummi und hält dadurch Erschütterungen des Motors vom Fahrgestell fern. Die Aufhängung muß so ausgeführt werden, daß eine Verwindung des Fahrgestells keine Zwangskräfte im Kurbelgehäuseoberteil auslöst.

Die Festlegung des Ölvorrates und die Ausbildung der Ölwanne erfolgt bei Fahrzeugmotoren in enger Zusammenarbeit mit dem Konstrukteur des Fahrgestells, da meist die Lage der Vorderachse auf die Lage des Ölsumpfes und somit auf die Ausbildung der Ölwanne ausschlaggebenden Einfluß hat.

Beim neuzeitlichen schnellaufenden Motor gewinnt die Anordnung von Luftfiltern immer größere Bedeutung. Die meist verwendeten Ölbadluftfilter werden im Verhältnis zur Maschine groß und erfordern eine sorgfältig durchgebildete Aufhängung.

Der Anschluß des Auspuffrohres ist mit Rücksicht auf das Fahrgestell festzulegen.

Bei den heute in Betracht kommenden großen Stückzahlen ist es von besonderer Bedeutung gut aber auch billig zu konstruieren. In diesem Zusammenhang sei besonders darauf hingewiesen, daß viele Motorbauteile, wie z. B. Kurbelgehäuseunterteil, Ventilhauben, Deckel zum Kurbelgehäuse heute aus Preisgründen zweckmäßig als Blechziehteile ausgebildet werden. Beim Entwurf dieser Teile ist enge Zusammenarbeit mit den Herstellerfirmen erforderlich. Der wirtschaftliche Erfolg der weitgehenden Verwendung von Blechziehteilen ist beträchtlich. Ebenso gewinnt die Verwendung von Teilen aus Kokillenguß oder Spritzguß bei Großserien wirtschaftlich immer mehr Bedeutung.

A. Grundlagen für die Gestaltung von Dieselmotoren und Ottomotoren für Kraftfahrzeuge und von Triebwagenmotoren.

I. Dieselmotoren für Kraftfahrzeuge.

1. Übersicht.

a) Allgemeines.

Einen Überblick über die für Lastkraftwagen verschiedener Tragfähigkeit erforderlichen Motorleistungen gibt Abb. 1. Die eingetragene Gerade zeigt die heute ausgeführten Motorleistungen. Durch die Vereinheitlichung des Lastwagenbauprogramms im Deut-

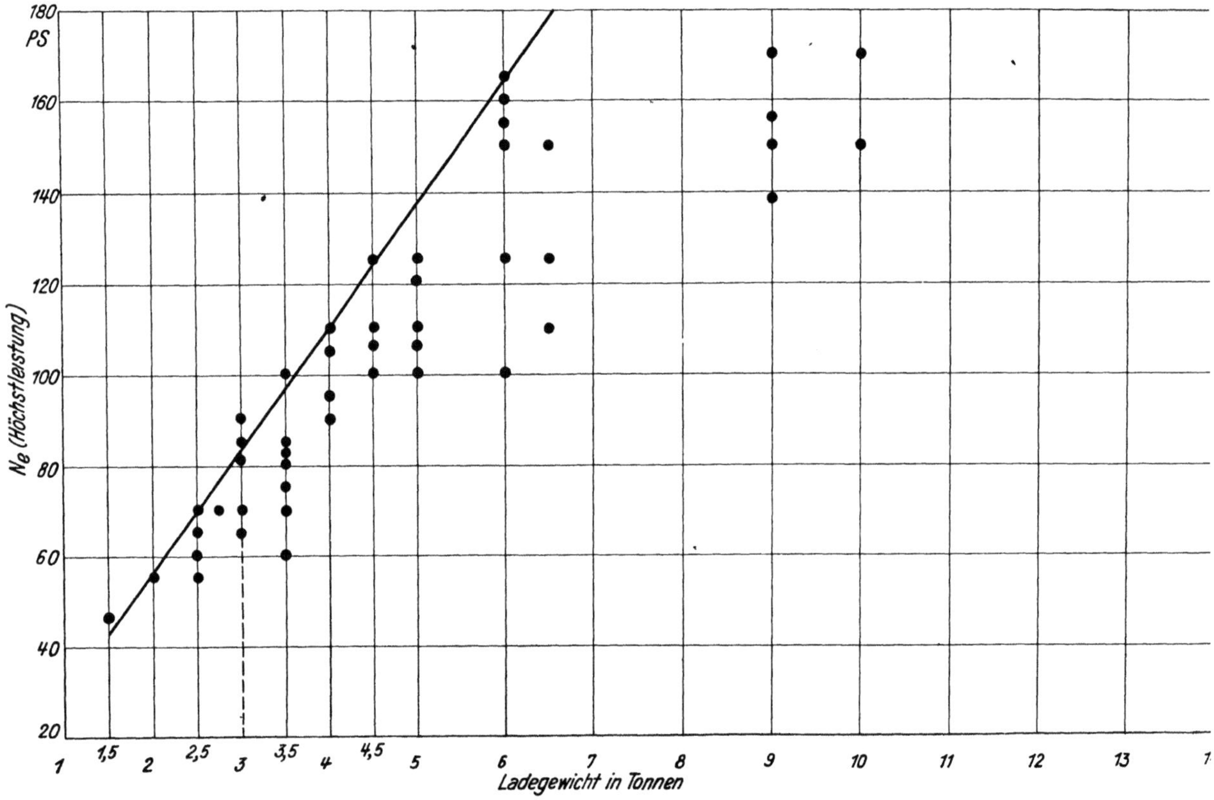

Abb. 1. Motorleistungen und Tragfähigkeit von Lastkraftwagen.

schen Reich ist die Zahl der Lastkraftwagentypen auf 5 beschränkt worden, so daß künftighin im Deutschen Reich nur mehr Lastkraftwagen mit ¾, $1^1/_2$, 3, 4½ und 6½ t Tragfähigkeit gebaut werden. Das Anwendungsgebiet für Fahrzeugdieselmotoren erstreckt sich im allgemeinen auf Wagen mit Tragfähigkeiten von 3, 4½ und 6½ t. Nur für den 3 t-Lastkraftwagen werden heute noch von Opel und Ford Benzinmotoren verwendet. Die in den 3, 4 ½ und 6 ½ t-Wagen eingebauten Motoren leisten 70—80 bzw. 120—130, bzw. 150—165 PS und rücken immer mehr an die oberen Grenzen.

Die Entwicklung der Fahrzeugdieselmotoren für die vorgenannten Fahrzeuggroßen ist gekennzeichnet durch das Streben nach geringerem Gewicht und kleinen Abmessungen.

Es ist naheliegend für die 3 Fahrzeugtypen Motoren gleicher Zylindergröße zu verwenden. Unter dieser Voraussetzung kommt für den 3 t-Wagen ein 4-Zylindermotor mit 80 PS, für den 4 ½ t-Wagen ein 6-Zylindermotor mit 120—125 PS und für den 6 ½ t-Wagen ein 8-Zylindermotor mit 160—165 PS Leistung in Betracht. Man hält heute eine Drehzahl des Motors von 2400—2500 U/min für den Lastwagenbetrieb noch als zulässig.

Bei einem Nutzdruck von 6,5 kg/cm² und einer Höchstdrehzahl von 2400 U/min ist die Hubraumleistung 17 PS/l. Der 4-Zylindermotor obiger Leistung hat unter diesen Voraussetzungen einen Gesamthubraum von 4,7—5 l, der 6-Zylindermootr einen Hubraum von 7—7,5 l und der 8-Zylindermotor einen Hubraum von 9,3—10 l.

Bei diesen Hubräumen und Drehzahlen wird man im allgemeinen mitKolbengeschwindigkeiten von 10—11 m/sec für die Höchstdrehzahl auskommen. Die angegebenen Werte stellen ungefähr den heutigen Stand der Entwicklung von Viertakt-Fahrzeugdieselmotoren dar.

Für den 8-Zylindermotor sind 2 Bauarten möglich. Bei gedrängt gebauten Motoren ist die Reihen-Bauart für die 8-Zylindermaschine für einen 6 ½ t-Lastkraftwagen räumlich durchaus möglich. Technisch hochwertiger und im Gewicht vorteilhafter ist jedoch zweifellos die 8-Zylindermaschine in V-Form. Solche Maschinen werden mit 45 oder 90° Gabelwinkel ausgeführt. Mit Rücksicht auf den Massenausgleich ist ein Gabelwinkel von 90° vorzuziehen, unter der Voraussetzung, daß der Motor nicht zu breit baut und deshalb Einbauschwierigkeiten verursacht.

Noch größere Motorleistungen kommen vorerst nur für Omnibusse in Betracht, dafür ist die Verwendung von 12-Zylinder-V-Motoren möglich.

Von großer Bedeutung für Fahrzeugdieselmotoren ist der Verlauf der Drehmomentkurve. Sie soll im mittleren Drehzahlbereich ansteigen, um gute Fahreigenschaften zu ergeben. Bei einem Nutzdruck von 6,5 kg/cm² für die Höchstdrehzahl wird heute im mittleren Drehzahlbereich durch besondere Angleichvorrichtungen in der Einspritzpumpe ein p_e von 7,5 kg/cm² erreicht.

Die Leistung kann bei Fahrzeugdieselmotoren durch Anwendung von Aufladegebläsen gesteigert werden. Grundsätzlich ist zu sagen, daß die Aufladung durch Abgasturbinen System Büchi für Fahrzeugdieselmotoren mit mechanischem Getriebe nicht anwendbar ist, da sie keine Erhöhung des Drehmomentes im mittleren Drehzahlbereich zuläßt. Aus demselben Grunde ist auch die Verwendung von mechanisch angetriebenen Schleuderladern nicht zweckmäßig. Es kommen für die Aufladung von Fahrzeugdieselmotoren ausschließlich Kapselgebläse, z. B. das Rootsgebläse, in Betracht.

Der Antrieb eines Rootsgebläses erfolgt zweckmäßig vom vorderen Kurbelwellenende durch endlose Gummikeilriemen. Dieser Antrieb ist billig, gerauschlos und hoch elastisch. Eine Verlagerung der Drehschwingungslage des Motors durch die Läufermassen des Rootsgebläses tritt bei Verwendung des Gummikeilriemens nicht ein. Der Gummikeilriemen ist außerdem genügend elastisch, um die Stöße im Antrieb bei plötzlichem Beschleunigen des Motors zu dämpfen und den Einfluß der Schwankungen der Drehgeschwindigkeit des Motors vom Gebläse fernzuhalten.

Durch die Überschneidung der Ventilzeiten des Ein- und Auslaßventiles im o. T. wird beim aufgeladenen Motor der Verbrennungsraum mit frischer Luft gespült und die Restgase entfernt.

Erfahrungsgemäß ergibt sich bei einer Überschneidung der Ventilzeiten von 100° KW und einem Luftaufwand vom 1,4fachen des Hubraúmes ein Aufladedruck, der etwa zwischen 1,2 und 1,3 at liegt.

Die größere Überschneidung der Ventilzeiten gegenüber nicht aufgeladenen Maschinen erfordert bei gleichem Sicherheitsabstand des geöffneten Ventiles vom Kolbenboden ein Zurücksetzen der Ventile in den Zylinderkopf. Die Anordnung von Aussparungen im Kolbenboden zu diesem Zwecke ist unvorteilhaft, weil der Verbrennungsraum dadurch zerklüftet und daher verbrennungstechnisch schlecht wird.

Um möglichst kleine Aufladegebläse zu erhalten, wählt man ihre Drehzahl möglichst hoch. Eine Begrenzung der Drehzahl bzw. der Umfanggeschwindigkeit der Gebläseflügel ist vor allem wegen des Geräusches erforderlich. Jedes Rootsgebläse gibt bei einer Umdrehung 4 Förderimpulse, die Geräusche erzeugen. Obwohl heute bei größeren Motoren Rootsgebläse mit Umfangsgeschwindigkeiten der Gebläseflügel bis zu 56 m/sec und mehr verwendet werden, empfiehlt es sich bei Fahrzeugdieselmotoren aus den vorhin genannten Gründen nicht über 30 m/sec zu gehen.

Durch die Aufladung kann der Nutzdruck bei Höchstdrehzahl bis auf 8 und 8,5 kg/cm² gesteigert werden. Höhere Nutzdrücke bei der Höchstdrehzahl können mit Rücksicht auf die Forderung nach einer im mittleren Drehzahlbereich ansteigenden Drehmomentenkurve nicht erreicht werden, da man im mittleren Drehzahlbereich noch unter der Rauchgrenze bleiben muß, die je nach dem Verbrennungsverfahren ungefähr zwischen 9 und 9,5 kg/cm² liegt. Es können also bei Motordrehzahlen von ungefähr 2400 U/min mit dem Aufladebetrieb Hubraumleistungen von 21,5—23 PS/l erreicht werden. Dabei beträgt der Gewichtsaufwand für die Aufladeeinrichtung etwa 30—50 kg.

Ein weiterer Weg zur Leistungssteigerung, der sich in den letzten Jahren schon abgezeichnet hat, ist der Übergang auf schnellaufende Zweitaktmotoren. Hier sind vor allem die neuen Motoren der amerikanischen General Motors Co. bekannt geworden, welche im Zweitaktverfahren mit Auspuffventilsteuerung arbeiten. Diese Motoren sind jedoch nur für 2000 U/min ausgelegt. Es ist fraglich, ob eine Erhöhung der Drehzahl mit Rücksicht auf die Steuerung und die Zeitquerschnitte der Auslaßventile noch möglich ist. Bei 2000 U/min und einem Nutzdruck von 5 kg/cm² werden Hubraumleistungen von etwa 22,5 PS/l erreicht. Es ist bemerkenswert, daß trotz der, gegenüber aufgeladenen Viertaktmotoren, geringfügigen Erhöhung der Hubraumleistung, das Hubraumgewicht sich gegenüber dem Viertaktmotor wesentlich erhöht. Es ist also der Baustoffaufwand für solche Zweitaktmotoren erheblich größer als für Viertaktmotoren gleicher Leistung.

Die weitere Entwicklung der Zweitaktmotoren wird zeigen, ob nicht doch die schlitzgesteuerte Maschine mit Umkehrspülung bezüglich Drehzahl und Bauaufwand gegenüber der ventilgesteuerten Maschine Vorteile bringt. Es erscheint durchaus möglich, schlitzgesteuerte Zweitaktmotoren mit Drehzahlen bis zu 2500 U/min für den vorliegenden Verwendungszweck zu bauen. Die dabei sich ergebende Hubraumleistung würde dann entsprechend einem p_e von 4,5—5 kg/cm² zwischen 25—28 PS/l liegen und daher auch der einer aufgeladenen Viertaktmaschine überlegen sein. Es ist dabei allerdings fraglich, ob man die starke Wärmebelastung der Kolben bei solchen Maschinen noch einwandfrei beherrschen kann. Das Hubraumgewicht schlitzgesteuerter Zweitaktmotoren wird nach Ansicht des Verfassers etwas unter dem der aufgeladenen Viertaktmotoren liegen.

Es wurden von mehreren Firmen Dieselmotoren für Personenwagen entwickelt, zu einer allgemeinen Verwendung des Dieselmotors in Personenwagen ist es jedoch nicht gekommen und es bestehen dazu wenig Aussichten.

Der für Personenwagen allgemein verwendete Ottomotor hat einen hohen Stand der Entwicklung bezüglich Kraftstoffverbrauch, Laufruhe, Drehmomentverlauf, Startfähigkeit und kleinster Leerlaufdrehzahl erreicht.

Der Dieselmotor hat zwar einen niederen Brennstoffverbrauch, vor allem bei Teillasten. Dieser muß jedoch mit hohen Zünddrücken und daher erheblichem Motorgeräusch erkauft werden. Der Motor baut mit 4,5—6,5 kg/PS wesentlich schwerer als ein Ottomotor mit 3—4,5 kg/PS. Der Preisunterschied zwischen Gasöl und Benzin wird bei synthetischer Kraftstofferzeugung klein werden. Ein weiterer Nachteil des Dieselmotors liegt auch in dem viel größeren Aufwand für die Anlaßeinrichtung, die schwerer und teurer wie die der Ottomotoren wird.

b) Kennwerte.

α) Leistungsgewicht abhängig vom Gesamthubraum.

In Abb. 2 sind Motoren von gleichen Herstellern durch gleiche Buchstaben bezeichnet, so daß man den Einfluß der Bauart bei verschiedenen Zylinderzahlen erkennen kann. Das Leistungsgewicht ist stark von der Motordrehzahl abhängig. Der heutige Stand der Entwicklung ist durch die eingetragenen Linien gekennzeichnet, und zwar bedeutet der gestrichelte Linienzug, welcher die mit einem Kreuz bezeichneten Punkte verbindet, die Leistungsgewichte von Zweitakt-Dieselmotoren wie sie von der General Motors Co. neuerdings gebaut werden. Demnach beträgt das Leistungsgewicht für die 3-Zylinder-Maschine etwa 6,5 kg/PS, für die 4-Zylinder-Maschine 5,5 kg/PS und für die 6-Zylinder-Maschine etwa 4,5 kg/PS. Durch eine volle Linie sind die Werte für einen 4-, 6- und 8-Zylinder-Viertaktmotor neuester Bauart miteinander verbunden. Es zeigt sich, daß die Leistungsgewichte für die 4-Zylinder-Maschine etwa 5,2, für die 6-Zylinder-Maschine 4,6 und für die 8-Zylinder-Maschine 4,4 kg/PS betragen. Im Leistungsgewicht ist daher der schnelllaufende Viertaktmotor vom Zweitaktmotor noch nicht eingeholt. Die strichpunktierte Linie gibt als Verbindung der Werte für die 4-, 6- und 8-Zylinder-Viertaktmaschine mit Aufladung Leistungsgewichte von 4,2 kg/PS für die 4-Zylinder-, 3,7 für die kg/PS 6-Zylinder- und etwa 3,4 kg/PS für die 8-Zylindermaschine an. Man kann daraus ersehen, daß die Aufladung schnellaufender Viertaktmotoren ein sehr brauchbares Mittel zur Senkung des Leistungsgewichtes von Fahrzeugdieselmotoren ist. Die übrigen Punkte geben Werte von Motoren an, die schon längere Zeit erzeugt werden und deren Leistungsgewicht infolge der noch vielfach verwendeten Motordrehzahlen von etwa 1500—1600 U/min erheblich höher liegen als die früher erwähnten neueren Bauarten.

β) Hubraumgewicht abhängig vom Gesamthubraum.

Das Hubraumgewicht ist ein Maß für den Bauaufwand einer Maschine. In der Abb. 3 sind durch die volle Linie die Werte für moderne schnellaufende Fahrzeug-Dieselmaschinen von 4, 6 und 8 Zylindern miteinander verbunden. Es handelt sich dabei um Motoren der Reihenbauart. Die entsprechenden Hubraumgewichte liegen für die 4-Zylindermaschine etwa bei 87, für die 6-Zylindermaschine bei 78 und für die 8-Zylindermaschine bei 74 kg/l Das Kurbelgehäuse ist bei diesen Motoren aus Grauguß hergestellt. Die unter dieser Linie liegenden Hubraumgewichte lassen sich nur durch Verwendung von Leichtmetall für das Kurbelgehäuseoberteil erzielen. Interessant ist, daß die von der General Motors Co. gebauten Zweitaktmotoren, die in dem Kurvenblatt durch die gestrichelte Linie verbunden sind, erheblich höhere Hubraumgewichte, und zwar 150 kg/l für den 3-Zylinder, 130 kg/l für den 4-Zylinder und 105 kg/l für den 6-Zylinder haben. Bei diesen Motoren ist zwar eine Steigerung der Hubraumleistung erreicht worden, jedoch ist der Bauaufwand für 1 l Hubvolumen gegenüber den schnellaufenden Viertakt-Dieselmotoren wesentlich größer. Aus Abb. 3 ist auch deutlich das Abnehmen des Hubraumgewichtes mit zunehmendem Gesamthubraum zu erkennen. Motoren von gleichen Herstellern sind mit gleichen Buchstaben bezeichnet.

γ) Hubraumleistung abhängig vom Gesamthubraum.

Von Interesse ist in erster Linie der Vergleich zwischen neuzeitlichen schnellaufenden Viertakt- und Zweitaktmotoren. Die Zweitaktmotoren sind in Abb. 4 durch eine gestrichelte Linie miteinander verbunden und haben eine Hubraumleistung von etwa 23,5 PS/l. Diese Hubraumleistung wird auch durch den aufgeladenen schnellaufenden Viertaktmotor (strichpunktierte Linie) mit Leistungen von 20 bis etwa 22 PS/l noch nicht erreicht. Der unaufgeladene schnellaufende Viertaktmotor, in Abb. 4 durch eine volle Linie gekennzeichnet, hat eine Hubraumleistung von etwa 16—17 PS/l. So erstrebenswert die Steigerung der Hubraumleistung an sich ist, so darf sie jedoch nicht durch einen zu großen Bauaufwand erkauft werden, wie dies z. B. bei den Zweitaktmotoren der General Motors Co. der Fall ist.

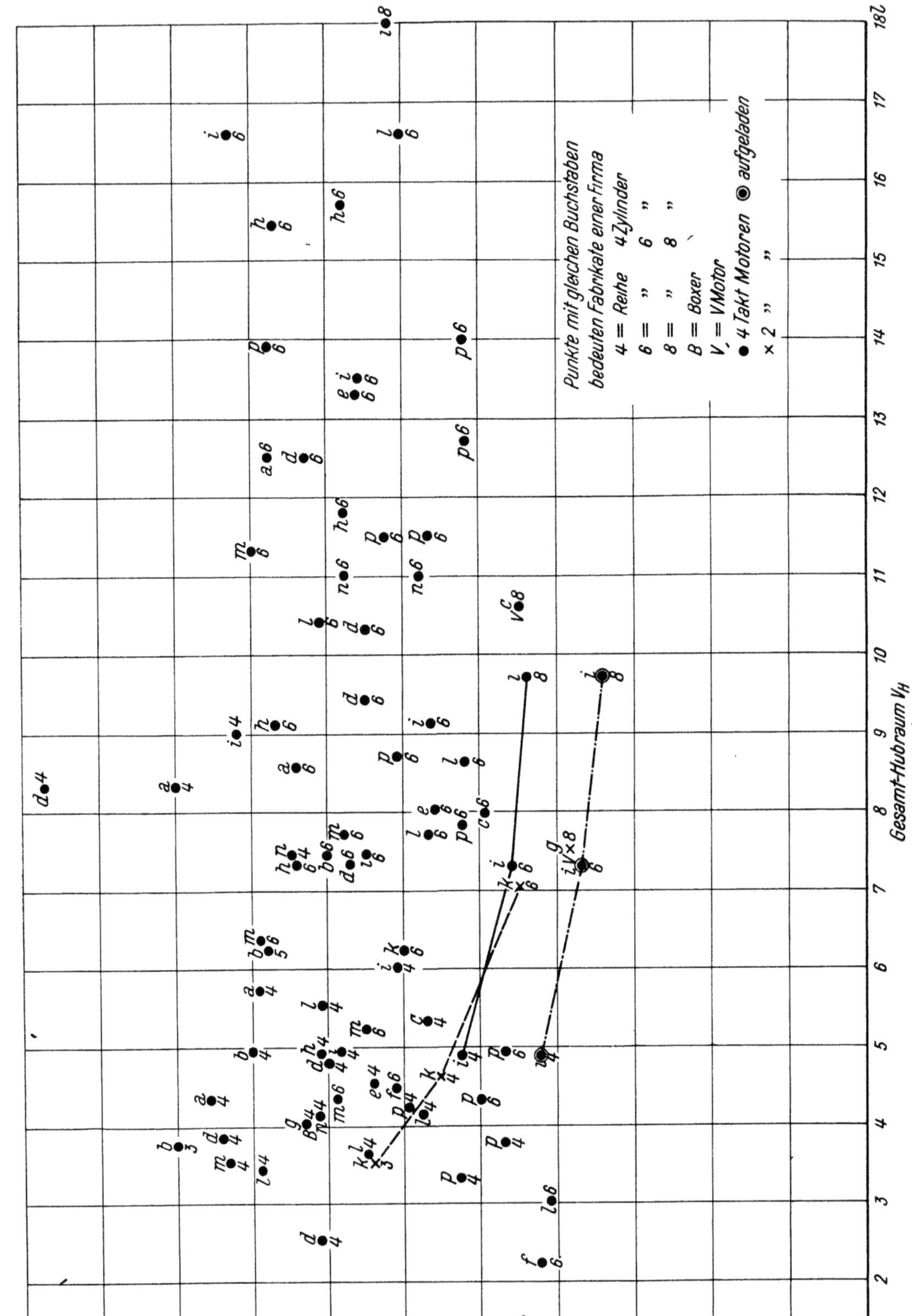

Abb. 2. Fahrzeugdieselmotoren. Leistungsgewicht abhangig vom Gesamthubraum.

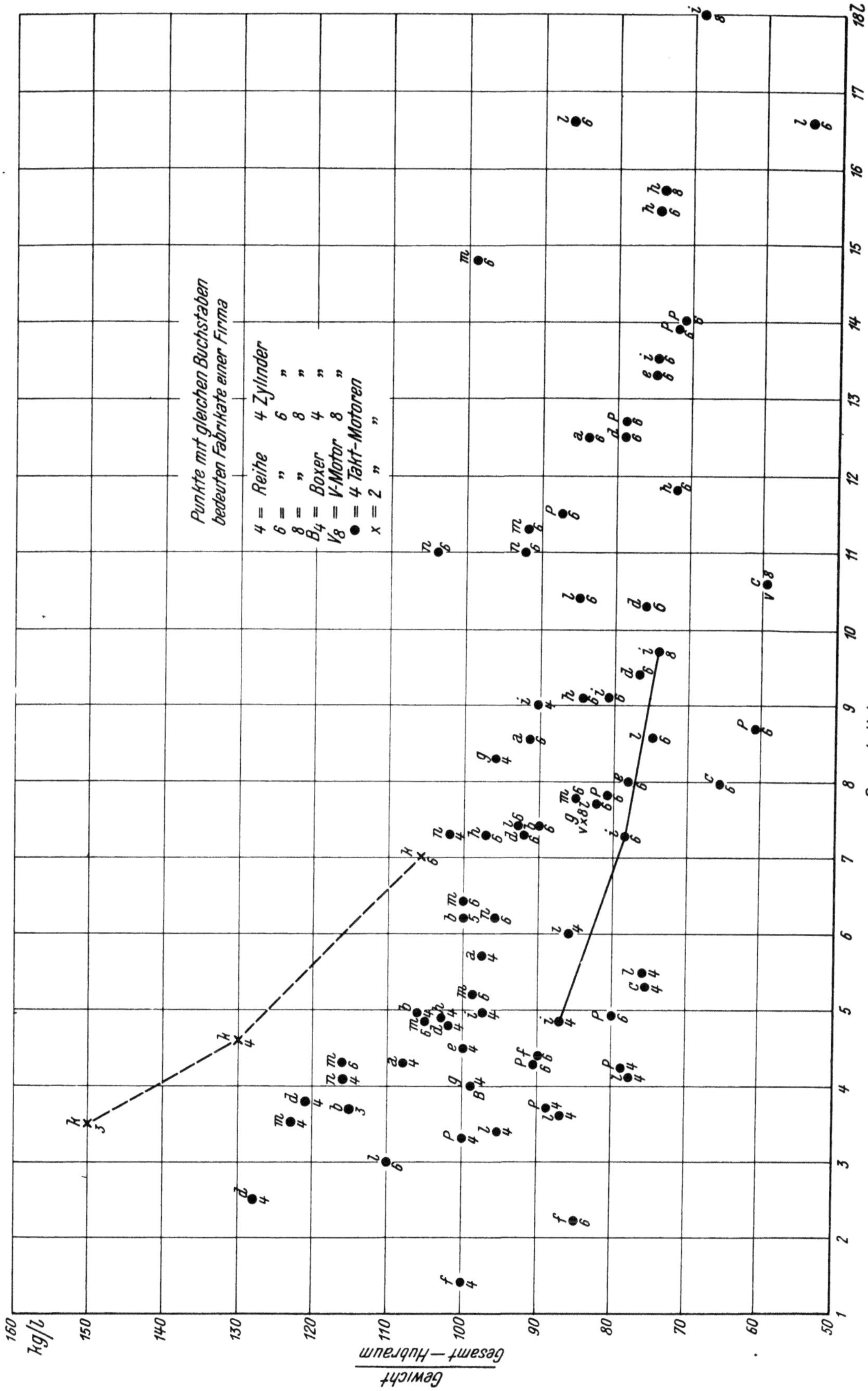

Abb. 3. Fahrzeugdieselmotoren. Hubraumgewicht abhängig vom Gesamthubraum.

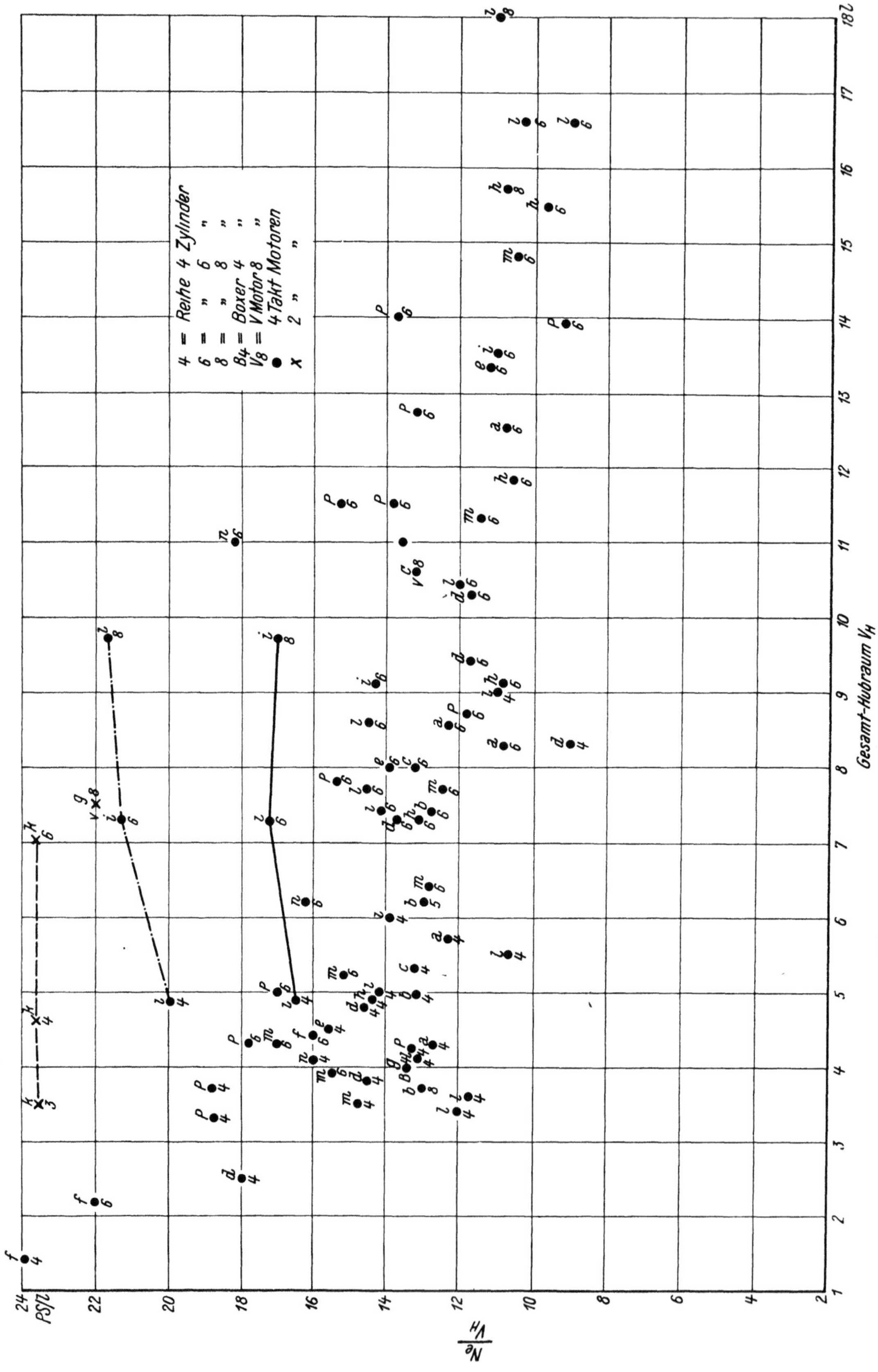

Abb. 4. Fahrzeugdieselmotoren. Hubraumleistung abhängig vom Gesamthubraum.

δ) Motordrehzahl abhängig vom Zylinderhubraum.

Nach Abb. 5 nimmt mit zunehmendem Zylinderhubraum die Motordrehzahl ab. Die neueste Entwicklung im Fahrzeugmotorenbau bevorzugt Zylinderhubräume um 1,2 l bei Drehzahlen zwischen 2400 und 2500 U/min. Höhere Motordrehzahlen finden nur für Personenwagen- und für besonders leichte Lastwagen-Dieselmotoren Verwendung. Bei Motoren mit Zylinderhubräumen von mehr als 1,2 l liegen die Drehzahlen im allgemeinen zwischen 1500 und 2000 U/min.

ε) Mittlere Kolbengeschwindigkeit abhängig vom Zylinderhubraum.

Die überwiegende Anzahl der Motoren hat nach Abb. 6 Kolbengeschwindigkeiten zwischen 9 und 10 m/sec. Dabei entsprechen die größeren Werte der Kolbengeschwindigkeiten mit wenigen Ausnahmen Zylinderhubräumen, die kleiner als 1,2 l sind. Es sind jedoch auch schon Fahrzeugdieselmotoren mit Kolbengeschwindigkeiten zwischen 10 und 11,25 m/sec ausgeführt worden. Die obere Grenze der Kolbengeschwindigkeit liegt heute ungefähr bei 11,5 m/sec. Die bisher am Markt erschienenen Zweitakt-Fahrzeugmotoren neuerer Bauart, die in Abb. 6 mit k bezeichnet sind, haben eine verhältnismäßig niedrige Kolbengeschwindigkeit von etwa 8,5 m/sec. Es sind dies von der General Motor Co. gebaute Zweitaktmotoren mit Auspuffventilsteuerung.

ζ) Nutzdruck abhängig vom Zylinderhubraum.

Ein Einfluß des Zylinderhubraumes auf die Größe des Nutzdruckes ist nach Abb. 7 nicht feststellbar. Von der Mehrzahl der Fahrzeugdieselmotoren wird bei Höchstleistung ein Nutzdruck (p_e) zwischen 6 und 6,5 kg/cm² erreicht. Diese Begrenzung des Nutzdruckes erfolgt mit Rücksicht auf die Forderung nach einer mit abnehmender Drehzahl ansteigenden Drehmomentenkurve, die für den Fahrzeugbetrieb unerläßlich ist. Im mittleren Drehzahlbereich müssen dann Nutzdrücke von 7—7,5 kg/cm² unter der Rauchgrenze zur Verfügung stehen. Bei aufgeladenen Viertakt-Fahrzeugdieselmotoren kann unter ähnlichen Voraussetzungen für die Höchstleistung ein p_e von 8 kg/cm² erreicht werden. Zweitakt-Fahrzeugdieselmotoren haben im allgemeinen ein p_e von 4,9—5,4 kg/cm².

η) Leistungsbelastung des Kolbens abhängig vom Zylinderhubraum.

Höchstwerte der Leistungsbelastung des Kolbens liegen nach Abb. 8 bei den heute gebauten Viertakt-Fahrzeugdieselmotoren zwischen 0,23 und 0,24 PS/cm² Kolbenfläche. Der in der Darstellung besonders bezeichnete 8-Zylinder-Zweitaktmotor in V-Form hat bei einem Zylinderhubraum von 0,95 l eine Leistungsbelastung von 0,265 PS/cm² Kolbenfläche, die über den bei Viertaktmotoren üblichen Werten liegt.

ϑ) Ventilgrößen abhängig vom Zylinderdurchmesser.

In Abb. 9 sind die zusammengehörigen Verhältniswerte für Ein- und Auslaßventile zusammengefaßt. Im allgemeinen werden die Auslaßventile mit 0,37 und die Einlaßventile mit 0,4—0,44 des Zylinderdurchmessers ausgeführt[1]. Eine Ausnahme hiervon machen Motoren mit 4 Ventilen mit Verhältniswerten zwischen 0,29 und 0,35. Auch bei 4-Ventilanordnungen werden in einzelnen Fällen die Auslaßventile kleiner als die Einlaßventile ausgeführt.

ι) Mittlere Gasgeschwindigkeit in den Ventilen abhängig von der mittleren Kolbengeschwindigkeit.

Bei gleichen Durchmessern von Ein- und Auslaßventilen werden nach Abb. 10 Gasgeschwindigkeiten von etwa 65 m/sec erreicht. Als Ventilquerschnitt ist der freie Durchgangsquerschnitt im Zylinderkopf angenommen. Für Ventilanordnungen, bei denen das Auslaßventil kleiner als das Einlaßventil ausgeführt wird, sind Geschwindigkeiten für die Auslaßventile bis 80 m/sec zulässig. Die entsprechenden Werte der Einlaßventile liegen

[1] Als Ventildurchmesser wird hier und im Folgenden der Kurze halber der Innendurchmesser des Gaskanals am Ventilsitz bezeichnet.

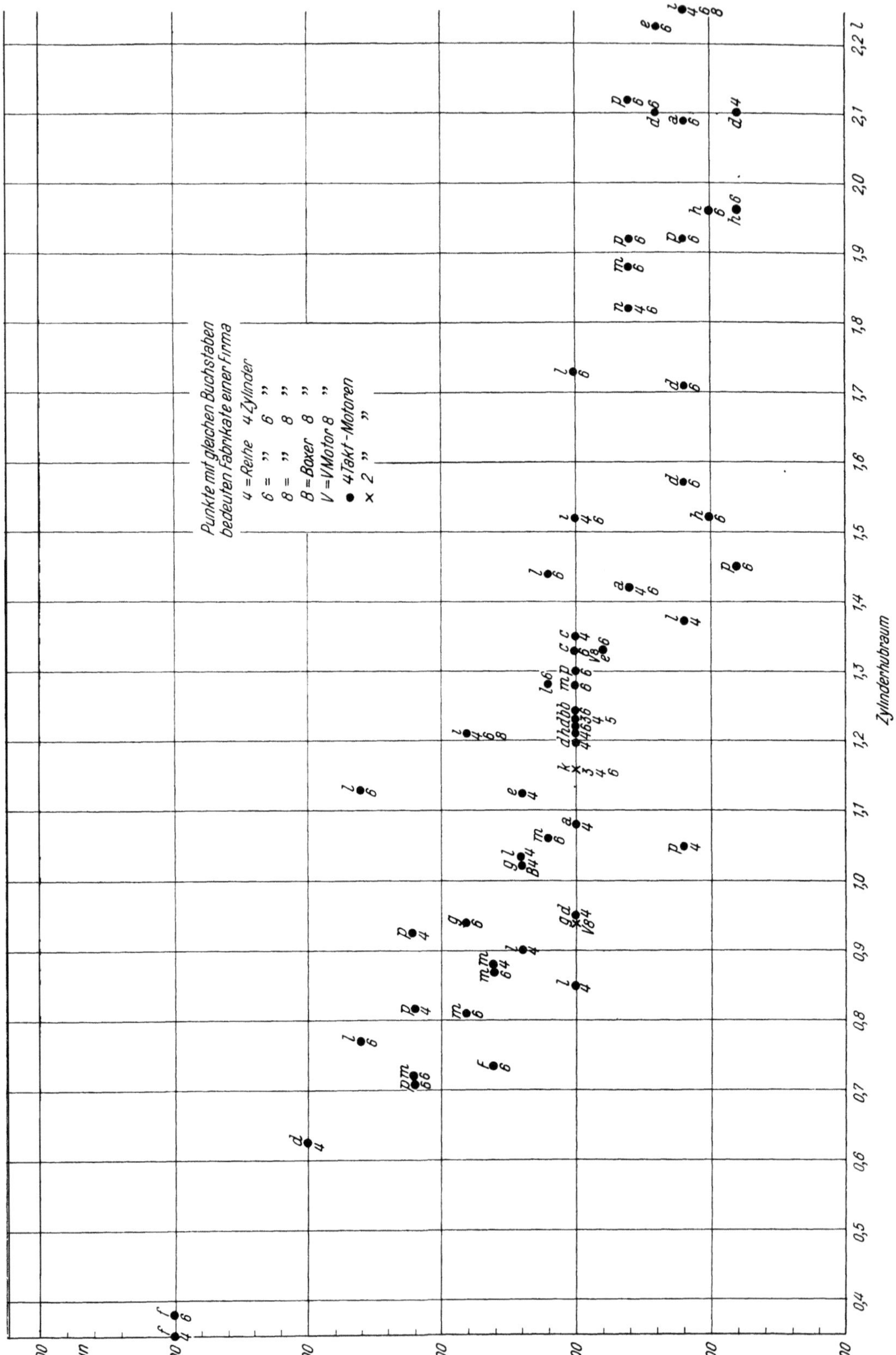

Abb 5. Fahrzeugdieselmotoren. Motordrehzahl abhängig vom Zylinderhubraum.

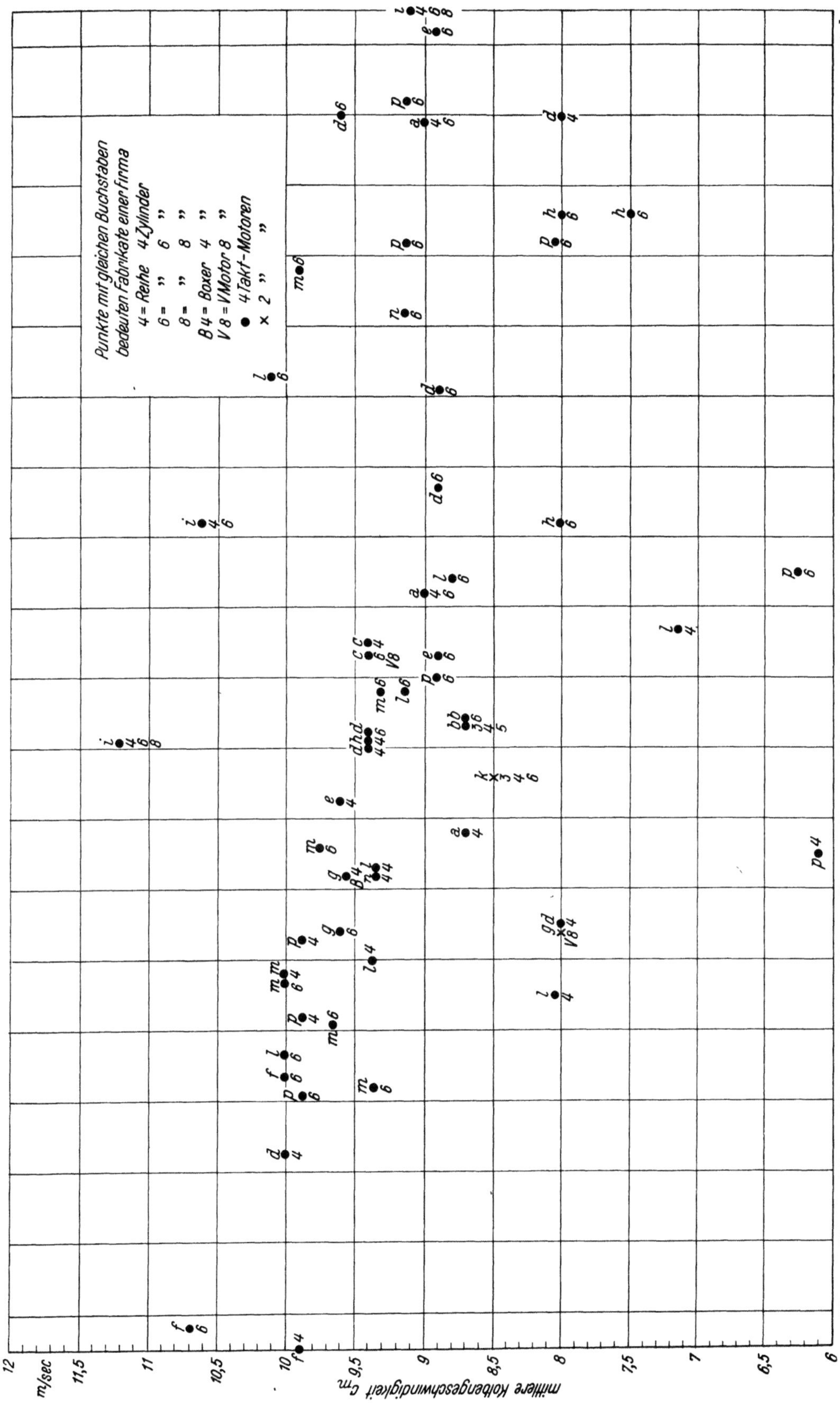

Abb. 6. Fahrzeugdieselmotoren. Mittlere Kolbengeschwindigkeit abhängig vom Zylinderhubraum.

im Mittel bei 55 m/sec. Bei 4-Ventilanordnung liegen die mittleren Geschwindigkeiten in den Querschnitten der Ein- und Auslaßventile zwischen 40 und 55 m/sec.

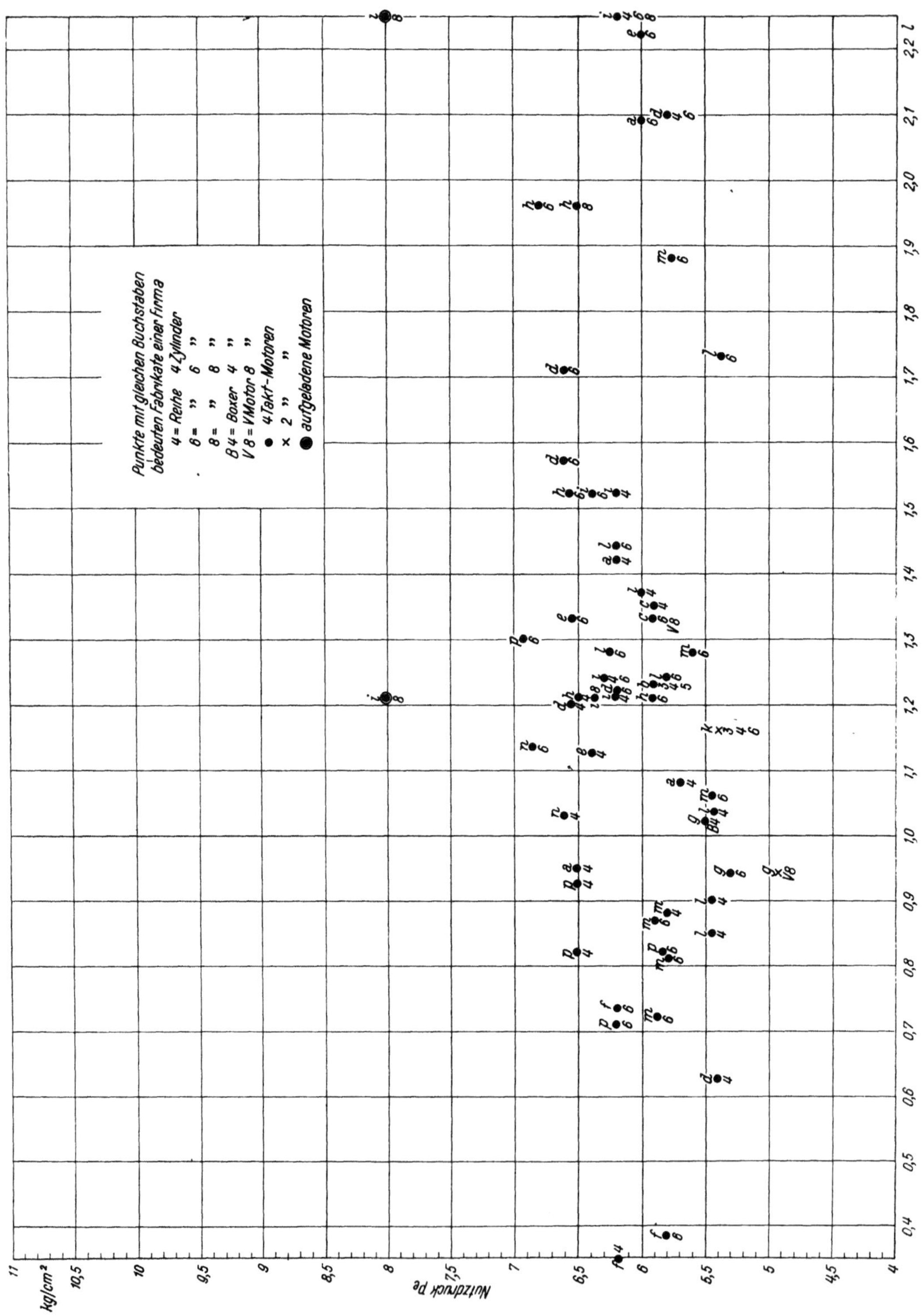

Abb. 7. Fahrzeugdieselmotor. Nutzdruck abhängig vom Zylinderhubraum.

2. Allgemeine Richtlinien für den Aufbau.

Im folgenden wird vorausgsetzt, daß die Zylinderzahl, der Hubraum (Zylinderdurchmesser, Hub) und die Drehzahl bereits festliegen.

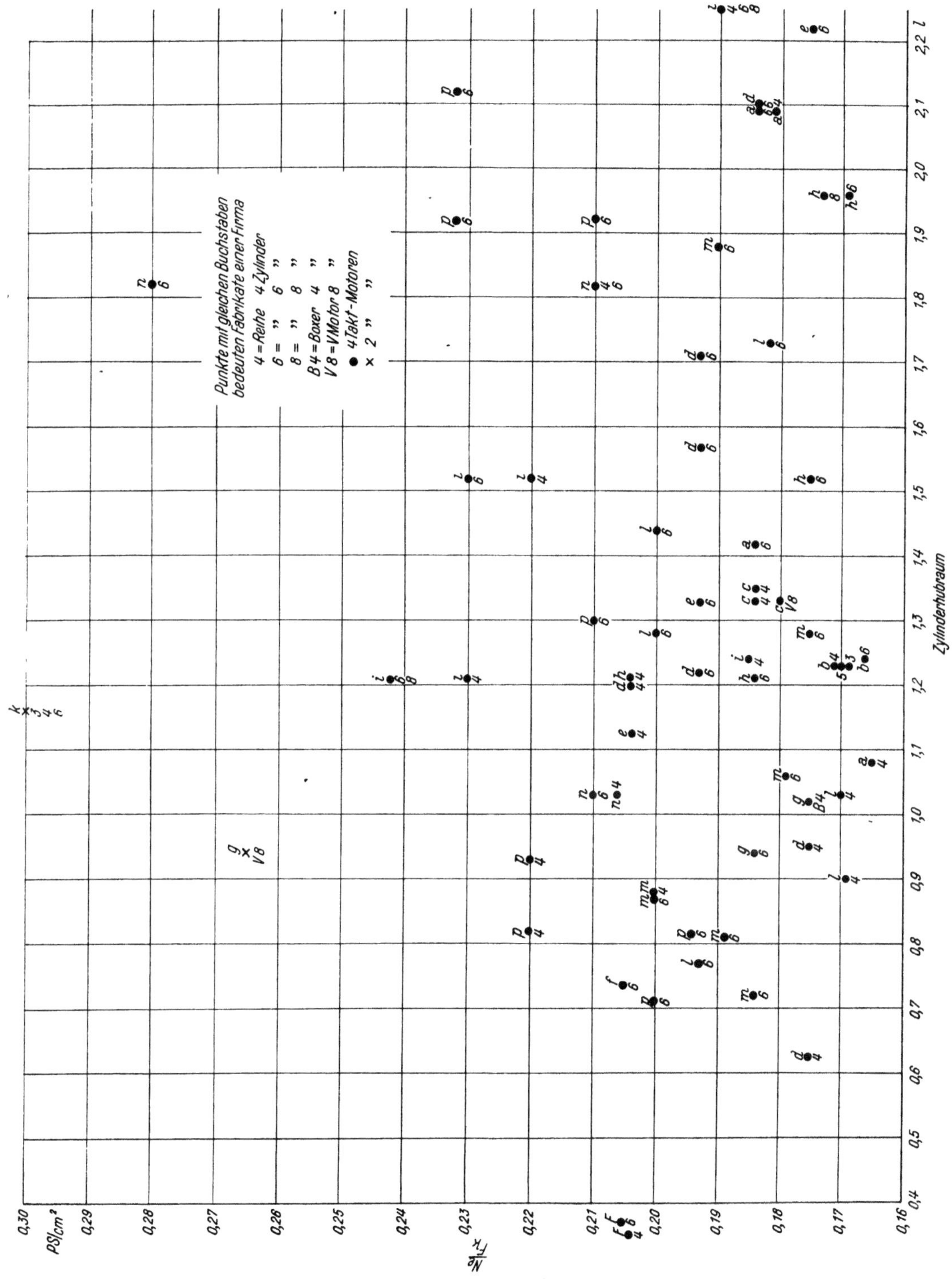

Abb. 8. Fahrzeugdieselmotoren. Leistungsbelastung des Kolbens.

Das Streben beim Entwurf des Motors wird vor allem darauf gerichtet sein, die Baulänge des Motors möglichst kurz zu halten. Der kurzgebaute Motor ist in Hinblick auf

Gewicht, Preis und Raumausnützung im Fahrzeug von Vorteil. Die Entwicklung des Fahrzeugmotors der letzten Jahre zeigt eine ständige Verkürzung der Motorbaulänge.

Die folgenden Überlegungen sind vor dem Entwurf anzustellen und danach die nötigen Entschlüsse zu fassen.

a) Zylinder, Zylinderlaufbuchsen.

α) Eingegossene Zylinder.

Diese Bauweise ist billig, gibt einen sehr steifen Aufbau des Kurbelgehäuses und ermöglicht, dem Streben nach kurzer Baulänge entgegenkommend, kleine Zylinderabstände (Heft 10, III 1, a). Gießereitechnisch bereitet der eingegossene Zylinder jedoch insoferne Schwierigkeiten, als die Gußgattierung für ein verwickeltes Gußstück, wie es ein Gehäuse

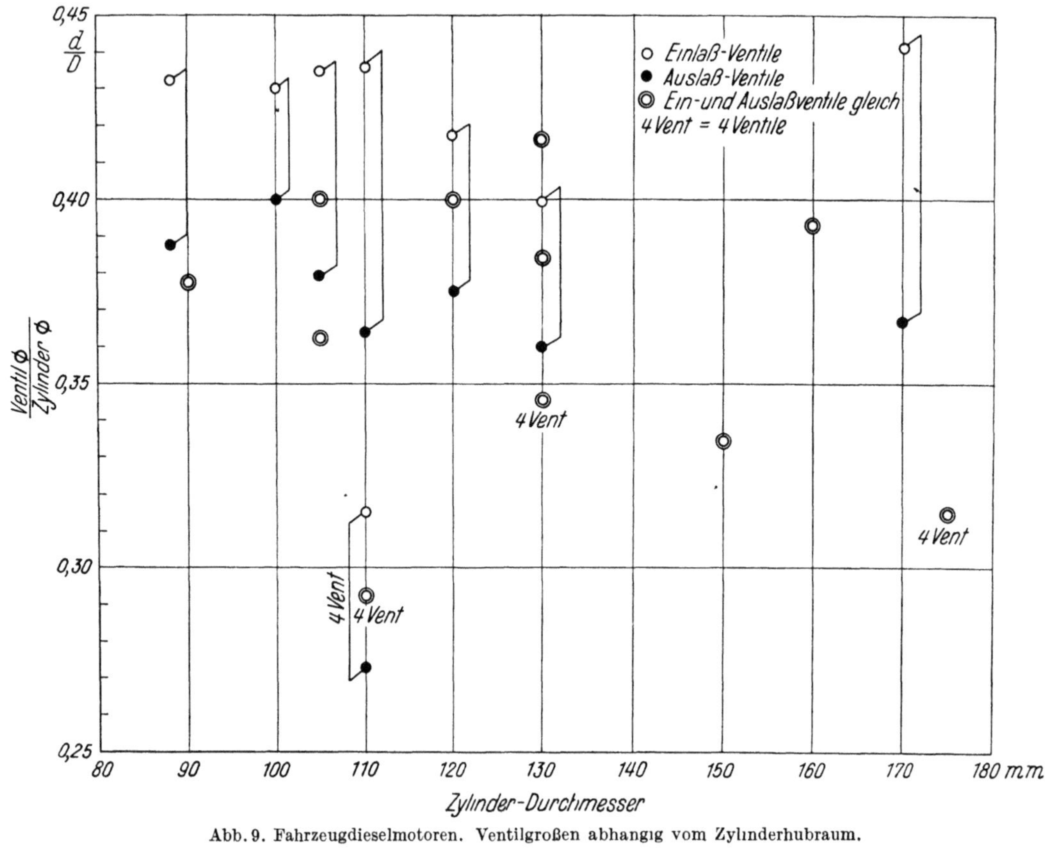

Abb. 9. Fahrzeugdieselmotoren. Ventilgroßen abhangig vom Zylinderhubraum.

mit kleinen Wandstärken darstellt, eine andere sein muß, als man sie für eine einzelne Zylinderlaufbuchse, der Forderung nach großer Härte und Verschleißfestigkeit entsprechend, wählen würde. Es ist daher schwierig, mit einer gut vergießbaren Gattierung die notwendige Härte von 180—200 kg/mm² Brinell und ein Gefüge mit gutem Verschleißwiderstand für die eingegossenen Zylinder zu erreichen. Dies wird durch die Erfahrung bestätigt, nach der die Lebensdauer eingegossener Zylinder erheblich gegenüber der eingesetzter Zylinderlaufbuchsen zurücksteht.

Da die Zylinderlaufbahn vollkommen lunkerfrei sein muß, wird man bei eingegossenen Zylindern mit erhöhtem Ausschuß rechnen müssen.

Die Abstützung des Kernes für den Kühlwasserraum sowie die Entfernung des Kernsandes aus dem Gußstück erfordert große Kernöffnungen.

In diesem Zusammenhang sei auf einen allgemein gültigen Grundsatz für die Auswahl von Bauteilen, die dem Verschleiß unterliegen, hingewiesen: Zur Herabsetzung der Kosten und Verkürzung der Dauer der notwendigen Überholungsarbeiten am Motor soll die Lebensdauer aller Verschleißteile, deren Auswechslung einen Ausbau des Motors aus dem Fahrzeug erfordert, so abgestimmt werden, daß diese Teile zugleich überholt oder erneuert werden müssen. Diese Forderung ist bei Verwendung eingegossener Zylinder nicht erfüllt, da diese eine wesentlich kürzere Lebensdauer haben als z. B. gute Bleibronzelager, so daß die Überholungszeiten nicht zusammenfallen und höhere Instandhaltungskosten entstehen.

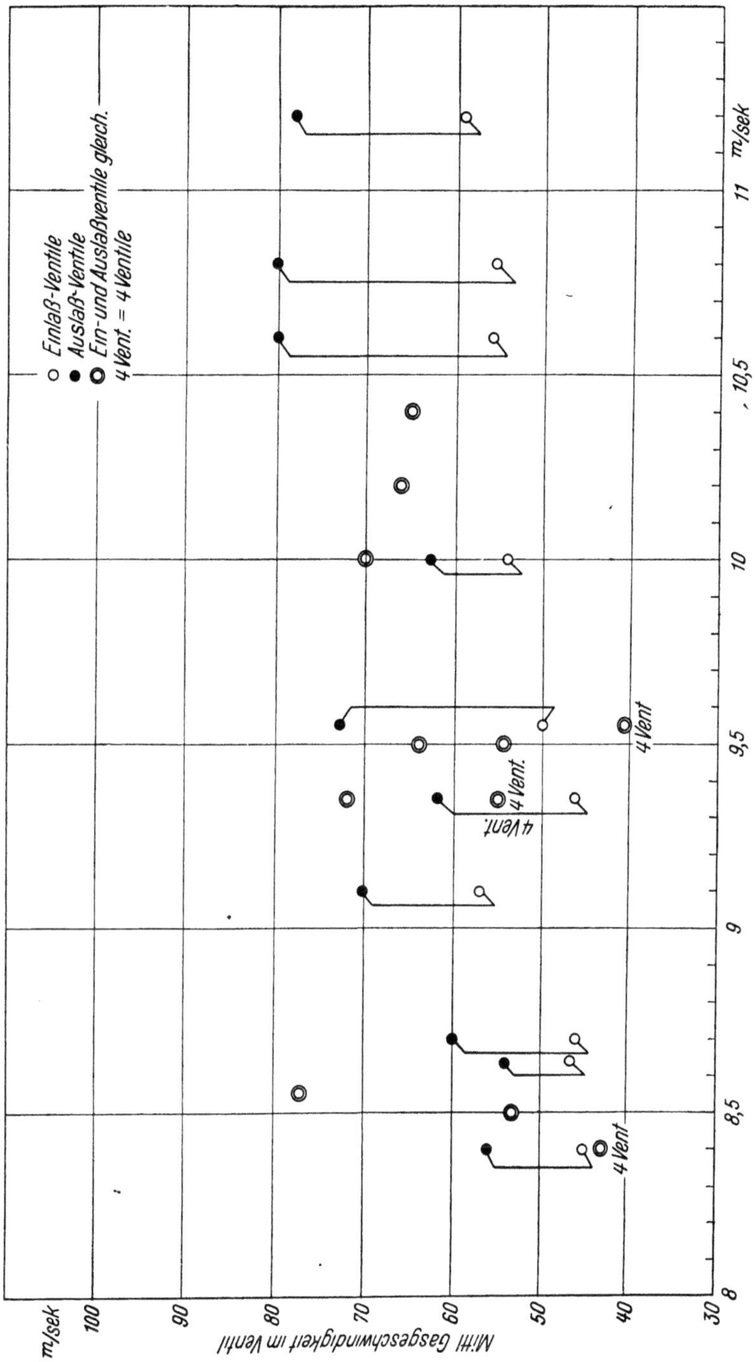

Abb. 10. Fahrzeugdieselmotoren. Mittlere Gasgeschwindigkeit in Ventilen, abhängig von der mittleren Kolbengeschwindigkeit.

β) **Eingesetzte trockene Zylinderlaufbuchsen.**

Diese Ausführung wurde eingeführt, um den Nachteil des höheren Verschleißes eingegossener Zylinder zu vermeiden. Bei Reparaturen kann das Einsetzen von trockenen Zylinderlaufbuchsen zweckmäßig sein, bei Neukonstruktionen bietet jedoch diese Bauart in Hinblick auf Herstellung und Kosten keine Vorteile.

γ) **Eingesetzte nasse Zylinderlaufbuchsen.**

Die eingesetzte, nasse Zylinderlaufbuchse hat sich im ortsfesten Dieselmotorenbau seit langem ausgezeichnet bewährt. Von dort wurde sie Anfang 1932 in den Fahrzeugdieselmotorenbau übernommen und gewinnt immer mehr an Bedeutung.

Die eingesetzte Zylinderlaufbuchse vermeidet alle früher angeführten Nachteile der eingegossenen Zylinder. Kurbelgehäuse und Zylinderlaufbuchse können aus verschiedenen und damit jeweils aus den geeignetsten Werkstoffen hergestellt werden. Mit hochwertigen

Gußgattierungen und Gießverfahren kann hohe Verschleißfestigkeit und Härte der Zylinderlaufbahnen erreicht werden. Die Kernabstützung und die Beseitigung des Kernsandes wird erleichtert und die Ausschußgefahr wesentlich herabgesetzt. Für die Reparatur ergeben sich weitere Vorteile, da bei Verschleiß der Laufbuchse der Kolben meist weiter verwendet werden kann und nur die Laufbuchse, ohne daß ein Ausbau des Motors notwendig wird, ersetzt werden muß. Voraussetzung dafür ist allerdings ein tragbarer Preis für die Laufbuchse als Ersatzteil.

Durch Hartverchromung der Lauffläche von nassen Zylinderlaufbüchsen kann die Lebensdauer auf ein Mehrfaches der normalen Graugußlaufbüchsen gebracht werden. Eine andere Möglichkeit besteht in der Verwendung von nitrierbarem Schleuderguß, den die Alfred Krupp AG. herstellt. Durch Nitrierung der Lauffläche kann ebenfalls die Lebensdauer gegenüber der normalen Zylinderlaufbüchse erheblich gesteigert werden.

Bei geschickter Konstruktion ist es möglich an die kleinen Zylinderabstände der eingegossenen Zylinderlaufbuchsen nahe heranzukommen.

b) Zylinder-Kurbelgehäuseoberteil.

Auch in der Bauart der Motorgehäuse hat sich in den letzten Jahren der Entwicklung der Fahrzeugdieselmotoren eine gemeinsame Richtung gezeigt. Bei der Mehrzahl der Motoren bildet das Kurbelgehäuseoberteil mit dem Zylinderblock ein Stück. Diese Bauart ist durch den Wegfall einer Teilebene zwischen Zylinderblock und Kurbelgehäuse billiger und vor allem wesentlich biegungs- und verdrehungssteifer als die ältere Bauart mit getrenntem Zylinderblock. Besonders bei der Ausführung in Leichtmetall ist das Vereinigen von Zylinderblock und Kurbelgehäuse unbedingt vorzuziehen, da diese Gehäuse infolge des kleineren Elastizitätsmoduls des Leichtmetalls stärker zu Formänderungen neigen als Gehäuse aus Gußeisen. Da bei allen Fahrzeugmotoren die Kurbelwellenlager im Kurbelgehäuseoberteil liegen, ist mit der Vereinigung der direkte Kraftfluß von den Zylinderkopfschrauben zu den Befestigungsschrauben der Lagerdeckel möglich. Die zweckmäßige Anordnung der Hilfsmaschinen wird durch die Vermeidung der Teilebene zwischen Zylinderblock und Kurbelgehäuse wesentlich erleichtert.

Bei den neueren Ausführungen von Kurbelgehäusen zeigen sich Unterschiede in der Lage der Unterkante des Kurbelgehäuseoberteils gegenüber der Kurbelwellenmitte. Es gibt viele Ausführungen, bei welchen die Teilebene zwischen dem Kurbelgehäuseoberteil und dem Kurbelgehäuseunterteil (Ölwanne) durch die Kurbelwellenmitte geht. Diese Teilung verlangt die Verwendung von gegossenen Unterteilen, da eine entsprechend geformte Ölwanne aus Blech schwierig herzustellen ist. Die Teilung auf Mitte Kurbelwelle erschwert die Abdichtung der Kurbelwelle beim Austritt aus dem Gehäuse, da die Dichtungsringe dann im allgemeinen in zwei verschiedenen Teilen sitzen müssen.

Zweckmäßig wird das Kurbelgehäuseoberteil unter die Kurbelwellenmitte heruntergezogen und die Teilebene so tief gelegt, daß die Ölwanne mit ebener Dichtfläche zum Oberteil ausgeführt werden kann. Die Abdichtung der Kurbelwelle kann bei dieser Ausführung durch einfache Deckel erfolgen, die außen an dem Kurbelgehäuseoberteil angebracht werden und ungeteilte Dichtungsringe enthalten. Die Ölwanne kann leicht abnehmbar ausgebildet werden, da die Wellendichtungen von ihr unabhängig sind.

Die Herstellung von gepreßten Unterteilen aus Blech gibt eine erhebliche Preisersparnis gegenüber der von Unterteilen aus Leichtmetall.

c) Zylinderköpfe.

Der Zylinderkopf kann gemeinsam für die ganze Zylinderreihe gegossen sein, er kann für 2 oder 3 Zylinder in einem Stück zusammengefaßt, oder schließlich für jeden Zylinder einzeln ausgeführt werden. Die gewählte Lösung ist für den Aufbau eines Motors kennzeichnend.

α) Gemeinsamer Zylinderkopf für alle Zylinder.

Diese Ausführung ist dem Personenwagenmotorenbau entnommen und bei kleinen Motoren nicht unberechtigt. Vor allem ist sie für den Konstrukteur einfach, da sie weitgehende Freiheiten in der Kanal- und Schraubenanordnung gibt.

Gußtechnisch ist der gemeinsame Zylinderkopf infolge des höheren Ausschusses (bis 16%) immer von Nachteil. Es besteht weiter die Gefahr, daß Gußfehler erst bei weit fortgeschrittener Bearbeitung entdeckt und die Stücke nach erheblichen aufgelaufenen Herstellungskosten noch Schrott werden können, wodurch die Herstellung im allgemeinen wesentlich verteuert wird. Gemeinsame Zylinderköpfe für größere Bohrungen als 80 mm werden für Bearbeitung und Zusammenbau schon recht schwer und sperrig.

Die Abdichtung des gemeinsamen Zylinderkopfs gegen die Zylinder ist sehr empfindlich und erfordert genaueste Bearbeitung der Dichtflächen. Besonders gilt dies für die Abdichtung bei eingesetzten Zylinderlaufbuchsen.

Für die Reparatur haftet dem gemeinsamen Zylinderkopf der weitere Nachteil an, daß bei Unbrauchbarwerden eines einzelnen Kopfes, z. B. durch Risse, die mitunter in den Stegen zwischen den Ventilen auftreten, das ganze teure Gußstück ausgewechselt werden muß.

Der Kühlwasserführung in den weitläufigen Kühlwasserräumen gemeinsamer Zylinderköpfe ist besondere Aufmerksamkeit zu widmen. An den thermisch und festigkeitsmäßig stark beanspruchten Stellen zwischen den Ventilen soll der Hauptstrom des Kühlwassers vorbeigeführt werden. Die Strömungsverhältnisse im Kühlwasserraum können durch zweckmäßige Anordnung der Übertrittsöffnungen zwischen Zylindermantel und Kopf sowie der Kühlwasseraustritte günstig beeinflußt werden.

β) Gemeinsame Zylinderköpfe für zwei oder drei Zylinder.

Diese heute sehr verbreitete Bauart mildert die vorhin angeführten Nachteile des für alle Zylinder gemeinsamen Kopfes. Die Art der Unterteilung, ob 2 oder 3 Zylinder zusammengefaßt werden, ist durch das Bauprogramm der einzelnen Firmen mitbestimmt. Werden Vier- und Sechszylindermotoren gleicher Zylinderabmessungen gebaut, so erscheint die Zusammenfassung von je zwei Zylindern zweckmäßig, da man so für den Vier- und den Sechszylinder dieselben Köpfe verwenden kann. Dadurch ergeben sich für Gießerei, Bearbeitung und Ersatzteillager bedeutende Erleichterungen. Der Gußausschuß fällt auf etwa 8%.

Beim gemeinsamen Kopf für zwei Zylinder bestehen noch keine Schwierigkeiten in der Unterbringung der Gaskanäle, andererseits läßt sich eine zuverlässige Zylinderkopf-Abdichtung leichter bewerkstelligen als beim gemeinsamen Kopf für alle Zylinder.

Merkwürdigerweise geben die meisten Firmen bei Sechszylindermotoren der Zusammenfassung von 3 Zylindern den Vorzug. Dies mag in dem Bestreben begründet sein, das mittlere Kurbelwellenlager des Motors besonders dann, wenn keine Gegengewichte vorgesehen sind, entsprechend der höheren Belastung dieses Lagers, breiter auszuführen. Dadurch wird zugleich für die Anordnung der Befestigungsschrauben an den Zylinderkopfenden Platz geschaffen. Der Verfasser ist jedoch der Ansicht, daß eine Entlastung der mittleren Wellenlager durch Gegengewichte vorgenommen werden soll, zumal man damit den für die Lagerhaltung von Ersatzteilen wichtigen Vorteil gleicher Wellenlager erreicht.

γ) Einzelne Zylinderköpfe.

Für Fahrzeugdieselmotoren hat sich diese Ausführung einer großen deutschen Motorenfirma gut bewährt. Der einzelne Zylinderkopf ist sehr steif, mit nur 4% Ausschuß gußtechnisch günstig und bietet große Vorteile bei der Abdichtung gegen eingesetzte nasse Zylinderlaufbuchsen. Die Einleitung der Verbrennungskräfte in das Gestell durch 4 Zylinderkopfschrauben und die Weiterleitung derselben zum Kurbelwellenlager ist klar und einfach. Im Ersatzteilgeschäft ist der Einzelkopf eine dem Kunden willkommene Ausführung.

Der Einzelkopf ist jedoch viel schwieriger zu gestalten als die früher erwähnten Bauarten. Außer dem Einspritzventil samt Verbrennungskammer und der fallweisen Zündhilfe (Glühkerze) müssen in jedem Kopf auch die Einlaß- und Auslaßkanäle untergebracht werden. Eine Zusammenfassung von Kanälen für je 2 Zylinder ist natürlich nicht möglich. Der Einzelkopf erfordert überdies eine gesonderte Kipphebellagerung für jeden Zylinder. Der Anschluß der Kipphebellager an die Umlaufschmierung ist nicht zu empfehlen, da dann für jeden Zylinderkopf gesonderte Zylinderkopfhauben notwendig würden. Zweckmäßig ist dagegen die Ausführung der Kipphebellager als Nadellager, da diese nur wenig geschmiert werden müssen. Um eine gemeinsame Zylinderkopfhaube verwenden zu können, kann um alle Zylinder eine Blechverkleidung gelegt werden, die am besten zugleich als Saugrohr ausgebildet wird. Es ist jedoch auch möglich, die Zylinderköpfe aneinander stoßen zu lassen und darauf eine gemeinsame Zylinderkopfhaube zu setzen.

Die Kühlwasserführung ist bei Einzelköpfen ganz einwandfrei, da das Kühlwasser jedem Kopf gesondert zugeführt wird. Das Wasser soll den Kopf hauptsächlich zwischen den Ventilkrümmern durchströmen.

d) Nockenwellenantrieb.

Der Nockenwellenantrieb von Fahrzeugdieselmotoren wurde in Heft 10 ausführlich behandelt und dabei die in erster Linie auftretende Frage nach der Lage des Antriebs besprochen. Während die Entscheidung, ob die Nockenwelle links oder rechts in Fahrtrichtung liegen soll, nur von Erwägungen über den äußeren Aufbau der Maschine abhängt, sind für die Wahl zwischen schwungradseitiger und lüfterseitiger Lage des Nockenwellenantriebes die mechanischen Verhältnisse des Triebwerkes maßgebend.

α) Lüfterseitige Lage des Nockenwellenantriebes.

Eine große Zahl ausgeführter Fahrzeugdieselmotoren hat die Antriebsräder für den Nockenwellenantrieb lüfterseitig angeordnet. Meist sind es Erzeugnisse von Firmen, die auch Personenwagenmotoren (Ottomotoren) bauen und wohl daher die dort übliche Anordnung für ihre Fahrzeugdieselmotoren übernommen haben. Bei der Anordnung des Nockenwellenantriebs am vorderen Kurbelwellenende ist jedoch zu bedenken, daß der Antrieb beim Dieselmotor unter anderen dynamischen Verhältnissen arbeitet als beim Ottomotor. Infolge der höheren Zünddrücke und des rascheren Anstiegs des Verbrennungsdruckes ist die Erregung von Drehschwingungen bei Dieselmotoren stärker als bei Ottomotoren. Aus den gleichen Gründen werden die Triebwerksmassen größer, daher muß die kritische Drehzahl sechster Ordnung bei den heute üblichen Höchstdrehzahlen von 2000—2500 U/min durchfahren werden. Trotz des Einbaus von Schwingungsdämpfern am vorderen Kurbelwellenende ergeben sich dort Schwingungsausschläge, die sich auf den Nockenwellenantrieb ungünstig auswirken. Der dadurch hervorgerufenen erhöhten Abnützung begegnet man durch starke Verbreiterung der Zahnräder, wodurch sich der Motor wieder etwas länger baut.

Die vorne liegenden Steuerräder haben den Vorteil nach Abnehmen des Kühlers im Fahrzeug ausgebaut werden zu können. Die Steuerräder haben jedoch eine höhere Lebensdauer als die übrigen Motorverschleißteile, so daß dieser reparaturtechnische Vorteil kaum zur Wirkung kommt.

Der Steuerradkasten wird meist zur Hälfte vom Motorgehäuse, zur anderen Hälfte durch einen dazu passenden Gehäusedeckel gebildet. Da von den Steuerrädern außer der Nockenwelle auch die Einspritzpumpe angetrieben wird, ragt der Steuerradkasten erheblich über das Kurbelgehäuseoberteil hinaus. Dadurch kann der Luftabfluß vom Lüfter gestört werden, so daß ein größerer Abstand desselben vom Motorgehäuse erforderlich wird und sich eine weitere Vergrößerung der Motorbaulänge ergibt.

Bisher wurde allerdings bei der Besprechung des lüfterseitig gelegenen Antriebs angenommen, daß der Antrieb der Nockenwelle, wie bei den meisten deutschen Fahrzeugdieselmotoren, durch Zahnräder erfolgt. Vereinzelt in Deutschland, häufiger in England, werden jedoch auch Rollenketten zum Antrieb verwendet. Die Rollenkette hat den Vorteil Drehschwingungsausschläge des vorderen Kurbelwellenendes nicht auf den Steuerungsantrieb zu übertragen und ist in bezug auf Genauigkeit der Achsabstände völlig unempfindlich. Die Montage der Rollenkette (das Vernieten der Kettenenden), sowie die Einstellung der Steuerräder und die Anordnung von Kettenspannrädern rechtfertigen die Lage des Antriebes am leichter zugänglichen vorderen Motorende.

β) Schwungradseitige Lage des Nockenwellenantriebes.

Der schwungradseitig gelegene Nockenwellenantrieb wird von den Drehschwingungen der Kurbelwelle wenig beeinflußt. Die auftretenden konstruktiven Schwierigkeiten und deren Lösung, insbesondere das Aufbringen des Kurbelwellenrades (Antriebszahnrad der Nockenwelle) über den Kupplungsflansch sind in Heft 10 ausführlich behandelt.

Der Steuerradkasten wird bei schwungradseitiger Lage zweckmäßig an das Kurbelgehäuseoberteil angegossen und baut erfahrungsgemäß kaum über den Gehäuseflansch hinaus, der für den Anschluß der Kupplungsglocke notwendig ist. Er kann leicht gleichzeitig zur Aufnahme der hinteren Motorträger ausgebildet werden. Der Zusammenbau erfolgt von der Innenseite des Gehäuses her. Die Einstellung der Steuerräder bereitet bei zweckmäßiger Bezeichnung der Zähne keinerlei Schwierigkeiten.

Abb. 11.

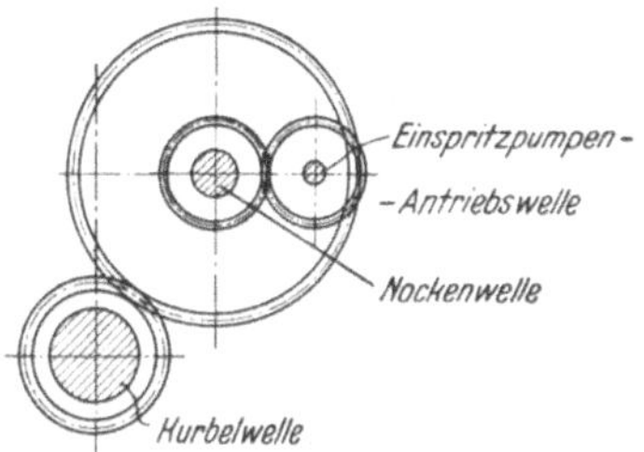

γ) Rechts- oder linksseitige Lage der Nockenwelle zur Fahrtrichtung.

Die Beantwortung dieser Frage hängt mit der Lage des Einspritzpumpenantriebes zusammen. In den Ländern mit Rechtsfahrordnung wird die Einspritzpumpe zweckmäßig in Fahrtrichtung gesehen, rechts angeordnet, um den Fahrer bei Arbeiten an der Pumpe nicht dem Straßenverkehr auszusetzen. Ob nun die Nockenwelle und damit auch die Stoßstangen zum Ventilantrieb auf derselben Seite wie die Einspritzpumpe sitzen können, hängt weitgehend von der Art des Verbrennungsverfahrens (direkte Einspritzung, Vorkammer oder Wirbelkammer) ab. Bei Vorkammermaschinen ist es nach Abb. 11 möglich, Steuerung und Einspritzpumpe auf dieselbe Seite zu legen, wodurch sich der Antrieb der Einspritzpumpe besonders einfach gestaltet. Liegen Nockenwelle und Einspritzpumpe auf verschiedenen Seiten, so ist auch hier der Antrieb nach Abb. 12 mit kleinstem Aufwand durchzuführen.

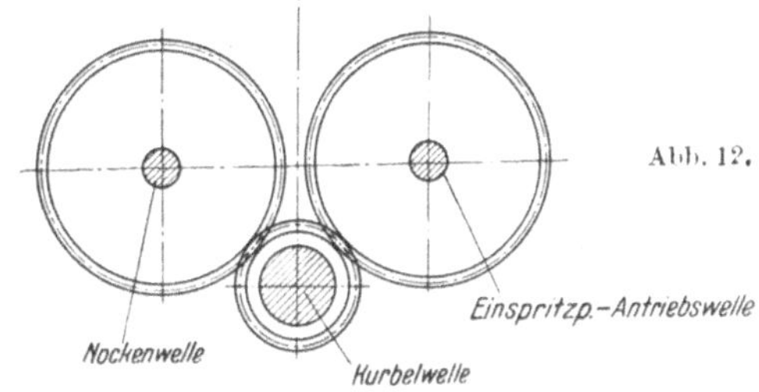

Abb. 12.

e) Anordnung der Hilfsantriebe.

(Lüfter, Wasserpumpe, Bremsverdichter, Lichtmaschine, Anlasser.)

Die Anordnung der Hilfsmaschinen bestimmt das äußere Bild des Motors. Sie stellt hohe Anforderungen an die Geschicklichkeit des Konstrukteurs.

Grundsätzlich sollen die Hilfsmaschinen mit Ausnahme des Anlassers mit dem heute gut bewährten, endlosen Gummikeilriemen angetrieben werden. Gummikeilriemen sind bei richtiger Bemessung unter Berücksichtigung der Massenkräfte beim Anlassen und plötzlichen Beschleunigen und bei richtiger Spannung vollkommen zuverlässig und sind ein hervorragend geeignetes Antriebsmittel.

Die Anordnung, sowie die zweckmäßige Zusammenfassung verschiedener Hilfsmaschinen zu einem Antrieb kann nach folgenden Gesichtspunkten erfolgen:

α) Zusammenfassung des Antriebs von Lüfter und Wasserpumpe.

Beide Hilfsmaschinen haben hohe Drehzahlen, die heute etwa zwischen 2800 und 3200 U/min liegen. Die Lagerung von Lüfter und Wasserpumpenwelle kann zusammengefaßt werden.

Das Nachspannen des Antriebsriemens ist leicht möglich, wenn die Wasserpumpe um den Eintrittsstutzen in das Motorgehäuse schwenkbar angeordnet wird.

Durch einen Keilriemen kann im Dreiecksbetrieb auch die Lichtmaschine mit angetrieben werden. Man ist dann in der Wahl der Lichtmaschinendrehzahl frei und kann die von Bosch neu herausgebrachten schnellaufenden Lichtmaschinen verwenden. Der Verdichterantrieb erfolgt in diesem Falle durch einen anderen Gummikeilriemen. Aus baulichen Gründen wird der Bremsverdichter immer auf der, der Lichtmaschinenseite gegenüberliegenden Motorseite angeordnet. Bei dieser Anordnung können die neu vereinheitlichten Bremsverdichter ohne jede Schwierigkeit verwendet werden.

β) Zusammenfassung des Antriebs von Lichtmaschine und Bremsverdichter.

Diese Anordnung war vor der Vereinheitlichung der Zubehörteile im Deutschen Reich durch die Fachgruppe Fahrzeugindustrie möglich. Es gab Lichtmaschinen, die bei einer Höchstdrehzahl von 2800 U/min eine genügend tiefe Ladedrehzahl hatten. Die Bremsverdichter hatten ihrerseits ebenfalls eine Höchstdrehzahl von 2800 U/min. Es konnte also der Bremsverdichter hinter der Lichtmaschine angeordnet und mit dieser gemeinsam angetrieben werden. Waren nun Lüfter und Wasserpumpe zu einem Antrieb zusammengefaßt, so konnten durch zwei Keilriemen im Dreieckstrieb auch Lichtmaschine und Bremsverdichter angetrieben werden. Bei der Verwendung einer schwenkbaren Wasserpumpe konnte der Antrieb aller vier Hilfsmaschinen gemeinsam nachgespannt werden.

Bei den Maßnahmen zur Vereinheitlichung des Motorzubehörs wurde einerseits die Drehzahl der Lichtmaschine erhöht, andererseits die Drehzahl der Bremsverdichter auf 2000—2400 U/min herabgestzt, so daß die eben beschriebene, bewährte Anordnung für Neuentwürfe nicht mehr in Betracht kommt.

γ) Zusammenfassung des Antriebs von Lichtmaschine und Wasserpumpe.

Die Vereinigung des Antriebs von Lichtmaschine und Wasserpumpe ist möglich, da beide Hilfsmaschinen ungefähr gleich hohe Drehzahlen haben. Sie setzt jedoch voraus, daß die Wasserpumpe seitlich am Kurbelgehäuse und zur besseren Wasserverteilung in der Längsmitte desselben angeordnet wird. Der Lüfterantrieb erfolgt bei dieser Anordnung durch einen getrennten Riemen, der gleichzeitig den auf der anderen Motorseite liegenden Bremsverdichter antreiben kann.

δ) Antrieb des Bremsverdichters mit Zahnrädern.

Man hat früher, ehe die Betriebssicherheit der Keilriemen erwiesen war, dem Zahnradantrieb des Bremsverdichters vom Steuerradkasten aus den Vorzug gegeben. Bei dieser Ausführung ist das wechselnde Antriebsmoment des Verdichters (insbesondere des Einzylinderverdichters) am besten durch Zwischenschalten einer elastischen Kupplung zu berücksichtigen.

ε) Anordnung des Anlassers.

Der Anlasser soll am Kurbelgehäuseoberteil befestigt sein, wo bearbeitete Befestigungsleisten und Schraubenlöcher zum Anschrauben der Haltebügel leicht vorgesehen werden können. Die Befestigung am Kurbelgehäuseunterteil erfordert dagegen meist dessen Herstellung aus Guß, schließt also die Verwendung von billigen, aus Blech gepreßten Unterteilen aus. Dazu sind die vom Anlasser abgegebenen Drehmomente beim Anlaßvorgang nicht unbedeutend und erfordern am Kurbelgehäuseunterteil besondere Maßnahmen zu deren Aufnahme. Außerdem soll der Anlasser möglichst hoch liegen, damit er bei geländegängigen Lastwagen durch Bodenberührung nicht beschädigt wird.

Meist wird der Anlasser auf der Seite des Kurbelgehäuseoberteils angeordnet, welche der Einspritzpumpe gegenüber liegt.

f) Anordnung und Antrieb der Schmierölpumpe.

Da bei Fahrzeugdieselmotoren mit Bleibronzelagern die Umlaufmenge des Öls heute etwa bei 30—35 l/PSh liegt und der Förderdruck bei voller Motordrehzahl etwa 5 kg/cm² beträgt, ist die für die Ölpumpe erforderliche Antriebsleistung nicht unerheblich. Berücksichtigt man weiter, daß im Winter ein beinahe zur Paste erstarrtes Öl gefördert werden muß, dann leuchtet die Notwendigkeit einer starken Überbemessung des Antriebes ein. Der Ölpumpenantrieb kann entweder von der Nockenwelle oder von der Kurbelwelle aus erfolgen.

1. *Antrieb von der Nockenwelle.* Diese Antriebsart ist vom Personenwagenmotor übernommen. Mit Schraubenrädern wird die senkrechte oder schwach zur Senkrechten geneigte Welle der Ölpumpe von der Nockenwelle aus angetrieben, wodurch weitgehende Freiheit in der Anordnung der Pumpe bzw. des Ölsumpfes im Kurbelgehäuseunterteil gegeben ist. Man wird bei dieser Anordnung die Pumpe selbst immer in den Ölsumpf verlegen können. Ein Saugrohr wird dadurch überflüssig. Bei geschickter Konstruktion ist es nach Abb. 110 möglich, das Gehäuse, welches die Antriebswelle der Ölpumpe umschließt, als Druckleitung zum Schmierölfilter auszunützen.

Bei Motoren mit besonders großer zulässiger Motorneigung, z. B. bei Motoren für Geländefahrzeuge, kann nach Abb. 116 eine zweite Ölpumpe als Absaugepumpe angebaut werden.

Vom Standpunkt der wirtschaftlichen Herstellung aus beurteilt, muß festgestellt werden, daß der eben beschriebene Antrieb nicht billig ist und einen großen Werkstoffaufwand erfordert.

2. *Antrieb von der Kurbelwelle.* Der Antrieb mit Stirnrad vom Kurbelwellenrad des Nockenwellenantriebes ist infolge des geringen zur Verfügung stehenden Raumes immer schwierig zu gestalten. Diese Schwierigkeiten haben in einigen Fällen nach Abb. 101 dazu geführt, Lagerdeckel und Ölpumpengehäuse zu einem Stück zusammenzufassen. Nach Ansicht des Verfassers ist diese Ausführung nicht empfehlenswert, da beim Anziehen des Lagerdeckels unter Umständen die Bohrungen für die Ölpumpenzahnräder verspannt werden können. Tritt aus diesem oder irgendeinem Grund ein Schaden an der Ölpumpe auf, so muß mit der Ölpumpe auch der Lagerdeckel ersetzt werden. Jeder Herstellungsfachmann weiß aber, wie schwierig der Ersatz eines Lagerdeckels ist, da die Deckel mit dem Gestell zusammengebohrt werden müssen, um eine gut passende Bohrung zur Aufnahme der Lagerschalen zu erhalten.

Die saug- und druckseitigen Anschlüsse der am Lagerdeckel angeordneten Ölpumpe müssen durch Rohrleitungen gebildet werden.

Eine andere Lösung ergibt sich, wenn man die Pumpe getrennt vom Lagerdeckel ausführt und auf diesem befestigt (Deutz). Dadurch werden die vorhin beschriebenen Nachteile der Ausführung von Lagerdeckel und Ölpumpe aus einem Stück vermieden. Beide Lösungen haben jedoch den Nachteil eines verhältnismäßig großen Abstandes von Mitte Kurbelwelle bis Unterkante Ölpumpe, so daß die Pumpe über den für den Kurbeltrieb erforderlichen Raum nach unten hinausragt. Solange der Ölsumpf dort sein kann, wo die Ölpumpe sitzt, ist der Nachteil unerheblich. Es kommen jedoch oft Fälle vor wo der Ölsumpf auf der dem Ölpumpenantrieb entgegengesetzten Seite liegt. Dann ist meist wegen der Lage der Vorderachse die große Bauhöhe dieser Lösung nicht erwünscht.

Eine weitere, sehr brauchbare und billige Ausführung erhält man, wenn die Ölpumpe neben dem Lagerdeckel unmittelbar am Kurbelgehäuseoberteil befestigt wird. Diese Anordnung nach Abb. 103 (Deutz) hat sich gut bewährt. Sie erfordert jedoch in der Gestaltung einige Aufmerksamkeit, da der Raum für die Ölpumpe in der Längsrichtung auf der einen Seite durch die vom Kurbelwellenrad bestimmte Lage des Antriebsrades der Pumpe, auf der anderen Seite durch die Kurbelwange, bzw. das Gegengewicht begrenzt ist. Die

Ölpumpe selbst wird sehr einfach. Der Anschluß der Saugleitung ist unten, das Drucköl wird unmittelbar in das Kurbelgehäuseoberteil geleitet und von dort dem Ölfilter zugeführt. Bei dieser Anordnung ist die Lage der Ölpumpe von der Lage des Ölsumpfs völlig unabhängig. Sie ist nach Abnahme des Kurbelgehäuseunterteils leicht zugänglich und auswechselbar. Die etwas größere Saughöhe kann unbedenklich in Kauf genommen werden. Die Befestigung der Ölpumpe, sowie die Abdichtung des Druckanschlusses erfolgt nach Abb. 103 durch 2 Schrauben.

II. Triebwagenmotoren.

1. Übersicht.

a) Allgemeines.

Für Leistungen bis zu 150—200 PS können Fahrzeugdieselmotoren (Lastkraftwagenmotoren) auch als Triebwagenmotoren Verwendung finden. Es gibt zahlreiche Neben- und Privatbahnen, für die eine derartige Leistung voll ausreicht, da keine großen Anforderungen an die Geschwindigkeit dieser Triebwagen gestellt werden. Man verwendet dafür meist 6- bis 8-Zylindermotoren in Reihenbauart.

Den Verhältnissen des Eisenbahnbetriebes entsprechend, der ein längeres Fahren der Motoren mit hohen Leistungen verlangt, sind die Leistungen der Motoren bei der Verwendung in Triebwagen als Dauerleistungen mit etwas kleinerem Nutzdruck als beim Einbau in Lastkraftwagen ausgelegt.

Da der Raumbedarf der Maschinenanlage gerade bei kleinen Triebwagen eine ausschlaggebende Rolle spielt, baut man auch die stehenden Reihenmotoren unter dem Fußboden des Triebwagens ein. Voraussetzung dafür ist, daß die gesamte Motorhöhe das Maß von 1000 mm nicht überschreitet, damit die Sitzbankanordnung nicht gestört wird.

Motor und Getriebe werden auf einem gemeinsamen Rahmen angebracht, der meist in Gummi am Wagenkasten gelagert wird. Als Getriebe wird meist das pneumatisch geschaltete synchronisierte Zahnradwechselgetriebe verwendet, da es klein, leicht und billig ist. Auch Flüssigkeitsgetriebe finden mitunter Anwendung. Die elektrische Kraftübertragung wird für die verhältnismäßig kleinen Leistungen im allgemeinen nicht verwendet.

Die Zugänglichkeit derartiger Motoranlagen ist gut. Die Auswechslung des Rahmens mit dem Aggregat ist einfach und erfordert wenig Zeit, da der Wagenkasten nicht angehoben werden muß. Die Baulänge des Motors ist bei dieser Anordnung der Maschinenanlage nicht von besonderer Bedeutung. Durch die Gummiaufhängung des Motorrahmens lassen sich Erschütterungen und Geräusche weitgehend vom Wagenkasten fernhalten. Bei diesen Triebwerken ist eine ausreichende Luftfilterung durch Naßluftfilter vorzusehen und die Luft nicht unter dem Wagenkasten, sondern gegebenenfalls durch bis ans Dach reichende Kanäle, aus höheren, staubarmen Schichten anzusaugen.

Der Motor kann während des Betriebes nicht unmittelbar überwacht werden. Das ist aber auch bei Kraftwagenmotoren nicht möglich. Hier wie dort muß man sich auf eine Überwachung von Schmieröldruck, Temperatur und Drehzahl beschränken. Im Gegensatz zum Kraftwagenbetrieb werden jedoch abnormale Motorgeräusche vom Triebwagenführer schlecht und daher vielfach nicht rechtzeitig gehört. Man läßt daher durch eine besondere Vorrichtung meist den Motor beim Absinken des Schmieröldrucks selbsttätig abstellen und schützt ihn dadurch gegen Schäden, die durch Fehler an der Schmieranlage verursacht werden können. Diese Öldruckkontrolle wirkt unmittelbar auf die Regelstange der Einspritzpumpen. Sie muß beim Anlassen so lange ausgeschaltet werden, bis der Öldruck entsteht. Dazu ist entweder ein Hubmagnet erforderlich, der für das Anlassen die Öldruckkontrolle überwindet, oder, falls das Getriebe mit Druckluft geschaltet wird, eine durch Druckluft betätigte Vorrichtung. Die Kühlwassertemperatur wird durch Fernthermometer, die Drehzahl durch einen elektrischen Ferndrehzähler überwacht. Zur Überwachung des Öldruckes werden außerdem elektrische Kontakteinrichtungen verwendet, die bei sinkendem Öldruck eine Warnlampe aufleuchten lassen.

Die Entwicklung von besonderen Triebwagenmotoren setzte mit der Forderung nach Motorleistungen ein, die über die bei Fahrzeugdieselmotoren üblichen Leistungen weit hinausgingen.

Es ist naheliegend, auch Motoren größerer Leistung unter dem Wagenkasten unterzubringen. Da sich dies bei Motoren mit stehenden Zylindern schwer durchführen ließ, brachten die Deutschen Werke Kiel AG. einen liegenden 8-Zylinder-Boxermotor von 20,1 l Hubraum und 185 PS Leistung heraus, der sich im Betrieb der Reichsbahn sehr gut bewährt hat. Die deutsche Reichsbahn rief später durch das Reichsbahnzentralamt München eine Gemeinschaftsarbeit der Daimler-Benz AG., Deutsche Werke Kiel AG.,Klöckner-Humboldt-Deutz AG. und der Maschinenfabrik Augsburg-Nürnberg AG. ins Leben, mit der Aufgabe einen 12-Zylinder-Boxermotor von 275 PS Leistung bei 1500 U/min mit 130 mm Bohrung und 190 mm Hub zu entwickeln. Dabei wurde den einzelnen Firmen in der Gestaltung freie Hand gelassen. Nur die Hilfsrahmen, in denen die Motoren gelagert sind, mußten mit den Motoren untereinander austauschbar sein. Dazu wurden alle Rohrleitungsanschlüsse der Motoren sämtlicher beteiligter Firmen gleich ausgeführt.

Die Motoren sind für Nebenbahntriebwagen bestimmt. Jeder Wagen ist mit einem Motor, Triebwagen für Steilstrecken sind mit zwei Motoren ausgerüstet (Doppeltriebwagen). Über die Bauweise dieser Motoren wird noch ausführlich berichtet. Infolge des Bedarfes an größeren Antriebsleistungen wurden die Motoren im Zuge der Entwicklung auch mit Aufladung ausgeführt und damit Leistungen von 400 PS erreicht.

Eine völlig andere Richtung nahm die Entwicklung schnellaufender, stehender Motoren größerer Leistung. Schon 1924 brachte die Maybach Motorenbau G. m. b. H. einen schnellaufenden Dieselmotor (damals noch mit Lufteinblasung) heraus. Ein solcher Motor konnte nicht mehr unter dem Wagenkasten angeordnet werden. Er wurde in das Drehgestell eingebaut und ein Teil des Wagens als Motorraum beansprucht. Auch bei der Weiterentwicklung zum 12-Zylinder-V-Motor mit 450 PS ohne, bzw. 650 PS Leistung mit Aufladung nach dem Büchi-Verfahren, wurde die Anordnung im Drehgestell beibehalten.

Die von der deutschen Reichsbahn verwendeten Anlagen haben zum großen Teil elektrische Kraftübertragung. In einem Drehgestell sind Motor und Generator untergebracht, in dem anderen die Fahrmotoren.

Die Anordnung der Motoren im Drehgestell hat bei elektrischer Kraftübertragung den Nachteil, daß ein Triebwagen immer nur eine Motoranlage erhalten kann. Ebenso ist die Zahl der Antriebsaggregate für zwei oder mehrteilige Triebwagen auf einen Motor je Wagen beschränkt. Der Übergang zur hydraulischen Übertragung ermöglicht die Zusammenfassung von Motor und Antrieb im gleichen Drehgestell.

Die Leistung aufgeladener, schnellaufender Viertaktdieselmotoren für Triebwagen dürfte heute mit 650 PS bei Hubraumleistungen von 11—16 PS/l die oberste Grenze erreicht haben. Eine weitere Erhöhung der Kolbengeschwindigkeiten kann zur Zeit mit der erforderlichen Betriebssicherheit nicht vereinbart werden.

Es bleibt daher die Frage offen, wie eine weitere Entwicklung zur Vergrößerung der Leistung erfolgen soll. Es dürfte möglich sein, anstatt der 12-Zylindermotoren die heute vorherrschen, 16-Zylindermotoren mit gleichen Zylinderabmessungen und Drehzahlen im Triebwagen unterzubringen. Damit würde sich die Leistung auf rund 850 PS bei Aufladebetrieb steigern lassen.

Eine andere Möglichkeit besteht darin, in einem Maschinenwagen, der jedoch einen vom Maschinenraum abgeschlossenen Durchgang besitzt, bis zu 3 Motorenanlagen von je 600—650 PS Leistung unterzubringen, wie es bei den neuen dieselelektrischen Triebwagenzügen (5teilig) der niederländischen Eisenbahnen durchgeführt wurde. Diese Ausführung eines Maschinenwagens bedeutet jedoch bereits den Übergang zur Diesellokomotive und ein Abweichen von der Triebwagen-Bauweise.

Auch die Verwendung noch größerer Einheiten z. B. des Motors MAN W8V 30/38 von 1300 PS führt zu einem Wagen, der nurmehr den Motor enthält, also zur Diesellokomotive.

Einen ähnlichen Weg gehen amerikanische Firmen bei der Verwendung langsam laufender Zweitaktmotoren mit 600—900 PS Leistung (Winton General Motor Co.)

Zur Leistungssteigerung gewinnt das Aufladen schnellaufender Viertaktmotoren mit direkt vom Motor mechanisch angetriebenen Aufladegebläsen erhöhte Bedeutung, da man hierbei ein im mittleren Drehzahlbereich steigendes Motordrehmoment erreichen kann. Versuche, die von verschiedenen Firmen in der letzten Zeit über die Aufladung schnellaufender Viertaktmotoren mit Rootsgebläsen durchgeführt wurden, haben gezeigt, daß infolge der Verbesserung des mechanischen Wirkungsgrades und das durch die Aufladung erreichte völligere Verbrennungsdiagramm die Verbrauchszahlen bei aufgeladenen und nicht aufgeladenen Maschinen gleich liegen. Der Leistungsaufwand des vom Motor angetriebenen Aufladegebläses tritt demnach im Verbrauch nicht in Erscheinung. Durch mechanische Aufladung schnellaufender Viertaktmotoren lassen sich heute Nutzdrücke von 9,0 kg/cm^2 erreichen. Meist werden Rootsgebläse als Aufladegebläse verwendet. In bezug auf Luftaufwand, Aufladedrücke, Überschneidung der Ventilöffnungen und der dadurch bedingten Ausbildung des Zylinderkopfes gilt das auf S. 3 bei den Fahrzeugdieselmotoren Gesagte.

Während bei Lastkraftwagenmotoren der Antrieb eines Rootsgebläses durch endlose Gummikeilriemen ohne weiteres beherrscht werden kann, wird dies bei den größeren Leistungen der Gebläse zur Aufladung von Triebwagenmotoren voraussichtlich nicht mehr möglich sein. Die Rootsgebläse werden dann durch Zahnräder unter Zwischenschaltung einer hochelastischen Kupplung, welche die Ungleichförmigkeit der Drehgeschwindigkeit des Motors ausgleicht, angetrieben. Wahrscheinlich ist auch noch der Einbau von Rutschkupplungen im Gebläseantrieb für das Anfahren der Motoren erforderlich. Die Umfangsgeschwindigkeit der Rootsgebläseflügel soll zweckmäßig 30 m/sec nicht übersteigen, da sonst die Geräuschdämpfung derartiger Gebläse erhebliche Schwierigkeiten bereiten kann.

Die Verwendung von Auflademotoren mit Abgasturbinen nach dem System Büchi beschränkt sich auf Triebwagen mit elektrischer und hydraulischer Kraftübertragung. Der Grund hierfür liegt darin, daß mit Abgasturbinen System Büchi keine im mittleren Drehzahlbereich des Motors ansteigende Drehmomentlinie erreicht werden kann, wie sie bei Verwendung mechanischer Getriebe erforderlich wäre.

Es kann kein Zweifel darüber herrschen, daß bei der künftigen Triebwagenentwicklung auch der Preis der Motoranlagen eine erhebliche Rolle spielen wird. In bezug auf den Preis liegen Motoren mit Abgasturbinen System Büchi gegenüber solchen mit mechanischer Aufladung ungünstig.

Eine weitere Entwicklungsmöglichkeit für Triebwagenmotoren bildet die Anwendung des Zweitaktverfahrens. Dabei ist es vorerst noch von untergeordneter Bedeutung, ob es sich um Zweitaktmotoren mit Schlitzspülung (Umkehrspülung) oder um Zweitaktmotoren mit Gleichstromspülung und Auspuffventilsteuerung handelt. Auf jeden Fall kann man unter Beibehaltung der Drehzahl von 1500 Umdrehungen wie sie heute von der Deutschen Reichsbahn für den 12-Zylinder-V-Motor vorgeschrieben ist, mit dem Zweitaktverfahren Hubraumleistungen von 16—17 PS/l Hubvolumen erreichen. Das Hubraumgewicht derartiger schnellaufender Zweitaktmotoren kann etwa mit 40 kg/l Hubraum angenommen werden. Gegenüber dem aufgeladenen Motor wird die Verwendung des schnellaufenden Zweitaktmotors auch Fortschritte durch Erreichung eines niedrigen Leistungsgewichtes bringen.

Die Regelung der Triebwagenmotoren muß der Kraftübertragung angepaßt werden. Folgende Antriebsarten kommen für Triebwagen in Betracht:

α) Mechanische Übertragung.

Die mechanische Übertragung erfolgt durch ständig in Eingriff befindliche Zahnradstufen, die durch pneumatisch betätigte Kupplungen geschaltet werden. Zum Schalten wird, wie beim Kraftwagen, die Drehzahl des Motors, entsprechend der zu schaltenden Stufe verändert. Dazu muß die Drehzahl vom Führerstand geregelt werden können. Der

Motor erhält einen Verstellregler, bei dem durch Spannung oder Entspannung der Reglerfedern die Motordrehzahl eingestellt wird. Die Füllung wird unmittelbar vom Regler beeinflußt. Zur Verstellung der Reglerfedern dient bei pneumatischer Getriebeschaltung ein Luftschalter mit zwei Endstellungen.

β) Hydraulische Übertragung.

Die Eigenart hydraulischer Getriebe erfordert unmittelbare Füllungsregelung des Motors. Die Regelstange der Einspritzpumpe wird von einem Verstellkolben bewegt. Der Regler ist als Enddrehzahlregler ausgebildet.

γ) Elektrische Kraftübertragung.

Bei elektrischer Kraftübertragung ist meist Drehzahlregelung erforderlich. Der Motor ist daher mit einem entsprechenden Regler auszustatten.

Die elektrische Übertragung ist teuer. Sie wird dort vorteilhaft verwendet werden, wo man in einem Wagen größere Motorleistungen unterbringen kann und die Räder der Wagen ohne eigene Motorenanlage mit Elektromotoren zur Ausnützung des Adhäsionsgewichtes antreibt.

Die hydraulische Übertragung wurde in der letzten Zeit mit Erfolg ausgeführt. Nach Ansicht des Verfassers würde hinsichtlich Preis und Gewicht ein Zahnradgetriebe, das z. B. mit einer hydraulischen Hauptkupplung für das Anfahren versehen ist gegenüber den vorhin beschriebenen Übertragungsarten Vorteile bieten.

b) Kennwerte.

α) Leistungsgewicht abhängig vom Gesamthubraum.

Die Abhängigkeit des Leistungsgewichtes vom Gesamthubraum ist in Abb. 13 hauptsächlich für deutsche Triebwagenmotoren dargestellt. Hieraus lassen sich 4 Hauptbauarten von Triebwagen-Dieselmotoren unterscheiden. In einem Bereich bis zu einem Gesamthubraum von 12—25 l herrscht die 6-Zylinder- und 8-Zylinder-Reihenmaschine vor. Die Leistungsgewichte hierfür liegen zwischen 5 und 9 kg/PS. Der große Streubereich ist außer durch die unterschiedlichen Drehzahlen auch durch die Verschiedenheit des konstruktiven Aufbaues der einzelnen Maschinen gegeben. Bei aufgeladenen Reihenmotoren läßt sich, selbst bei Verwendung von Grauguß für das Kurbelgehäuseoberteil, ein Leistungsgewicht erreichen, das ungefähr bei 5,4 kg/PS liegt.

Die im Auftrage der Deutschen Reichsbahn von verschiedenen Firmen entwickelten 12-Zylinder-Boxermotoren von 1500 U/min und 275 PS Leistung haben einen Gesamthubraum von 30 l. Bei diesen Motoren wurde auf die Verwendung von Leichtmetall für die Hauptbauteile verzichtet. Die nicht aufgeladenen Maschinen haben Leistungsgewichte von 7,2—9,1 kg/PS. Diese Streuung im Leistungsgewicht ist rein konstruktiv bedingt. Gerade diese 12-Zylinder-Boxermaschinen, die alle den gleichen Hubraum haben, sind ein Beweis dafür, wie weitgehend der Konstrukteur das Gewicht einer Maschine beeinflussen kann. Dementsprechend ist auch der Bereich der Leistungsgewichte für den aufgeladenen 12-Zylinder-Boxermotor von ungefähr 400 PS Leistung bei 1500 U/min noch groß. Sie liegen zwischen 6 und 7,5 kg/PS. Aus diesen Angaben ist zu sehen, daß ein Boxermotor kaum leichter als ein Reihenmotor baut. Dies ist verständlich, da der Boxermotor ja im wesentlichen aus 2 aneinandergebauten Reihenmotoren besteht und daher durch die Bauart selbst keine wesentliche Senkung des Leistungsgewichtes gegenüber der Reihenmaschine zu erwarten ist.

Bei 30 l Gesamthubraum liegt, mit einem Leistungsgewicht von 6 kg/PS eine unaufgeladene 12-Zylinder-V-Maschine, die allerdings ein Kurbelgehäuseoberteil aus Leichtmetall besitzt, in unmittelbarer Nähe der leichtesten aufgeladenen Boxermaschine. Die V-Bauart ist also unbedingt gewichtsparend, da das Kurbelgehäuseoberteil gegenüber der Boxermaschine wesentlich leichter ist.

Im Hubraumbereich von 43—60 l liegen die 12-Zylinder-V-Maschinen, welche von der Deutschen Reichsbahn für Leistungen von 400—450 PS als nicht aufgeladene Mo-

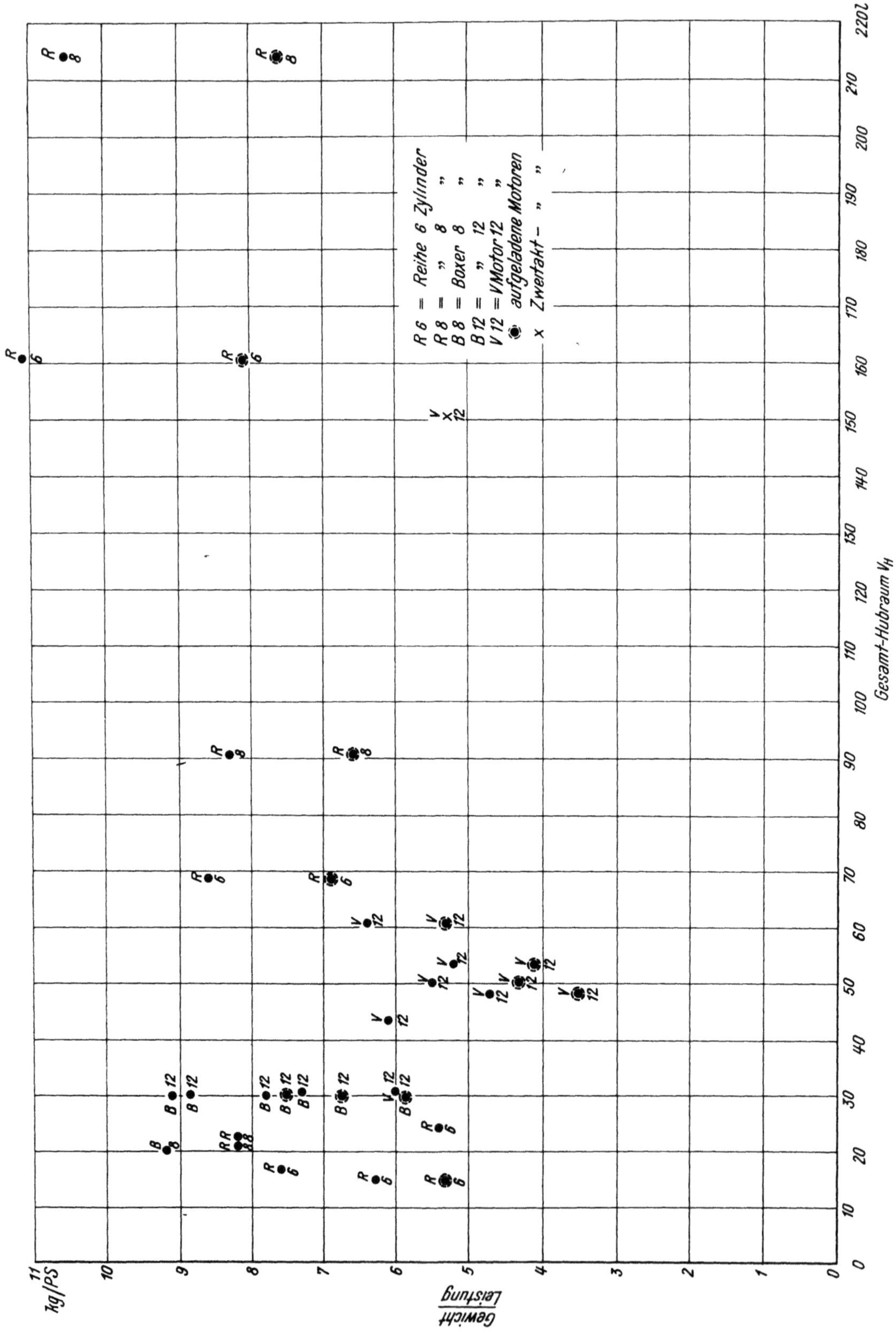

Abb. 13. Triebwagenmotoren, Leistungsgewicht abhängig vom Gesamthubraum.

toren verwendet werden. Bei diesen Motoren wird fast von allen Firmen für die Hauptbauteile weitgehend Leichtmetall verwendet. Dementsprechend liegt das Leistungsgewicht dieser Motoren zwischen 4,7 und 6,4 kg/PS. Die leichteren Maschinen haben dabei ein Kurbelgehäuseoberteil aus Leichtmetall, während bei schwereren Maschinen teilweise noch Zylinderblöcke aus Grauguß verwendet werden. Die mit Büchi-Abgasturbine aufgeladenen 12-Zylinder-V-Maschinen erreichen Leistungen von ungefähr 650 PS und Leistungsgewichte, die zwischen 3,5 und 5,2 kg/PS liegen.

Maschinen mit noch größerem Hubraum von etwa 70—215 l Inhalt werden vorläufig fast ausschließlich als Reihenmotoren gebaut und zwar mit und ohne Aufladung. In Abb. 13 erscheinen hier die Typen WV 22/30 und WV 30/38 der Maschinenfabrik Augsburg-Nürnberg AG. Die Leistungsgewichte liegen für die kleinere nicht aufgeladene Type ungefähr bei 8,5 kg und für die größeren Typen zwischen 10,5 und 11 kg/PS. Die entsprechenden Werte der aufgeladenen Maschinen liegen zwischen 6,5 und 7 bzw. 7,5 und 8 kg/PS.

β) Hubraumgewicht abhängig vom Gesamthubraum.

Die in Abb. 14 in der ersten Gruppe liegenden Reihenmotoren mit und ohne Aufladung haben Hubraumgewichte von 80—100 kg/l. Die 12-Zylinder-Boxermotoren haben unaufgeladen ein Hubraumgewicht von 65—83 kg/l. Die aufgeladenen 12-Zylinder-Boxermotoren liegen zwischen 77 und 100 kg/l. Das Aufladeaggregat erhöht natürlich das Hubraumgewicht. Dementsprechend liegen die Hubraumgewichte der unaufgeladenen 12-Zylinder-V-Motoren zwischen 45 und 50 kg/l und die der aufgeladenen 12-Zylinder-V-Motoren zwischen 50 und 57 kg/l. Das, gegenüber den kleineren Reihenmotoren und den 12-Zylinder-Boxermotoren, bedeutend niedrigere Hubraumgewicht der aufgeladenen und nicht aufgeladenen 12-Zylinder-V-Motoren ist ein Beweis für die Zweckmäßigkeit der V-Bauart. Dabei ist allerdings zu berücksichtigen, daß im allgemeinen das Hubraumgwicht mit steigendem Gesamthubraum sinkt. Einen Beweis hierfür bilden die Hubraumgewichte der MAN-Reihenmotoren der Typen WV 22/30 und WV 30/38, die im allgemeinen die Hubraumgewichte der aufgeladenen und unaufgeladenen 12-Zylinder-V-Motoren erreichen.

γ) Motorleistung abhängig vom Gesamthubraum.

In dem Leistungsbereich von 150—250 PS herrschen nach Abb. 15 6- und 8-Zylinderreihenmotoren vor. Ihr Gesamthubraum liegt zwischen 15 und 27 l. In dem Bereich zwischen 250 PS und 400 PS werden hauptsächlich 12-Zylinder-Boxer- und 12-Zylinder-V-Motoren verwendet. Der aufgeladene Boxermotor erreicht bei 400 PS die Leistungsgrenze für diese Bauart. Der hierfür in Frage kommende Gesamthubraum beträgt 27—33 l. Der Leistungsbereich von 400—650 PS wird fast ausschließlich durch 12-Zylinder-V-Motoren mit und ohne Aufladung gedeckt. Die Leistungen der nicht aufgeladenen Motoren liegen um 450 PS, während die aufgeladenen 12-Zylinder-V-Motoren Leistungen bis 650 PS erreichen. Die dazu erforderlichen Gesamthubräume liegen zwischen 42 und 65 l. Leistungen von 650—800 PS werden bei einem Gesamthubraum von etwa 86—110 l von 12- bzw. 16-Zylinder-V-Maschinen und von 8-Zylinder-Reihenmotoren mit Aufladung erreicht. Über diese Leistung hinaus werden nur mehr Reihenmotoren von 160—215 l Gesamthubraum mit und ohne Aufladung verwendet. Die größte Leistung solcher Maschinen für Triebwagen liegt bei etwa 1200 PS.

δ) Hubraumleistung abhängig vom Gesamthubraum.

Im Bereich bis zu einem Gesamthubraum von etwa 30 l liegen nach Abb. 16 die Hubraumleistungen zwischen 8 und 13 PS/l. Diese große Streuung ist durch die stark verschiedenen Drehzahlen der Motoren zu erklären. Bis etwa 65 l Gesamthubraum liegen die 12-Zylinder-Triebwagenmotoren in einem Bereich zwischen 7,5 und 9,5 PS/l. Die aufgeladenen 12-Zylinder-V-Maschinen haben Hubraumleistungen von 10,5—13,5 PS/l. In dem Bereich von 65 l bis ungefähr 100 l Gesamthubraum ist eine Hubraumleistung

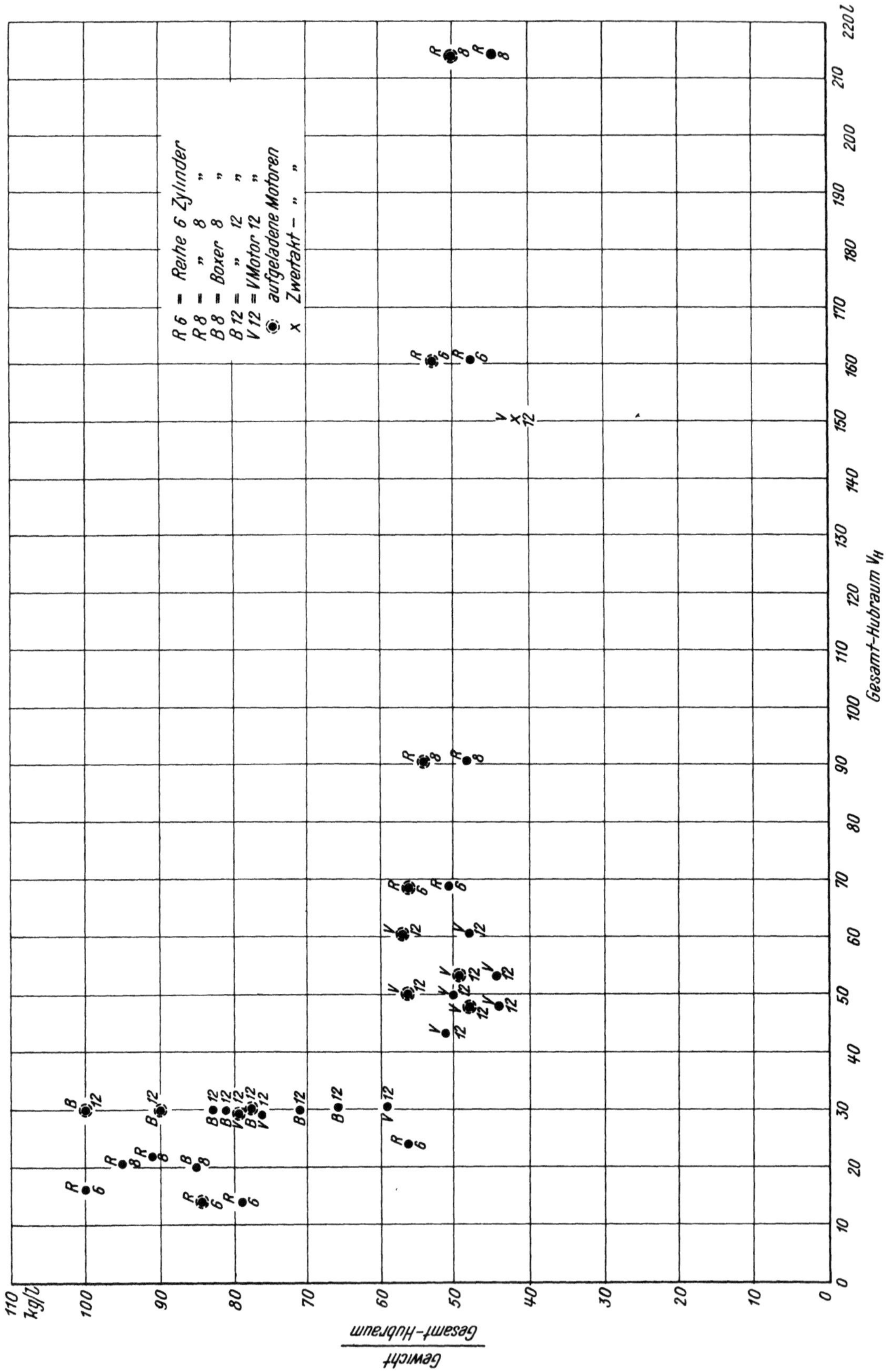

Abb. 14. Triebwagenmotoren. Hubraumgewicht abhängig vom Gesamthubraum.

von 6—9 PS/l vorherrschend. Triebwagenmotoren mit noch größeren Gesamthubraum bis 220 l haben unaufgeladen, eine Hubraumleistung von nicht ganz 4,5 PS/l und auf-

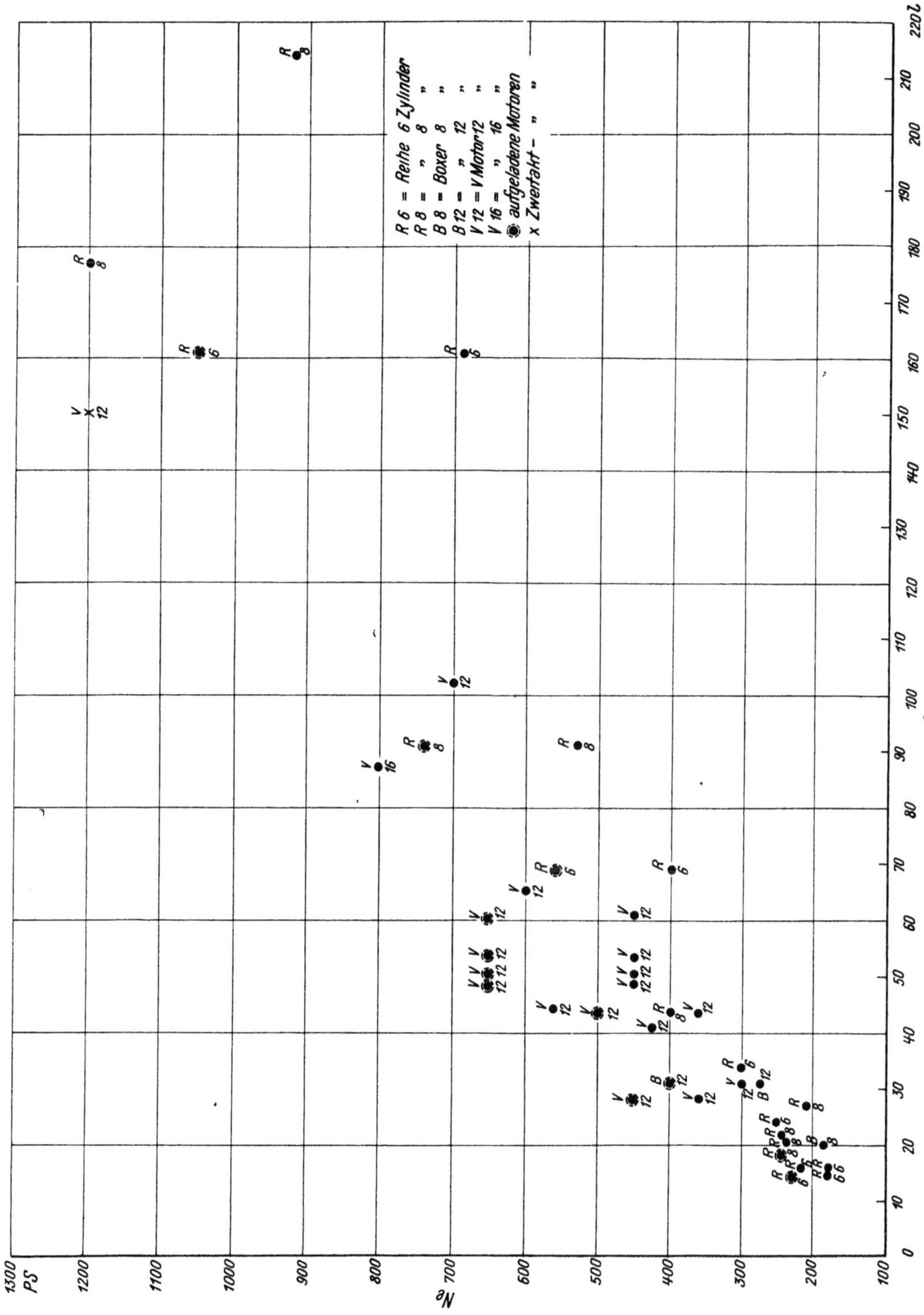

Abb. 15 Triebwagenmotoren, Motorleistung abhängig vom Gesamthubraum.

geladen eine solche von 6,5 PS/l. Es ist dabei zu berücksichtigen, daß mit zunehmendem Gesamthubraum natürlich die Drehzahl und damit die Hubraumleistung kleiner wird.

ε) Mittlere Kolbengeschwindigkeit abhängig vom Zylinderhubraum.

In Abb. 17 hat die erste Gruppe der kleineren Reihenmotoren von 2,5 bis 4 l Zylinderhubraum Kolbengeschwindigkeiten von 8,5—10 m/sec. Die Kolbengeschwindigkeit der

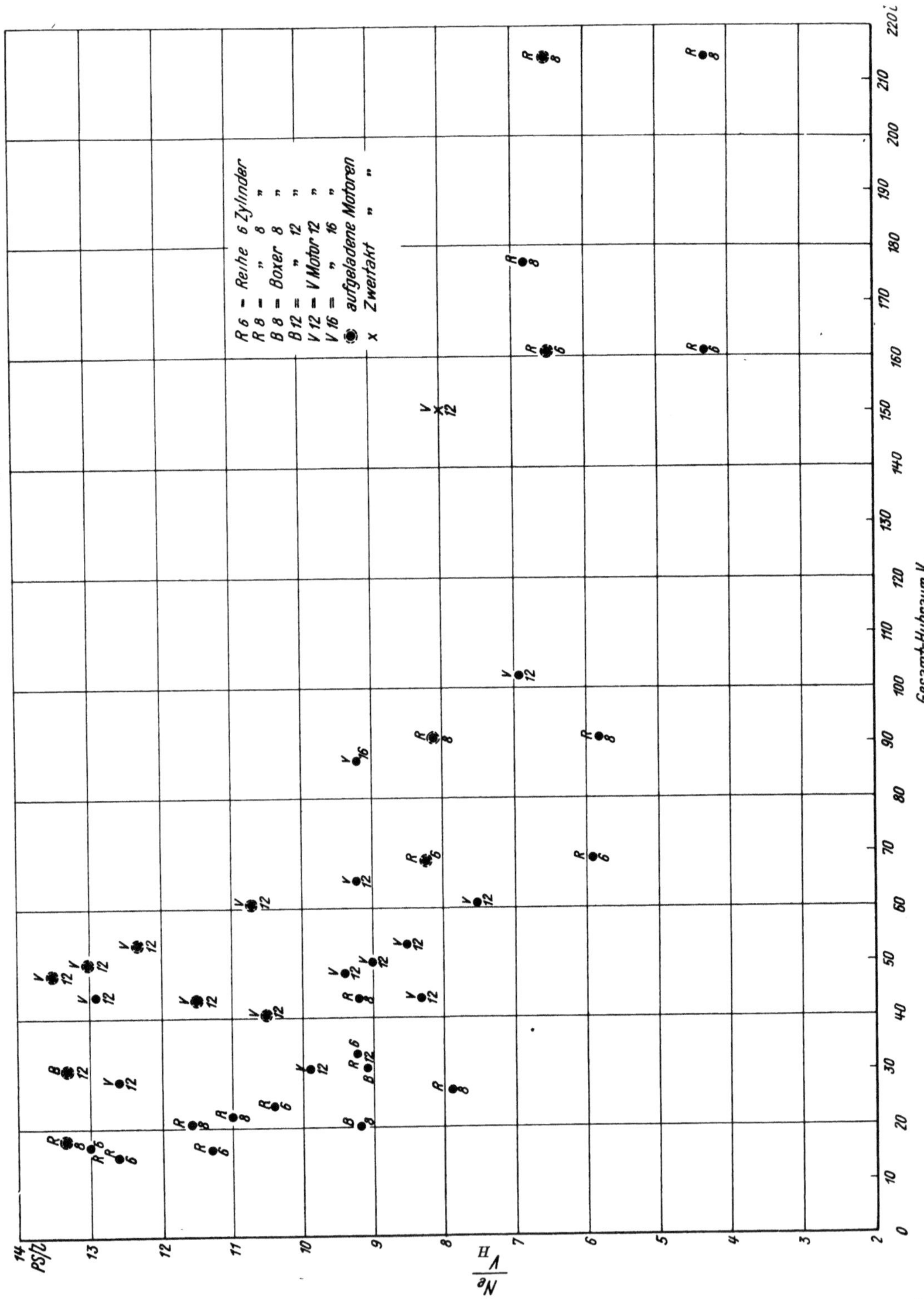

Abb. 16. Triebwagenmotoren. Hubraumleistung abhängig vom Gesamthubraum.

Gruppe der 12-Zylinder-Boxermotoren von gleichen Abmessungen ist 9,5 m/sec. Die 12-Zylinder-V-Motoren mit Zylinderhubräumen von 3,5—8,5 l haben die höchsten auftretenden Kolbengeschwindigkeiten von 9 bis beinahe 11 m/sec. Die größeren Reihenmotoren mit Zylinderhubräumen von 12—27 l haben Kolbengeschwindigkeiten um 9 m/sec. Im allgemeinen sind mit Rücksicht auf die Betriebssicherheit Kolbengeschwindigkeiten über 11 m/sec zu vermeiden.

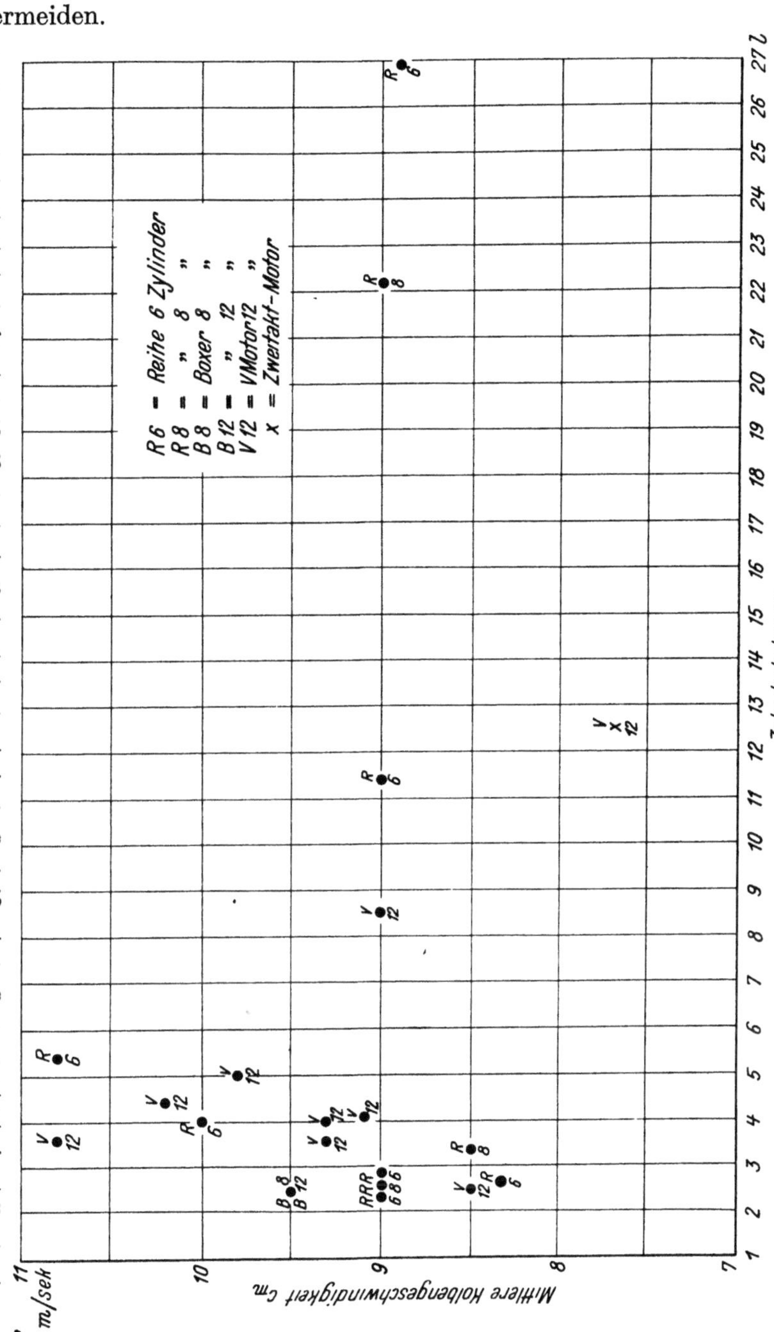

Abb. 17. Triebwagenmotoren. Mittlere Kolbengeschwindigkeit abhängig vom Zylinderhubraum.

ζ) Nutzdruck abhängig vom Zylinderhubraum.

Aus Abb. 18 ist ein Einfluß des Zylinderhubraums auf den Nutzdruck nicht zu erkennen. Die Nutzdrücke unaufgeladener Motoren liegen für Triebwagenbetrieb in einem Bereich zwischen 5,2 und 6,5 kg/cm². Die in Abb. 18 aufscheinenden höheren Werte der 6- und 8-Zylinder-Reihenmotoren sind als Spitzenleistung aufzufassen und kommen daher für die Auslegung eines Triebwagenmotors nicht in Betracht. Zu empfehlen ist für eine unaufgeladene Maschine die Annahme eines Nutzdrucks zwischen 5,5 und 6 kg/cm² je nach der Art des Verbrennungsverfahrens. Die aufgeladenen Triebwagenmotoren haben Nutzdrücke zwischen 7 und 9 kg/cm². Bei elektrischer Kraftübertragung kann ein p_e von 8,5—9 kg/cm² sicher erreicht werden, zumal ja dann die Forderung nach einer Steigerung des p_e im mittleren Drehzahlbereich nicht gestellt wird. Diese Steigerung ist jedoch für hydraulische oder mechanische Kraftübertragung unbedingt erforderlich. Bei diesen Übertragungsarten empfiehlt es sich, um im mittleren Drehmomentbereich höhere Nutzdrücke noch unter der Rauchgrenze erreichen zu können, für die Höchstleistung ein p_e von ~ 8 kg/cm² anzunehmen.

Der erreichbare Nutzdruck bei Aufladung ist in hohem Maße vom angewendeten Verbrennungsverfahren abhängig.

Die Auflademaschine mit dem höchsten p_e von fast 9,5 kg/cm² in Abb. 18 ist eine Maschine mit direkter Einspritzung.

η) Leistungsbelastung des Kolbens abhängig vom Zylinderhubraum.

Die Leistungsbelastung der Kolben für Triebwagenmotoren liegt nach Abb. 19 in dem Bereich von 0,15 PS/cm² bis 0,285 PS/cm² Kolbenfläche. Die unaufgeladenen 12-Zylinder-

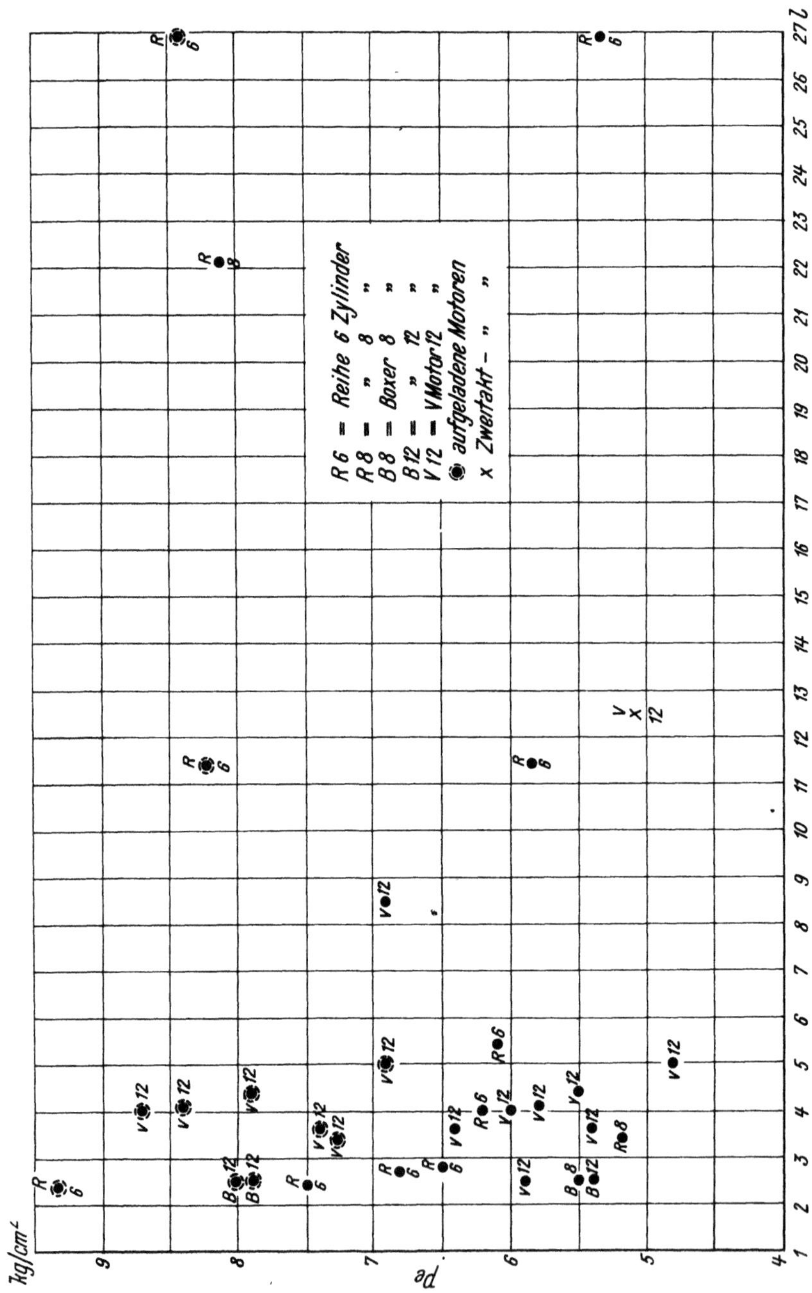

Abb. 18 Triebwagenmotoren, Nutzdruck abhängig vom Zylinderhubraum.

V-Motoren haben Werte zwischen 0,17—0,23 PS/cm², aufgeladene Triebwagenmotoren zwischen 0,23 und 0,285 PS/cm² Kolbenfläche. Die letzteren Werte entsprechen bereits den mittleren Leistungsbelastungen der Kolbenflächen von Otto-Motoren.

2. Allgemeine Richtlinien für den Aufbau.

a) Zylinderlaufbuchsen.

Triebwagenmotoren erhalten meist eingesetzte nasse Zylinderlaufbuchsen. Der Grund hierfür liegt nicht allein in der häufigen Verwendung von Leichtmetall für das Kurbelgehäuse, sondern auch in dem Bestreben, eine möglichst große Lebensdauer der Zylinderlaufflächen zu erreichen, damit Generalüberholungen der Motoren erst nach möglichst großen Kilometerleistungen notwendig werden.

Wie schon bei den Fahrzeugdieselmotoren erwähnt wurde, ist bei eingesetzten Zylinderlaufbüchsen die Verwendung von besonders geeignetem Zylindermaterial (Schleuderguß) möglich. Der Verfasser ist der Ansicht, daß die Entwicklung zur Verwendung nitrierter oder hart verchromter Laufbüchsen führen wird. Ein weiterer Grund für die Verwendung eingesetzter Zylinderlaufbuchsen liegt in den großen Abmessungen der Motoren, bei welchen die Motorgehäuse aus wirtschaftlichen Gründen länger verwendet werden müssen, als es die Abnützung eingegossener Zylinder gestatten würde.

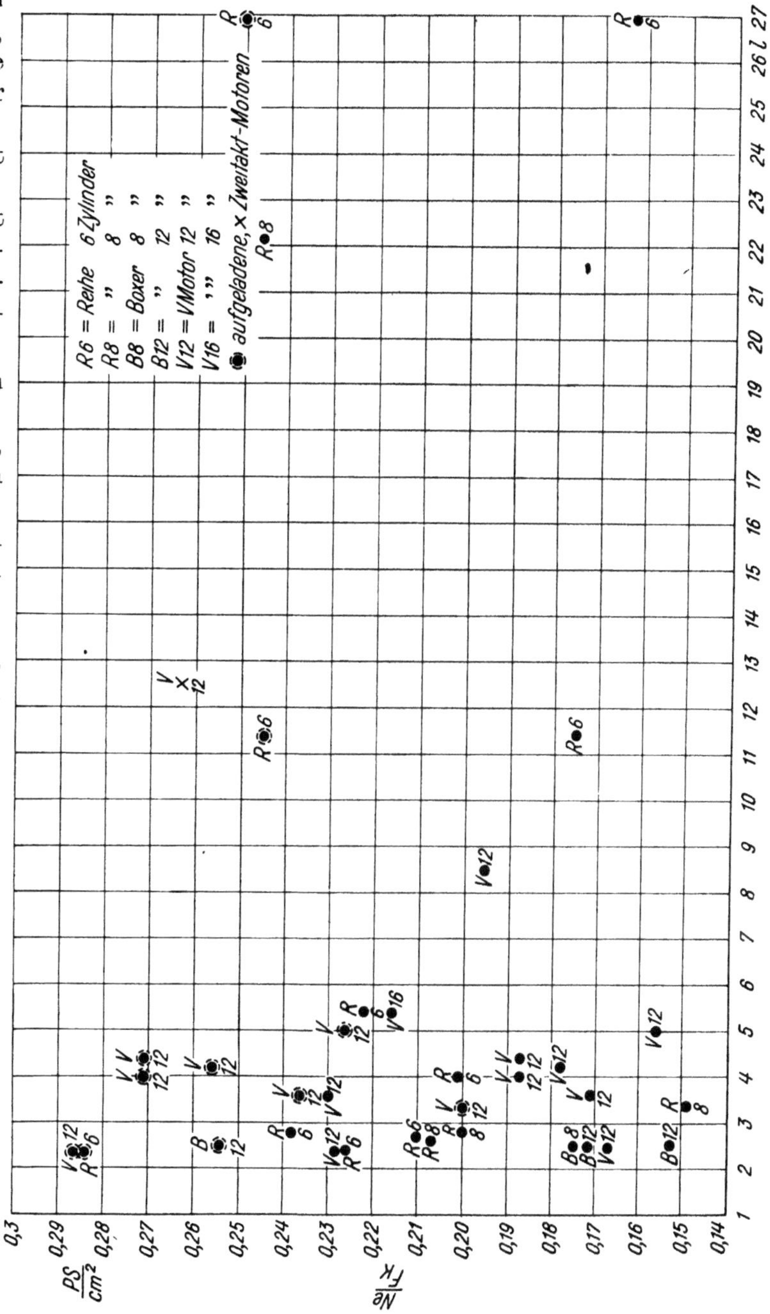

Abb. 19. Triebwagenmotoren. Leistungsbelastung des Kolbens abhängig vom Zylinderhubraum.

b) Kurbelgehäuseoberteil.

α) V- und Reihenmotoren.

Die weitgehende Verwendung von Leichtmetall macht die Zusammenfassung von Kurbelgehäuse und Zylinderblock zu einem Stück zweckmäßig. Es werden dadurch erhebliche Gewichtsersparnisse und gleichzeitig ein steifes Motorgehäuse erzielt.

Die Teilebene zum Kurbelgehäuseunterteil liegt entweder in Mitte Kurbelwelle, oder wesentlich unterhalb derselben. Bei Gleitlagerung ist das Herunterziehen des Kurbelgehäuseoberteils wegen der seitlichen Auflage der Lagerdeckel, die bei V-Motoren erhebliche Seitenkräfte aufzunehmen haben, von Vorteil. Die Abdichtung der austretenden Kurbelwellenenden wird dadurch erleichtert und das Kurbelgehäuseunterteil kann sehr einfach ausgebildet werden.

β) Boxermotoren.

Man teilt das Kurbelgehäuse zweckmäßig in einer Ebene senkrecht zur Zylinderachse, die durch die Kurbelwellenmitte hindurchgeht. Jede Gehäusehälfte entspricht ungefähr dem Kurbelgehäuseoberteil einer Reihenmaschine. Die Kurbelwelle ist mit Rücksicht auf einfachen Zusammenbau nur in einer Gehäusehälfte gelagert. Beide Gehäusehälften sind durch Zugschrauben verbunden, die den direkten Kraftfluß herstellen. Durch diese Bauweise erreicht man kleinere Gußstücke, bei herkömmlicher Lagerung und leichterem Ausbau der Kurbelwelle.

Wegen des bei Boxermotoren üblichen Einbaus des Motors unter dem Wagenkasten, der nur einen Ausbau des Triebwerks nach unten zuläßt, müssen in beiden Gehäusehälften an der unteren Seite große Öffnungen vorgesehen werden, die durch die flache Ölwanne verschlossen werden. Um die Pleuellagerschrauben zugänglich zu machen, erhalten überdies beide oder auch nur eine Gehäusehälfte an der oberen Seite kleine Öffnungen, die durch Bodenklappen im Wagenkasten zugänglich sind.

Der Werkstoffaufwand für Kurbelgehäuse von Boxermotoren ist größer als der für V-Motoren, da beim Boxermotor die Gehäuse zweier Reihenmotoren zusammengefügt werden. Demgegenüber können beim V-Motor je nach der Größe des Winkels mehr oder minder große Gehäuseteile erspart werden.

c) Zylinderköpfe.

Für Triebwagenmotoren ist der Einzelzylinderkopf den zusammengegossenen Zylinderköpfen in jeder Hinsicht vorzuziehen. Die großen Abmessungen dieser Motoren verlangen diese Unterteilung schon mit Rücksicht auf die leichtere Handhabung der Teile beim Zusammenbau. Die bessere Abdichtungsmöglichkeit, der geringere Ausschuß beim Gießen und in der mechanischen Bearbeitung und nicht zuletzt die Ersatzteilhaltung sprechen unbedingt für den Einzelkopf.

Die größeren Triebwagenmotoren deutscher Herkunft haben entweder zentral oder stark seitlich im Kopf gelegene Vorkammern. Die zentral angeordnete Vorkammer verlangt die Anordnung von vier Ventilen je Zylinder, da eine Unterbringung der nötigen Ventilquerschnitte bei zwei Ventilen nicht mehr möglich ist.

Die Vier-Ventilanordnung macht aber den Zylinderkopf erheblich verwickelter und widerspricht auch hinsichtlich des Steuerungsantriebes dem Streben nach einfacher Bauart. Sie hat weiter den Nachteil, daß nur mehr kleine Teile der den Brennraum begrenzenden Wand des Zylinderkopfes gekühlt sind und Risse zwischen den Ventilsitzen nur durch sorgfältigste Kühlwasserführung vermieden werden können.

Die seitliche Lage der Vorkammer ist daher im allgemeinen vorzuziehen, denn sie ermöglicht es mit einem Einlaß- und einem Auslaßventil auszukommen. Die seitliche Lage der Vorkammer bedingt im allgemeinen keine oder doch nur eine unwesentliche Vergrößerung des Kraftstoffverbrauchs.

Bei der Anordnung der Ein- und Auslaßkanäle im Zylinderkopf ist folgendes zu beachten:

α) V-Motoren.

Bei nicht aufgeladenen Motoren werden die Auspuffkanäle nach den äußeren Motorseiten geführt, damit die Strahlungswärme der Auspuffrohre den Motor nicht beheizt. Außerdem ist diese Anordnung für die Weiterleitung der Abgase zum Auspufftopf zweckmäßig. Dementsprechend werden die Einsaugkanäle nach der inneren Seite der Zylinderreihen gerichtet.

Die Sammelleitungen für das heiße Kühlwasser werden zwischen den Zylinderreihen angeordnet, da hier der höchste Punkt der Zylinderköpfe liegt, an dem die Wasserabfuhr erfolgen muß damit eine Ansammlung von Dampf im Kühlwasserraum vermieden wird.

Das Einspritzventil bzw. die Vorkammer sitzt entweder zentral oder stark seitlich, meist jedoch unter der Zylinderkopfhaube. Durch Schrägstellung der seitlich liegenden Vorkammer zur Zylinderachse kann man erreichen, daß Vorkammer und Einspritzventil außerhalb der Haube liegen. Diese Anordnung macht die Einspritzventile besser zugänglich und schaltet die Gefahr der Schmierölverdünnung bei einem Bruch der Kraftstoffleitung aus.

Bei Motoren mit Büchi-Aufladung wird die Aufladegruppe (Abgasturbine mit unmittelbar angetriebenem Schleuderlader) meist mit senkrechter Welle zwischen den Zylinderreihen aufgebaut. In diesem Fall ordnet man die Auspuffleitung innen, die Ansaugeleitungen außen an, denn zur Vermeidung von Energieverlusten sollen die Abgasleitungen zur Abgasturbine kurz sein. Bei 12-Zylinder-V-Motoren werden die Abgasleitungen in vier Sammelrohren zusammengefaßt, die zu vier Düsen der Turbine führen.

In der Aufladegruppe ist der Schleuderlader über der Turbine angeordnet. Vom Lader werden durch zwei kurze Leitungen, die an den Außenseiten des Motors liegenden Saugleitungen gespeist.

Wenn eine Maschine für Aufladebetrieb entworfen wird, soll daher der Raum zwischen den beiden Zylinderreihen von anderen Maschinenteilen oder Hilfsmaschinen für das Aufladeaggregat frei gehalten werden.

β) Boxer-Motoren.

Mit Rücksicht auf die Anordnung des Motors im Triebwagen wird man die Auspuffkanäle der Zylinderköpfe nach der unteren Motorseite richten, wo Raum für den Anschluß der Auspuffsammler vorhanden ist. Dieser ist dadurch auch genügend weit vom Fußboden des Wagenkastens entfernt.

Die Ansaugkanäle der Zylinderköpfe werden nach oben geführt, wo sie in ein flach gedrücktes Ansaugrohr münden. Die Luftfilter selbst müssen infolge des geringen oberhalb des Motors zur Verfügung stehenden Raumes an der Stirnseite des Motors angeordnet werden.

Für die im Auftrage der Deutschen Reichsbahn entwickelten Boxer-Motoren (Deutsche Werke Kiel AG., Daimler-Benz AG., Klöckner-Humboldt-Deutz-Motoren AG., Maschinenfabrik Augsburg-Nürnberg AG.) wurde das Vorkammerverfahren mit seitlich und geneigt zur Zylinderachse liegender Vorkammer gewählt.

Bei Aufladebetrieb erfordert das Streben nach kurzen Auspuff- und Ladeleitungen die Anordnung je eines Aufladegebläses für jede Zylinderreihe.

d) Nockenwellenantrieb.

Die Nockenwellen und die Einspritzpumpen werden durch schrägverzahnte Stirnräder angetrieben. Der Nockenwellenantrieb soll mit Rücksicht auf Drehschwingungen schwungradseitig angeordnet werden. Die Gründe dafür, die bereits bei den Fahrzeugmotoren ausführlich besprochen wurden, erhalten hier eine besondere Betonung dadurch, daß bei den ausschließlich in Betracht kommenden 8- und 12-Zylinder-V-Motoren die Triebwerkmassen je Kurbelkröpfung nahezu doppelt so groß sind wie bei Einreihenmotoren und die Motordrehzahl zwischen 1400 und 1500 U/min, also verhältnismäßig hoch liegt. Daher ist die Beherrschung der Drehschwingungen erschwert und diese kommen daher stärker zur Wirkung.

Die Nockenwelle wird bei V-Motoren meist innerhalb des V-Winkels über der Kurbelwelle angeordnet. Die Ventile wird durch Stoßstangen betätigt. Mit Rücksicht auf die Ausbildung des Zylinderkopfes wird bei V-Motoren mitunter auch für jede Zylinderreihe je eine Nockenwelle angeordnet (Deutz A 12 M 322). Die Maybach-Motorenbau

GmbH. verwendet zwei über den Zylinderkopfreihen liegende Nockenwellen. Wegen der leichteren Abnahme der Zylinderköpfe ist jedoch der Stoßstangenantrieb vorzuziehen.

Bei Boxer-Motoren werden allgemein zwei Nockenwellen angeordnet, die unterhalb der Zylinder liegen. Eine gemeinsame Nockenwelle würde die Zugänglichkeit des Triebwerks beeinträchtigen und die Massen des Ventilantriebs vergrößern.

Die Anordnung der Einspritzpumpen bei Triebwagenmotoren erfordert besondere Beachtung. Es ist naheliegend, den Raum zwischen den Zylinderreihen der V-Motoren, wie z. B. beim Daimler-Benz-Motor OM 86, zur Unterbringung der Einspritzpumpen auszunützen. Die Zugänglichkeit ist jedoch dort (12-Zylindermotor mit einem V-Winkel von 60°) unbefriedigend. Außerdem soll, wie bereits erwähnt, dieser Raum für die Anordnung des Abgasturbinensatzes frei gehalten werden. Es hat sich daher die Lage der Einspritzpumpen ziemlich hoch über dem Abtriebsflansch des Motors (ein Schwungrad fehlt meist) immer mehr durchgesetzt. Die Einspritzpumpen liegen bei einigen Motoren quer zur Motorachse (z. B. Daimler-Benz MB 816, MAN. L 12 V 17,5/21), bei anderen (z. B. Maybach, Deutz) sind die beiden Sechszylinder-Einspritzpumpen nebeneinander in der Richtung der Motorachse angeordnet. Dies gilt auch für Boxer-Motoren, deren Einspritzpumpen auf der dem Abtrieb gegenüberliegenden Seite angebracht und von den Nockenwellen angetrieben werden. Die gute Zugänglichkeit der außenliegenden Einspritzpumpen und Regelorgane ist besonders bei V-Motoren hervorzuheben.

e) Anordnung der Hilfsmaschinen.

Die Wasserpumpe wird meist durch Zahnräder vom Steuerungsantrieb aus angetrieben und liegt in der Nähe desselben. Der Antrieb durch Gummikeilriemen ist bei diesen großen Motoren nicht üblich.

Der elektrische Drehzahlversteller hat die Aufgabe, den Motor auf die Leistung und Drehzahl einzustellen, welche der geschalteten Getriebestufe entspricht. Dieser räumlich umfangreiche Apparat wird in der Nähe des Reglers angeordnet und verstellt diesen mittels einer Rollenkette.

Der Anlaßmagnet zieht die Regelstange beim Anlassen entgegen der Federkraft der Öldruckkontrolle in die Anlaßstellung. Er wird möglichst nahe der Einspritzpumpe angebracht.

Der Abstellmagnet ermöglicht dem Triebwagenführer den Motor vom Führerstand des Haupt- oder Steuerwagens stillzusetzen. Er soll nahe dem Regler liegen.

Sicherheitsregler. Da man mit einem Versagen des Motorreglers unter Umständen rechnen muß, wird ein Sicherheitsregler angebracht, der beim Überschreiten einer bestimmten Motordrehzahl den Motor durch Absperren der Kraftstoffsaugleitung stillsetzt.

Der Lüfter wird meist mit den Kühlern zu einer Baugruppe zusammengefaßt, die unter dem Wagenkasten angeordnet wird. Er wird vom Motor mit einer Kardanwelle angetrieben.

Ein besonderer Anlasser entfällt bei elektrischer Übertragung, bei welcher der Motor durch den Generator angelassen wird. Bei mechanischer oder hydraulischer Kraftübertragung ist ein Anlaßmotor wie bei Fahrzeugmotoren notwendig. Dieser wird entweder am Kurbelgehäuseoberteil oder, da dies bei den räumlichen Verhältnissen der V-Motoren schwierig ist, auch am Kurbelgehäuseunterteil angeordnet.

Die elektrischen Anlaßvorrichtungen für Motoren größerer Zylinderabmessungen werden infolge der notwendigen großen Akkumulatorenbatterie sehr schwer. So wiegt z. B. Anlasser und Batterie für einen 450 PS-12-Zylinder-V-Motor 460 kg. Eine Druckluftanlaßvorrichtung bestehend aus einem Aufladeventil, dem Druckluftverteiler und der Leichtstahlflasche würde für denselben Motor nur ungefähr 180 kg wiegen. Es ist zu erwarten, daß man bei weiterer Verbreitung der mechanischen oder hydraulischen Kraftübertragung bei Triebwagen mehr Gebrauch von der leichteren Druckluftanlaßanlage macht, denn es ist widersinnig beim Motorgewicht durch Ausnützung aller technischen Möglichkeiten zu sparen und für die Anlaßvorrichtung ein so großes Gewicht aufzuwenden.

f) Anordnung und Antrieb der Schmierölpumpen.

Der Antrieb der Schmierölpumpe durch Schraubenräder von der Nockenwelle aus, wie er bei Fahrzeugdieselmotoren ausgeführt wird, kommt für Triebwagenmotoren nicht mehr in Betracht, weil die Antriebsleistungen der Schmierölpumpen zu groß sind. Es herrscht der Antrieb durch Stirnräder von der Kurbelwelle aus vor.

Die Kurbelgehäuseoberteile der Triebwagenmotoren sind meist tief unter die Kurbelwellenmitte herabgezogen. Die Schmierölpumpe wird meist unter Verwendung einer brükkenartigen Konsole gegen die untere Anpaßfläche des Kurbelgehäuseoberteiles geschraubt. Bei dieser Anordnung sind die Lagerdeckel außer dem Bereich des Schmierölpumpenantriebs und können jederzeit leicht abgenommen werden. Der Achsabstand zwischen Kurbelwellenmitte und Mitte der Welle der Schmierölpumpe ist meist so groß, daß ein Zwischenrad, welches in der vorhin erwähnten Konsole gelagert wird, vorgesehen werden muß.

Man findet jedoch auch Schmierölpumpenantriebe mit zwischengeschalteten Stirnrad- und Kegelradpaar. In diesem Falle ist die Antriebswelle der Schmierölpumpe senkrecht angeordnet. Die Schmierölpumpe selbst liegt meist unmittelbar im Ölsumpf. Diese Anordnung hat den Vorteil einer geringen Saughöhe für die Schmierölpumpe.

Die Lage des Schmierölpumpenantriebes ist weiter davon abhängig, ob der Nockenwellenantrieb vom vorderen oder hinteren Ende der Kurbelwelle erfolgt. In den meisten Fällen wird man die Schmierölpumpe vom Kurbelwellenrad des Steuerungsantriebs antreiben. Vereinzelt erfolgt jedoch auch der Antrieb der Schmierölpumpe an dem Ende, das dem Nockenwellenantrieb entgegengesetzt liegt, durch ein besonderes auf die Kurbelwelle aufgebrachtes Stirnrad. Die Verwendung von Bleibronzelagern für das Triebwerk von Triebwagenmotoren erfordert Ölumlaufmengen von 25—30 l/PSh., wie sie auch bei Fahrzeugdieselmotoren mit Bleibronzelagern erreicht werden müssen.

III. Ottomotoren für Personenkraftwagen und leichte Lastkraftwagen.

1. Übersicht.

a) Allgemeines.

Die Bauarten von Ottomotoren für Personenwagen sind sehr vielfältig. Bei Kleinwagenmotoren bis zu einem Gesamthubraum von etwa 1,3 l wird die Motorbauart vor allem durch das Streben nach kleiner Baulänge und damit kurzem Radstand des Fahrzeuges bestimmt. Der Kleinwagenbau ist in erster Linie ein Preisproblem und verlangt äußerste Beschränkung des Werkstoffaufwandes. Man findet daher neben 4-Zylinder-Reihenmotoren (z. B. Fiat 500, Opel 1,1 l, Adler jun. 1 l, Hanomag 1,3 l) auch 4-Zylinder-Boxermotoren (Steyr 50, Volkswagen) die der Forderung nach kleiner Baulänge besonders gut entsprechen. In einzelnen Fällen, so z. B. beim Steyr 50, bei dem ein 4-Zylinder-Boxermotor verwendet wird, wurde durch Anordnung des Wasserkühlers über dem verhältnismäßig niedrigen Motor eine zusätzliche Ersparnis an Baulänge erzielt. Auch beim Fiat 500, der einen 4-Zylinder-Reihenmotor hat, wurde die Baulänge für den Kühler dadurch eingespart, daß man den Kühler über dem Schwungrad angeordnet hat. Der Lüfter ist in diesem Falle an der oberhalb des Motors angeordneten Lichtmaschine befestigt.

Es kann kein Zweifel darüber herrschen, daß die zukünftige Entwicklung der Kleinwagenmotoren die vermehrte Anwendung des luftgekühlten Motors bringen wird. Zur Anwendung der Luftkühlung ist der 4-Zylinder-Boxermotor besonders geeignet und wurde wohl deshalb auch als Antriebsmotor für den Volkswagen gewählt.

Bei anderen Kleinwagen z. B. beim DKW-Wagen wird der zur Unterbringung des Motors benötigte Raum im Fahrzeug dadurch klein gehalten, daß die Kurbelwellenachse senkrecht zur Fahrtrichtung angeordnet wird. Der in diesem Fall zur Verwendung kommende 2-Zylinder-Zweitaktmotor ist kurz und ermöglicht diese Querlage ohne Verbreiterung des Fahrzeuges.

Wagen mittlerer Größe haben einen Gesamthubraum von etwa 1,3—2,5 l. Bis zu einem Hubraum von 1,7 l werden fast ausschließlich 4-Zylinder-Reihenmotoren verwendet. Der 4-Zylinder-Reihenmotor (Daimler-Benz 1,7 l, Adler 1,7 l bzw. 2 l, Opel 1,5 l) baut kurz und ist robust. Er hat vor allem den Vorteil, daß er nahezu drehschwingungsfrei ist. Die Rückwirkung der freien Massenkräfte zweiter Ordnung auf das Fahrgestell kann durch eine zweckmäßig ausgebildete elastische Motoraufhängung beseitigt werden. Der Motor macht dabei in der elastischen Aufhängung nur ganz kleine Bewegungen. Von einem Gesamthubraum von 1,7—2,5 l an herrscht der 6-Zylinder-Reihenmotor vor.

Bei großen Personenwagenmotoren über 2,5 l-Gesamthubraum finden außer 6-Zylinder- und 8-Zylinder-Reihenmotoren auch 8-, 12- und 16-Zylinder-V-Motoren mit verschiedenen Gabelwinkeln Verwendung. Der 8-Zylindermotor in V-Form mit 90° Gabelwinkel ist durch den „Ford V 8“ wohl der bekannteste Motor für größere Personenwagen geworden. Sehr große Luxus-Personenwagen haben vielfach 12- und 16-Zylinder-Motoren.

b) Kennwerte.

Zur Kennzeichnung des Standes der technischen Entwicklung von Ottomotoren wurden die wichtigsten Kennwerte einer großen Zahl ausgeführter Personenwagenmotoren graphisch dargestellt.

α) Leistungsgewicht abhängig vom Gesamthubraum.

In Abb. 20 wurden außer den Leistungsgewichten von Ottomotoren für Personenwagen auch die von Ottomotoren für Lastkraftwagen im wesentlichen ausländischer Herkunft aufgenommen. Die Leistungsgewichte liegen in den Grenzen von 2—7 kg/PS im Mittel zwischen 3 und 6 kg/PS.

β) Hubraumgewicht abhängig vom Gesamthubraum.

Abb. 21 umfaßt Hubraumgewichte von Personen- und Lastwagen-Ottomotoren. Die Werte liegen zwischen den Grenzen von 50 und 130 kg/l, im Mittel zwischen 60 und 90 kg/l.

γ) Hubraumleistung abhängig vom Zylinderhubraum.

Die Hubraumleistung ist für den Konstrukteur besonders aufschlußreich, da sie die Ausnützung des Hubraumes und damit auch annähernd die des Werkstoffes angibt. In Abb. 22 sind die Hubraumleistungen von Ottomotoren geordnet nach Erzeugungsländern (Deutschland, England, Frankreich, Italien, Vereinigte Staaten) eingetragen. Zylinderzahl und Bauform sind angegeben. Einige Hochleistungsmotoren für Sport- und Rennwagen sind zu Vergleichszwecken aufgenommen worden und sind gesondert bezeichnet. Ein Einfluß des Zylinderhubraumes auf die Hubraumleistung ist nicht festzustellen. Der größte Teil der angeführten Motoren hat Hubraumleistungen von 20—40 PS/l, einzelne Rennwagenmotoren erreichen Werte von 60, 80 bis über 100 PS/l. Zylinderzahlen und Bauarten sind über den ganzen Darstellungsbereich verteilt. Motoren deutscher, englischer und italienischer Herkunft haben Zylinderhubräume bis etwa 0,5 l. In dem Bereich von 0,5—0,8 l Zylinderhubraum herrschen Motoren amerikanischer Herkunft vor.

δ) Mittlere Kolbengeschwindigkeit abhängig vom Zylinderhubraum.

In Abb. 23 sind die großen Unterschiede in der mittleren Kolbengeschwindigkeiten ausgeführter Motoren überraschend. Der Hauptbereich der Kolbengeschwindigkeiten liegt zwischen 8 und 16 m/sec. Motoren deutscher Herkunft liegen im allgemeinen im Gebiet von 10—13 m/sec. Auffallend sind die hohen mittleren Kolbengeschwindigkeiten englischer Motoren. Ein Einfluß des Zylinderhubraums auf die Kolbengeschwindigkeit ist kaum erkennbar. Die künftige Entwicklung deutscher Motoren in Richtung auf Autobahnfestigkeit dürfte eine Beschränkung der mittleren Kolbengeschwindigkeit auf etwa 12 m/sec erfordern.

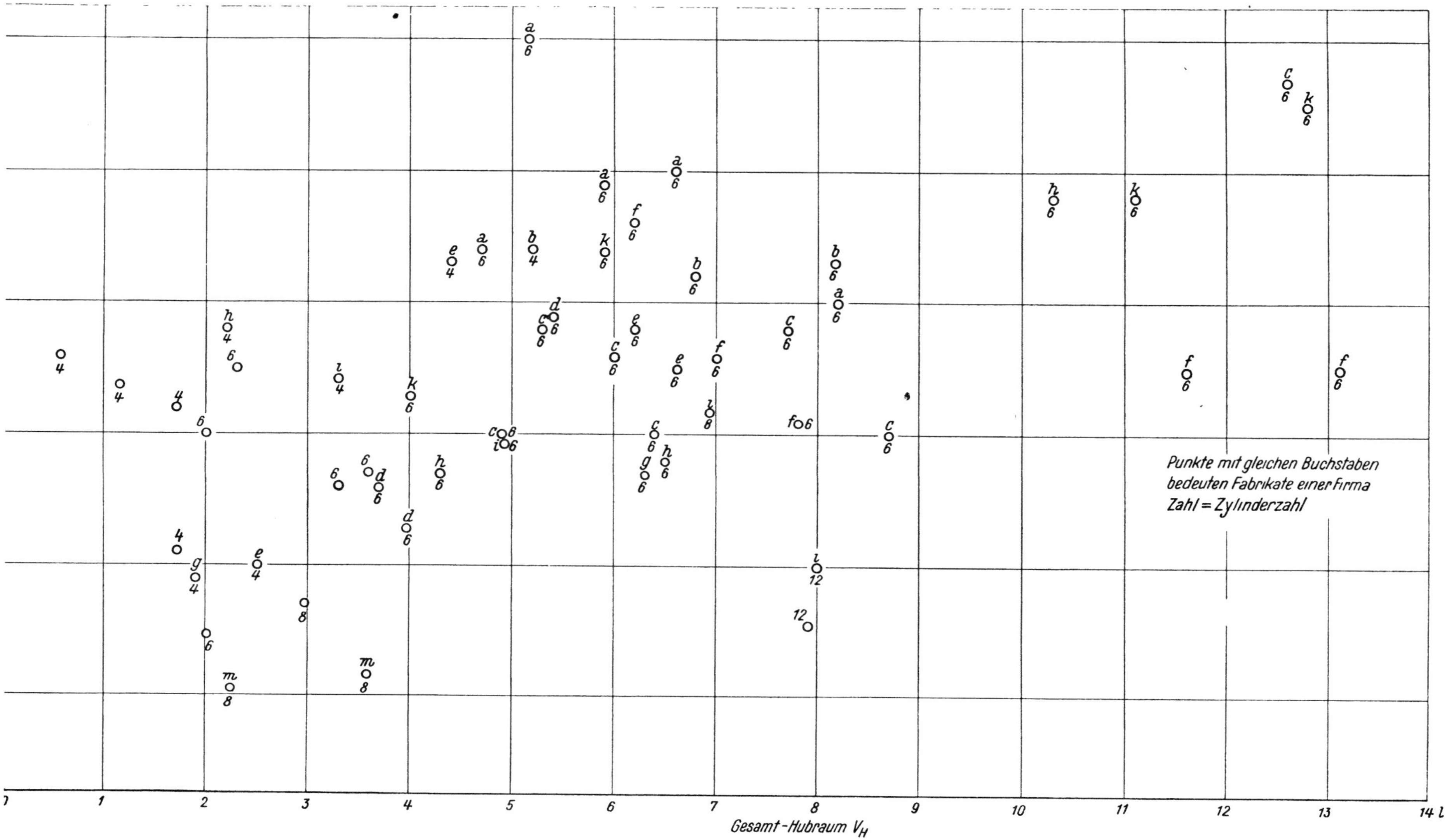

Abb. 20. Ottomotoren. Leistungsgewicht abhängig vom Gesamthubraum.

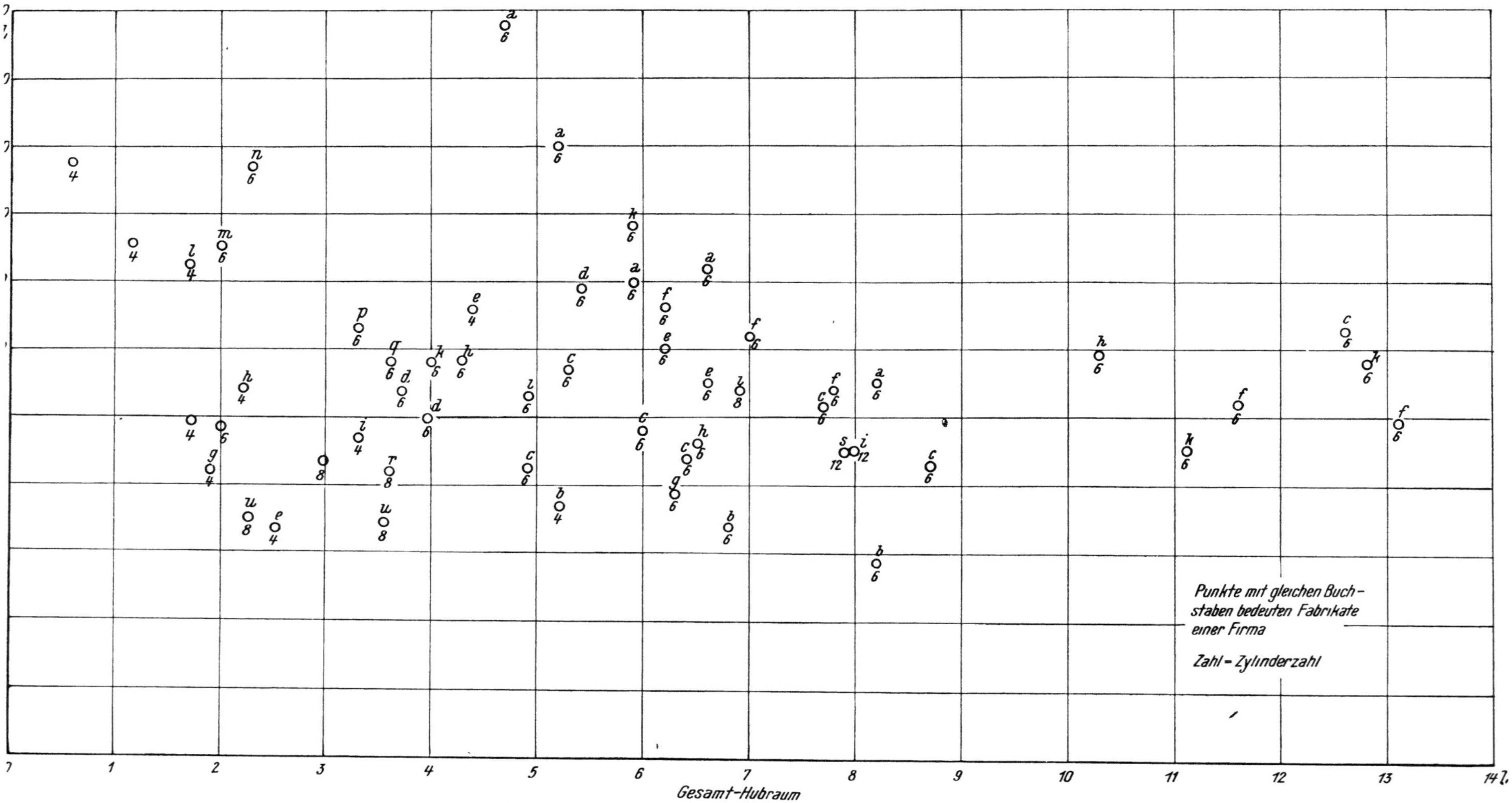

Abb 21 Ottomotoren Hubraumgewicht abhangig vom Gesamthubraum.

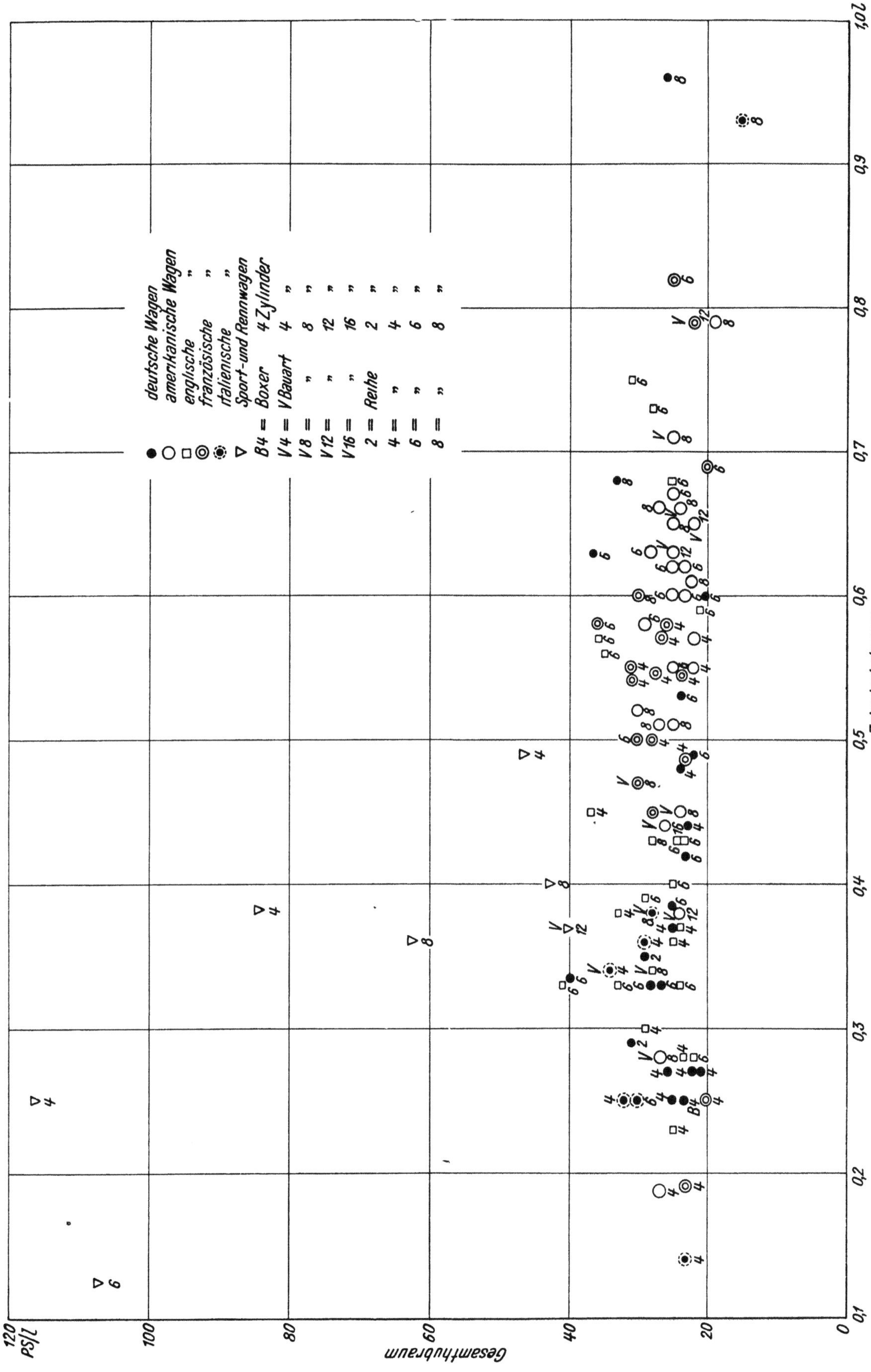

Abb. 22. Ottomotoren. Hubraumleitung abhängig vom Zylinderhubraum.

Abb. 23 Ottomotoren. Mittlere Kolbengeschwindigkeit abhängig vom Zylinderhubraum.

ε) Nutzdruck abhängig vom Zylinderhubraum.

Auch der Nutzdruck ist nach Abb. 24 nicht von der Zylindergröße abhängig. Der Mittelwert der heute bei Personenwagen erreichten Nutzdrücke liegt unabhängig von Zylindergröße, Bauart und von den Herstellungsländern zwischen 6 und 7 kg/cm². Überraschend ist es, daß der Nutzdruck einer verhältnismäßig großen Anzahl von Serienmotoren noch zwischen 5—6 kg/cm², also recht nieder liegt.

ζ) Nutzdruck abhängig von der mittleren Kolbengeschwindigkeit.

Eine Abhängigkeit des Nutzdruckes von der Kolbengeschwindigkeit ist in Abb. 25 nicht zu erkennen.

η) Drehzahl abhängig vom Zylinderhubraum.

Der weitaus größte Teil der dargestellten Motoren liegt nach Abb. 26 in dem Drehzahlbereich zwischen 3000 und 4000 U/min. Als Mittelwert können ungefähr 3500 U/min angenommen werden. Eine Abnahme der Höchstdrehzahl mit steigendem Zylinderhubraum, wie man sie erwarten würde, ist nicht festzustellen. Überraschend sind die hohen Drehzahlen von englischen Serienmotoren, sie liegen teilweise zwischen 4000 und 5000 U/min. Einzelne Rennwagenmotoren haben Drehzahlen von 6000 bis über 7000 U/min. Zieht man diese Motoren mit in Betracht, dann kann bei sehr hohen Drehzahlen ein Abfallen der Höchstdrehzahl des Motors mit zunehmendem Zylinderhubraum festgestellt werden.

ϑ) Hubverhältnis abhängig von der Drehzahl.

Zu erwarten wäre, daß Maschinen mit einem großen Hubverhältnis auch geringere Drehzahlen aufweisen. Dies ist aber nach Abb. 27 nicht der Fall. Die Drehzahlen sind unabhängig vom Hubverhältnis. Besonders kennzeichnend für den fehlenden Zusammenhang sind die Punkte, die auf der Ordinate für 4000 U/min eingetragen sind. Hier streuen die Hubverhältnisse zwischen 1 und 1,7.

ι) Leistungsbelastung des Kolbens abhängig vom Zylinderhubraum.

Nach Abb. 28 ist die Leistungsbelastung des Kolbens von Ottomotoren nahezu unabhängig vom Zylinderhubraum. Bei dem größten Teil der für Kraftfahrzeuge verwendeten Ottomotoren liegt sie zwischen 0,2—0,3 PS/cm². Mehrere Motoren erreichen jedoch Leistungsbelastungen von 0,3—0,4 PS/cm². Die in der Darstellung eingezeichneten Rennwagenmotoren liegen weit außerhalb des üblichen Bereiches mit einer Leistungsbelastung zwischen 0,6 umd 0,97 PS/cm² Kolbenfläche.

$\varkappa$) Ventilgrößen abhängig vom Zylinderdurchmesser.

Abb. 29 zeigt die Verhältniswerte der Ventildurchmesser für stehende und hängende Ventile. Die Einlaßventile werden fast immer größer als die Auslaßventile ausgeführt. Die Werte streuen erheblich.

λ) Mittlere Gasgeschwindigkeit in den Ventilen abhängig von der mittleren Kolbengeschwindigkeit.

Nach Abb. 30 liegen die mittleren Gasgeschwindigkeiten in den Einlaßventilen im allgemeinen zwischen 50 und 70 m/sec. Die Geschwindigkeiten in den Auslaßventilen sind erheblich größer und liegen im allgemeinen zwischen 65 und 100 m/sec.

2. Allgemeine Richtlinien für den Aufbau.

Die Kurbelwellenlagerung von Personenwagen-Ottomotoren und der damit zusammenhängende Zylinderabstand ist bereits im Heft 10 ausführlich behandelt.

a) Zylinder-Kurbelgehäuseoberteil.

Die Zylinder sind meist in das Kurbelgehäuseoberteil eingegossen. Durch diese Ausführung, die besonders bei kleineren Personenwagenmotoren vorherrscht, werden die Kur-

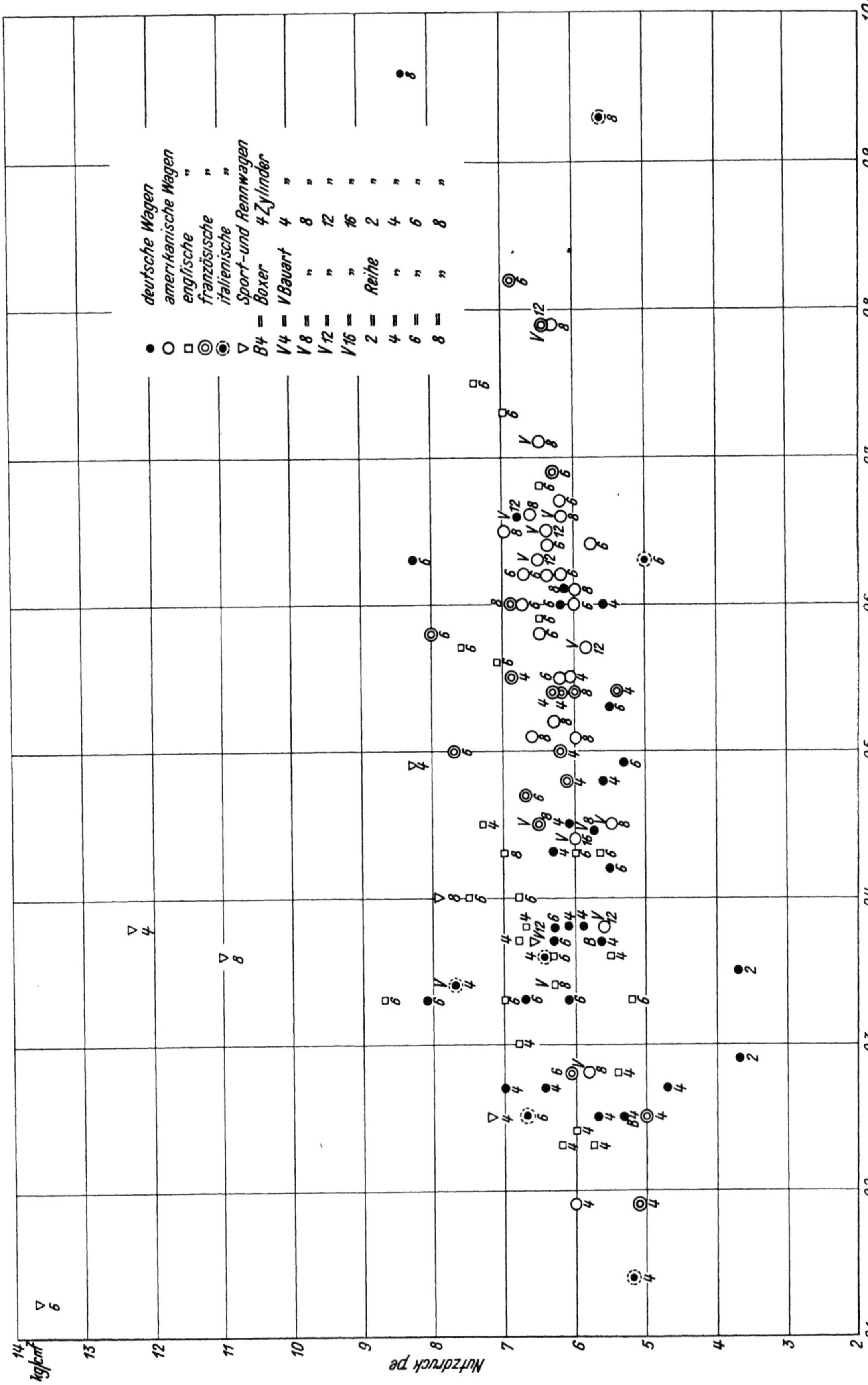

Abb. 24 Ottomotoren. Nutzdruck abhangig vom Zylinderhubraum

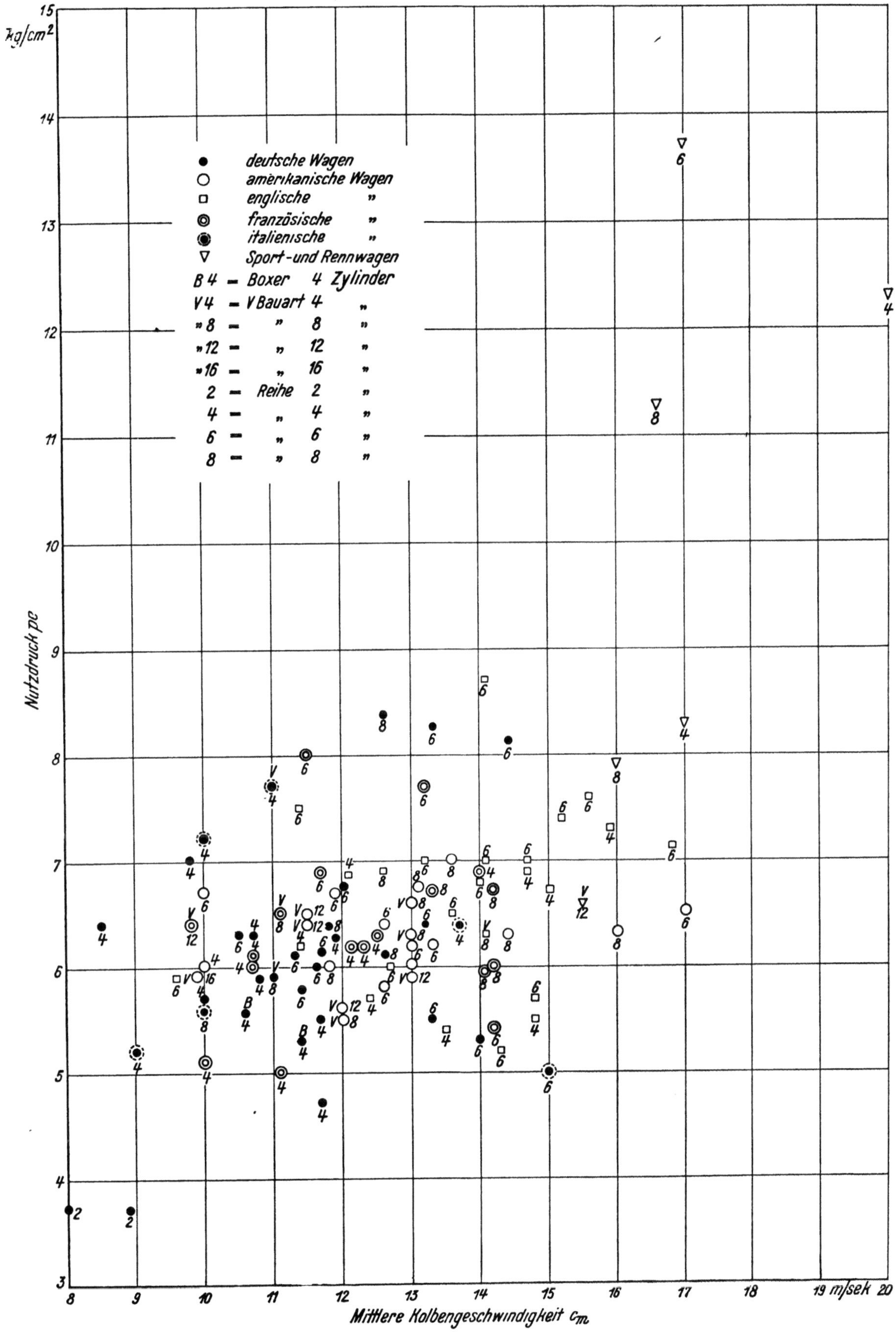

Abb. 25. Ottomotoren. Nutzdruck abhangig von der mittleren Kolbengeschwindigkeit.

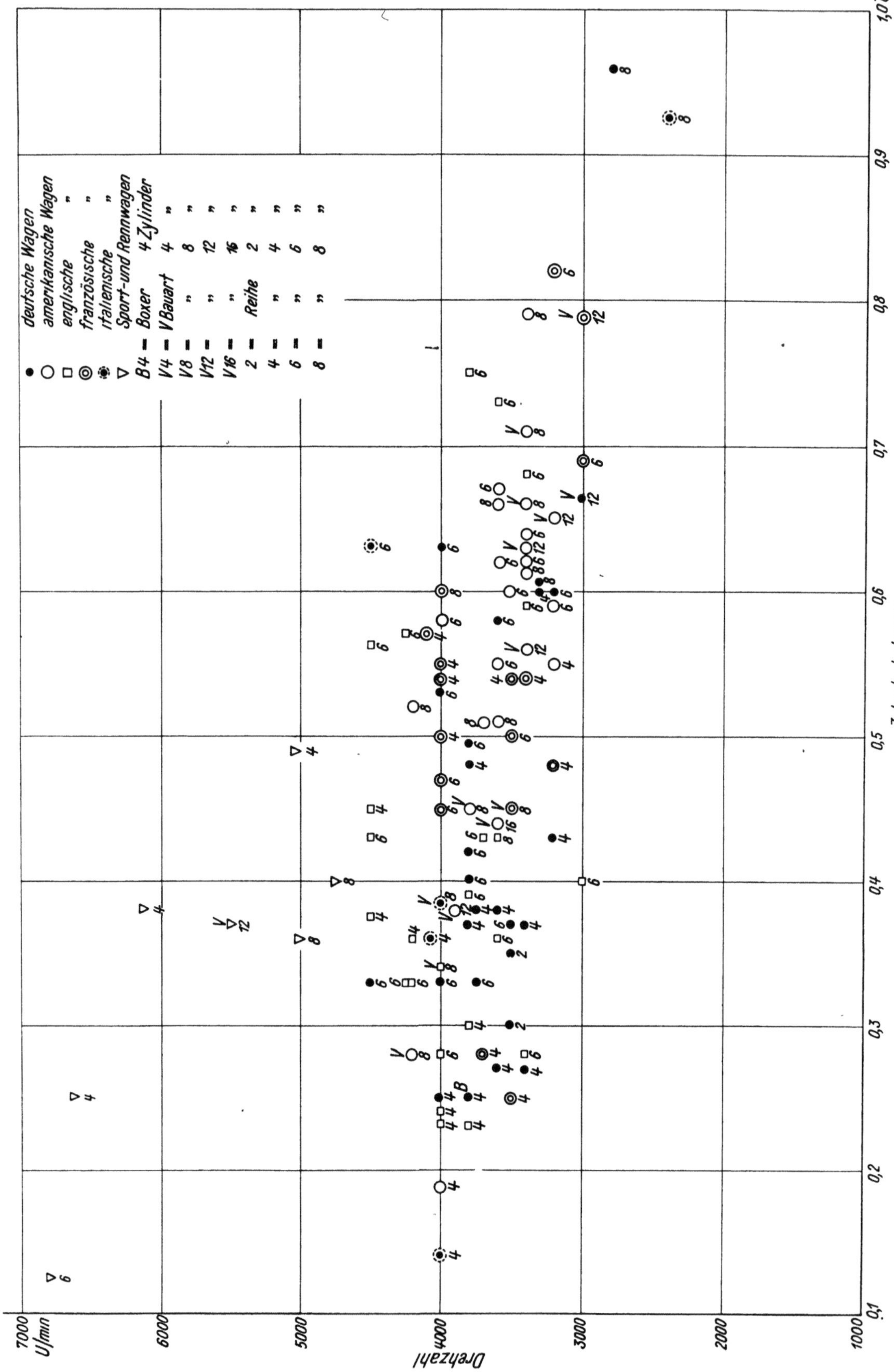

Abb 26. Ottomotoren. Drehzahl abhängig vom Zylinderhubraum.

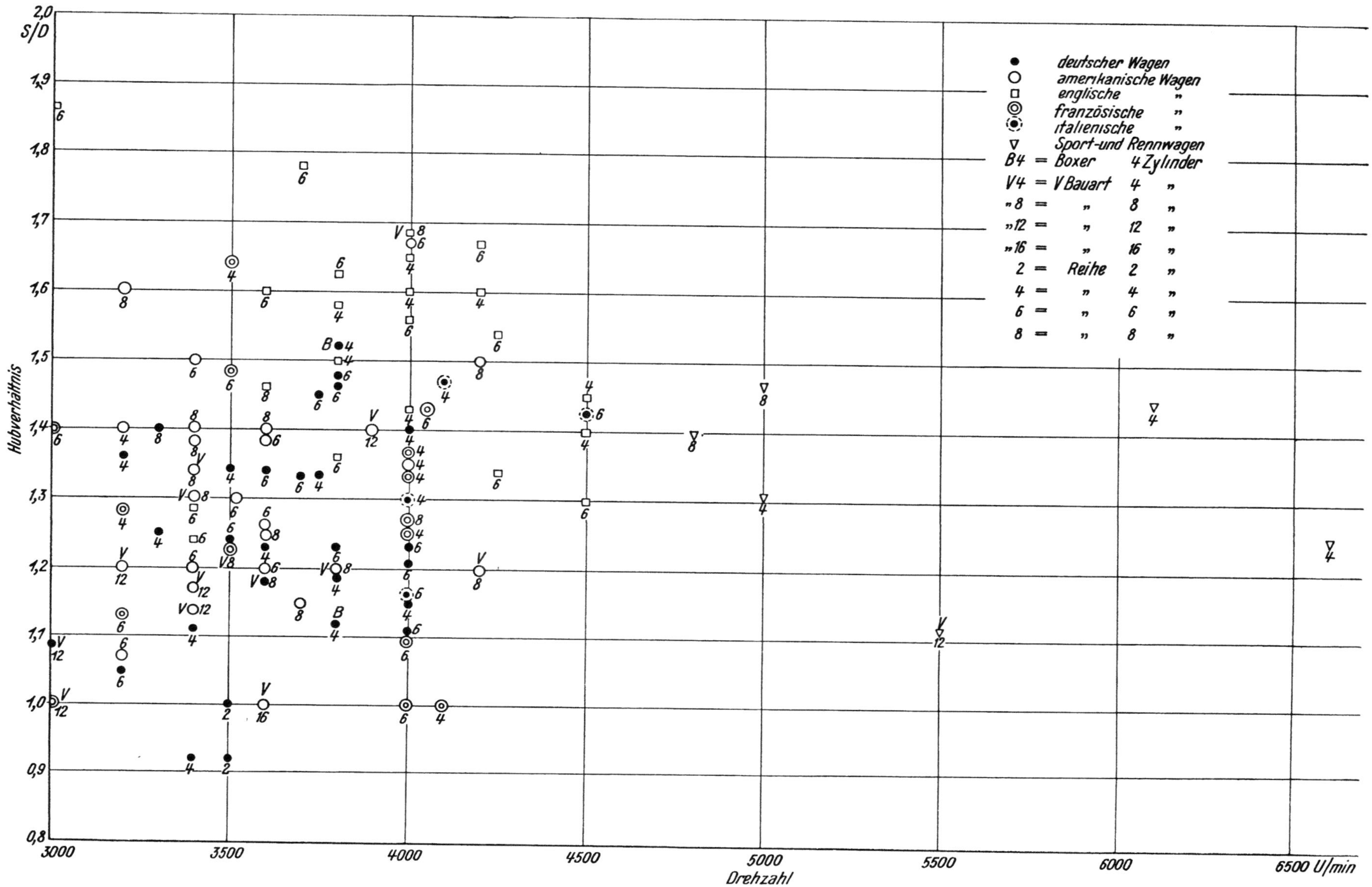

Abb. 27. Ottomotoren. Hubverhaltnis abhangig von der Drehzahl.

belgehäuseoberteile sehr steif. Bei der Bemessung der Wandstärke der eingegossenen Zylinder ist zu berücksichtigen, daß ein mehrmaliges Ausschleifen der Zylinderbohrung möglich sein muß.

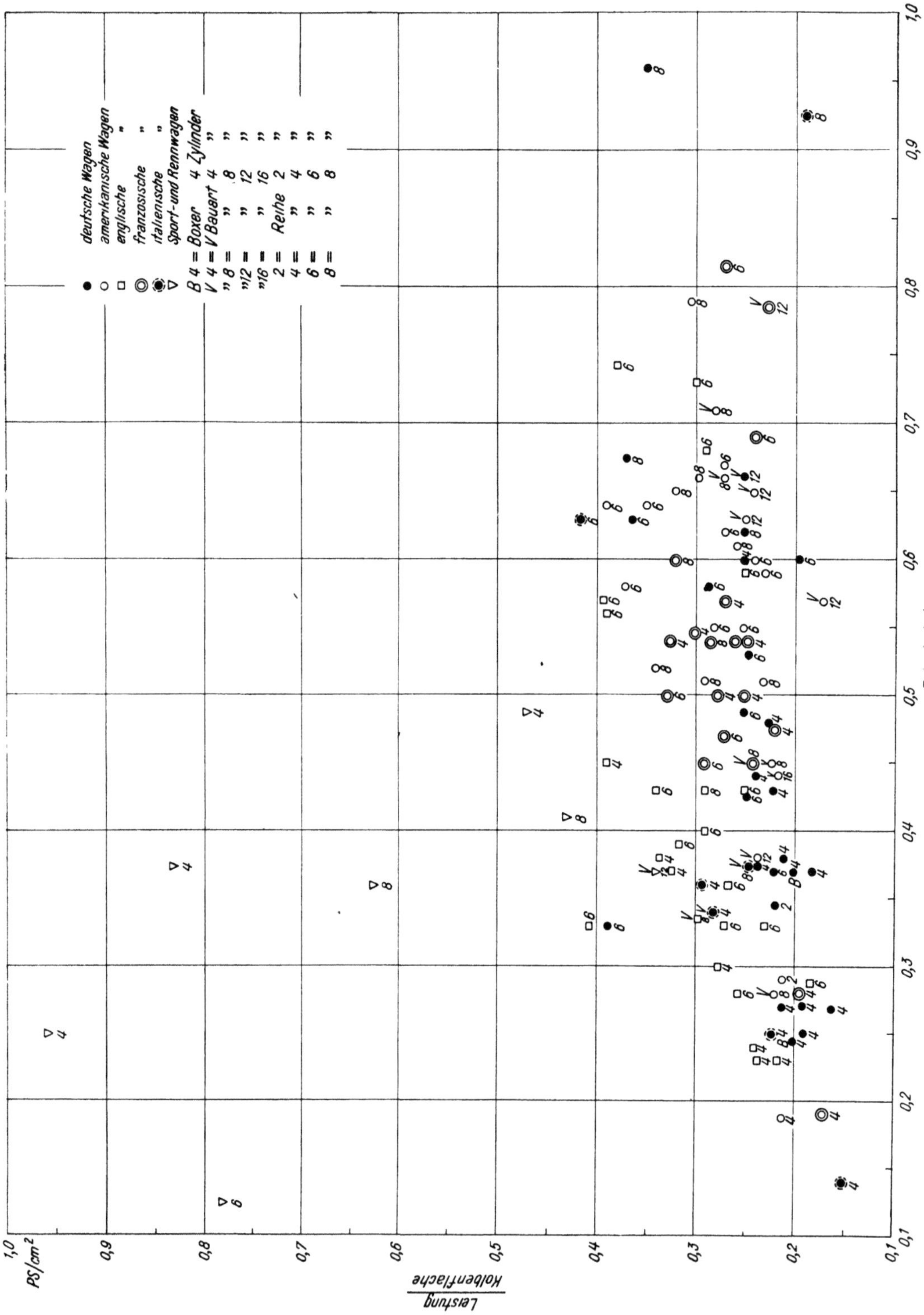

Abb. 28. Ottomotoren. Leistungsbelastung des Kolbens abhängig vom Zylinderhubraum.

Für kleinere Personenwagen-Ottomotoren kommt als Werkstoff für das Kurbelgehäuseoberteil nur Grauguß in Betracht. Die Verwendung von eingegossenen Zylindern ist daher naheliegend.

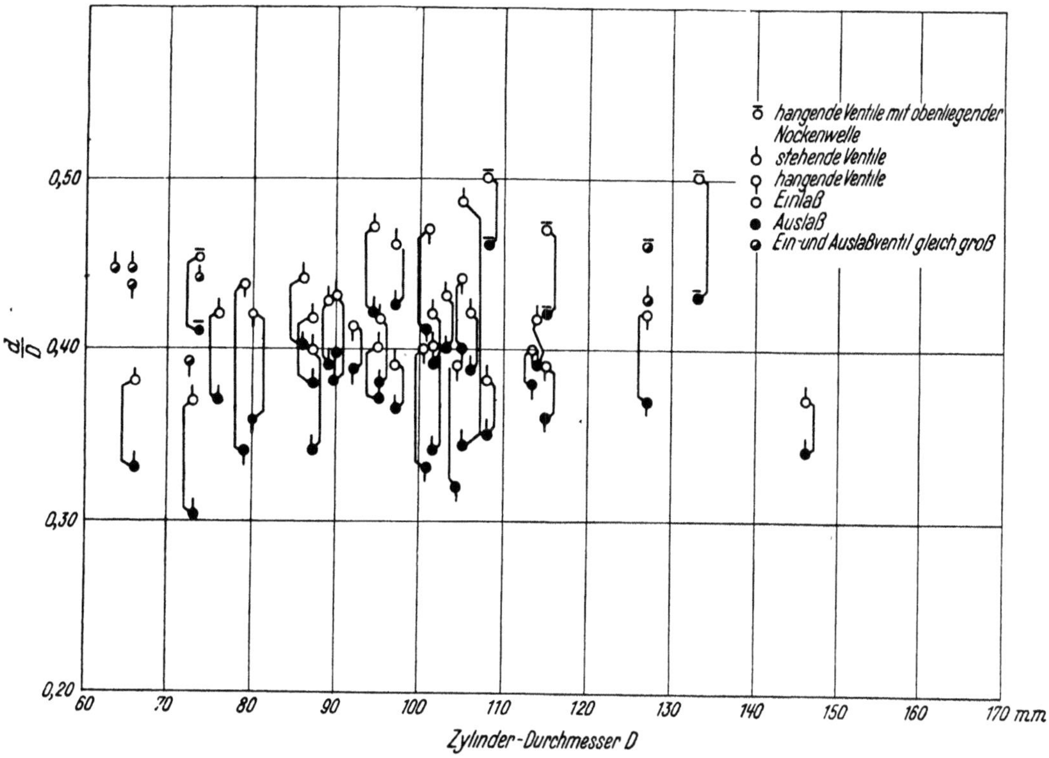

Abb 29 Ottomotoren. Ventilgroßen abhangig vom Zylinderdurchmesser.

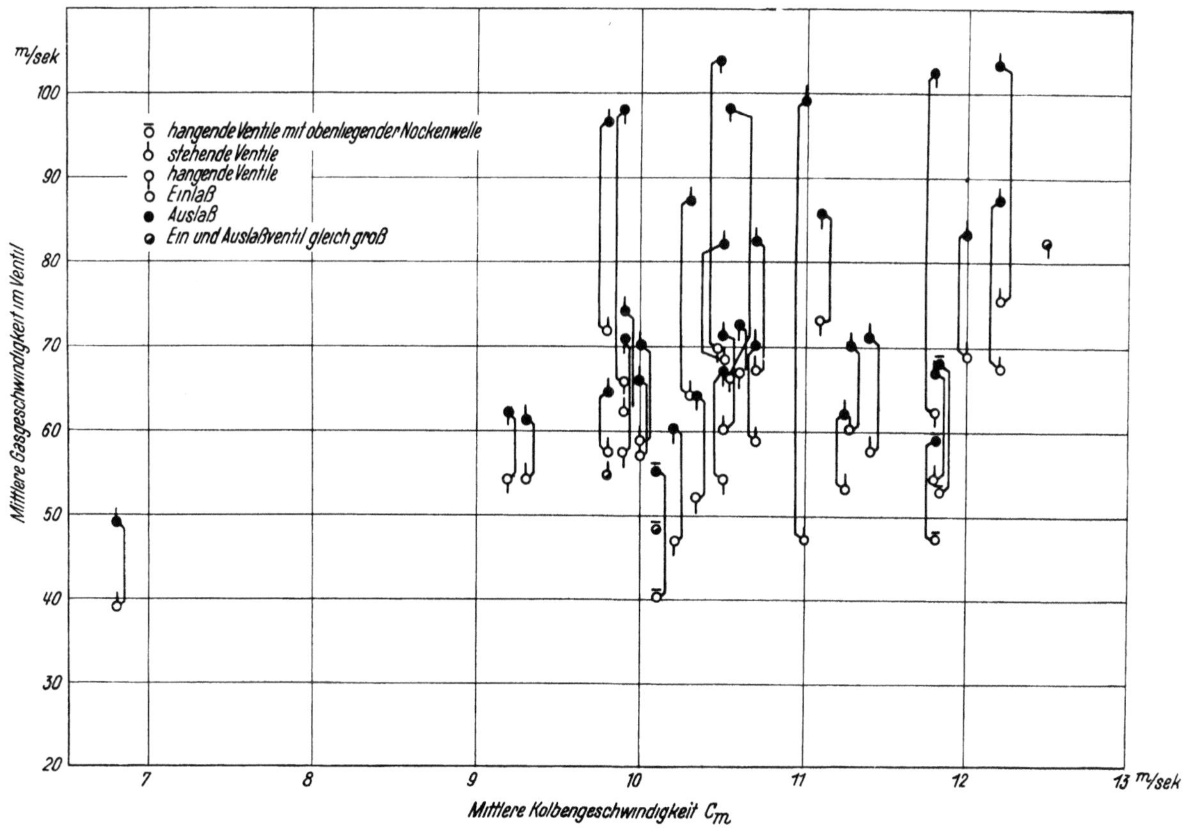

Abb. 30. Ottomotoren. Mittlere Gasgeschwindigkeit in den Ventilen abhangig von der mittleren Kolbengeschwindigkeit.

Bei Kurbelgehäusen aus Leichtmetall müssen Zylinderlaufbuchsen eingesetzt werden. Man verwendet meist nasse Laufbuchsen. Eingesetzte Zylinderlaufbuchsen haben wie schon erwähnt, den Vorteil, daß sie aus besonders verschleißfestem Werkstoff z. B. aus nitrierbarem Guß, hergestellt werden können.

Seltener werden bei Kurbelgehäuseoberteilen aus Leichtmetall trockene Laufbuchsen verwendet (z. B. Maybach).

Die Vereinigung von Kurbelgehäuse und Zylinderblock zu einem gemeinsamen Stück ist bereits zur Einheitsbauform für Reihenmotoren und z. T. auch für V-Motoren geworden. Abweichungen von dieser Bauart findet man nur bei Boxermotoren und bei luftgekühlten Motoren. In beiden Fällen ist das Aufsetzen eines getrennten Zylinderblockes bzw. einzelner Zylinder aus baulichen Gründen erforderlich.

Bei den meisten Motoren liegt die Teilung zwischen Kurbelgehäuseoberteil und der Ölwanne erheblich unter der Kurbelwellenmitte. Für die Anordnung der Teilfuge gelten die schon bei den Fahrzeugdieselmotoren erwähnten Gesichtspunkte.

b) Zylinderköpfe.

Für Personenwagenmotoren verwendet man ausschließlich gemeinsame Köpfe für alle Zylinder. Die Gründe für diese Bauweise liegen in den kleinen Abmessungen und Gewichten der Zylinderköpfe, sowie in dem, im Verhältnis zum Dieselmotor, kleineren Gasdruck gegen welchen abgedichtet werden muß. Der Forderung nach kleiner Baulänge des Motors, also kleinen Zylinderabständen wird ebenfalls durch die Verwendung eines gemeinsamen Kopfes am besten entsprochen.

Die Ausführung des Zylinderkopfes hängt im übrigen vor allem von der Anordnung der Ventile ab.

α) Zylinderköpfe für Motoren mit stehenden Ventilen.

Ein großer Teil der Personenwagenmotoren hat stehende Ventile. Die Ein- und Auslaßventile und die zugehörigen Kanäle sind im Kurbelgehäuseoberteil angeordnet. Die Zylinderköpfe solcher Motoren werden daher besonders einfach.

Die Anordnung stehender Ventile bietet folgende weitere Vorteile: Es können verhältnismäßig große Ventilquerschnitte untergebracht werden. Die Ventilführungen werden durch den Öldunst des Triebwerkraumes gut geschmiert. Ventilbrüche führen im Gegensatz zur Bauart mit hängenden Ventilen fast nie zu größeren Beschädigungen des Motors. Für die Anordnung der Zündkerze ist reichlich Platz vorhanden. Sie ist leicht zugänglich und kann gut gekühlt werden. Der Ventilantrieb ist bei stehenden Ventilen geräuschloser als bei hängenden Ventilen. Die Motorbauhöhe ist bei stehenden Ventilen erheblich kleiner als bei hängenden Ventilen. Die bei stehenden Ventilen erforderliche Anordnung von Saug- und Auspuffrohren auf derselben Motorseite ist bei Ottomotoren wegen der notwendigen Saugrohrbeheizung nur ein Vorteil. Die Wasserabführung vom Zylinderkopf zum Kühler kann große Querschnitte erhalten.

Die Nachteile der stehenden Ventile liegen im unbearbeiteten Brennraum und den dadurch bedingten kleinen Verschiedenheiten der Brennräume der einzelnen Zylinder einer Mehrzylindermaschine. Der Verbrennungsraum wird bei stehenden Ventilen stärker zerklüftet, seine Oberfläche ist größer als bei hängenden Ventilen. Dadurch ergeben sich größere Wärmeverluste während der Verbrennung. Die Klopffestigkeit der Brennräume mit stehenden Ventilen ist geringer.

Durch eine richtige Ausbildung des Brennraumes und Verwendung von Zylinderköpfen aus Leichtmetall können jedoch auch bei stehenden Ventilen Verdichtungsverhältnisse und Motorleistungen erreicht werden, die sich von denen der Motoren mit hängenden Ventilen nicht sehr wesentlich unterscheiden. Die Entwicklung solcher Brennräume wurde von Ricardo eingeleitet und durch zahlreiche Untersuchungen in der letzten Zeit auf einen hohen technischen Stand gebracht.

β) Zylinderköpfe für Motoren mit hängenden Ventilen.

Bei Motoren mit hängenden Ventilen wird der Aufbau des Zylinderkopfs verwickelter, da in ihm die Ein- und Auslaßkanäle untergebracht werden müssen. Der Brennraum von Motoren mit hängenden Ventilen ist meist scheibenförmig und kann daher vollständig bearbeitet werden. Unterschiede in den Brennräumen der einzelnen Zylinder werden dadurch vermieden. Die geschlossene Form des Brennraumes ergibt große Klopffestigkeit und ermöglicht hohe Verdichtungsverhältnisse. Dadurch und infolge der kleineren Wandoberfläche des Brennraumes ergeben sich hohe Wirkungsgrade des Motors. Bei hängenden Ventilen ist die Verwendung eingesetzter nasser Zylinderlaufbuchsen ohne weiteres möglich. Die hängenden Ventile werden meist durch Stoßstangen und Kipphebel betätigt.

Für die Anordnung der Ein- und Auslaßkanäle im Zylinderkopf ergeben sich folgende Möglichkeiten:

1. Ein- und Auslaßkanäle sind an einer Seite des Zylinderkopfes angeordnet. Diese Ausführung wird bei neueren Personenwagenmotoren bevorzugt, da dann das Saugrohr und das Auspuffrohr auf derselben Motorseite liegen und die Beheizung des Ansaugrohres vereinfacht wird. Die Stoßstangen durchdringen den Zylinderkopf auf der den Ein- und Auslaßkanälen gegenüberliegenden Seite. Auf dieser Seite ist dann meist auch die Zündkerze zwischen den Stoßstangen angeordnet. Bei Personenwagenmotoren für Fahrzeuge mit Linkslenkung liegt das Saug- und Auspuffrohr auf der rechten Seite des Fahrzeuges. Der Zündverteiler, welcher von der Nockenwelle angetrieben wird, liegt auf der Stoßstangenseite, so daß die Kabel für die Zündung bei der früher angegebenen Lage der Zündkerzen kurz werden.

2. Die Gaskanäle liegen auf verschiedenen Seiten des Zylinderkopfes. Die Einlaßkanäle werden dann zweckmäßig an der Stoßstangenseite herausgeführt, die Auslaßkanäle liegen auf der anderen Seite des Zylinderkopfes. Die Zündkerzen können dabei sowohl auf der einen, wie auch auf der anderen Seite des Zylinderkopfes entweder horizontal oder zur Zylinderachse geneigt angeordnet werden.

Zylinderköpfe mit hängenden Ventilen, deren Achsen schräg zur Zylinderachse liegen, werden bei Motoren verwendet, bei denen die Nockenwelle oberhalb des Zylinderkopfes liegt. Die Bauart kommt in der Hauptsache für Rennmotoren in Betracht, die eine besonders hohe Hubraumleistung erreichen sollen. In diesem Falle ist der Verbrennungsraum meist halbkugelförmig ausgebildet, so daß sich auch daraus eine starke Neigung der Ventilachsen gegen die Zylinderachse ergibt. Die Ein- und Auslaßkanäle werden bei dieser Bauart zweckmäßig nach verschiedenen Seiten herausgeführt. Die Lage der Zündkerze ist von der Lage der Nockenwelle abhängig. Manchmal werden 2 Nockenwellen verwendet, von denen eine die Einlaß- und die andere die Auslaßventile betätigt. Dann kann die Zündkerze in der Verlängerung der Zylinderachse sitzen und es ergeben sich günstige, kurze Zündwege. Diese Bauart ist teuer und wird deshalb bei Personenwagenmotoren nur bei besonderen Anforderungen an die Motorleistung angewendet.

Bei einigen neueren Motoren finden sich schrägliegende, hängende Ventile und zentrale Zündkerze auch in Verbindung mit Ventilantrieb durch Stoßstangen und Kipphebel von einer unten liegenden Nockenwelle.

c) Antrieb der Nockenwelle.

Die Nockenwellen werden bei Personenwagenmotoren entweder mit Zahnrädern oder mit Rollen- und Zahnketten angetrieben. Zahnräder sind überall dort am Platz, wo die Mittenentfernung zwischen Kurbelwelle und Nockenwelle klein ist, wie bei Motoren mit stehenden Ventilen und bei Motoren mit hängenden Ventilen, die durch Stoßstangen betätigt werden.

α) Nockenwellenantrieb am vorderen Motorende.

Bei Ottomotoren liegt der Nockenwellenantrieb meist vorn. Die Gründe, die bei Dieselmotoren gegen diese Lage sprechen, sind hier von geringerer Bedeutung, denn die Zünddrücke und damit die Erregung von Drehschwingungen sind bei Ottomotoren kleiner als bei Dieselmotoren. Zur Geräuschdämpfung wird das auf der Nockenwelle sitzende Antriebsrad meist aus Kunststoff, z. B. Novotext oder Resitext ausgeführt. Die Verschalung des Antriebes besteht meist aus einer, an der Vorderseite des Kurbelgehäuseoberteils angeschraubten, Platte und einem einfachen gepreßten Blechdeckel. Diese Ausführung vermeidet Angüsse am Kurbelgehäuseoberteil, die bei der Bearbeitung hinderlich sein können.

β) Nockenwellenantrieb am schwungradseitigen Motorende.

Dieser Antrieb wird trotz des Vorteiles größerer Laufruhe nur bei wenigen meist großen Personenwagen-Ottomotoren verwendet (z. B. Steyr 630, 3,4 l-Mercedes-Benz, Maybach). Vor allem kommt er für Motoren größerer Zylinderzahl z. B. 8-Zylinder- Reihenmotoren und 12-Zylinder-Motoren in Betracht. Die Vorteile dieser Bauart wurden im Abschnitt über Fahrzeugdieselmotoren besprochen.

γ) Lage der Nockenwelle.

Die Frage, ob die Nockenwelle in der Fahrtrichtung gesehen rechts oder links vom Motor liegen soll, läßt sich nicht allgemein beantworten. Maßgebend für die Lage der Nockenwelle kann die Anordnung der Wagenlenkung (Rechts- oder Linkslenkung) sein, entsprechend Rechts- oder Links-Fahrordnung der einzelnen Länder. Man wird Vergaser und Zündverteiler möglichst auf der Seite anordnen, auf der gefahren wird, damit der Fahrer beim Beheben von Störungen nicht dem Straßenverkehr ausgesetzt ist. In Ländern mit Rechtsfahrordnung und bei Motoren mit stehenden Ventilen ist daher die Anordnung der Nockenwelle rechts vorherrschend. Da der Zündverteiler von der Nockenwelle aus angetrieben wird, liegt er auf der gleichen Seite wie die Nockenwelle. Bei Motoren mit hängenden Ventilen und Rechtsfahrordnung wird man vor allem den Vergaser auf der rechten Seite anordnen. Die Nockenwelle liegt dann bei Verwendung von Stoßstangen ebenso wie der Zündverteiler auf der linken Seite. Auch bei Motoren mit obenliegender Nockenwelle wird der Vergaser auf der dem Verkehr nicht ausgesetzten Seite angeordnet.

Wie bereits auf S. 51 erwähnt, werden über dem Zylinderkopf liegende Nockenwellen nur selten verwendet, da diese Bauart am teuersten ist. Obenliegende Nockenwellen sind bei Motoren mit sehr hohen Drehzahlen (Sport- und Rennwagen-Motoren) am Platz, da sie die kleinsten Massen für den Ventilantrieb ergeben. Gleichzeitig erhält man verbrennungstechnisch sehr günstige Brennräume und damit hohe Hubraumleistungen.

d) Anordnung der Hilfsmaschinen.

α) Wasserpumpe und Lüfter.

Vorherrschend ist die Anordnung des Lüfters auf der Wasserpumpenwelle. Beide Hilfsmaschinen verlangen verhältnismäßig hohe Drehzahlen. Dadurch ist diese Anordnung gerechtfertigt.

Das Laufrad der Wasserpumpe ist vielfach in den Zylinderkopf eingebaut und der Saugkanal der Pumpe im Kurbelgehäuseoberteil eingegossen. Das Kühlsystem kann dann durch einen Wasserablaßhahn am Kühler vollständig entwässert werden.

Lüfter und Wasserpumpe werden von der Kurbelwelle durch einen endlosen Gummikeilriemen angetrieben.

β) Lichtmaschinenantrieb.

Die Lichtmaschine sitzt meist seitlich am Kurbelgehäuseoberteil auf einer angegossenen Konsole. Ihr Antrieb erfolgt bei der eben beschriebenen Anordnung von Lüfter und Wasserpumpe durch den gemeinsamen Gummikeilriemen im Dreieckstrieb. Der Riemen wird in diesem Falle durch seitliches Ausschwenken der Lichtmaschine nachgespannt.

γ) Anordnung der Wasserpumpe hinter der Lichtmaschine.

In diesem Falle wird Lüfter und Lichtmaschine von der Kurbelwelle aus im Dreieck durch einen Gummikeilriemen angetrieben. Die Wasserpumpe ist seitlich am Kurbelgehäuseoberteil befestigt und wird von der Lichtmaschinenwelle durch eine Kreuzscheibenkupplung mitgenommen. Der Riemen wird durch Verstellung der Lüfterlagerung nachgespannt.

δ) Anordnung des Lüfters auf der Lichtmaschinenwelle.

Bei kleineren Motoren mit Thermosyphon-Kühlung und stehenden Ventilen wird die Lichtmaschine mitunter auf dem Zylinderkopf gelagert und der Lüfter unmittelbar auf der Lichtmaschinenwelle befestigt. Der Antrieb erfolgt auch hier durch einen endlosen Gummikeilriemen, seine Nachstellung durch Ausschwenken der Lichtmaschine.

ε) Anordnung des Anlassers.

Der Anlasser wird in den meisten Fällen am Kurbelgehäuseoberteil befestigt. Da das Ritzel der Anlasser bei Personenwagenmotoren meist durch Fußbetätigung in den Zahnkranz des Schwungrades eingeschoben wird, ist bei Linkslenkung die Anordnung des Anlassers links, in der Fahrtrichtung gesehen, zweckmäßig. Bei einigen, wenigen Motoren werden Lichtanlassermaschinen verwendet, die entweder mit Keilriemen angetrieben werden (Steyr 50) oder unmittelbar mit der Kurbelwelle gekuppelt sind (Steyr 630). Die Lichtanlassermaschinen sind im allgemeinen schwerer als die normalen Anlasser bzw. die normalen Lichtmaschinen. Bei Verwendung der Lichtanlassermaschinen fällt der Anlaßzahnkranz am Schwungrad weg.

ζ) Antrieb der Kraftstofförderpumpe.

Die Kraftstofförderpumpe wird meist durch einen Stößel von der Nockenwelle aus angetrieben. Die Anwendung einer Kraftstofförderpumpe ist dann notwendig, wenn der Kraftstoffbehälter tiefer liegt als der Vergaser, also z. B. bei der Anordnung des Kraftstoffbehälters im Heck des Fahrzeuges. Bei Personenwagen mittlerer Leistung werden häufig Falltanks verwendet, wobei die Förderpumpe entfallen kann.

e) Anordnung und Antrieb von Schmierölpumpe und Zündverteiler.

Für den Antrieb von Ölpumpe und Zündverteiler hat sich eine Einheitslösung ausgebildet. Die Antriebswelle für Ölpumpe und Zündverteiler ist gemeinsam und wird von der Nockenwelle durch Schraubenräder angetrieben. Die Neigung der Antriebswelle für Zündverteiler und Zahnradölpumpe ist von den baulichen Verhältnissen des Motors abhängig. Man findet Antriebswellen, die parallel zur Zylinderachse stehen und solche, die zur Zylinderachse geneigt sind. Bei Motoren mit hängenden Ventilen soll im allgemeinen der Zündverteiler auf der gleichen Seite wie die Zündkerzen liegen, damit die Zündkabel kurz werden.

B. Bauteile.

I. Kurbelgehäuseoberteile.

1. Kurbelgehäuseoberteile aus Gußeisen für schnellaufende Dieselmotoren der Reihenbauart.

Nachdem das Triebwerk (Kolben, Pleuelstange, Kurbelwelle samt Lagerung) nach Heft 10 festgelegt wurde und im allgemeinen erst nach dem Entwurf des Zylinderkopfes kann das Kurbelgehäuse gezeichnet werden.

Zuerst wird die Einhüllende um sämtliche Pleuelstangenstellungen, die sogenannte „Geige", gezeichnet. Dann wird die Größe und Form der Gegengewichte (Heft 8/II und 10) und dadurch auch ihre äußere Begrenzung bestimmt. Man erhält nun die Abmessungen des Triebwerksraumes im Kurbelgehäuseoberteil, wenn man die Gehäusewand im Abstand von 10—15 mm um die Einhüllende zieht.

Als nächstes folgt die Bestimmung der Lage der Nockenwelle. Dazu ist die Kenntnis des Grundkreisdurchmessers der Nocken, des Nockenhubs, der Abmessungen der Ventilstößel, sowie der Abmessungen der Nockenwellenlagerung erforderlich. Die dazu notwendigen Überlegungen enthält Heft 9. Sie werden am besten schon vor Entwurf des Zylinderkopfes angestellt.

Die seitliche Entfernung der Nockenwelle von der Zylindermitte ist vom Zylinderkopf her gegeben. Es ist jedoch nachzuprüfen, ob diese Entfernung auch im Bereich der Stößel für den Ventilantrieb ausreicht.

Der senkrechte Abstand der Nockenwelle von der Kurbelwellenmitte ist durch die Form der Geige und die seitliche Entfernung von der Ebene durch die Zylinderachsen gegeben. Man geht mit dem Durchmesser der Nockenwelle bis auf 3 mm an die Geige heran. Die Nocken selbst brauchen nicht berücksichtigt zu werden, da sie in der Längsrichtung des Motors meist genügend weit von der Pleuelstange entfernt liegen.

Um die Stirnräder möglichst klein zu halten, wird getrachtet die Nockenwelle nahe an die Kurbelwelle heranzurücken. Zur Verminderung des Bauaufwandes soll immer versucht werden beim Nockenwellenantrieb ohne Zwischenrad auszukommen.

Um die Höhe des Kurbelgehäuseoberteils von Mitte Kurbelwelle aus zu erhalten, wird nach Festlegung der Größe des Verdichtungsraumes und mit dem bereits vorliegenden Entwurf von Triebwerk und Zylinderkopf die Entfernung des letzteren von der Kurbelwellenmitte bestimmt. Die Dichtung zwischen Gehäuse und Zylinderkopf wird zusammengepreßt 1,2—1,5 mm stark angenommen und die Lage der Gehäuseoberkante dadurch festgelegt.

Mittels der Kolbenwegkurve und der Ventilerhebungskurve muß nun nachgeprüft werden, ob der unbedingt erforderliche Abstand von etwa 2 mm zwischen Kolben und Ventilen während der Kolbenbewegung in der Nähe des oberen Totpunkts nicht unterschritten wird. Dieser Abstand muß auch bei Vorkammer- und Wirbelkammermotoren eingehalten werden.

Oben hat das Kurbelgehäuseoberteil die Zylinderkopfschrauben aufzunehmen. Die Austeilung und Größe der Zylinderkopfschrauben ist durch den Entwurf des Zylinderkopfes festgelegt. Man hat bereits dabei, soweit es die gewählte Bauart, die Anordnung der Ein- und Auslaßkanäle und die Art des Verbrennungsverfahrens zuläßt, auf einen möglichst klaren Kraftfluß im Kurbelgehäuseoberteil Rücksicht zu nehmen.

Bei eingesetzten nassen Laufbuchsen ist der obere Teil des Kurbelgehäuseoberteils so auszubilden, daß eine gleichmäßig steife Auflage der Laufbuchse erzielt und ein Ovalziehen derselben vermieden wird. Die übliche Befestigung und Abdichtung der Laufbuchse erfolgt an der oberen Seite durch einen Flansch, der im Kurbelgehäuse dicht aufliegt und von oben durch den Zylinderkopf fest eingespannt wird. Zu diesem Zweck steht die Laufbuchse etwa 0,04—0,08 mm über die Gehäuseoberkante vor. Dadurch wirkt der größte Teil der Schraubenkräfte als Dichtungsdruck auf den Flansch der Laufbuchse. Die Aufnahme dieser hohen Dichtungsdrücke der Flanschen durch das Kurbelgehäuse erfordert seine zweckmäßige Gestaltung.

Die Auflagefläche des Flansches der Zylinderlaufbuchsen am Gehäuse beträgt bei Graugußgehäusen etwa 15% der Kolbenfläche. Das Streben nach kleinem Zylinderabstand zwingt zur knappen Bemessung des tragenden Steges zwischen je zwei Laufbuchsen. Um die Beanspruchung dieses Trägers herabzusetzen und gleichzeitig die Laufbuchse abzustützen, werden die Längswände des Kurbelgehäuseoberteiles zwischen den Zylindern stark hereingezogen, so daß auf beiden Seiten ein wellenförmiger Verlauf der Wände entsteht, welche den Wasserraum begrenzen. Um einen Vergleichswert für die Bemessung der Träger zu erhalten, nimmt man an, daß sich der ganze Dichtungsdruck der bis an die Streckgrenze angezogenen Zylinderkopfschrauben auf den Laufbuchsenflansch auswirkt. Das bedeutet, daß der Träger von jeder Zylinderseite aus etwa $1/4$ der auf den Zylinder entfallenden Schraubenkräfte aufzunehmen hat und frei aufliegend oder beiderseitig eingespannt mit einer gleichmäßig verteilten Belastung zu rechnen ist. Für bewährte Konstruktionen liegen die Vergleichswerte der Biegespannung für den frei aufliegenden Träger zwischen 2500 und 2800 kg/cm² und für den beidseitig eingespannten Träger zwischen 1800 und 1900 kg/cm². Man erhält damit das erforderliche Widerstandsmoment des Trägers und aus der zur Verfügung stehenden Breite seine Höhe. Durch Verbreiterung der T-Flanschen, von der engsten Stelle zwischen den Rohren gegen die Gehäusewand zu, kann eine erhöhte Versteifung erzielt werden.

Von den Zylinderkopfschrauben sind die Verbrennungsdrücke auf möglichst geradem Weg zu den Befestigungsschrauben der Kurbelwellen-Lagerdeckel weiterzuleiten. Das bedingt die Ausbildung von Zugbändern, die von den Anschlußstellen des Trägers an die Längswände des Kühlwassermantels zum Kurbelwellenlager führen. Dabei ist im Bereich des Kühlwassermantels besondere Sorgfalt geboten, da unterhalb des Trägers die Zugkräfte nur von den Wänden weitergeleitet werden, die hierfür besonders auszubilden sind. Man kann annehmen, daß ein Wandstück von der Breite der halben Zylinderteilung zur Kraftführung herangezogen werden kann. Bei Beanspruchungen von 250—300 kg/cm² bezogen auf einen Zünddruck von 55 at reicht die einfache Wandstärke hierfür nicht aus. Man wird deshalb den Querschnitt durch Rippen, die in der Richtung der Zylinder nach unten laufen, zu vergrößern trachten und der Gehäusewand nach Abb. 31 Schnitt C—D im Bereich des Zugbandes eine größere Wandstärke geben.

Die Kolbenringe sollen auch bei der unteren Totpunktstellung des Kolbens noch in jenem Bereich der Zylinderlaufbuchse liegen, der unmittelbar vom Kühlwasser umspült wird. Dadurch ist die Mindesthöhe des Kühlwassermantels gegeben. Der Durchtritt der Zylinderlaufbuchse durch den Boden des Kühlwasserraums wird im Gehäuse als ringförmiger Kragen ausgeführt, welcher die Dichtfläche für die beiden Gummiringe der Zylinderlaufbuchse bildet. Die Höhe dieses Kragens ist durch die Abschrägung, die zum Einbringen der Laufbuchse mit den Gummiringen erforderlich ist, den Abstand dieser Ringe, die Nutbreite und die vor und nach den Ringen erforderliche Auflage gegeben. Es ist vorteilhaft, den Kühlwasserraum um die Kragenlänge nach unten zu verlängern, so daß die Gummiringe an einer vom Kühlwasser umgebenen Wand anliegen, wodurch bei schwachem Kolbenfressen und der damit verbundenen größeren Erwärmung der Zylinderlaufbuchse eine Zerstörung der Ringe durch die Wärme vermieden wird. Allerdings wird dadurch die Entwässerung des Kühlwasserraumes schwieriger, da bei kleinen Zylinderabständen die Kragen für die Zylinderlaufbuchsen zusammenstoßen und Reste von Kühlwasser im Gehäuse verbleiben können, wenn nicht besondere Maßnahmen zur Entwässerung getroffen werden.

Da die Lage der Nockenwelle bereits bestimmt ist und auch die Entfernung der Ventilstößel aus dem Zylinderkopfentwurf bekannt ist, kann nun die Ausbildung der Wand des Kühlwasserraumes Abb. 31 Schnitt C—D im Bereich der Ventilstößel untersucht und etwa erforderliche Änderungen vorgenommen werden.

Unterhalb des Kühlwasserraumes werden die Zugbänder zu den Butzen der Befestigungsschrauben der Lagerdeckel fortgesetzt. Dazu dient ein von Boden des Kühlwasserraumes zum Kurbelwellenlager führendes Zugstück mit I-förmigem Querschnitt. Die Höhe dieses I-Querschnittes ist ungefähr durch die Entfernung der Lagerdeckelschrauben, die Breite durch die Lagerbreite der Wellenlager gegeben, von der etwa 4 mm auf jeder Seite für die Bearbeitung abzuziehen sind. Die Flanschen des I-Querschnittes finden nach Abb. 31 ihre Fortsetzung nach oben in den Wänden des Kühlwasserraumes und werden nach dorthin zweckmäßig allmählich breiter. Der Steg dieses I-fömrigen Querschnittes bildet einen Teil der Querwand, die bei jeder Lagerstelle, durch von der Lagerbrücke ausgehende Rippen versteift, zu den Wänden des Triebwerksraumes gezogen wird.

Die Wandstärke des die Lagerschalen umgebenden Werkstoffs soll mit Rücksicht auf den möglichen Gußversatz an der Berührungsfläche mit dem Bund des Wellenlagers 7 mm nicht unterschreiten. Gegen die Querwand des Kurbelgehäuseoberteils ist aus formtechnischen und Festigkeitsgründen ein Anzug von 5—10° auszubilden. Der Übergang der Querwand zu dieser Werkstoffanhäufung soll nach Abb. 31 allmählich erfolgen.

Die Befestigungsschrauben für die Lagerdeckel werden am besten als Kopfschrauben ausgeführt, da solche einwandfrei zu sichern sind. Sie sollen so knapp wie möglich an der Lagerschale sitzen, damit das Biegungsmoment des Lagerdeckels nicht unnötig groß wird. Um dies zu erreichen und um überdies eine größere elastische Länge der Schrauben zu erhalten, geht man mit dem Außendurchmesser der Schraube bis auf 2 mm an die Bohrung zur Aufnahme der Lagerschalen heran und läßt das Gewinde erst in einer Entfernung

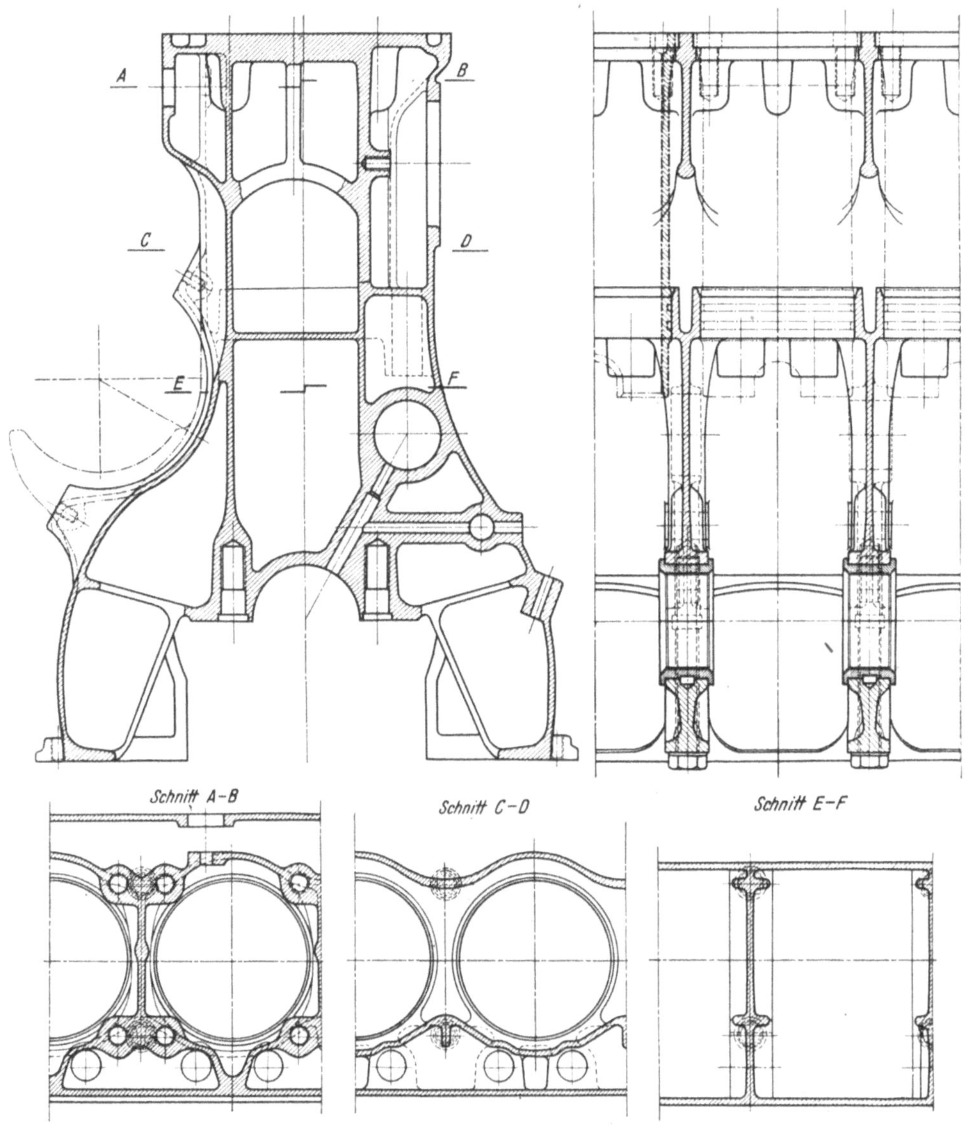

Abb. 31 Kurbelgehäuseoberteil aus Grauguß.

von der Lagerteilebene beginnen, in der genügend Werkstoff zwischen Gewinde und Lagerbohrung vorhanden ist. Die Wandstärke des Butzens für das Gewinde soll etwa 5 bis 7 mm betragen. Dabei wird auf allfälligen Gußversatz Rücksicht genommen. In die beiden Butzen für die Lagerdeckelschrauben sollen die Flanschen des früher erwähnten I-Querschnittes einlaufen. Der Vergleichswert der Beanspruchung der Lagerdeckelschrauben, unter Zugrundelegung eines Zünddruckes von 55 at, beträgt ungefähr 1500 bis 1700 kg/cm². Der Werkstoff soll bei genügender Dehnung eine Streckgrenze von 8000 bis 9000 kg/cm² aufweisen.

Der größte Querschnitt eines Lagerdeckels aus Gußeisen nach Abb. 32 kann nach folgender Vergleichsrechnung bestimmt werden:

$$M_B = \frac{P_z}{2}\left(\frac{l}{2} - \frac{a}{4}\right)$$

P_z = Zünddruck $\qquad a$ = Lagerbohrung

l = Entfernung der Lagerschrauben

Die zulässige Biegungsbeanspruchung ist 600—700 kg/cm^2

Der Lagerdeckel wird am besten mit I-förmigen Querschnitt ausgebildet. Seine Breite entspricht dem Maß zwischen den Lagerbunden. Mit dieser kann leicht die erforderliche Höhe des Biegungsquerschnittes bestimmt werden. Die Pfeifen um die Schraubenbolzen erhalten 5—6 mm Wandstärke. Die Auflagefläche des Lagerdeckels am Gehäuse soll nicht zu klein bemessen werden, damit eine genügende Einspannwirkung erzielt wird. Die Abmessung des Lagerdeckels senkrecht zur Längsachse des Motors bestimmt die Größe der stirnseitigen Gehäuseöffnungen, da aus Gründen wirtschaftlicher Fertigung die Lagerteilebene, bzw. die Sitzfläche des Lagerdeckels am Gehäuse mit durchlaufendem Fräskopf bearbeitet wird.

Die Nockenwellenlagerung kann unmittelbar im Guß des Kurbelgehäuseoberteiles erfolgen. Wie schon früher erwähnt wurde, genügt für die Nockenwelle die Lagerung nach je zwei Zylindern. Die Bohrung der Lagerstelle ist durch die Nockenabmessungen gegeben, denn man muß die Welle einschieben können und daher den Halbmesser der Lagerstelle der Nockenwelle etwas größer als das Maß von Nockenwellenmitte bis Nockenspitze machen. Die Breite der Lagerstellen entspricht ungefähr der Breite der Kurbelwellenlager.

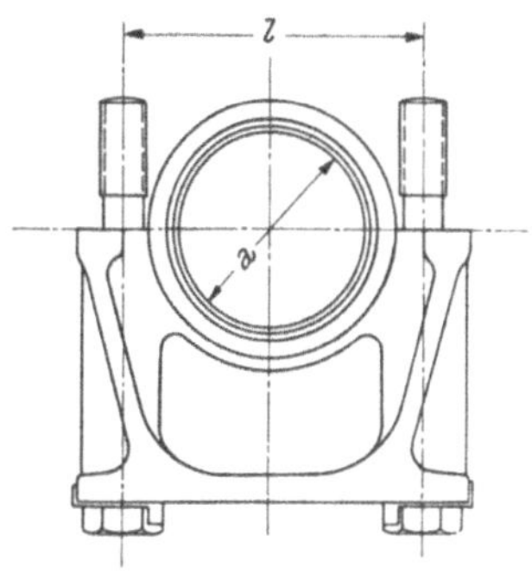

Abb. 32.

Auch die Ventilstößel können unmittelbar im Guß laufen. Um ein Kippen des Stößels zu vermeiden, soll ihre Führung etwa 5mal so lang sein als ihr Durchmesser. Ein Ausbau der Stößel ohne daß die Nockenwelle entfernt werden muß (z. B. durch Deckel im Gestell) braucht nach Ansicht des Verfassers nicht berücksichtigt zu werden, da die Notwendigkeit hierfür im praktischen Betrieb kaum eintritt. Man würde dadurch nur Raum und Gewicht verschwenden.

Wird die Wasserpumpe mit dem Lüfterantrieb zusammengefaßt, so ist es zweckmäßig, einen Verteilkanal für das Kühlwasser am oberen Teil des Zylinderblocks einzugießen. Die Zuführung des Wassers zu den einzelnen Zylindern erfolgt dann durch Bohrungen vom Verteilkanal in den Kühlwassermantel, deren Querschnitt den zur gleichmäßigen Wasserverteilung notwendigen Widerständen angepaßt wird. Die Bohrungen sollen das Wasser tangential zur Zylinderlaufbuchse eintreten lassen, damit das kalte Wasser nicht unmittelbar auf die Zylinderlaufbuchse aufprallt. Der Querschnitt des Kühlwasserverteilkanals ist vor allem durch gußtechnische Rücksichten gegeben. Er muß so groß sein, daß der Gußkern genügende Festigkeit hat.

Die Hauptölleitung wird beim Durchtritt durch die Gehäuse-Querwände nach Abb. 31 durch lagerförmige Butzen gehalten und in diese eingewalzt. Dies erfordert einen Rohrdurchmesser von mindestens 25—30 mm. Von den Butzen führen Bohrungen zu den Wellenlagern.

Die Ölbohrungen sollen das Öl unmittelbar zu den Lagern leiten. Sackbohrungen sind zu vermeiden, da sie schlecht gereinigt werden können. Die Nockenwellenlager werden mit kurzen Nebenbohrungen an die Hauptölbohrung angeschlossen. Die Zuleitung von der Ölpumpe zum Filter, das zweckmäßig auf der gleichen Motorseite wie die Pumpe liegt, erfolgt bis zur Auflagefläche des Filters am Kurbelgehäuseoberteil ohne lösbare Rohrverbindungen, entweder durch eingewalzte Rohre oder durch Bohrungen im Guß. Das Öl wird vom Filter in die Hauptölleitung durch eine Bohrung im Kurbelgehäuseoberteil geführt. Am vorderen Ende der Hauptölleitung wird, möglichst gut zugänglich, das Öldruckregelventil angeordnet, welches die Aufgabe hat, den Öldruck bei kalter und warmer Maschine innerhalb verhältnismäßig enger Grenzen zu halten.

Die Ausbildung des Motorgehäuses an den Stirnseiten ist von der Lage der Antriebsräder für die Steuerung abhängig und bleibt im übrigen im größeren Maße als die anderen Teile des Gehäuses dem Ermessen und damit dem Geschick des Konstrukteurs überlassen. Zum Anschluß der Kupplungsglocke ist ein genormter Flansch aus den Normblatt Kr M 106 (DIN Entwurfsblatt) zu verwenden, dessen Größe vom Durchmesser des Anlasserzahnkranzes am Schwungrad abhängt.

Der Entwurf des Kurbelgehäuseoberteils setzt Klarheit über die Anordnung der Einspritzpumpe, der Ölpumpe, des Ölfilters, sowie sämtlicher Hilfsmaschinen voraus. Alle Hilfsmaschinen sind zur Befestigung in gebohrten Auflagern eingerichtet, da ebene Auflager teurer und weniger genau herzustellen sind. Die Auflager werden an das Kurbelgehäuseoberteil angegossen und zweckmäßig nach Abb. 31 kastenförmig ausgebildet, um die Gefahr einer Beschädigung beim Transport zu verringern. Wo es möglich ist, sollen zur Vereinfachung der Bearbeitung die Mitten der Auflager zusammenstimmen, so z. B. die für Lichtmaschine, Bremsluftverdichter und Anlasser. Lichtmaschine und Anlasser werden mit Spannbügeln befestigt.

Die Öleinfüllöffnung soll beim eingebauten Motor gut zugänglich sein. Es ist zweckmäßig, sie in der Höhe der oberen Kante des Triebwerksraumes anzuordnen. Die Verbindung mit den Triebwerksraum erfolgt mitunter durch einen gegossenen Kanal.

Die neuesten Vorschriften der Vereinheitlichung bestimmen die Lage der Öleinfüllöffnung und des Peilstabes auf der rechten Motorseite in Fahrtrichtung gesehen.

Meist wird der Stutzen zur Ölfüllung mit einer Saugentlüftung des Triebwerksraumes verbunden. Das Entlüftungsrohr soll außen tief heruntergeführt werden, um den Öldunst durch den freien Luftstrom absaugen zu können.

2. Kurbelgehäuseoberteile für schnellaufende Dieselmotoren aus Leichtmetall.

a) Allgemeines.

Als Werkstoff für Kurbelgehäuse-Oberteile und -Unterteile findet das von der Silumingesellschaft Frankfurt hergestellte Silumin, das vergütet als Silumin γ bezeichnet wird, in immer größeren Umfange bei Leichtgewichtsmotoren Verwendung.

Die Zusammensetzung ist etwa

9 —13,5% Silizium
0,4— 0,6% Mangan
0,1— 0,5% Magnesium
Rest Aluminium.

Das Silumin β aus dem durch Vergüten das Silumin γ entsteht, hat eine Festigkeit von 17—20 kg/mm² und eine Dauerbiegefestigkeit von 6,5 kg/mm².

Die einzelnen Stufen des Vergütungsprozesses sind folgende:

1. Glühen während 3—4 Stunden bei einer Temperatur von 510—530° C mit Temperaturtoleranzen von 5° C.
2. Abschrecken aus der Glühtemperatur im Wasser von 20° C.
3. Anlassen durch 20 Stunden bei 150° C.

Ähnlich wie bei Stahl durch kleine Mengen Kohlenstoff in Verbindung mit einer geeigneten Wärmebehandlung eine Vergütung erzielt werden kann, so wird dies auch bei Silumin γ durch Zusatz eines geringen Prozentsatzes Magnesium erreicht. Es bildet sich im Gefüge ein Magnesium-Silicid, das bei langsamer Erstarrung als heterogener Gefügebestandteil ausgeschieden wird, bei schneller Erstarrung in der Aluminium-Grundmasse gelöst bleibt. Um einen vollen Vergütungseffekt zu erreichen, muß man trachten, möglichst viele von den Mg_2Si-Kristallen in fester Lösung zu erhalten.

Die Erstarrungsgeschwindigkeiten sind je nach Größe und Wandstärke verschieden, so daß entsprechend den vorliegenden Abkühlungsbedingungen teils mehr, teils weniger von dem Mg-Silicid gelöst oder ausgeschieden ist. Aus diesem Grunde ist es notwendig, die Gußteile zu glühen, wodurch die im Gefüge vorhandenen Mg_2-Si-Kristalle in feste Lösung übergehen und in diesem labilen Zustand durch eine schnelle Abkühlung beim Abschrecken erhalten werden. Durch Glühen wird sowohl Sandguß wie auch Kokillenguß beim langsamen Abkühlen an der Luft und auch beim Abschrecken im Wasser weich, die Festigkeit fällt etwas ab, die Dehnung steigt auf das Doppelte.

Beim nachfolgenden Anlassen wird die Umwandlung des labilen Zustandes dieser übersättigten Mischkristalle in einem stabilen Zustand eingeleitet und dadurch der Legierung besondere Härte und Festigkeit gegeben. Man erhält das Silumin γ vergütet.

Setzt man den Anlaßprozeß bei gleicher Temperatur zu lange fort oder erhöht man die Anlaßtemperatur, so tritt eine weitere Umwandlung ein, die schließlich wieder zum Ausscheiden aller Mg_2Si-Kristalle führen kann. Dadurch sinkt die Festigkeit auf die des normalen Silumingusses und darunter.

Die Dehnungslinien von Silumin γ zeigen nach Abb. 33 einen dem Grauguß ähnlichen Verlauf. Die hohe, fast in der Nähe der Zugfestigkeit liegende Streckgrenze ist gleichbedeutend mit einem großen Formänderungswiderstand. Aus der Abb. 33 ist der durch das Silumin γ gegenüber dem Cu-Silumin und dem reinen Silumin erreichte Fortschritt klar zu erkennen.

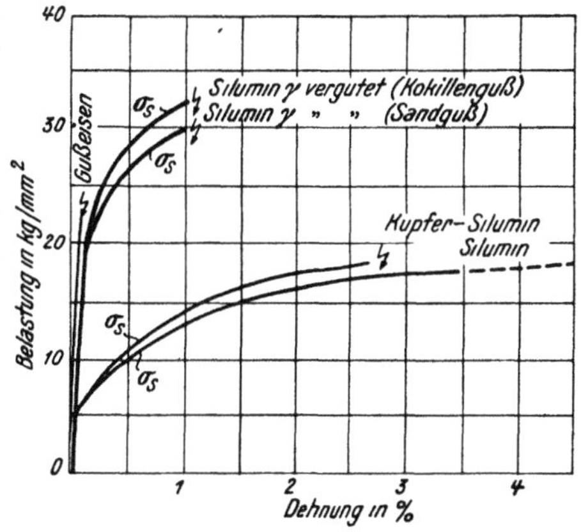

Abb. 33 Dehnungslinie von Silumin

Silumin γ hat einen Elastizitätsmodul von 700 000 kg/cm². Dieser niedere Wert (Grauguß 1,200 000 kg/cm²) zwingt den Konstrukteur Biegungsquerschnitte mit großen Trägheitsmomenten auszuführen, um die Formänderung innerhalb zulässiger Grenzen zu halten.

Das Silumin γ ist zäh und hat gute dynamische Festigkeitswerte. Die bei Leichtmetallgehäusen ausgeführten Zugquerschnitte werden unter Berücksichtigung einer Zug-Druck-Wechselfestigkeit von 8 kg/mm² mit fünffacher Sicherheit bemessen.

Es ist klar, daß bei so verwickelten Gußstücken wie z. B. bei einem Kurbelgehäuseoberteil eine überall gleichmäßige Zugfestigkeit sich nicht erreichen läßt. Bedingt sind die Unterschiede durch die verschiedenen Wandstärken und die sich daraus ergebenden Verschiedenheiten in der thermischen Behandlung des Werkstoffes. Es ist daher erforderlich aus den Gußstücken eine große Zahl von Probestäben zu entnehmen und die Häufigkeitswerte der Festigkeitszahlen zu bestimmen. Die zulässigen Beanspruchungen wird man auf die unteren Werte derselben beziehen.

Silumin ist, bezogen auf das Gewicht, ungefähr dreimal so teuer als Grauguß. Durch Verwendung von Silumin γ läßt sich gegenüber Teilen aus Grauguß trotz einem Verhältnis des spezifischen Gewichtes von $2{,}75:7{,}2 = 0{,}38$ nur 50% an Gewicht ersparen, da die Wandstärken größer ausgeführt werden müssen. Kurbelgehäuse aus Leichtmetall werden daher erheblich teurer. Silumin wird daher nur dort verwendet werden können, wo die Gewichtsersparnis über den Preis gestellt wird. Bei Serienherstellung und Verwendung von Kokillenguß kann das Verhältnis der Herstellungskosten gegenüber Grauguß etwas günstiger werden. Spritzgußteile können bearbeitungsmäßig so große Vorteile bringen, daß ihre Verwendung rein wirtschaftlich gegenüber Grauguß gerechtfertigt ist.

b) Reihenmotoren.

Die Verwendung von Leichtmetall für Kurbelgehäuseoberteile verkleinert das Motorgewicht und damit das Leistungsgewicht. Bei gut durchkonstruierten Leichtmetallgehäusen sind gegenüber Kurbelgehäuseoberteilen aus Grauguß Gewichtsersparnisse bis zu 50% möglich.

Die Gehäuseteile, welche zur Übertragung der Verbrennungs- und Massenkrafte herangezogen werden, erhalten wegen der geringeren Dauerwechselfestigkeit des Leichtmetalls erheblich größere Querschnitte als bei Ausführung aus Grauguß. Auch die nicht beanspruchten Wände der Leichtmetallgehäuse müssen meist mit größerer Wandstärke ausgeführt werden, da infolge des kleineren Elastizitätsmoduls die Leichtmetallwände stärker zum Schwingen neigen.

Die Zugquerschnitte sind möglichst stabartig auszubilden, da sich die Zugkrafte auf ausgedehnte Querschnitte nicht gleichmäßig verteilen. Die an die Zugquerschnitte anschließenden Gehäuseteile tragen daher nur wenig mit. Auf Biegung beanspruchte Teile müssen im Leichtmetall gegenüber solchen aus Gußeisen bei gleicher Beanspruchung im Verhältnis der Elastizitätsmodule größere Trägheitsmomente erhalten, um dieselben Durchbiegungen zu ergeben.

Druckbeanspruchte Querschnitte sind für Leichtmetall wegen seiner erheblich geringeren Druckfestigkeit entsprechend größer zu bemessen als für Gußeisen. Da die Gewindelängen der Schrauben im Leichtmetall größer sein müssen als im Gußeisen, erhält man längere Butzen, die einen größeren Werkstoffaufwand erfordern. Schrauben, die öfter gelöst werden müssen, erfordern die Anwendung von Gewindebuchsen aus Stahl.

Leichtmetall ist sehr kerbempfindlich. Es ist daher überall auf gute Übergänge und Ausrundungen zu achten. Werkstoffanhäufungen sind wegen der Lunkergefahr zu vermeiden. Wo sie aus konstruktiven Gründen nicht zu umgehen sind, kann durch die Abschreckwirkung von in die Form eingelegten Kühleisen einwandfreier Guß erreicht werden.

Da das Leichtmetall viel dünnflüssiger in die Form läuft als Gußeisen, sind entsprechende Vorkehrungen zum Entlüften der Form notwendig. Für die Ausbildung der Wände und Übergänge ist, dem Gußverhalten des Leichtmetalls entsprechend, ein gewisses strömungstechnisches Gefühl des Konstrukteurs erforderlich.

Kleinere Kurbelgehäuseoberteile für Ottomotoren wurden schon mit Erfolg in der Kokille gegossen. Bahnbrechend in dieser Richtung war die Steyr-Daimler Puch AG. (Werk Steyr), der erstmalig die Entwicklung einer Kokille für ein Kurbelgehäuseoberteil gelang. Auch die Auto-Union hat durch längere Zeit das Kurbelgehäuseoberteil eines Personenwagenmotors in Kokille gegossen.

Die Vorteile des Kokillengusses sind erheblich. Bessere Festigkeitseigenschaften. größere Gußgenauigkeit, kleinere notwendige Bearbeitungszugaben und Ersparnis bei der Bearbeitung selbst ergeben bei großer Stückzahl trotz der außerordentlich teuren Kokillen einen beträchtlichen Gewinn gegenüber dem Sandguß.

Die Herstellungskosten für Leichtmetallgehäuse sind immer erheblich höher als die von Gußgehäusen. Die Preisspanne ist in erster Linie durch den höheren Preis des Werkstoffs bedingt, der allein mehr als das Doppelte der Kosten des fertigen Graugußstückes beträgt. Der bei der Einführung der Leichtmetallgehäuse angeführte Vorteil der höheren Schnittgeschwindigkeit fällt heute nicht mehr so stark ins Gewicht, da man auch beim Grauguß durch Verwendung von Hartmetallwerkzeugen (Widia) die Schnittgeschwindigkeiten erheblich erhöht hat. Für Leichtmetalle besteht erhöhte Korrosionsgefahr, z. B. greifen die, bei den üblichen Verfahren zur Beseitigung von Kesselstein im Kühler verwendeten Salzsäure- oder Sodalösungen das Leichtmetall stark an.

Die Verwendung von Leichtmetall für Motorgehäuse bleibt aus den aufgezählten Gründen heute auf ausgesprochene Leichtgewichtsmotoren (Triebwagenmotoren, Flugmotoren) beschränkt, bei denen die erzielte Gewichtsersparnis die höheren Kosten rechtfertigt. Aus diesen Gründen wurde der im nachfolgenden Beispiel angeführte Fahrzeugdieselmotor, der mehrere Jahre hindurch in großen Stückzahlen mit einem Leichtmetallgehause gebaut wurde, später durch eine Bauart mit einem Kurbelgehäuse aus Gußeisen ersetzt, da die Belastung der Gesamtkosten des Motors durch die Kosten des Leichtmetallgehäuses nicht tragbar war. Die Bauart mit dem Leichtmetallgehäuse hat sich jedoch technisch gut bewährt. Das Gewicht des Gehäuses in Leichtmetall betrug 90 kg gegenüber 180 kg für das entsprechende Graugußgehäuse.

Der Entwurf eines Kurbelgehäuseoberteils wurde bereits im allgemeinen im vorigen Abschnitt ausführlich beschrieben. Es sollen daher im folgenden an Hand eines Ausführungsbeispiels nur die Eigenheiten der Gestaltung, die mit dem Werkstoff Leichtmetall zusammenhängen, behandelt werden.

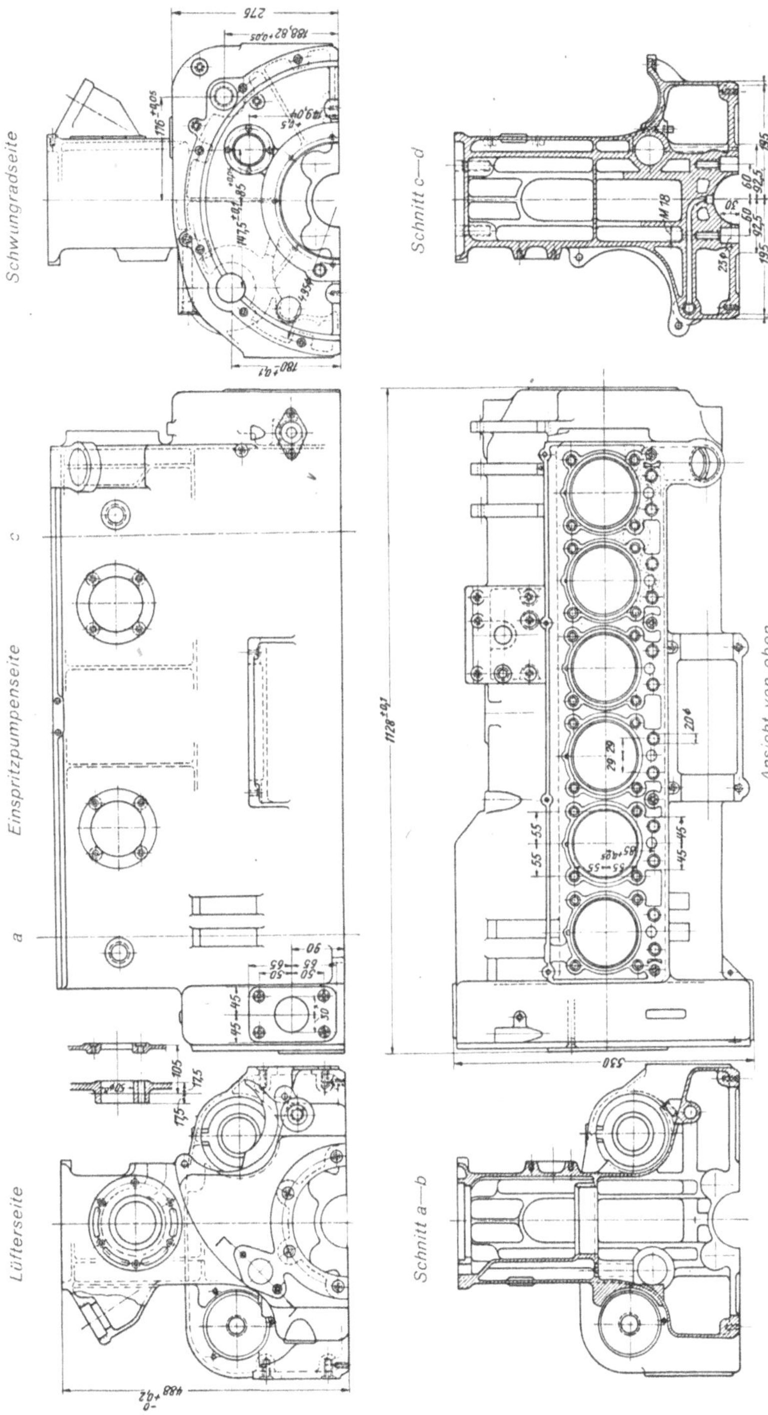

Abb. 34. Kurbelgehäuseoberteil aus Silumin.

Beispiel: Kurbelgehäuseoberteil eines Fahrzeugdieselmotors der Klöckner-Humboldt-Deutz AG. FM 316, 6 Zylinder, N = 90 PS, n = 2000 U/min, Bohrung 100 mm, Hub 160 mm (Abb 34 und 35).

Der Motor hat schwungradseitigen Nockenwellenantrieb, einzelne Zylinderköpfe und eingesetzte nasse Zylinderlaufbuchsen. Die Wasserpumpe ist in das Kurbelgehäuseoberteil eingebaut. Sämtliche Auflager für Einspritzpumpe, Lichtmaschine, Anlasser und Bremsluftverdichter sind angegossen. Die Teilebene zur Ölwanne geht durch die Kurbelwellenmitte. Im vorderen Gehäuseende liegt der Reibungsschwingungsdämpfer. Die Kurbelwelle ist nach jeder Kröpfung, die Nockenwelle nach je zwei Zylindern gelagert.

Die Verwendung von Einzelzylinderköpfen führt nach Abb. 39 zur Befestigung der Zylinderköpfe durch je vier Stiftschrauben M 16. Gewinde mit kleinerer Steigung eignen sich für Leichtmetalle nicht. Die Gewindetiefe im Gestell beträgt 56 mm. Der Gewindebeginn ist gegen die Oberkante um 14 mm zurückgesetzt, so daß die ersten Gewindegänge erst in der oberen Gehäusewand beginnen und damit im vollen Werkstoff liegen. Der Butzendurchmesser beträgt 32 mm.

Zur Weiterleitung der Verbrennungskräfte vom Zylinderkopf zum Lagerdeckel dienen nach Abb. 34 Schnitt c—d und Abb. 35 Schnitt n—o Zugbänder mit I-Querschnitt. Der Kraftfluß ist im allgemeinen geradlinig und nur auf einer Seite durch das Nockenwellenlager gestört. Die rechnungsmäßige Beanspruchung des Zugbandes unter dem Zünddruck $p_z = 55$ kg/cm² beträgt $\sigma_z =$ 200—230 kg/cm².

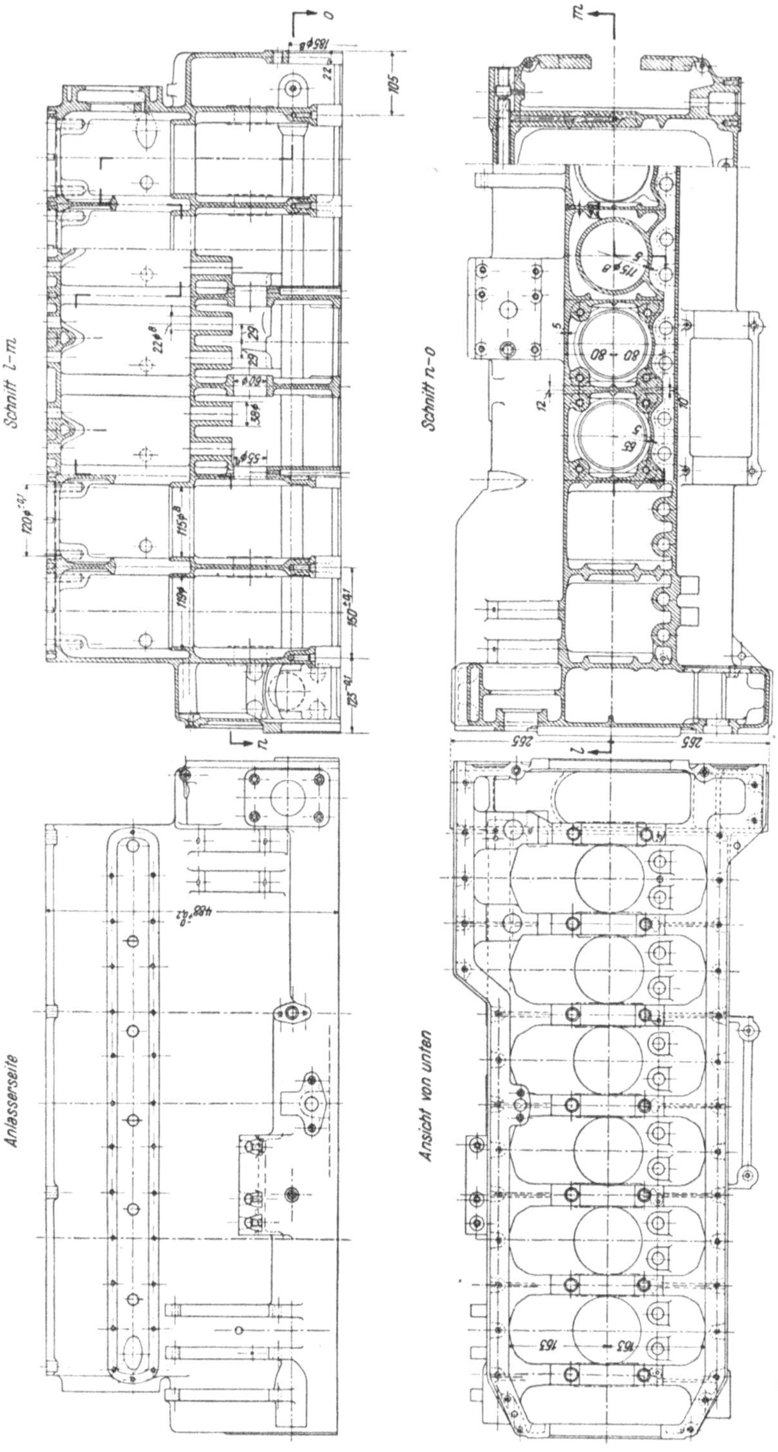

Abb. 35. Kurbelgehäuseoberteil aus Silumin.

Die Butzen der Zylinderkopfschrauben schließen sich an dem I-Querschnitt gut an. Der Steg zwischen den Bohrungen für die Zylinderlaufbuchse ist als I-Querschnitt mit großer Höhe ausgebildet und läuft mit halbkreisförmiger Rundung unten in die Zugbänder ein. Wie bereits erwähnt wurde. muß dieser Träger dieselbe Steifigkeit wie die Gehäusewände aufweisen, um ein Ovaldrücken der Zylinderlaufbuchse zu vermeiden. Die Biegungsbeanspruchung des Trägers unter dem Druck der bis auf die Streckgrenze angezogenen Zylinderkopfschrauben beträgt nach der an früherer Stelle gegebenen Vergleichsrechnung etwa 800 kg/cm² für den beidseits eingespannten Träger und 1200 kg/cm² für den frei aufliegenden Träger.

Besondere Aufmerksamkeit erfordert die Ausbildung der Gehäusewand und der Anschluß der Zugbänder im Bereich der Stößel für den Ventilantrieb (Abb. 35 Schnitt n—o).

Die Auflagefläche des Bundes der Zylinderlaufbuchse ist wegen der geringen Druckfestigkeit des Leichtmetalls verhältnismäßig groß bemessen (22 cm²). Auf sie wirkt, durch die bis zur Streckgrenze angezogenen Zylinderkopfschrauben, eine Flächenpressung von $\sigma_D = 2000$—2200 kg/cm².

Unterhalb des Bodens des Kühlwasserraumes werden von den I-Querschnitten der Zugbänder Querwände von 8 mm Stärke an die Begrenzungswände des Triebwerksraumes geführt.

Die Butzen der Lagerdeckelschrauben bilden die Fortsetzung der Flanschen der Zugbänder nach unten. Das Gewinde M 18 besitzt eine Gewindetiefe von 40 mm. Damit die Gewindegänge im ungeschwächten Werkstoff sitzen, ist der erste Gang um 30 mm von der Teilebene zurückgesetzt. Dadurch erreicht man außerdem lange Lagerdeckelschrauben mit günstiger, großer Federung.

Sämtliche Ölleitungen sind eingegossen. Das Rohrleitungssystem wird fertig gelötet in die Form eingelegt. Um Zunder im Rohrinnern zu vermeiden, wurden Rohre aus Elektrolytkupfer verwendet.

Der Querschnitt zur Aufnahme der Wellenlagerschalen ist nach Abb. 34 (Schnitt c—d) so ausgeführt, daß er sich nur wenig verformen kann.

Um die Steifigkeit in der Längsrichtung gegen die inneren Biegungsmomente der Massenkräfte zu erhöhen, ist das Kurbelgehäuseoberteil nach Abb. 39 so ausgebildet, daß steife [-Querschnitte entstehen.

Der Teil, in dem die Kurbelwellenlager sitzen, ist durch 15 mm hohe und 30 mm breite Flanschen, welche den Abschluß der Gehäusequerwände nach unten bilden, mit den [-Trägern, die durch die Gehäusewand gebildet werden, verbunden. Den sorgfältig ausgebildeten Übergang dieser Flanschen zeigt Abb. 35 (Ansicht von unten).

Die Stößel gleiten im Silumin des Gehäuses. Das hat sich durchaus bewährt. Die Nockenwelle ist in eingepreßten Graugußbuchsen gelagert. Der Räderkasten für den Nockenwellenantrieb ist angegossen und trägt 2 Zapfen als hintere Motorträger. Zur Versteifung des Räderkastens ist der Flansch zur Befestigung der Ölwanne an der unteren Teilebene des Kurbelgehäuses als Wand teilweise durchgezogen, Abb. 35 (Ansicht von unten, rechts).

Der angegossene Kühlwasserkanal ist nach außen offen und wird durch einen Aluminiumblechdeckel verschlossen. Das Kühlwasser wird zu den Zylindern durch entsprechend abgestimmte Bohrungen geführt.

Alle Rippen sind durch Wulste eingefaßt. Die Wandstärke der Verkleidungswände beträgt 5 mm.

c) V-Motoren.

Große Bedeutung hat Leichtmetall als Werkstoff für Kurbelgehäuseoberteile größerer schnellaufender V-Motoren, wie sie für Triebwagen verwendet werden. Hier sind die erzielbaren Gewichtsersparnisse erheblich und ausschlaggebend, während die höheren Gestehungskosten gegenüber dem Motorpreis nicht ins Gewicht fallen. Derartige große Leichtmetallgußstücke stellen jedoch an die Gießerei höchste Anforderungen. Eine große Zahl von Kühleisen ist in die Form einzulegen, um einwandfreien Guß zu erreichen. Die Größe und günstigste Anordnung dieser Kühleisen läßt sich meist erst nach mehrmaligen Probeabgüssen feststellen. Dementsprechend steigen die Gestehungskosten je 1 kg Guß gegenüber Gußstücken mit kleineren Abmessungen, z. B. für Fahrzeugdieselmotoren, auf das Doppelte bis Dreifache.

Als Ausführungsbeispiel wird das Kurbelgehäuseoberteil eines 12-Zylinder-V-Motors von 450 PS bei $n = 1400$ U/min der Klöckner-Humboldt-Deutz-AG. nach Abb. 36 und Abb. 37 beschrieben.

Der Motor hat Gabelpleuelstangen, daher liegen die auf einer Kröpfung arbeitenden Zylinder in einer Ebene. Dies vereinfacht das Gußstück, da die Querwände durchgezogen werden können. Der Motor ist für die Anordnung eines Büchi-Auflade-Satzes eingerichtet. Es wurden daher, um die zweckmäßige Führung von Abgas- und Luftleitungen zu ermöglichen, die Zylinderköpfe so ausgebildet, daß sowohl Einlaß- als auch Auslaßkanäle dem

Inneren des V zugekehrt sind. Aus diesem Grunde besitzt der Motor zwei an den Außenseiten liegende Nockenwellen, die über Stößel, Stoßstangen und Kipphebel die Ventile betätigen. Die Vorkammern liegen zwischen den Stoßstangen im Zylinderkopf. Der Nockenwellenantrieb befindet sich auf der Schwungradseite. Die nassen Zylinderlaufbuchsen sind, der besonders guten Kühlung wegen, an die Einzelzylinderköpfe angeschraubt (siehe Abschnitt Zylinderlaufbuchsen, Ausführung C).

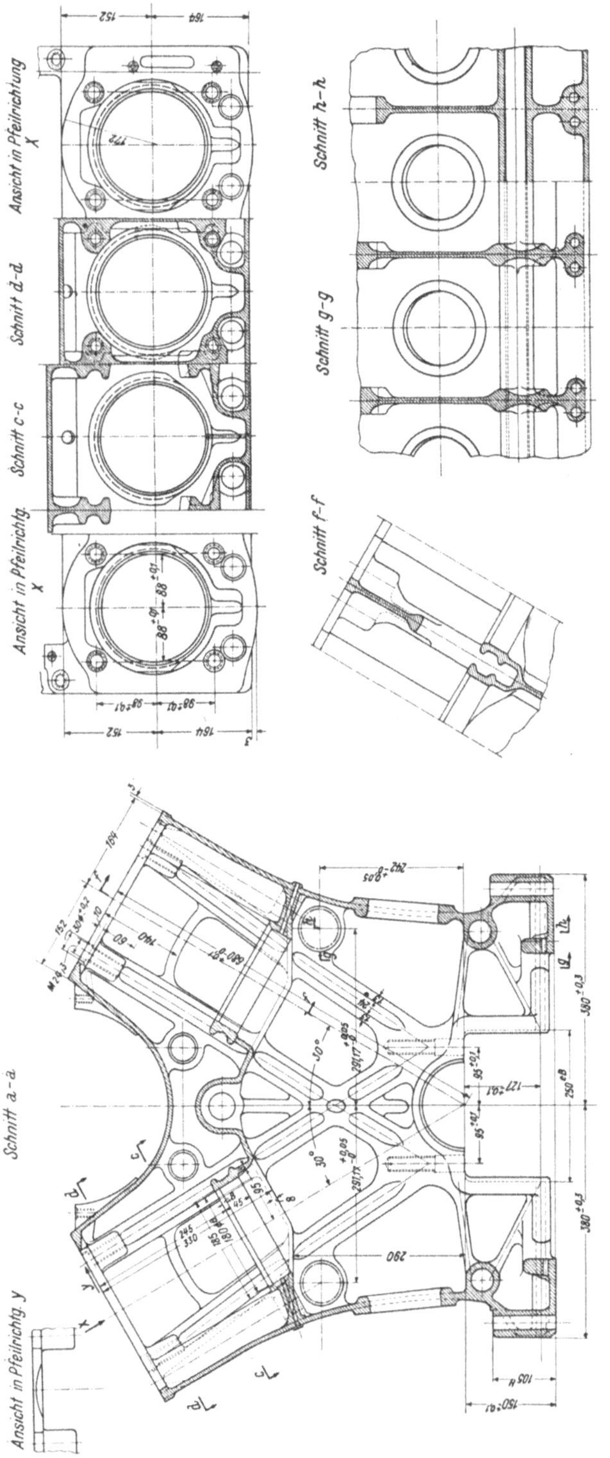

Abb. 36. Kurbelgehäuseoberteil aus Silumin für den V-Motor.

Beim Entwurf des Gehäuses wurde vor allem ein möglichst klarer Fluß der Verbrennungskräfte von den Zylinderkopfschrauben zu den Befestigungsschrauben des Lagerdeckels angestrebt. Das ist aus Abb. 36 (Schnitt *a a*) deutlich erkennbar. Zur Aufnahme der Zugkräfte wurden I-Querschnitte verwendet. Je 4 Schrauben M 24 für jeden Zylinder sitzen in Butzen des Gestells mit einer Gewindelänge von 60 mm und leiten die Verbrennungskräfte in die Zugbänder ein. Die Schraubenbutzen haben einen Außendurchmesser von etwa 50 mm. Bemerkenswert ist in diesem Falle das Vermeiden von Sackbohrungen. In Abb. 36 (Schnitt *d d*) ist der Anschluß der Butzen an die Zugbänder gut erkennbar. Das Gewinde beginnt erst 10 mm unter der Gehäuseoberkante, damit die ersten Gewindegänge im vollen Werkstoff liegen und dadurch gegen Überbeanspruchung geschützt sind.

Durch die Lagerschale des Kurbelwellenlagers ist der Abstand der Lagerdeckelschrauben bestimmt. Die Lagerdeckelschrauben haben ein Gewinde M 24. Die Gewindelänge im Butzen beträgt 75 mm. Das Gewinde ist von der Lagerteilebene um 60 mm zurückgesetzt. Die Zugbänder der gegenüberliegenden Zylinderreihen gehen von den Butzen der Zylinderkopfschrauben aus und laufen gleichartig in die Butzen der Lagerdeckelschrauben ein. Die im Innern des V liegenden Zugbänder überkreuzen sich. Der oben liegende Steg zwischen zwei benachbarten Zylinderbohrungen wird durch einen hohen I-Träger gebildet, der unten in die Zugbänder einläuft. Das durch die Träger und die Zugbänder gebildete Portal verbindet die Kühlwasserräume der einzelnen Zylinder. Der Boden des Kühlwasserraumes ist geknickt ausgeführt, um einerseits den Kragen, in welchem die Gummiringe die Zylinderlaufbuchse abdichten, noch in den Wassermantel legen zu können, andererseits um der Nockenwelle auszuweichen.

Das Schmierölverteilrohr liegt in der Symetrieebene des Gehäuses. Seine Höhenlage ist durch das Triebwerk bestimmt. Das Rohr wird nicht eingegossen, sondern eingewalzt, da sich bei den großen Gehäuseabmessungen die Unterschiede in der Wärmedehnung von Kupfer und Aluminium sonst störend bemerkbar machen würden; außerdem würden durch das Eingießen des Rohres zu große Werkstoffanhäufungen entstehen.

Die Teilebene zwischen Gehäuse und Ölwanne liegt weit unter Kurbelwellenmitte. Dadurch kann das Gehäuse in der Längsrichtung unten durch [-Querschnitte versteift werden. Infolge der verhältnismäßig großen, an einer Kurbelkröpfung angreifenden Massen treten im Lager starke horizontale Kräfte quer zur Kurbelwelle auf, die vom Lagerdeckel aufgenommen werden. Der Lagerdeckel ist daher über seine ganze Höhe von Kurbelwellenmitte bis zur Unterkante, quer zur Kurbelwellenachse in das Gehäuse eingepaßt. Um kleine Toleranzen zwischen Gehäuse und Lagerdeckel zu erreichen, wird die Passung nach Abb. 36 (Schnitt *a a*) zylindrisch ausgeführt.

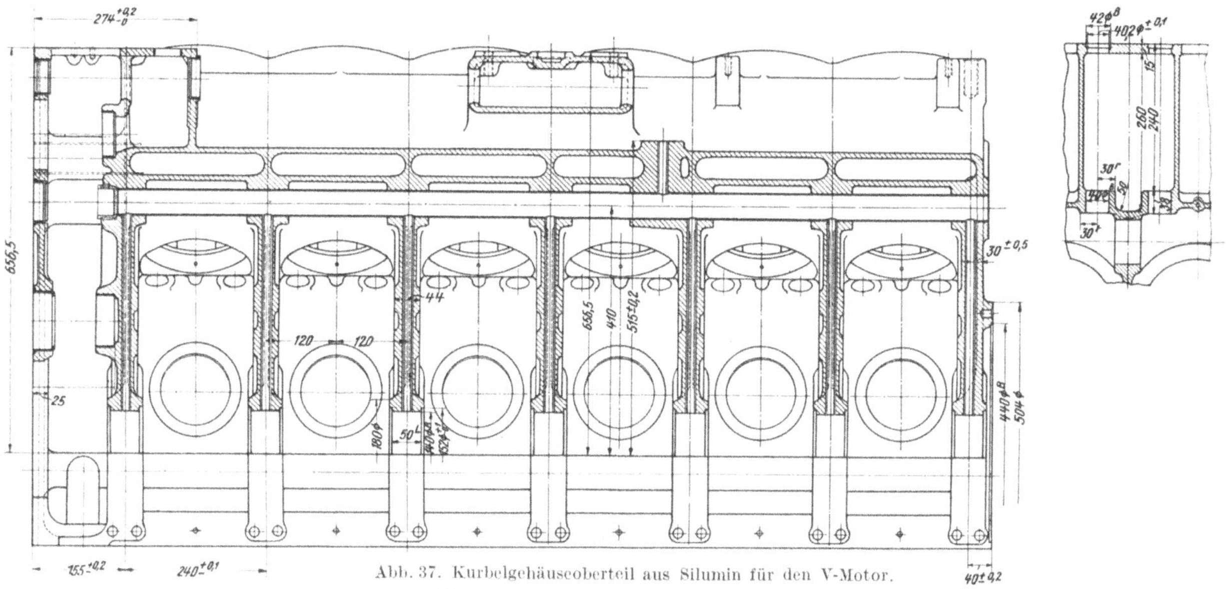

Abb. 37. Kurbelgehäuseoberteil aus Silumin für den V-Motor.

Um die früher erwahnten [-Querschnitte besser zur Aufnahme der inneren Massenmomente heranzuziehen, sind quer durch Gehäuse und Lagerdeckel je zwei Zuganker gelegt. Diese sichern nach Abb. 36 (Schnitt *g g*) einen guten, seitlichen Sitz des Lagerdeckels.

Die nicht beanspruchten Wande des Gehäuses haben mit Rücksicht auf die Größe des Gußstückes 8 mm Wandstärke. Alle Querschnittsübergänge sind sorgfältig durchgeführt. Alle Hauptwände des Gehäuses sind gekrümmt, um ihre Steifigkeit zu erhöhen.

Die Nockenwellen laufen in eingesetzten Bronzelagern. Die Stößel werden in besonderen rohrformigen Einsätzen geführt, die bis an den Zylinderkopf reichen. Dadurch ist es leicht möglich, die Stößel auszuwechseln.

Die Kühlwasserverteilrohre sind beiderseitig oberhalb des Schmierölverteilrohres in die Querwände des Gestells eingegossen.

Das Gehäuse aus Silumin wiegt ungefahr 380 kg.

3. Kurbelgehäuseoberteil für Ottomotoren mit stehenden Ventilen.

Die Kurbelgehäuseoberteile von Ottomotoren mit stehenden Ventilen sind wegen der einzugießenden Gaskanale verwickelte Gußstücke. Sie werden stets mit eingegossenen

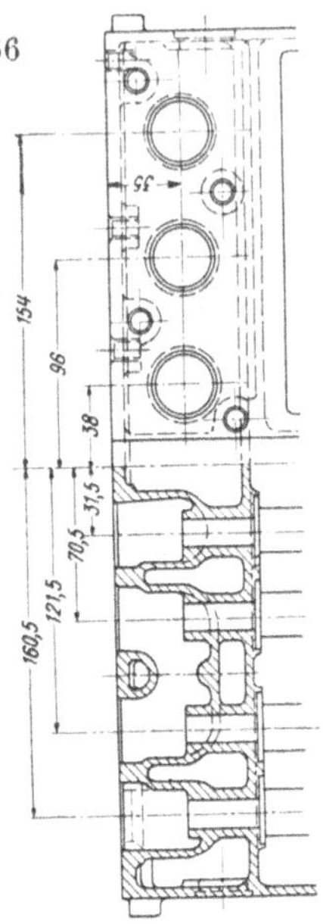

Zylindern ausgeführt, obwohl die Verwendung eingesetzter nasser Laufbuchsen ausführbar wäre. Bestimmend für die Ausbildung des Kurbelgehäuseoberteils ist vor allem die Anzahl der Wellenlager. Die Kurbelwelle von Ottomotoren dieser Bauart ist meist nach je 2 Kröpfungen gelagert. Die Zylinderabstände sind durch die Anordnung der Lager mitbestimmt. Man rückt Zylinder, zwischen denen sich keine Wellenlager befinden, so nahe als möglich zusammen. Die Abstände der Zylinder mit zwischenliegenden Lagern werden durch die Abmessungen des Wellenlagers, der Kurbelwangen und der Pleuellager bestimmt.

Im folgenden wird als Beispiel das Kurbelgehäuse des 1,7 l-Adlermotors Abb. 38 und 148 beschrieben.

Der Motor hat 4 Zylinder, 74,25 mm Bohrung, 95 mm Hub, eine Drehzahl von 3800 U/min und eine Leistung von 38 PS bei einem Verdichtungsverhältnis von $\varepsilon = 6{,}5$.

Der Zylinderabstand von 90 mm oder 1,21 D ohne zwischenliegendes Kurbelwellenlager ermöglicht die Ausbildung eines genügend großen Wasserraumkernes zwischen den Laufbüchsen.

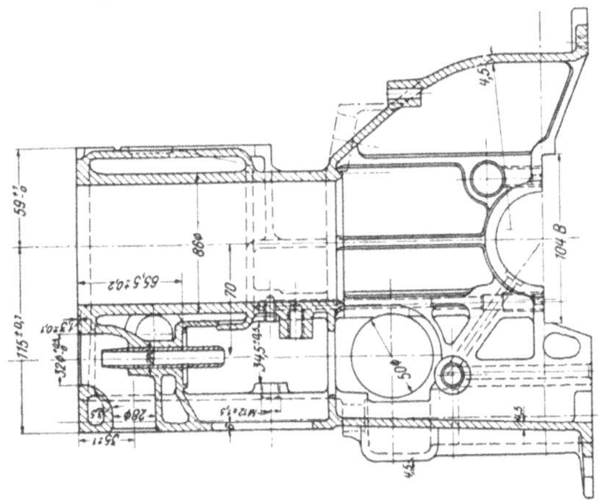

Die Zylinderabstände von 102 mm oder 1,37 D über dem mittleren Wellenlager und die Abstände von 56 mm oder 0,755 D von den Zylindermitten bis zu den Lagermitten an den Motorenden sind von der Kurbelwelle her bestimmt.

Die Bohrung zur Aufnahme der Wellenlager erhält außen eine Wandstärke von etwa 6 mm, die aus formtechnischen Gründen gegen die Gehäusequerwände zu stärker wird. Die Gewinde für die Befestigungsschrauben der Lagerdeckel sitzen knapp an der Aufnahmebohrung der Wel-

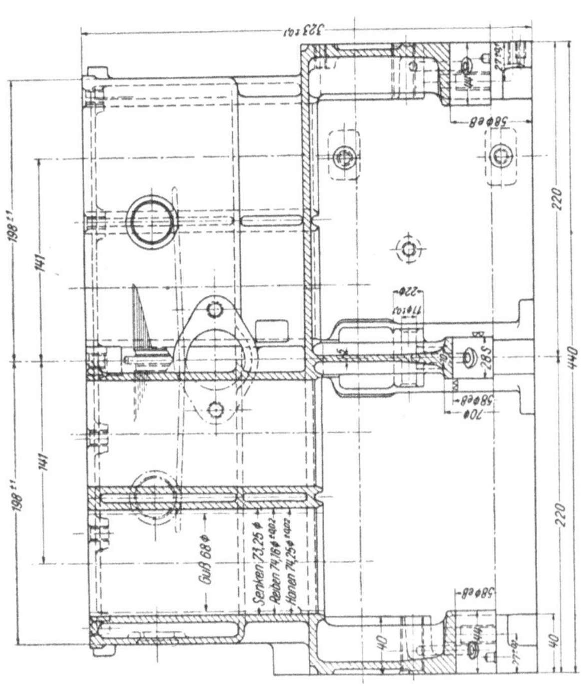

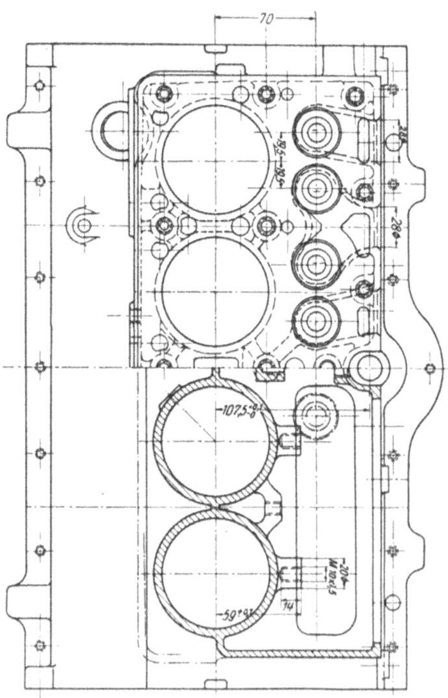

lenlager. Die seitliche Begrenzung des Triebwerksraumes im Kurbelgehäuseoberteil ist durch die „Geige" der Pleuelstange, auf der einen Seite auch durch die Nockenwelle; die obere Wand ist durch die Lage des Kolbens im u. T. gegeben. Die eingegossenen Zylinder ragen nach dem Triebwerksraum zu nur um 5 mm aus dieser Wand heraus. Durch die Länge der Pleuelstange, die Kolbenabmessungen und durch den Hub des Motors ist die Entfernung der Oberkante des Kurbelgehäuseoberteils von der Kurbelwellenmitte festgelegt. Es ist üblich, den Kolbenboden im oberen Totpunkt mit der Oberkante des Kurbelgehäuseoberteils abschneiden zu lassen.

Die eingegossenen Zylinder erhalten mit Rücksicht auf öfteres Ausschleifen eine Wandstärke von ungefähr 6 mm. Die Stärke der oberen Begrenzungsplatte des Kurbelgehäuseoberteiles beträgt mit Rücksicht auf etwaigen Gußversatz 8 mm.

Nun ist der Ventildurchmesser festzulegen. In Motoren mit stehenden Ventilen lassen sich verhältnismäßig große Ein- und Auslaßventile unterbringen. Beim beschriebenen Motor sind die Ventildurchmesser 32 mm oder 0,43 D, der Kegelwinkel 45°. Die Ventilsitze sind um 1,3 mm eingesenkt.

Der Abstand der Ventilmitten von der Ebene der Zylinderachsen ist durch die Anordnung der Einsaug- und Auslaßkanäle bestimmt. Um Rückwirkungen der heißen Auslaßkrümmer auf die Zylinder zu vermeiden, ist zwischen beiden ein ausreichender Wasserkern vorzusehen. Die Ventilgröße, die Wandstärken der Ventilkrümmer und der Zylinder, die Zylinderbohrung und die notwendige Kernstärke bestimmen daher diesen seitlichen Abstand der Ventile. Andererseits ist es wegen der Gestaltung des Verbrennungsraumes erwünscht, diesen Mindestabstand nicht zu überschreiten. Weiter ist es aus Herstellungsgründen vorteilhaft, wenn die Ventilachsen, wie im vorliegenden Beispiel parallel zur Zylinderachse liegen. Um diesen Forderungen zu genügen, ist es im allgemeinen notwendig, mit der Nockenwelle so nahe als möglich an die Ebene der Zylinderachsen heranzurücken. Der Mindestabstand ist durch die Geige der Pleuelstange, den Nockenwellendurchmesser und den notwendigen Abstand zwischen beiden gegeben.

Der Abstand der Ein- und Auslaßventile voneinander ist durch die Ausbildung der Einlaß- und Auslaßkrümmer bestimmt. Die Einlaßkrümmer von je zwei nebeneinanderliegenden Zylindern sind zusammengezogen, so daß ein Ansaugrohr mit zwei Anschlüssen verwendet werden kann. Die Auslaßkanäle münden für jeden Zylinder getrennt.

Die Auslaßkrümmer müssen von einem ausreichenden Kühlwassermantel umgeben sein. Dadurch wird der Abstand von der Ebene der Zylinderachsen bis zur Anpaßfläche des Auspuff- und Saugrohres bestimmt. Bei der Ausbildung dieses Kühlwassermantels ist darauf zu achten, daß die Ventilführungen gut von Wasser umspült werden, damit die Wärme gut aus den Ventilschäften abgeleitet wird.

Auf der, den Ein- und Auslaßkrümmern gegenüberliegenden Seite ist die Breite des Kurbelgehäuseoberteiles im Bereich der Laufbuchsen durch die Stärke des Wasserkerns und die äußere Wandstärke gegeben, die mit 4—5 mm angenommen werden kann.

Die Ventile werden durch Pilzstößel angetrieben. Je vier Stößelführungen sind in einer Stößelbrücke zusammengefaßt. Diese ist mit kräftigen Schrauben befestigt, deren Butzen an das Zylinderrohr angegossen sind. Um den Stößelraum zugänglich zu machen, hat die äußere Wand des Kurbelgehäuseoberteils Öffnungen, die jeweils über 2 Zylinder reichen. Die Schmierung der Stößel sowie der Ventilführungen erfolgt durch Spritzöl, das durch Öffnungen aus dem Triebwerksraum eintritt. Wie bei Otto-Motoren üblich, befindet sich der Nockenwellenantrieb vorne. An das Kurbelgehäuseoberteil ist vorne ein Räderkasten zur Verschalung der Steuerungsantriebsräder, hinten das Schwungradgehäuse angesetzt. Die entsprechenden vorderen und hinteren Paßflächen am Kurbelgehäuseoberteil werden durch Fräsen bearbeitet.

Der Zündverteiler wird von der Nockenwelle in der Mitte des Motors angetrieben. Beim Adler-Motor liegt die Achse des Zündverteilers parallel zu den Zylinderachsen. Die Verlängerung der Antriebswelle für den Zündverteiler nach unten treibt die Zahnradölpumpe.

Das Gehäuse der Pumpe ist an die Teilebene zwischen Kurbelgehäuseoberteil und Ölwanne mit 2 Schrauben angeflanscht. Um die Steifigkeit des Kurbelgehäuseoberteils zu erhöhen, liegt diese Teilebene 30 mm unter der Kurbelwellenmitte. Das Öl gelangt über ein eingewalztes Stahlrohr und schräge Bohrungen zu den Wellenlagern.

Die Anordnung der Zylinderkopfschrauben ist vom Zylinderkopf her bestimmt.

Die Verbrennungskrafte werden über die Zylinderlaufbuchsen bis zur oberen Trennwand des Triebwerksraumes übertragen. Von dort werden sie durch Querwände, in denen die Kurbelwellenlager sitzen, zu den Lagerdeckel weitergeleitet. Drei senkrechte Rippen verstärken die Teile der Querwände, welche durch die Verbrennungskräfte beansprucht sind.

Die Einführung des Kühlwassers erfolgt am tiefsten Punkt des Kühlwasserraumes in der Längsmitte des Kurbelgehäuseoberteiles. Da der Adler-Motor Thermosyphonkühlung hat, ist der Zuflußquerschnitt des Kühlwassers sehr reichlich bemessen. Eine Berechnung der Beanspruchung der Wände des Kurbelgehäuseoberteils, welche die Verbrennungskräfte ubertragen, erübrigt sich bei Motoren dieser Größe, da die Wandstärken mit Rücksicht auf das Gießen festigkeitsmäßig überbemessen werden.

Große Kernöffnungen ermöglichen eine einwandfreie Abstützung des Kühlwasserraumkernes und die Entfernung desselben aus dem Gußstück.

Das Kurbelgehäuseunterteil ist an einem Flansch des Kurbelgehäuseoberteils mit einer größeren Anzahl von Schrauben befestigt.

4. Kurbelgehäuseoberteil für Ottomotoren mit hängenden Ventilen.

Die Ein- und Auslaßkanäle liegen bei hängenden Ventilen im Zylinderkopf, das Kurbelgehäuseoberteil wird daher wesentlich einfacher wie bei stehenden Ventilen.

Im Nachfolgenden wird als Beispiel das Kurbelgehäuseoberteil des BMW-2 l-Motors Abb. 39, 40 und 151 beschrieben. Der Motor hat 66 mm Bohrung, 96 mm Hub und leistet 55 PS bei 3750 U/min.

In das Kurbelgehäuseoberteil aus Grauguß sind die Zylinder eingegossen. Der Aufbau des Kurbelgehäuseoberteils ist durch die Art der Kurbelwellenlagerung bestimmt. Wie bei Otto-Motoren üblich, ist die Kurbelwelle nach je 2 Kröpfungen gelagert. Die Zylinderabstände sind 85,5 mm $= 1{,}30\,D$ bei dazwischenliegenden Wellenlagern, sonst 73 mm $= 1{,}11\,D$. Der kleine Abstand der Zylinder, die zwischen 2 Kurbelwellenlager liegen, erfordert seitliches Zusammengießen der Zylinder, ohne dazwischenliegenden Wasserraum. Das Kurbelgehäuseoberteil reicht von Mitte Kurbelwelle bis zur Unterkante des Zylinderkopfes.

Der Nockenwellenantrieb liegt vorne und wird durch einen gepreßten Blechdeckel abgeschlossen. Die Nockenwelle liegt im unteren Drittel des Kurbelgehäuseoberteils und ist nach je 2 Zylindern gelagert. Die Ventilstoßel gleiten unmittelbar im Kurbelgehauseoberteil.

Die Trennwand zwischen Kühlwasserraum und Triebwerksraum ist soweit wie moglich nach unten gelegt, so daß die eingegossenen Zylinder nur wenig in den Triebwerksraum vorragen.

Die Übertragung der Verbrennungskrafte zu den Lagerbrücken erfolgt bis zur unteren Begrenzung des Kühlwasserraumes durch die eingegossenen Zylinder, von dort zu den Lagerbrücken durch Querwande. Besondere Zugbänder für die Weiterleitung der Verbrennungskräfte sind in diesen Querwanden nicht vorgesehen, sie erübrigen sich in Anbetracht der großen zur Verfügung stehenden Querschnitte.

Die Befestigung des Zylinderkopfes ist durch die Bauweise desselben bestimmt. Zwischen je 2 Zylindern und an den Enden sitzen je 2 Befestigungsschrauben M 10×1.

An der Seite der Stößelführungen erstreckt sich der Kühlwassermantel wegen des Einbringens der Ventilstößel nur über die obere Hälfte der Zylinderlaufbahn. Der Stoßstangenraum wird durch einen Blechdeckel abgeschlossen, der seitlich am Zylinderkopf und am Kurbelgehäuseoberteil abdichtet. Dadurch erhalt das Kurbelgehäuseoberteil eine einfachere Form.

Zündverteiler und Ölpumpe werden von der Mitte der Nockenwelle durch Schraubenräder angetrieben. Das Antriebsrad und der Zündverteiler sind im Kurbelgehäuseoberteil gelagert.

Die Ölzuführung zu den Hauptlagern erfolgt durch eine Bohrung über die ganze Länge des Kurbelgehäuseoberteiles. Von dieser Verteilleitung wird das Öl durch Querbohrungen

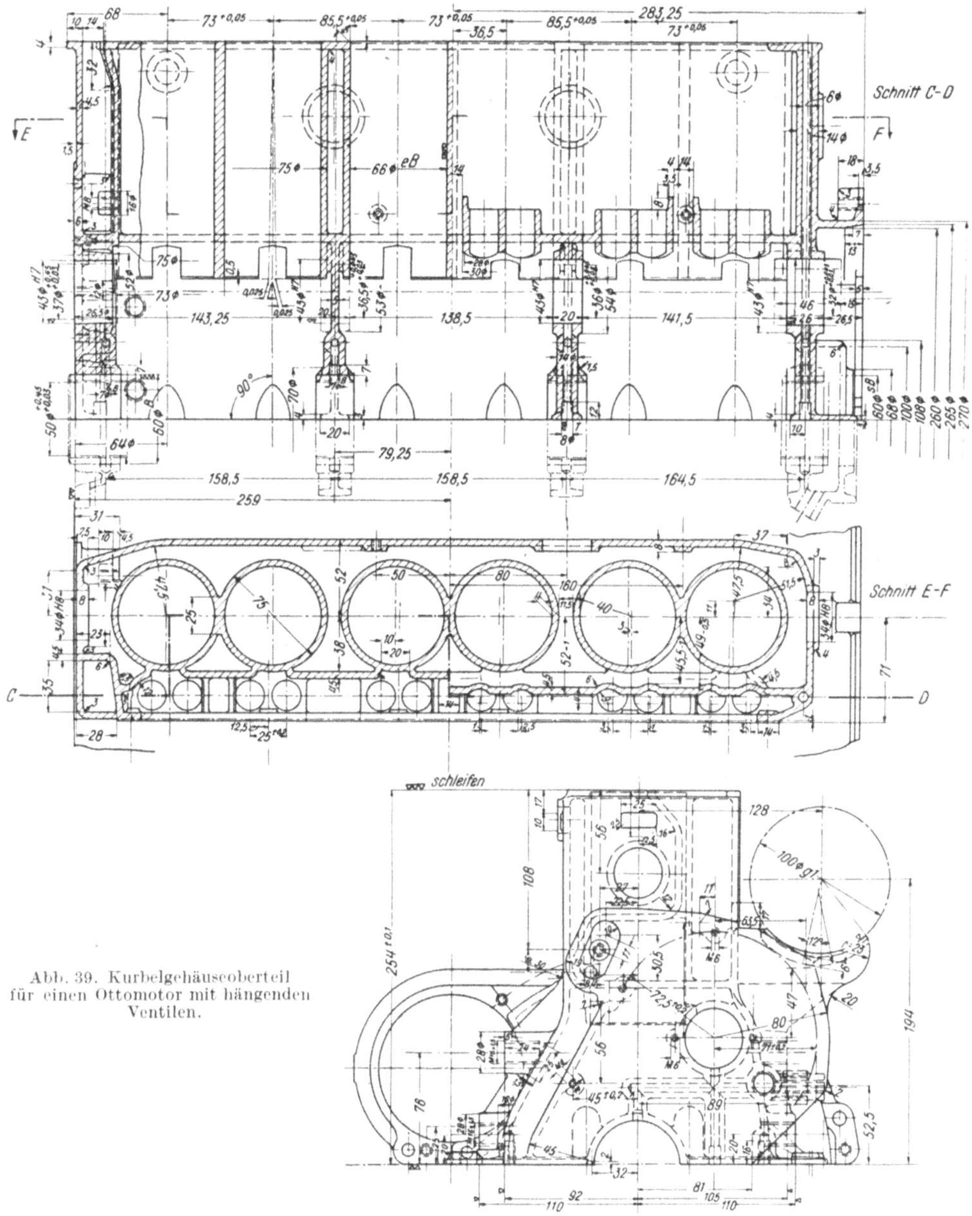

Abb. 39. Kurbelgehäuseoberteil für einen Ottomotor mit hängenden Ventilen.

den einzelnen Wellenlagern zugeführt. Durch weitere Bohrungen werden die Nockenwellenlager mit Öl versorgt.

Die Auflager für Lichtmaschine und Anlasser sind am Kurbelgehäuseoberteil angegossen. Die Kühlwasserpumpe ist vorne am Zylinderkopf befestigt. Das Kühlwasser wird ihr vom Kühler durch einen in das Kurbelgehäuseoberteil eingegossenen Kanal am lüfterseitigen Ende zugeführt. Der Kühlwasserraum kann durch einen einzigen Kühlwasserablaßhahn, der am Kühler befestigt ist, entwässert werden. Dazu ist eine kleine Verbindungsbohrung zwischen dem eingegossenen Saugkanal, der Kühlwasserpumpe und dem Kühlwasserraum um die Zylinderrohre erforderlich.

Schwungradseitig wird das Kurbelgehäuseoberteil durch einen Flansch zur Aufnahme des Getriebegehäuses abgeschlossen.

Zur Entfernung der Kerne sind auf der, den Stoßstangen entgegengesetzten Seite große Kernöffnungen im Kühlwasserraum angebracht. Das Gehäuse hat eine Wand-

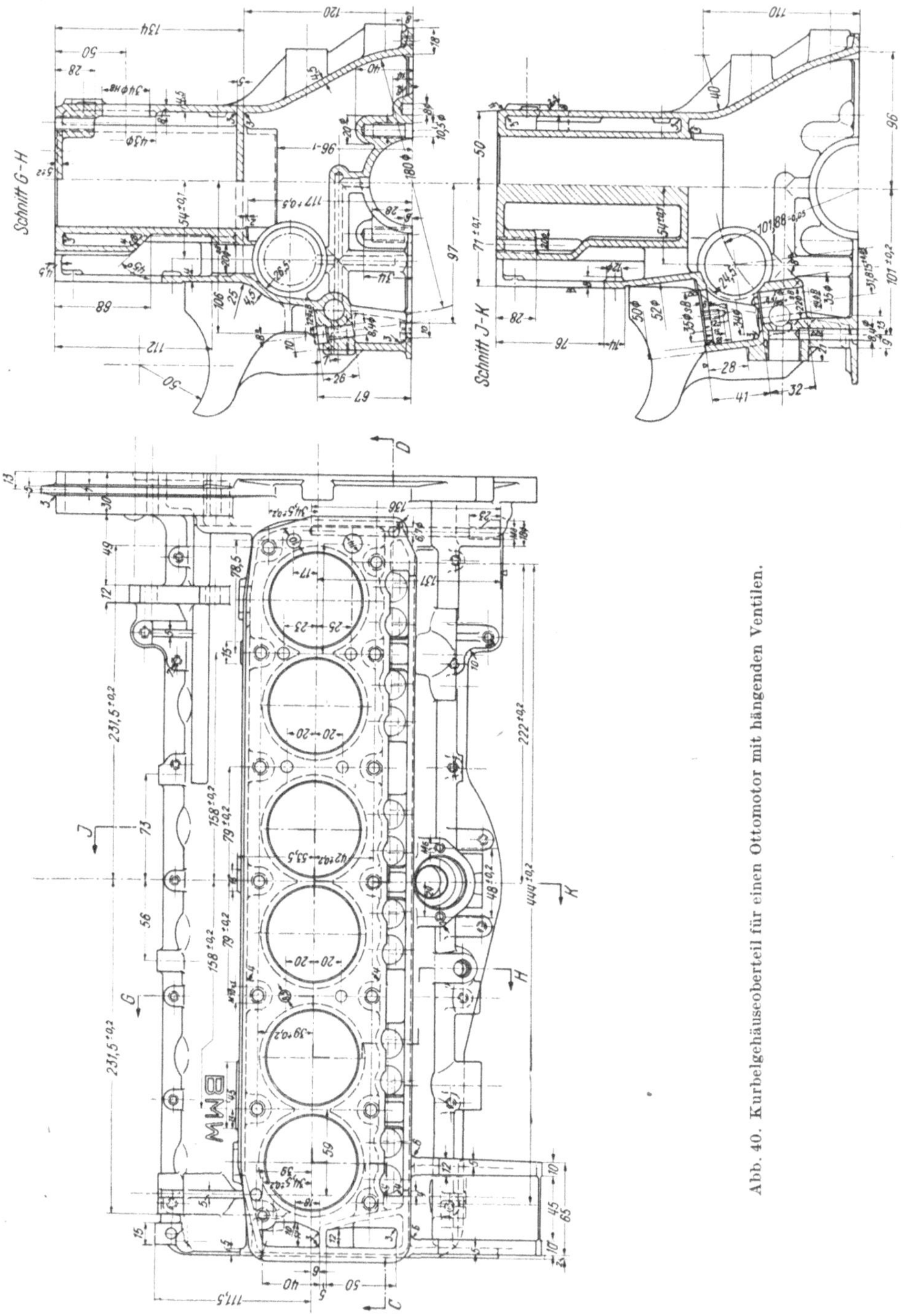

Abb. 40. Kurbelgehäuseoberteil für einen Ottomotor mit hängenden Ventilen.

stärke von 4—4,5 mm, die Zylinder haben mit Rücksicht auf nachträgliches Ausbohren eine Wandstärke von 5 mm.

Die Befestigungsschrauben des aus Blech gepreßten Kurbelgehäuseunterteiles sitzen in einem Flansch.

II. Zylinderlaufbuchsen.

Entsprechend den Ausführungen im Abschnitt „Allgemeine Richtlinien" werden im folgenden nur nasse Zylinderlaufbuchsen besprochen.

1. Ausführung A.

Diese Bauart ist am gebräuchlichsten und wird auch bei größeren Dieselmotoren allgemein verwendet. Die Laufbuchse trägt nach Abb. 41 an der dem Brennraum zugekehrten Seite einen Flansch, mit dem sie den Kühlwasserraum nach oben abdichtet. Zwischen Flansch und Zylinderkopf liegt die Zylinderkopfdichtung, die den Brennraum abschließt. Der Durchtritt der Laufbuchse durch den Boden des Kühlwasserraumes wird durch Gummiringe abgedichtet, die in Nuten der Zylinderlaufbuchse oder des Gehäuses liegen.

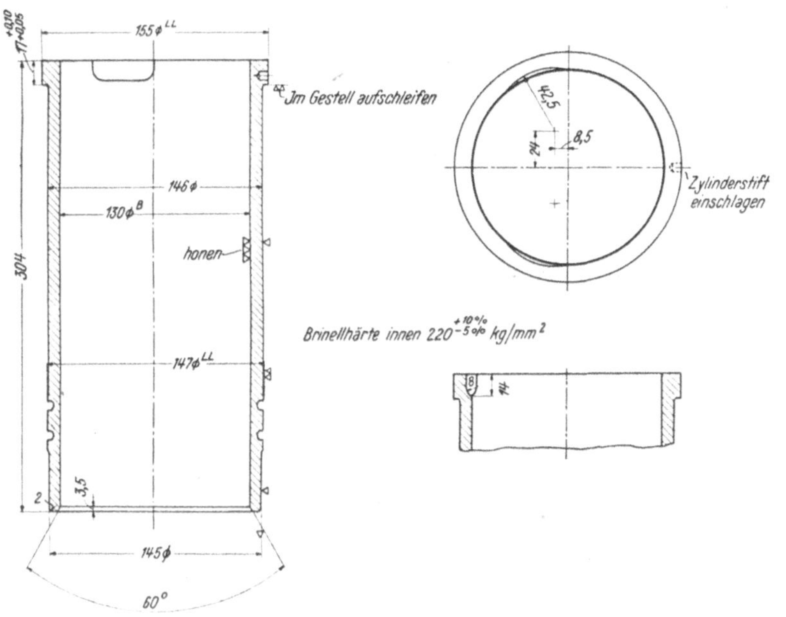

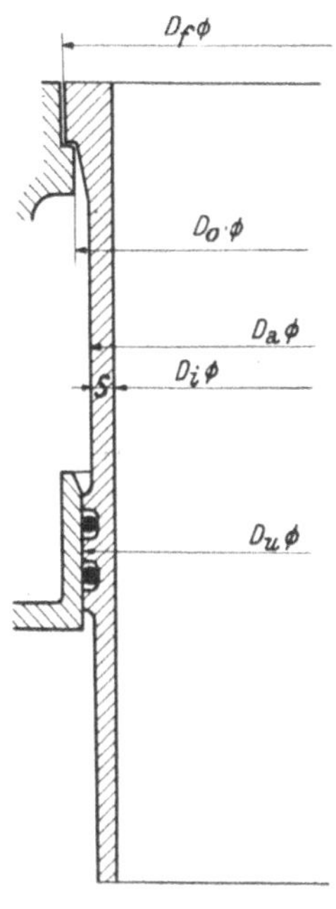

Abb. 41. Zylinderlaufbuchse Ausführung A. Abb. 42.

Die Wandstärke s der Zylinderlaufbuchse kann nach der Formel für zylindrische Gefäße unter innerem Überdruck für vergleichsmäßig gegebene Beanspruchungen berechnet werden. Die Verstärkung durch den Bund der Laufbuchse bleibt dabei unberücksichtigt.

$$s = \frac{D_a - D_i}{2} = \frac{D_i}{2}\left[\sqrt{\frac{\sigma_z + 0{,}4\,p_z}{\sigma_z - 1{,}3\,p_z}} - 1\right] \text{cm}$$

D_a = Außendurchmesser des Rohres in cm
D_i = Innendurchmesser des Rohres in cm
σ_z = Zugbeanspruchung kg/cm²
p_z = Zünddruck in kg/cm² (55 kg/cm²)
s = Wandstärke in cm

Die Erfahrungswerte σ_z von ausgeführten Laufbuchsen betragen 500—600 kg/cm².

Nach dem Außendurchmesser der Zylinderlaufbuchse D_a (Abb. 42) wird der Durchmesser D_u im Bereich der Gummidichtungen festgelegt. Die Wandstärke zwischen Nutengrund und Zylinderbohrung soll bei Fahrzeugmotoren nicht unter 5 mm ausgeführt werden. Die Größe der Gummiringe und die entsprechende Nut kann aus Abb. 43 entnommen werden. Der Gummiring soll mit leichter Spannung auf den Nutengrund aufsitzen und dabei über den Paßdurchmesser D_u etwa 0,5—1 mm vorstehen. Es wird damit eine sichere Dichtung gegen das Kühlwasser erreicht. Besonders zu beachten ist, daß der Querschnitt der Nut größer sein muß, als der Querschnitt des Gummiringes, denn Gummi ist, wie eine Flüssigkeit, nahezu unzusammendrückbar, so daß bei zu kleinem Nutquerschnitt erhebliche Verformungen der Zylinderlaufbuchse auftreten können. Meist verwendet man 2 Dichtungsringe, um auch bei unachtsamer Montage sichere Abdichtung zu erreichen. Die Gummiringe sollen aus Buna-Gummi hergestellt sein, da dieser vom Öl des Triebwerksraums nicht zerstört wird.

Der Durchmesser D_o in Abb. 42, der für die Größe des Flanschdurchmessers D_f maßgebend ist, muß so groß sein, daß die Zylinderlaufbuchse mit den aufgebrachten Gummiringen ohne Gefahr einer Verletzung derselben durchgeschoben werden kann. Diese Forderung bedingt einen Durchmesser $D_o = D_a + 1$ bis 2 mm + 1 mm Spiel. Damit die Gummiringe in den Kragen des Gestells, gegen den sie dichten, ohne Beschädigung eingeführt werden können, ist der obere Teil dieses Kragens konisch zu erweitern, wobei die Kegelmantelneigung nicht über 30° betragen darf. Damit der Gummiring auch hier nicht verletzt werden kann sowie aus Bearbeitungsgründen führt man auch den oberen Durchmesser des Konus im Kragen mit D_o aus. Das Maß a enthält die Abb. 43.

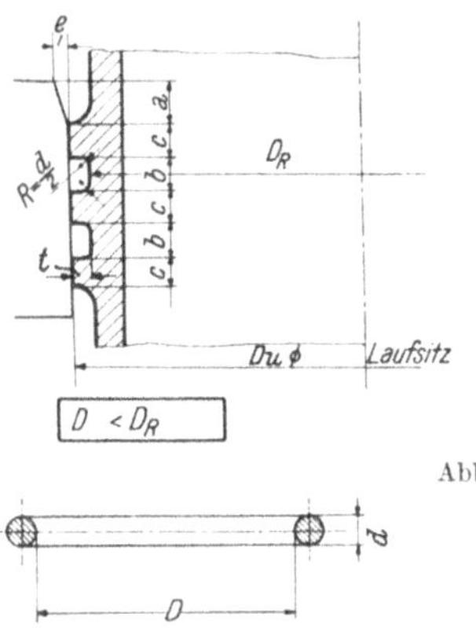

Zylinder ϕ mm		bis 130	über 130
d des Gummiringes	mm	4	6
Nutbreite b	"	6	8,5
Nuttiefe t	"	3,4±0,1	5,2±0,1
Maße a	"	8	12
" e	"	2	3
" c	"	4	6

Abb. 43. Abmessungen von Gummiringen.

Der Flanschdurchmesser des Zylinderrohres D_f beträgt bei Kurbelgehäuseoberteilen aus Gußeisen, der erforderlichen Sitzbreite entsprechend, etwa $D_f = D_o + 4$ bis 5 mm. Für Leichtmetallgehäuse ist die Sitzbreite des Flansches aus dem Dichtungsdruck bei auf Streckgrenze angezogenen Zylinderkopfschrauben unter Zugrundelegung einer Druckbeanspruchung, die unter der Quetschgrenze des Baustoffes liegt, zu rechnen. Die Höhe H des Flansches kann durch folgende Rechnung bestimmt werden: Man denkt sich ein 1 cm breites Stück aus der Zylinderbuchse herausgeschnitten und betrachtet es als Träger, an dem ein Biegungsmoment $\frac{P}{D\,\pi} \cdot y$ wirkt, das dadurch zustande kommt, daß der Druck der Dichtungsfläche und die Reaktionskraft der Auflage nicht zusammenfallen, sondern in der Entfernung y voneinander liegen. Da die Zylinderlaufbuchse meist noch Ausnehmungen für Ventile oder eine Vorkammer besitzt, ist die Nachprüfung an diesen Stellen, also etwa im Schnitt xx der Abb. 44 geboten.

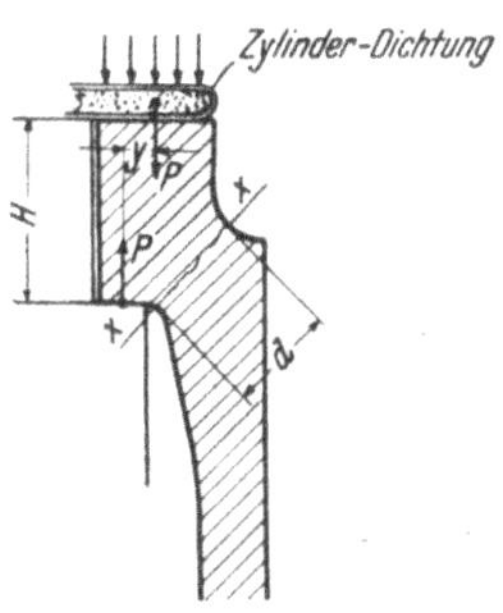

Abb. 44.

Im obigen Ausdruck ist P die Kraft der auf Streckgrenze angezogenen Zylinderkopfschrauben. Ausgeführte Konstruktionen haben Vergleichswerte der Beanspruchungen von $\sigma_b = 2500$ — 3600 kg/cm². Da der Flansch der Zylinderlaufbuchse die unmittelbare Kühlung verhindert, wird man trachten, seine Höhe H so klein zu machen, als es mit Rücksicht auf die Festigkeit möglich ist. Aus demselben Grunde ist es zweckmäßig, die Laufbuchsen am Außendurchmesser des Flansches zu zentrieren, damit ihr ungekühlter Teil nicht unnötig vergrößert wird. Zur Zentrierung darf keine zu enge Passung gewählt werden, da sonst infolge der Warmedehnung des Flansches das Kurbelgehäuse an seinen schwächsten Stellen, den Tragstegen zwischen den Zylinderlaufbuchsen, gesprengt werden kann. Es genügt im allgemeinen ein weiter Laufsitz. Dieselbe Gefahr, allerdings in geringerem Maße, besteht für die Passung im Kragen am unteren Teil der Zylinderlaufbuchse.

Die Dichtung des Flansches gegen das Kurbelgehäuseoberteil erfolgt metallisch durch leichtes Aufschleifen. Man erzielt dadurch einen guten Wärmeübergang.

Wie schon in Heft 10 ausgeführt wurde, soll der oberste Kolbenring in der oberen Totpunktstellung an einer vom Kühlwasser unmittelbar umspülten Stelle der Zylinderlaufbuchse, also unterhalb des Flansches liegen.

2. Ausführung B.

Diese Bauart weicht von der üblichen Ausführung ab. Sie wird in geringem Umfang sowohl für Otto-Motoren, als auch für Dieselmotoren verwendet. Zylinderlaufbuchsen dieser Ausführung besitzen u. a. Motoren der Steyr-Daimler-Puch-AG. (z. B. Abb. 152 und 153) der Saurer AG. (Abb. 115 bis 117), sowie der von Porsche entwickelte Wanderer-Motor der Auto-Union AG.

Während bei der vorhin beschriebenen Ausführung *A* die Zylinderlaufbuchse am oberen Ende mit einem Bund gegen das Kurbelgehäuseoberteil abgestützt und gedichtet wird, liegt bei der Ausführung *B* der Bund am unteren Durchtritt der Zylinderlaufbuchse durch den Kühlwasserraum. Das obere Ende der Zylinderlaufbuchse ist zu einer Dichtfläche verbreitert. Die für das Kurbelgehäuseoberteil und die Zylinderlaufbuchse gemeinsame Dichtung wird durch den Zylinderkopf gegen die Dichtfläche gedrückt. Bei dieser Ausführung bildet der Kühlwasserraum des Kurbelgehäuseoberteils einen oben durch den Zylinderkopf abgeschlossenen Behälter, in dem keinerlei Träger oder Zugbänder notwendig sind. Dieser Vorteil ist nach Ansicht des Verfassers besonders für in Kokille gegossene Leichtmetallgehäuse von Bedeutung (Steyr, Wanderer).

Die Zylinderkopfschrauben gehen frei durch den Kühlwasserraum und sitzen in Butzen, die an dem Kragen zur Aufnahme der Zylinderlaufbuchse angegossen sind. Die Laufbuchse erhält also, ebenso wie die Wände des Kühlwasserraums, eine starke Druckvorspannung durch die Zylinderkopfschrauben. Die Verbrennungskräfte müssen von den Butzen der Zylinderkopfschrauben durch entsprechende Ausbildung des Gehäuses zu den Lagerdeckelschrauben weitergeleitet werden. Die Zuganker für die Zylinderkopfbefestigung werden als Stiftschrauben ausgebildet und erhalten Hutmuttern, um den Wasserdurchtritt durch das Gewinde zu verhindern. Die durch Korrosion herabgesetzte Dauerfestigkeit der im Wasser liegenden Zuganker ist bei ihrer Bemessung zu berücksichtigen.

Die Ausführung B eignet sich vor allem für Motoren mit gemeinsamen Zylinderköpfen für alle Zylinder und ermöglicht dann kleine Zylinderabstände. Sie erfordert jedoch eine genaue Fertigung. Bei Verwendung von Einzelköpfen bietet sie gegenüber der üblichen Ausführung *A* keine baulichen Vorteile.

Für thermisch hochbelastete Motoren ist die gute Kühlung der Laufbuchse am oberen Ende bei dieser Ausführung von Bedeutung, während bei der Ausführung *A* der oben liegende Bund der Laufbuchse stets ungekühlt ist. Das Fehlen von Gummidichtungen für die Abdichtung des Wasserraumes ist ein weiterer Vorteil der Ausführung *B*, der jedoch seit der Verwendung von Buna-Gummi nicht mehr erheblich ist. Die Auswirkungen der Wärmedehnung sind bei der Ausführung *B* undurchsichtig. Da sich jedoch bei den ausgeführten Motoren keine Schwierigkeiten ergaben, muß angenommen werden, daß durch die erheblich höheren Temperaturen der Zylinderlaufbuchse im Betrieb, die wesentlich kleinere Ausdehnung des Gußeisens gegenüber dem Leichtmetall ausgeglichen wird.

3. Ausführung C.

Die Ausführung *A* der Zylinderlaufbuchse mit dem Bund am oberen Ende hat den Nachteil, daß der thermisch hochbeanspruchte Laufbuchsenflansch ungekühlt bleibt. Dazu müssen die zwischen benachbarten Laufbuchsen oben im Gestell liegenden Stege große Biegungsbeanspruchungen durch den, auf den Flansch wirkenden Dichtungsdruck aufnehmen. Um diese Nachteile zu vermeiden, wurde die Ausführung *C* in Abb. 45 entwickelt.

Die Abdichtung der Zylinderlaufbuchse erfolgt durch einen Kupferring, der zwischen Zylinderkopf und Laufbuchsenflansch liegt. Die Laufbuchse wird mit mehreren kleinen Schrauben, die nur den Verbrennungsdruck auf die Differenz der durch die Zylinderkopfdichtung begrenzten Fläche und der Kolbenfläche aufzunehmen haben, am Zylinderkopf befestigt. Die Schrauben dürfen nicht zu kurz sein, um genügende Dehnungslänge zu besitzen und werden als Stiftschrauben, die im Zylinderkopf sitzen, ausgeführt. Die Muttern liegen mit dem Laufbuchsenflansch im Wasserraum und sind daher als Hutmuttern auszuführen, die mit Draht gesichert werden. Die Zylinderköpfe liegen am Gehäuse auf und dichten den Wasserraum, wozu Papierdichtungen verwendet werden können. Die Zylinderkopfschrauben haben nur die Verbrennungsdrücke auf die Kolbenfläche aufzunehmen und können kleiner bemessen werden als bei der Ausführung *A*. Da die Laufbuchse nicht zur Abstützung herangezogen wird, tritt auch bei kleineren Wandstärken kein Verziehen ein.

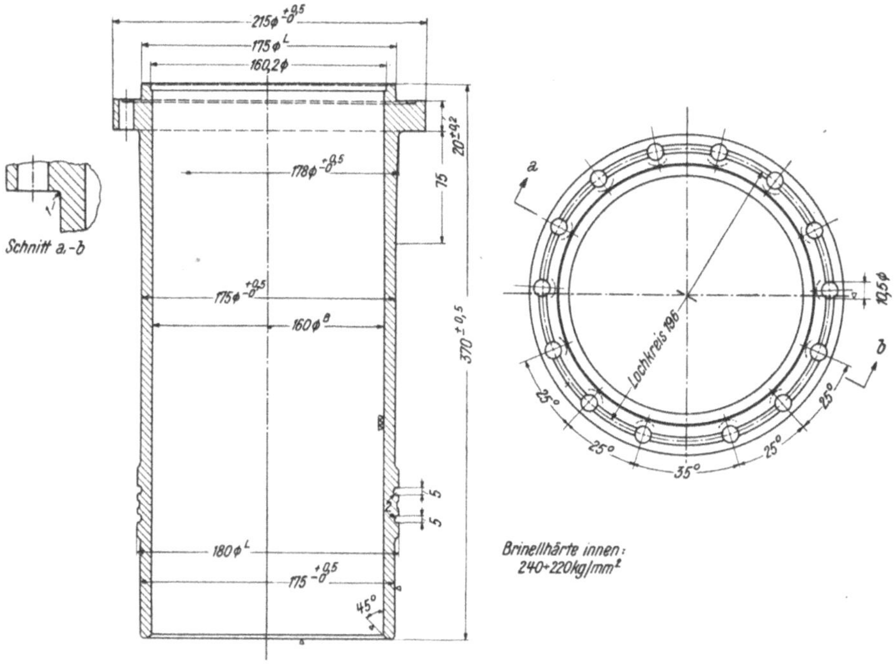

Abb. 45. Zylinderlaufbuchse Ausfuhrung *C*

Die Ausführung *C* baut natürlich wesentlich teurer als die Ausführungen *A* und *B* und wird daher nur für größere schnellaufende Motoren (Triebwagenmotoren) verwendet.

III. Zylinderköpfe.

1. Zylinderköpfe für Dieselmotoren.

a) Allgemeines.

Der Entwurf des Zylinderkopfes beginnt mit der Festlegung der Größe der Ein- und Auslaßventile. Während bei seitlicher Lage der Vorkammer, bzw. des Einspritzventils je ein Einlaß- und Auslaßventil für den erforderlichen freien Querschnitt genügt, kann bei zentraler Lage des Einspritzventils die Notwendigkeit zur Anordnung von 4 Ventilen eintreten. Im allgemeinen wird man bei Fahrzeugdieselmotoren die dadurch bedingte Verwicklung der Ventilsteuerung und des Zylinderkopfes vermeiden, doch gibt es mehrere vierventilige Fahrzeugdieselmotoren mit direkter Einspritzung, die sich gut bewährt haben.

Der erforderliche freie Ventilquerschnitt ist vom Hubvolumen und der Höchstdrehzahl abhängig. Man berechnet ihn nach Heft 4 mittels der Kontinuitätsbeziehung unter Annahme eines Vergleichswertes w_m für die mittlere Gasgeschwindigkeit bei voll geöffnetem Ventil. Die Änderung des spezifischen Volumens der Luft wird dabei vernachlässigt.

Es ist

$$f \cdot w_m = F \cdot c_m \text{ also } f = \frac{V_h \cdot n}{30 \ w_m}$$

darin ist F die Kolbenfläche, $c_m = \frac{sn}{30}$ die mittlere Kolbengeschwindigkeit, f die freie Durchgangsfläche bei voll geöffnetem Ventil. Für f setzt man $\frac{d^2\pi}{4}$, vernachlässigt demnach die Versperrung durch den Ventilschaft. Mittlere Luftgeschwindigkeiten von 60 bis 70 m/sec sind erfahrungsgemäß zulässig. Der Auslaßventildurchmesser kann 0,75 bis 0,8 des Einlaßventildurchmessers angenommen werden. Einige Verbrennungsverfahren sind in bezug auf jede Zerklüftung des Brennraums besonders empfindlich, so daß Ventiltaschen in der Zylinderlaufbuchse vermieden werden müssen und daher nur der Durchmesser der Zylinderbohrung zur Unterbringung der Ein- und Auslaßquerschnitte zur Verfügung steht. Einen Überblick über Ventilabmessungen ausgeführter Motoren gibt Abb. 9.

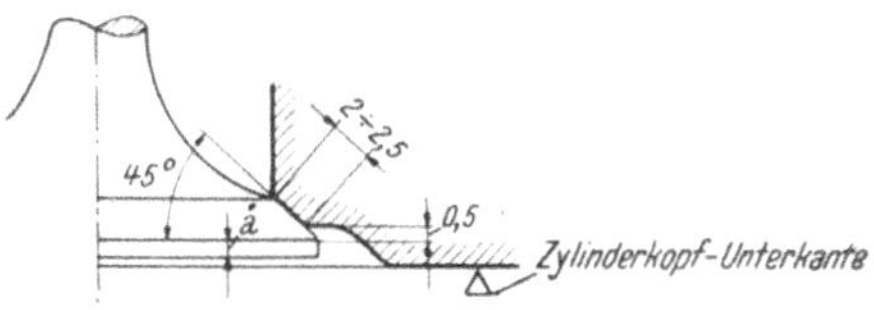

Abb. 46.

Nachdem der Ein- und Auslaßdurchmesser in erster Annahme vorliegen, werden die weiteren Abmessungen der Ventile bestimmt. Der Kegelwinkel des Ventilsitzes wird heute fast allgemein mit 45° ausgeführt. Der Ventilsitz soll wenigstens 2 bis 2,5 mm breit sein, damit die vom Ventil aufgenommenen Wärmemengen an den gekühlten Ventilsitz gut abgeführt werden können. Ein Nachschleifen des Ventilsitzes um mindestens 0,5 mm soll möglich sein. Aus dem gleichen Grunde soll am Ventil das Maß a in Abb. 46, nicht unter 2 mm ausgeführt werden.

Da zwischen Kolben und Ventilen während der Überschneidung der Steuerzeiten von Ein- und Auslaßventil aus Sicherheitsgründen ein Abstand von mindestens 1,5 bis 2 mm erhalten bleiben muß, ist man bei Motoren mit hoher Verdichtung gezwungen, die Ventile etwas in den Zylinderkopf zurückzusetzen. Die dadurch entstehende geringfügige Zerklüftung des Brennraumes ist ohne Bedeutung.

Als nächstes wird die Entfernung der Ventilmitten festgelegt. Wie schon erwähnt, ist die Stelle zwischen den Ventilsitzen, die thermisch am stärksten beanspruchte Stelle des Zylinderkopfes. Es ist daher zwischen den Gaskanälen unbedingt genügend Wasserraum unterzubringen, um diese Stellen entsprechend zu kühlen. Die Nichtbeachtung dieser Forderung kann zu laufend auftretenden Zylinderkopfrissen führen.

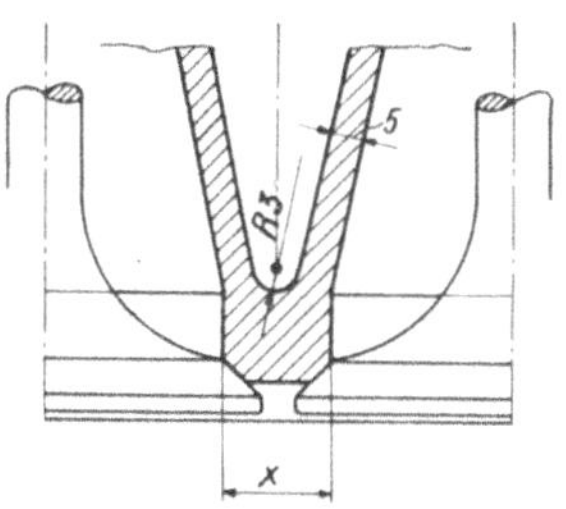

Abb. 47.

Das Maß x in Abb. 47 ist durch die Wandstärke der Gaskanäle und durch die Spitze des Wasserkernes gegeben, deren Radius nicht unter 3 mm liegen soll. Die Wände der Kanäle sollen wegen des Gießens nach oben auseinandergezogen werden, so daß der Kern zwischen den Gaskanälen sich nach oben verstärkt.

Die Einlaßkanäle sollen sich vom Ventilsitz bis zum Anschluß des Saugrohres allmählich auf etwa das 1,2fache der freien Durchgangsfläche im Ventilsitz erweitern. Auch beim Auslaßkanal ist eine derartige Querschnittserweiterung bis zum Anschluß des Auspuffrohres günstig, jedoch nicht notwendig.

Die Führung der Gaskanäle hangt von der Art des Verbrennungsverfahrens ab, sowie von der Entscheidung, ob Einzelköpfe oder für mehrere Zylinder gemeinsame Köpfe verwendet werden. Es ist daher beim Zylinderkopfentwurf nach der Ermittlung der Ventilgröße notwendig, die durch das Verbrennungsverfahren bedingte Lage des Einspritzventils, bzw. der Vor-, Wirbel- oder Nachkammer festzulegen, die Größe dieser Nebenräume zu bestimmen und dabei die Lage der Stoßstangen für den Ventilantrieb zu berücksichtigen (siehe Heft 7).

Eine Übersicht über die von den einzelnen Firmen verwendeten Verbrennungsverfahren gibt Heft 14.

Die Brennräume für direkte Einspritzung werden meist mit in der Zylinderachse angeordnetem Einspritzventil ausgeführt und machen die Anordnung von 4 Ventilen (Saurer) notwendig. Eine Ausnahme bildet das neue MAN-Verfahren mit kugelförmigem Brennraum im Kolben, bei dem das Einspritzventil soweit aus der Mitte sitzt, daß man mit 2 Ventilen auskommen kann. Auch ein anderer Saurermotor hat bei direkter Einspritzung zwei Ventile.

Im allgemeinen ist die Führung der Saug- und Auspuffleitungen nach verschiedenen Seiten der Zylinder zu empfehlen. Die Saugleitung wird dabei zweckmäßig auf die Einspritzpumpenseite gelegt, so daß die Einspritzleitungen nicht in die Nähe des Auspuffsammelrohres zu liegen kommen, also von diesen nicht erwärmt werden. Bei Motoren mit kleineren Zylinderabmessungen und schräggestellter Vorkammer (z. B. Daimler-Benz) oder Wirbelkammer (z. B. Borgward) findet man entweder die Saug- und Auspuffleitungen an der der Einspritzpumpe gegenüberliegenden Seite angeordnet, oder den Einlaßkanal nach oben geführt und die Ventilhaube als Saugrohr ausgebildet. Dabei kann, wie der Daimler-Benz-Motor Abb. 96 zeigt, die Lage der Stoßstangen eine ausschlaggebende Rolle spielen.

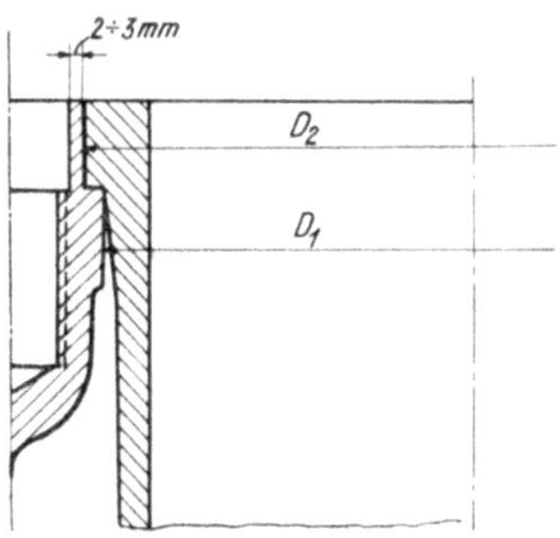

Abb. 48.

Nun sind die Zylinderkopfschrauben aufzuteilen und zu bemessen. Man wird bestrebt sein, den Schraubenkreis möglichst eng um die Zylinderlaufbuchse zu legen. Bei nassen Zylinderlaufbuchsen ist diese Entfernung durch den oberen Flansch der Buchse mitbestimmt. Die Größe der Durchmesser D_1 und D_2 sind aus dem Abschnitt über Zylinderlaufbuchsen zu entnehmen. Da das Gewinde der Schraubenbolzenlöcher im Gehäuse erst unterhalb des Flansches beginnt, kann man mit den Zylinderkopfschrauben nach Abb. 48 auf 2 bis 3 mm an den Durchmesser D_2 herangehen. Die Zylinderkopfschrauben können mit einer Beanspruchung von 900 bis 1250 kg/cm^2 bei einem Zünddruck von 55 kg/cm^2 bezogen auf die Kolbenfläche, ausgelegt werden. Von der Verwendung von Feingewinde ist insbesonders bei Kopfschrauben abzuraten.

Die Abmessungen des Kopfes im Grundriß sollen so klein gemacht werden, als es mit Rücksicht auf die Befestigungsschrauben, Stoßstangen und Kühlwasserüberführungen möglich ist. Auch die Höhe des Zylinderkopfes ist so klein als möglich zu halten. Die Stärke des unteren und oberen Bodens kann nach Abb. 49 gewählt werden. Die Mindestkernstärken a in Abb. 50, die einen Guß ohne zu viel Ausschuß ermöglichen, sind ungefähr 12 bis 14 mm. Die Kanalhöhe ist durch den erforderlichen freien Querschnitt bestimmt. Die Wandstärke der Kanäle beträgt ungefähr 5 mm. Damit ergibt sich das Mindestmaß der Höhe des Zylinderkopfes, die allerdings noch durch Eigenheiten der betreffenden Bauart beeinflußt werden kann.

b) Beispiele.

α) Einzelkopf eines Fahrzeugdieselmotors (Abb. 51).

Der Zylinderkopf gehört zu einem Fahrzeugdieselmotor von 110 mm Bohrung, 160 mm Hub und $n = 2000$ U/min mit Vorkammer.

Der Abstand zweier Zylinder ist durch die Kurbelwelle des Motors, sowie durch die Verwendung eingesetzter nasser Zylinderlaufbuchsen bestimmt. Die Aufgabe ist durch die vorstehenden Angaben im wesentlichen festgelegt.

Der Schnitt c — c der Abb. 51 zeigt die Schwierigkeiten in der Anordnung von Vorkammer, Ventilen und Zylinderkopfschrauben, die beim Entwurf zu überwinden waren.

Als erstes ist die Größe der Zylinderkopfschrauben festzulegen. Man berechnet sie nach Vergleichswerten für die Zugbeanspruchung unter einem Zünddruck von 55 kg/cm² auf die Kolbenfläche. Auf jede der vier Schrauben entfällt eine Zugkraft von 1425 kg. Die Vergleichsbeanspruchung einer Schraube M 14 wäre $\sigma_z = \frac{1305}{0,99} = 1320$ kg/cm². Dieser

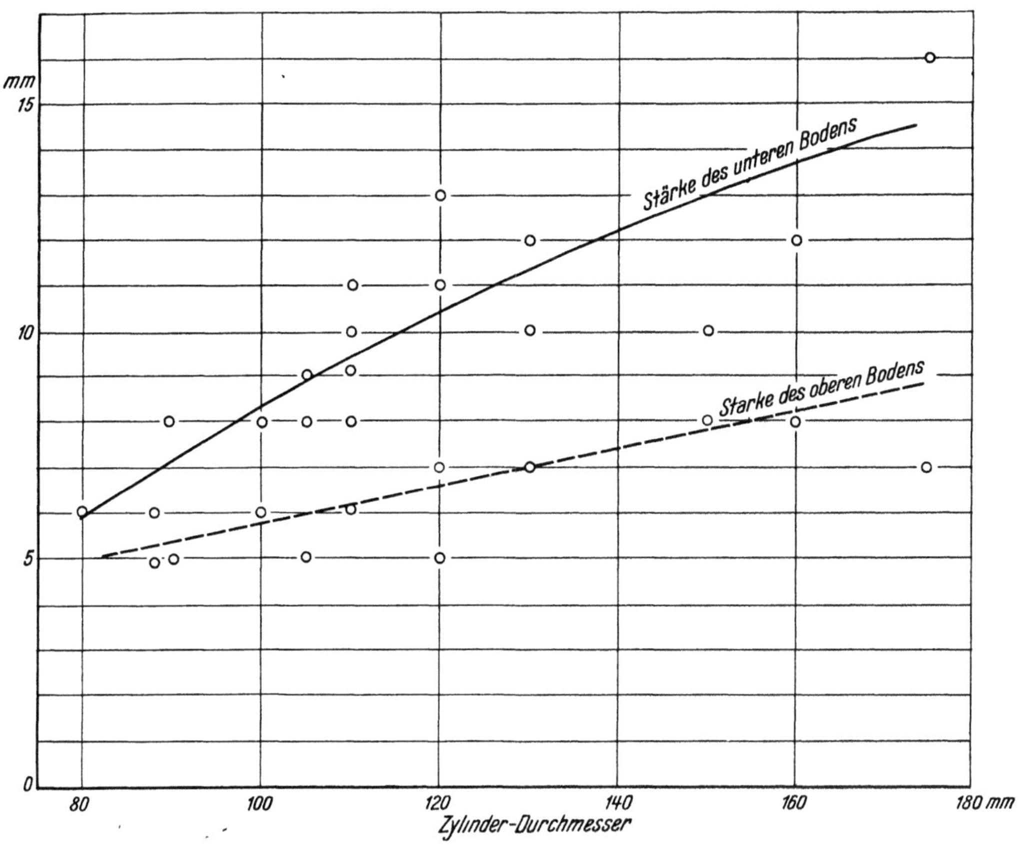

Abb. 49. Stärke des unteren und oberen Bodens vom Zylinderdeckel

Wert liegt über dem Grenzwert der vorliegenden Erfahrungszahlen (1250 kg/cm²). Man nimmt daher Schrauben M 16 und erhält die zulässige Vergleichs-Zugspannung von 1030 kg/cm². Der Schraubenkreis ist durch den Flansch der eingesetzten Zylinderlaufbuchse gegeben. Durch den Zylinderabstand und die Annahme, daß die Zylinderkopfschrauben zweier benachbarter Köpfe durch Steckschlüssel angezogen werden, ist die Lage der Schrauben festgelegt.

In Wirklichkeit sind die Beanspruchungsverhältnisse der Zylinderkopfschrauben viel verwickelter. Die Schrauben werden beim Anziehen bis nahe zur Streckgrenze vorgespannt. Die Erhöhung der Spannung durch die Zünddrücke hängt von der Federung der Schraube und des sie umgebenden Werkstoffes ab.

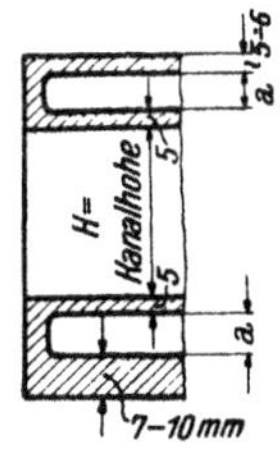

Abb. 50.

Um die erforderlichen Ventilquerschnitte ohne zu große Taschen in den Zylinderlaufbuchsen unterzubringen, mußte das Auslaßventil mit kleinerem Durchmesser als das Einlaßventil ausgeführt werden. Der Durchmesser des Einlaßventils beträgt bei einer Luftgeschwindigkeit von 56 m/sec im freien Ventilquerschnitt 48 mm.

Es genügt das Auslaßventil mit 40 mm Durchmesser (83 % des Durchmessers des Einlaßventils) auszuführen. Mit diesen Maßen wird nun der Schnitt e — e gezeichnet, wobei es vor allem auf eine richtige Ausbildung des Wasserkernes zwischen den Gaskanälen ankommt. Die Größe und Form der Vorkammer wurde durch Versuche bestimmt und damit war die Größe der Pfeife für die Vorkammer gegeben.

Nunmehr kann der Schnitt *c* — *c* gezeichnet werden. Dabei ergibt es sich, daß die Ventile etwas aus der Mitte gerückt werden müssen, damit die Vorkammerpfeife nicht den Einlaßkrümmer berührt und den Wasserumlauf unterbindet.

Durch den Schnitt *e* — *e* ist die Entfernung der Ein- und Auslaßventilmitten voneinander und damit die Lage der Stoßstangen in einer Richtung festgelegt. Die Entfernung vom Ventil zur Stoßstange ist durch die Lage der Nockenwelle gegeben, die ihrerseits wieder durch das Motortriebwerk bestimmt ist.

Aus dem festgelegten Grundriß des Kopfes sieht man, daß es notwendig ist, Ein- und Auslaßkrümmer nach entgegengesetzten Seiten des Zylinderkopfes herauszuführen. Der größere Querschnitt steht zwischen den Stoßstangen zur Verfügung. Man führt daher hier den Einlaßkanal durch, da eine Drosselung des Einsaugstromes viel schädlicher ist, als eine Drosselung des Auspuffes.

Der Auspuffkrümmer geht zwischen der Pfeife für die Vorkammer und einer Zylinderkopfschraube durch und hat hier eine enge Stelle.

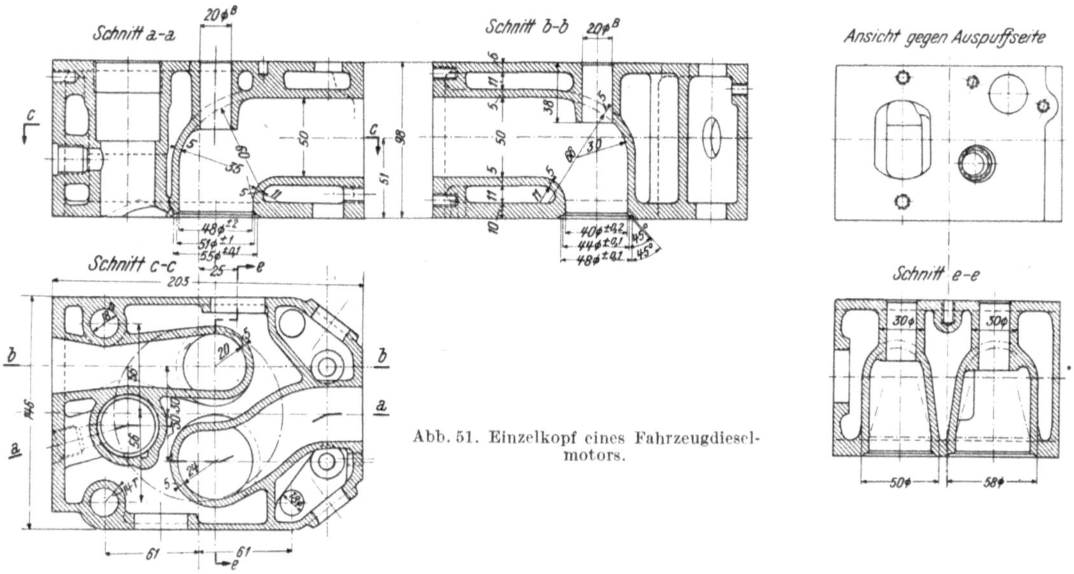

Abb. 51. Einzelkopf eines Fahrzeugdieselmotors.

Das Zusammenstoßen von Vorkammerpfeife und Auslaßkrümmer hat keine schädliche Wirkung. Nachdem nun die Kanäle im Grundriß festgelegt sind, folgt die Zeichnung der Schnitte *a* — *a* und *b* — *b*.

Die Bodenplatte wurde 10 mm, die Deckplatte 6 mm stark gemacht. Für die Stärke der Wasserkerne ober- und unterhalb des Ein- und Auslaßkanals ist 11 mm die unterste in der Serienherstellung ausführbare Grenze. Die Kanalwandungen sind mit 5 mm ausreichend stark bemessen. Die Höhe des Zylinderkopfes ist dadurch festgelegt.

Die Lage der quer zur Motorlängsachse laufenden Wände des Zylinderkopfes ist durch den Zylinderabstand gegeben. Die parallel zur Längsachse laufenden Wände sind noch festzulegen. Der Wasserraumkern zwischen Vorkammerpfeife und auspuffseitiger Wand bestimmt den Mindestabstand von der Mitte. Die Pfeife für die Glühspirale, die von der Außenwand zur Vorkammerpfeife führt, muß genügend lang sein und wegen der Kernstärke entsprechenden Abstand von der Bodenplatte haben. Neben der Auspufföffnung ist die Öffnung für den Kühlwasserabfluß angeordnet. Dampfsäcke im Zylinderkopf sind zu vermeiden. Der Wasserzufluß erfolgt unterhalb des Einlaßkanals zwischen den Stoßstangen. Das Kühlwasser muß den ganzen Zylinderkopf quer durchströmen, um zum Abfluß zu gelangen. Durch die Stoßstangen und die einlaßseitigen Zylinderkopfschrauben ist der Verlauf der anderen Seitenwand gegeben. Nun müssen noch Kern- und Putzlöcher so angebracht werden, daß der Sandkern restlos entfernt werden kann. Die beiden in den Seitenwänden des Zylinderkopfes liegenden Kernlöcher dienen gleichzeitig zur Kernlagerung während des Formens und Gießens.

Zur Befestigung des Auspuffrohrs und der übrigen Leitungsanschlüsse verwendet man Schrauben nicht unter M 8, besser M 10.

β) Einzelkopf eines 12 Zylinder-V-Triebwagenmotors (Abb. 52).

Der Zylinderkopf gehört zu einem 12-Zylinder-V-Triebwagenmotor von 160 mm Bohrung, 220 mm Hub und 1400 U/min. Der Motor arbeitet nach dem Vorkommerverfahren.

Der Grundgedanke beim Entwurf des Zylinderkopfes war, die seitlich sitzende Vorkammer so anzuordnen, daß das Einspritzventil außerhalb der Ventilhaube liegt und daher leicht zugänglich ist. Diese Maßnahme hat vor allem den Zweck, bei Brüchen von Kraftstoff- oder Leckölleitungen, das Eindringen von Kraftstoff in den Motor und damit Lagerschäden infolge Ölverdünnung durch den Kraftstoff zu vermeiden. Da gute Zugänglichkeit der Kraftstoffleitungen und Einspritzventile gefordert wurde, mußten die Einspritzventile an den Außenseiten der Zylinderreihen angeordnet werden. Weiters sollten die Wände des Brennraums gut gekühlt werden. Die Zylinderlaufbuchse ist daher mittels kleiner Schrauben mit dem Zylinderkopf unmittelbar verschraubt (Ausführung C). Die Abdichtung des Verbrennungsraumes erfolgt daher in diesem Falle unabhängig von den Zylinderkopfschrauben. Zwecks besserer Kraftführung im Gehäuse sind nur 4 Zylinderkopfschrauben vorgesehen. Ihre Anordnung ist durch den Zylinderabstand und durch den Flansch der Laufbuchse gegeben. Die gewählten Schrauben M 24 haben unter einem Zünddruck von 55 kg/cm² eine Beanspruchung von 940 kg/cm². Sie ist verhältnismäßig nieder. Wie aus dem Schnitt durch beide Gaskanäle ersichtlich, war es möglich, gleich große Ventile mit 65 mm Durchmesser unterzubringen. Die mittlere Gasgeschwindigkeit beträgt bei $c_m = 10{,}3$ m/sec in beiden Ventilen 62 m/sec. Gleiche Ventilabmessungen waren erforderlich, da der Zylinderkopf auch für aufgeladene Motoren verwendet werden sollte, wobei zur zweckmäßigen Anordnung der Saug- und Auspuffleitungen die Ventile vertauscht werden können.

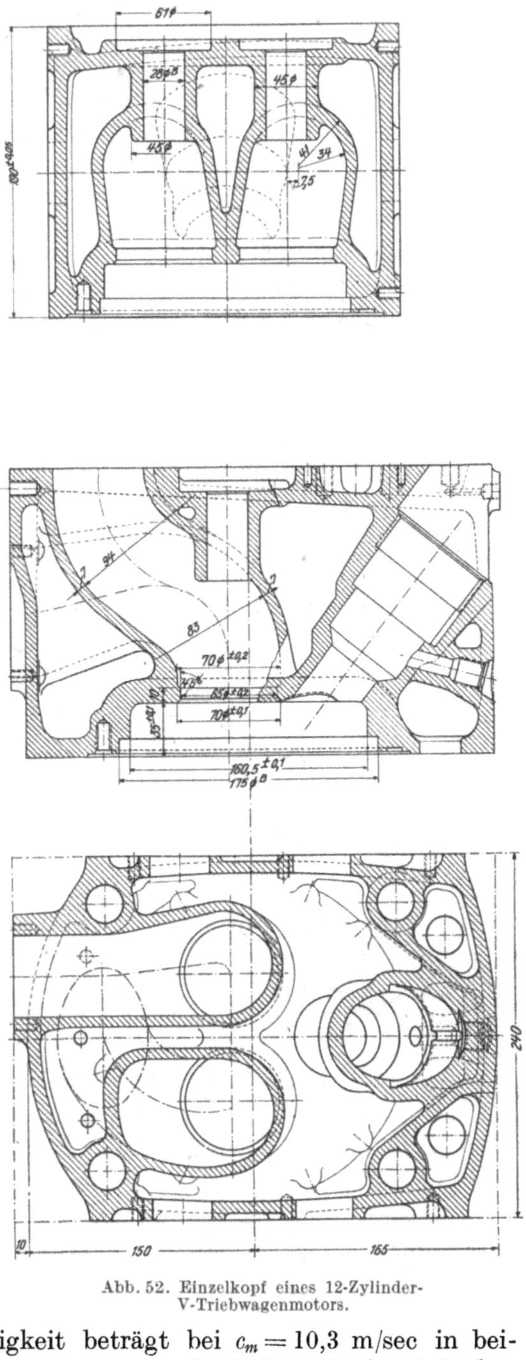

Abb. 52. Einzelkopf eines 12-Zylinder-V-Triebwagenmotors.

Die Ausführung der Zylinderlaufbuchse und die stark schräggestellte exzentrische Vorkammer bedingen das Herabziehen des Kopfes unter die Ebene der Ventilsitze. Der Boden des Zylinderkopfes wird dadurch steifer und die Befestigungsschrauben der Zylinderlaufbuchse können leichter untergebracht werden, außerdem werden die Wasserräume unter den Gaskanälen dadurch vergrößert.

Für die Grundrißgestaltung des Kopfes ist es wesentlich, daß die Stoßstangen an der Außenseite der Zylinderreihen liegen (der Motor besitzt zwei Nockenwellen) und die Vorkammer zwischen den Stoßstangen liegt, womit die Außenseite des Zylinderkopfes restlos zugebaut ist. Weder Ein- noch Auslaßkanäle konnten daher nach der Außenseite des Kopfes geleitet werden. Es wurden deshalb die Auspuffkanäle nach oben geführt, wo sie in der Deckplatte des Zylinderkopfes münden. Die Anschlußflanschen für das Auspuffrohr liegen außerhalb der Zylinderkopfhauben. Der Einlaßkanal mündet in der Seitenwand. Dort liegt am höchsten Punkt seitlich des Saugrohrflansches auch der Flansch für die Wasserabführung. Für den Betrieb mit einer Abgasturbine mit Aufladegebläse werden Einlaß und Auslaß zweckmäßig vertauscht. Man erhält dadurch eine schönere und bessere Führung der Abgasleitungen. In der Pfeife für den Vorkammereinsatz mündet die Pfeife der Glühkerze. Diese ist gut zugänglich. Die Form der Seitenwände ist durch die Form des Kurbelgehäuseoberteiles gegeben.

γ) Einzelkopf eines 12-Zylinder-Triebwagen-Boxermotors.

Der in der Abb. 53 dargestellte Zylinderkopf gehört zu dem Motor A 12 M 319 der Klöckner-Humboldt-Deutz A. G., der mit 130 mm Bohrung, und 190 mm Hub

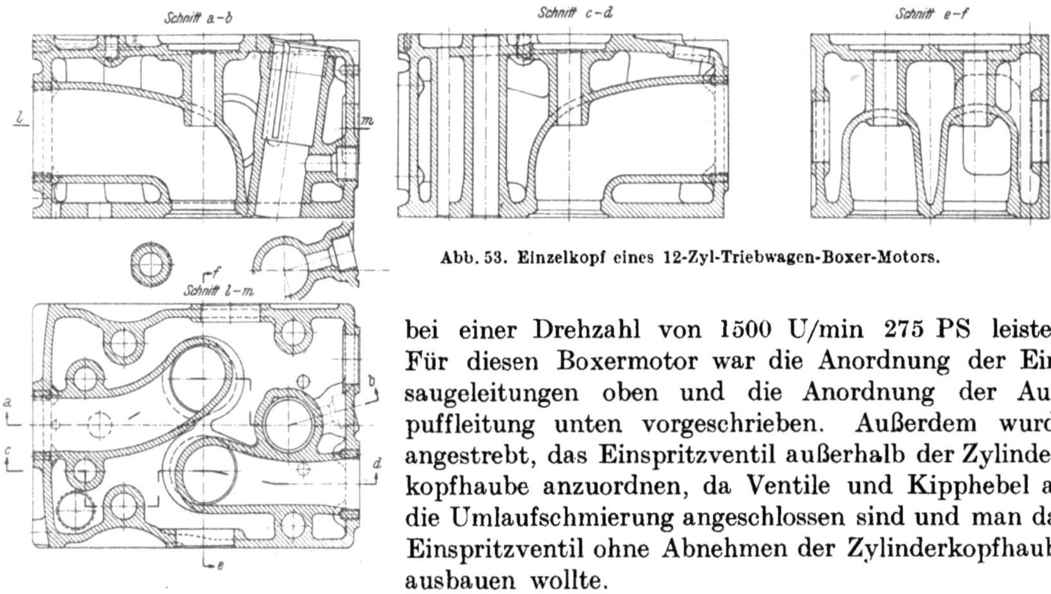

Abb. 53. Einzelkopf eines 12-Zyl-Triebwagen-Boxer-Motors.

bei einer Drehzahl von 1500 U/min 275 PS leistet. Für diesen Boxermotor war die Anordnung der Einsaugeleitungen oben und die Anordnung der Auspuffleitung unten vorgeschrieben. Außerdem wurde angestrebt, das Einspritzventil außerhalb der Zylinderkopfhaube anzuordnen, da Ventile und Kipphebel an die Umlaufschmierung angeschlossen sind und man das Einspritzventil ohne Abnehmen der Zylinderkopfhaube ausbauen wollte.

Durch diese Bedingungen wird der Entwurf des Zylinderkopfes im wesentlichen festgelegt. Da die Stoßstangen an der unteren Seite des Zylinderkopfes (auf die Boxer-Bauart bezogen) angeordnet sind, mußte die Vorkammer auf die den Stoßstangen gegenüberliegende Seite gesetzt werden. Der Auspuffkanal wurde zwischen den Stoßstangen nach unten durchgezogen. Der Einsaugekanal ist mit der Pfeife zur Aufnahme der Vorkammer an einer Stelle zusammengewachsen. Durch die Ausführung als Einzelkopf war auch die Anordnung von 4 Zylinderkopfschrauben gegeben.

Durch die Verlegung des Einspritzventils außerhalb der Zylinderkopfhaube wurde eine geringe Neigung der Vorkammerachse gegenüber der Achse des Zylinders erforderlich. Das Gußstuck für diesen Einzelkopf ist sehr einfach.

δ) Gemeinsamer Zylinderkopf eines Fahrzeugdieselmotors.

Abb. 54 zeigt den gemeinsamen Zylinderkopf fur den Fahrzeugdieselmotor S 88 D der Klockner-Humboldt-Deutz A. G. (Magirus-Werke). Der Motor hat eine Bohrung von

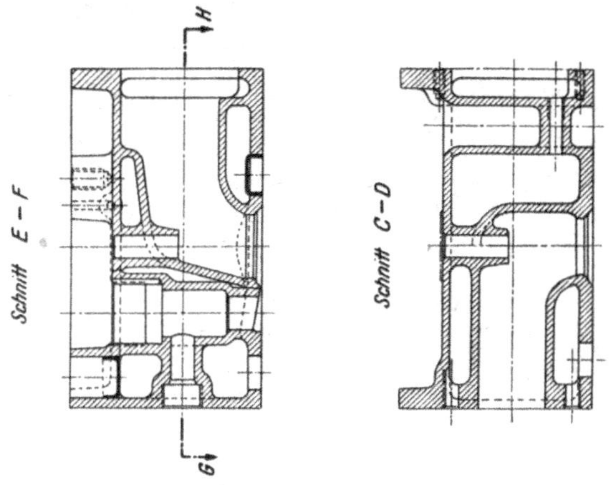

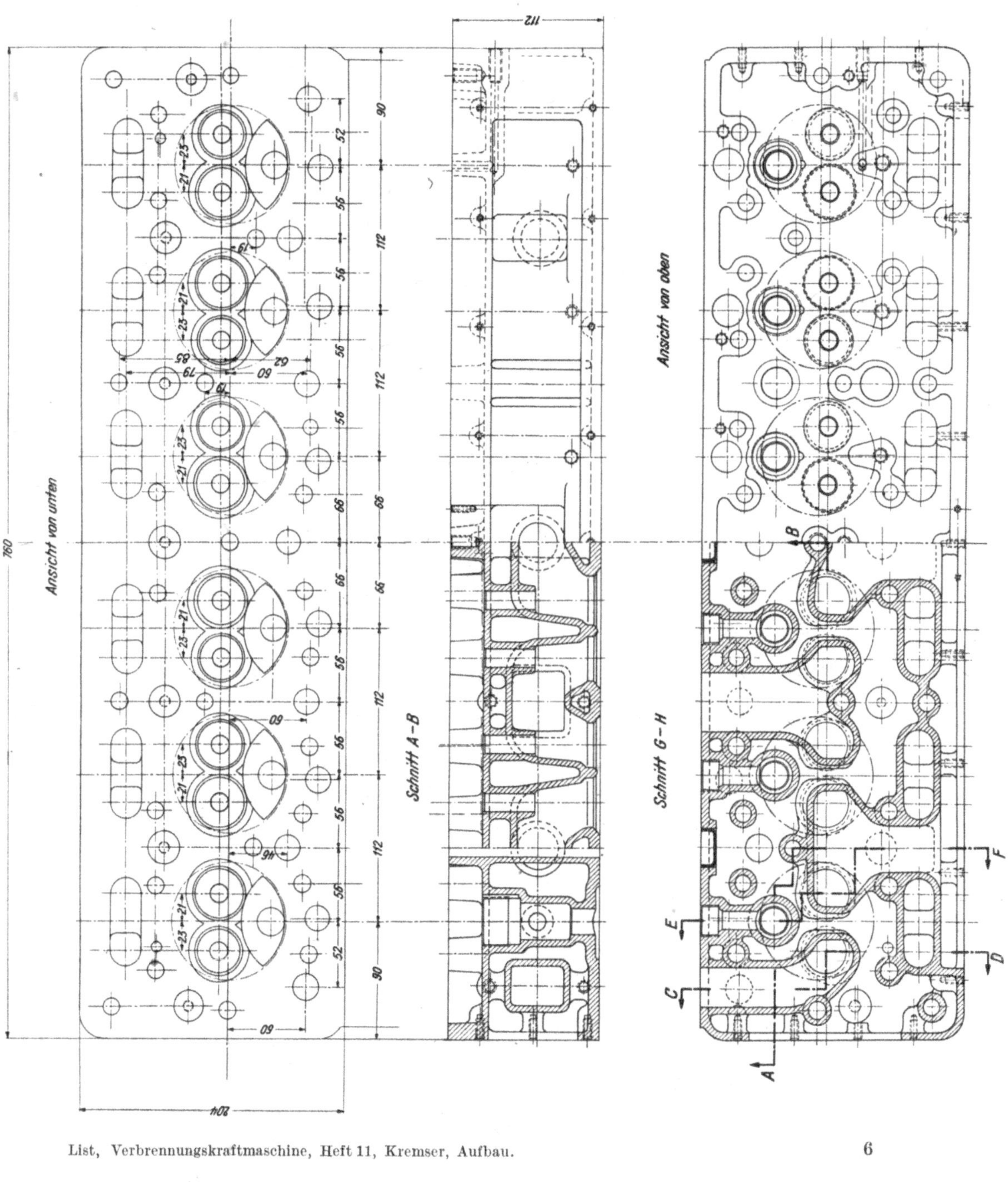

Abb. 54. Gemeinsamer Zylinderkopf eines 12-Zylinder-Fahrzeugdieselmotors.

88 mm, einen Hub von 125 mm und leistet mit 6 Zylindern bei einer Drehzahl von 2000 U/min 70 PS. Infolge der eingegossenen Zylinderlaufbüchsen sind die Zylinderabstände mit 112 mm verhältnismäßig eng. Dazu ist die Maschine an sich klein. Der Entschluß, einen gemeinsamen Kopf auszuführen, liegt daher nahe.

Der Vorteil des gemeinsamen Zylinderkopfes, der in der Möglichkeit besteht, die Ein- und Auslaßkanäle der benachbarten Zylinder zusammenzulegen, wurde beim Entwurf des Kopfes ausgenützt. Die drei Einlaßkanäle münden an der Stoßstangenseite. Der Ansaugkanal wird durch einen aus Blech gepreßten Deckel gebildet, der sich an den Zylinderkopf anschließt. Die Stoßstangen gehen durch im Zylinderkopf eingegossene Taschen hindurch. Die Auspuffkanäle der mittleren Zylinder sind paarweise zusammengezogen, die äußeren Zylinder haben gesonderte Auspuffkanäle.

Die Vorkammer entspricht der üblichen Ausführung von Deutz und sitzt an der den Stoßstangen gegenüberliegenden Seite. In die Vorkammer ragt die bei Vorkammermaschinen übliche Glühkerze herein. Der Butzen für die Aufnahme der Glühkerze ist so gelegen, daß genügende Wasserraumquerschnitte oberhalb und unterhalb des Butzens bestehen bleiben. Um die nötigen Kühlquerschnitte zwischen Vorkammer und dem Einlaß- bzw. Auslaßkrümmer zu erhalten, sind die Ventile gegen die Stoßstangenseite aus der Mittelebene gerückt. Auch die Kühlwasserräume unter- und oberhalb der Ventilkrümmer sind so hoch, daß der Kern des Zylinderkopfes beim Gießen genügende Steifigkeit besitzt. Ein- und Auslaßventile haben verschiedene Durchmesser.

Um jeden Zylinder sind in raumbedingt ungleichmäßiger Teilung 6 Zylinderkopfschrauben angeordnet, eine dieser Schrauben ist benachbarten Zylindern gemeinsam. Der größte Teil der Pfeifen für die Schrauben ist entweder an einen Ventilkrümmer oder an eine der für die Stoßstangen erforderlichen Taschen angegossen. Dadurch wird eine gute Übertragung des Dichtungsdruckes auf die untere Bodenplatte erreicht.

Der Zylinderkopf ist an seiner oberen Seite tassenförmig ausgebildet, da die Kipphebel durch Umlauföl geschmiert werden.

Auf genügende Abstützung des verwickelten Wasserraumkernes und auf seine Entgasungsmöglichkeit beim Gießen wurde weitgehend Rücksicht genommen. Hierzu sind in der unteren Bodenplatte zahlreiche Löcher vorgesehen, die gleichzeitig als Wasserübertrittslöcher dienen. Auch in der oberen Bodenplatte des Zylinderkopfes befinden sich mehrere Öffnungen zur Entgasung des Kernes, die durch Kernstopfen verschlossen werden. Die Öffnungen an den schmalen Stirnseiten des Zylinderkopfes, die durch Deckel verschlossen werden, ermöglichen eine gute Lagerung des Kernes.

2. Zylinderköpfe für Ottomotoren mit hängenden Ventilen.

Bei Ottomotoren, vor allem bei Personenwagenmotoren sind gemeinsame Zylinderköpfe für alle Zylinder üblich. Es soll am Zylinderkopf des BMW-2 l-Motors (Bohrung 66 mm, Hub 96 mm, Verdichtungsverhältnis 6,3) Abb. 55 gezeigt werden, nach welchen Gesichtspunkten der Entwurf eines solchen Zylinderkopfes durchgeführt wird.

Durch das früher besprochene Kurbelgehäuseoberteil und die Ausbildung der Kurbelwellenlagerung sind die Zylinderabstände gegeben.

Die Höhe des Verbrennungsraumes ist durch das Verdichtungsverhältnis $\varepsilon = 6{,}3$ bestimmt. Der Durchmesser des Verbrennungsraumes ist 2 mm größer als die Zylinderbohrung, der Kolbenboden ist eben. Im oberen Totpunkt schneidet die Kolbenoberkante annähernd mit der Oberkante des Kurbelgehäuseoberteiles ab. Für den Entwurf des Zylinderkopfes ist die Festlegung der Ventilgrößen von ausschlaggebender Bedeutung. Im vorliegenden Falle betragen die Durchmesser der Ein- und Auslaßventile 28 mm $= 0{,}43\,D$. Dieser Wert liegt nach Abb. 29 über dem Mittelwert. Bei 3750 U/min ist die mittlere Gasgeschwindigkeit im freien Ventilquerschnitt 63,5 m/sec. Der Ventilsitz hat 45° Neigung und ist 1,5 mm tief eingesenkt. Dadurch ist der Außendurchmesser des Ventilsitzes festgelegt. Mit Rücksicht auf das Nachschleifen haben die Ventilteller 32 mm Durchmesser. Die Ventile liegen parallel zur Zylinderachse. Der Abstand der Ventile von der Zylinderachse beträgt 17 mm, die Entfernung beider Ventilmitten 34 mm.

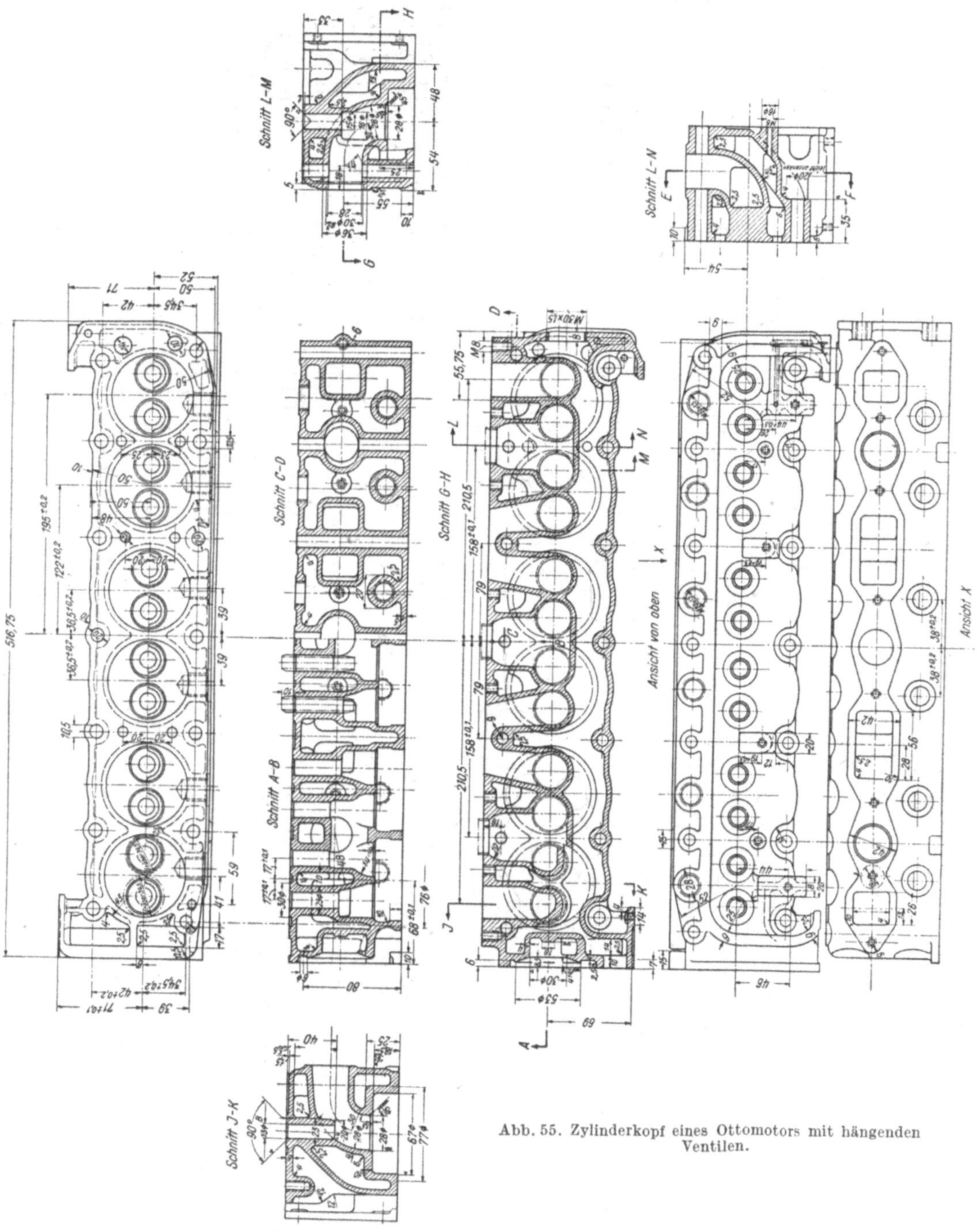

Abb. 55. Zylinderkopf eines Ottomotors mit hängenden Ventilen.

Zwischen beiden Ventilen verbleibt im Zylinderkopf also nur ein Steg von 6 mm Breite. Der Wasserkern zwischen den Ventilkrümmern beginnt daher erst 18 mm über dem Verbrennungsraum. Dieses Zusammenwachsen der Ventilkrümmer ist nicht erwünscht, da gerade, wie schon im Abschnitt Dieselmotoren ausgeführt, zwischen den beiden Ventilkrümmern reichliche Kühlung vorhanden sein soll. Im vorliegenden Fall ist diese Ausführung jedoch durch die äußerst gedrängten Raumverhältnisse bestimmt. Obwohl beide Ventile so eng zusammengerückt wurden wie es überhaupt möglich ist, haben die Ventilteller am äußersten Umfang gegenüber der Bohrung des Verbrennungsraumes nur 0,5 mm Spiel. Um die Abschirmung der Ventile an dieser Stelle zu verringern, sind im Verbrennungsraum in der Höhe des Ventilhubes Taschen eingefräst.

Der Boden des Zylinderkopfes wird aus gußtechnischen Gründen 10 mm stark ausgeführt, ebenso stark sind die seitlichen Wände des Brennraumes. Die obere Platte ist mit Rücksicht auf etwaige Gußversetzungen 5,5 mm stark.

Die Anordnung der Ventilkanäle ist durch den Aufbau des Motors bestimmt. Die Ein- und Auslaßkanäle werden auf der, den Stoßstangen gegenüberliegenden Seite des Zylinderkopfes herausgeführt. Die Einlaßkanäle von je 2 nebeneinanderliegenden Zylindern werden zu einem Anschluß zusammengefaßt. Das Saugrohr hat daher nur 3 Anschlüsse. Auch die Auslaßkanäle der Zylinder 2 und 3, sowie 4 und 5 wurden zusammengefaßt. Die Zylinder 1 und 6 haben besondere Auslaßkanäle. Der Anschluß des Auspuff- und des Saugrohres erfolgt durch gemeinsame Schrauben, die zwischen den Saug- und Auspufföffnungen liegen.

Die Breite des Zylinderkopfes ist so bemessen, daß der Brennraum wirksam gekühlt wird. Im Querschnitt senkrecht zur Motorlängsachse müssen zwischen den Wänden des Brennraumes und den äußeren Begrenzungswänden des Zylinderkopfes noch reichlich bemessene Wasserkerne liegen. Damit wird das Maß von Mitte Zylinder bis zur Anschlußfläche der Saug- und Auspuffrohre 54 mm, nach der Stoßstangenseite hin 48 mm. Die Höhe des Zylinderkopfes ist durch die Höhe des Verbrennungsraumes, den Durchmesser der Ventilkanäle und den Wasserkern oberhalb und unterhalb derselben bestimmt.

Die Zündkerze liegt horizontal auf der Auspuff- bzw. Ansaugseite und ist aus der Zylindermitte gegen das Einlaßventil hin versetzt. Die Pfeife für die Zündkerze ist gut gekühlt.

Der Kopf ist an den Enden und zwischen den Zylindern mit je zwei Befestigungsschrauben, insgesamt demnach mit 14 Schrauben M 10 am Kurbelgehäuseoberteil befestigt. Wenn diese auf eine Streckgrenze von 7000 kg/cm^2 angezogen werden, ergibt sich in der Zylinderkopfdichtung ein Dichtungsdruck von 155 kg/cm^2. Die Schrauben an der Stoßstangenseite liegen in der Seitenwand des Zylinderkopfes und haben hier eine Einspannlänge von 35 mm. Auf der Auslaßseite sind nur an den Enden des Zylinderkopfes und in den gemeinsamen Auslaßkanälen Pfeifen für die Zylinderkopfschrauben durchgeführt. Dagegen gehen die Schrauben durch die 3 gemeinsamen Einlaßkanäle ohne Pfeife durch. Diese Anordnung der Schrauben ist bei einem Ottomotor zulässig, bei einem Dieselmotor würde das verschiedene elastische Verhalten der Schrauben (verschiedene Schraubenlänge) und des Zylinderkopfes (durchgehende Pfeifen nicht bei allen Schrauben) wahrscheinlich zu erheblichen Dichtungsschwierigkeiten führen.

Das Kühlwasser wird vom Gestell zum Zylinderkopf durch je zwei 8,5 mm Löcher zwischen je 2 benachbarten Zylindern übergeführt. Das vordere Ende des Kopfes enthält die Wasserpumpe. Die Lagerung der Wasserraumkerne und die Entfernung des Formsandes ist durch eine Anzahl von Kernstopfen möglich. An der oberen Seite des Zylinderkopfes befinden sich Anpaßflächen für die Befestigung der Kipphebelböcke.

3. Zylinderköpfe für Ottomotoren mit stehenden Ventilen.

Bei der Konstruktion des Zylinderkopfes ist von der Form des Brennraumes auszugehen. Die Gestaltung des Brennraumes in verbrennungstechnischer Hinsicht wird in Heft 6 besprochen. Im allgemeinen gelten dafür die folgenden Richtlinien:

Hohe Klopffestigkeit erfordert gute Kühlung des Brennraumes. Dieser wird heute allgemein seitlich über die Ventile gelegt und steht mit dem Hubraum durch einen Querschnitt von ungefähr halber Bohrungsfläche und weniger, in Verbindung. Wie in

Heft 6 ausführlich beschrieben, entsteht dadurch eine Art Verdrängerwirkung, durch welche die Wirbelung verstärkt und die Verbrennung beschleunigt wird. Der Zylinderdeckel ist über dem abgedeckten Teil der Zylinderbohrung eben. Der zwischen Kolbenboden bei oberster Totlage und Zylinderkopf liegende Spalt hat meist die Stärke der Zylinderkopfdichtung. Man gestaltet ferner den Brennraum mit Rücksicht auf die Klopffestigkeit im allgemeinen heute so, daß die Beheizung des Auslaßventils, also des heißesten Teils des Brennraums, möglichst herabgesetzt wird. Bei neueren Motoren wird daher der Spalt zwischen geöffnetem Auslaßventil und oberer Brennraumbegrenzung klein gehalten, damit die bei geöffnetem Auspuffventil mit hoher Geschwindigkeit ausströmenden Gase die Bodenfläche des Ventiltellers nicht überstreichen. Denn die hohen Gasgeschwindigkeiten ergeben größeren Wärmeübergang und daher starke Heizung der Tellerfläche. Bei hängenden Ventilen wird die Wärmeübertragung auf das Ventil durch einen Gaspolster gehemmt, der sich vor die Bodenfläche des Ventiltellers legt. Untersuchungen von WHATMOUGH ergaben, daß die hohe Klopffestigkeit z. B. des halbkugelförmigen Verbrennungsraumes znm großen Teil auf dieser Wirkung beruht.

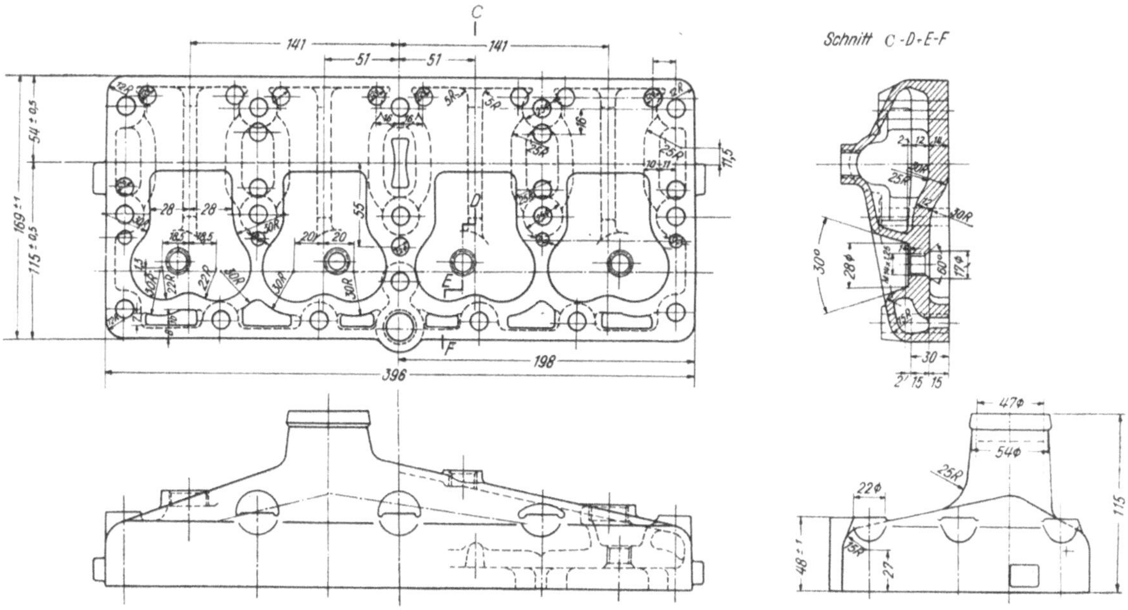

Abb. 56. Zylinderkopf eines Ottomotors mit stehenden Ventilen.

Da der Verbrennungsraum ziemlich eng um die Ventilteller herum gezogen werden muß, findet man an den engsten Stellen zwischen Ventilteller und Brennraum sichelförmige Ausnehmungen in der Seitenwand des Brennraumes, welche die Drosselung des einströmenden Gases verringern sollen.

Eine Erhöhung der Klopffestigkeit bei seitengesteuerten Motoren wurde durch die Verwendung von Leichtmetall-Zylinderköpfen erreicht. Der Übergang von Gußeisen auf Leichtmetall ermöglicht wegen der erhöhten Klopffestigkeit eine Vergrößerung des Verdichtungsverhältnisses um 0,7 bis 1. Natürlich wird bei Verwendung von Leichtmetall-Zylinderköpfen die Wärmeabgabe an das Kühlmittel größer. Bei der Ausführung des Zylinderkopfes aus Leichtmetall sind infolge des kleinen Elastizitätsmoduls besondere bauliche Maßnahmen zu treffen.

Die Bestimmung der Zylinderabstände und der Lage der Ventile wurden auf S. 66 und 67 beschrieben, für den Entwurf des Zylinderkopfes sind diese baulichen Verhältnisse demnach als gegeben vorauszusetzen.

Als Beispiel wird der Entwurf des Zylinderkopfs des 1,7-l-Adlermotors Abb. 56 beschrieben, der zu dem auf S. 65 u. f. beschriebenen Zylinder-Kurbelgehäuseoberteil gehört.

Die Größe des Brennraumes bei dem Verdichtungsverhältnis von $\varepsilon = 6{,}5$ ist 74,8 cm^3. Die Höhe des Brennraumes wird mitbestimmt durch den Ventilhub, die Tellerstärke der Ventile und den Sicherheitsabstand von der oberen Brennraumwand; sie beträgt 15 mm. Der Abstand zwischen Ventilteller und Wand des Brennraumes ist aus den angegebenen Gründen so klein wie möglich gehalten. Ungehinderter Zu- und Abfluß der Frisch- bzw. Abgase wird durch die Ausbildung der seitlichen Begrenzungswand um die Ventile in einem Halbmesser von 22 mm aus einem Punkt mit 18,5 mm Abstand in Motorlängsrichtung von der Ebene der Zylindermitte erreicht. Bei einem Außendurchmesser des Ventiltellers von 35 mm beträgt also der Abstand zwischen Ventilteller und Wand des Brennraumes an der engsten Stelle 3,5 mm. Zwischen den Ventilen ist die seitliche Wand des Brennraumes mit einem Halbmesser von 15 mm vorgezogen und schließt an die Wandteile mit den Halbmessern 22 mm an. Die seitliche Begrenzung des Grundrisses des Brennraumes auf der den Ventilen gegenüberliegenden Seite bildet eine im Abstand von 8 mm von der Längsachse des Motors auf Seite der Ventile, gelegene Gerade. Zwei im Abstand von je 28 mm von der Zylindermitte liegende Geraden begrenzen den Grundriß des Brennraumes senkrecht zur Motorlängsachse. Der Übergang von der oberen Wand des Brennraumes zur Bodenwand des Zylinderkopfes wird durch Abrundungen mit dem großen Halbmesser von 30 mm gebildet. Mit Rücksicht auf die Ausführung in Leichtmetall ist die Bodenplatte des Zylinderkopfes 12—14 mm stark ausgeführt. Dies ist in erster Linie zur Erhöhung der Steifigkeit notwendig, da der Zylinderkopf in seiner Höhe beschränkt ist und der kleine Elastizitätsmodul des Leichtmetalles zu einer Erhöhung des Trägheitsmomentes des Zylinderkopfquerschnittes zwingt, um Dichtungsschwierigkeiten zu vermeiden. Der Zylinderkopf hat am Rande eine Höhe von nur 47 mm, seine obere Wand ist 5 mm stark.

Das heiße Kühlwasser wird im vorderen Drittel des Zylinderkopfes durch einen hochgezogenen Anschlußstutzen mit 47 mm Innendurchmesser abgeführt. Der große Querschnitt ist durch die Thermosyphonkühlung bedingt.

Die obere Begrenzungswand des Zylinderkopfes steigt nach dem Abfluß des Kühlwassers zu an, um die Festsetzung von Dampfblasen zu vermeiden.

Besonderer Wert wurde auf zweckmäßige Anordnung der Zylinderkopfschrauben gelegt. Um jede Zylinderbohrung liegen zunächst vier Schrauben. Zur Abdichtung des Brennraumes sind, wie aus Abb. 56 ersichtlich, weitere Schrauben um diesen angeordnet. Die Lage der Schrauben wird durch die Ausbildung des Kurbelgehäuseoberteils mitbestimmt. Die Breite des Zylinderkopfs ist durch die Lage der Zylinderkopfschrauben festgelegt. Nimmt man an, daß alle 16 Zylinderkopfschrauben M 10 bis auf 7000 kg/cm^2 angezogen werden, dann ergibt sich dadurch in der Zylinderkopfdichtung ein Flächendruck von 190 kg/cm^2. Reichlich bemessene Kühlwasserübertritte leiten das Kühlwasser vom Zylinderblock in den Zylinderkopf über. Bei Zylinderköpfen mit stehenden Ventilen bereitet die Anordnung der Zündkerze keine Schwierigkeit. Sie liegt parallel zur Zylinderachse. Im vorliegenden Falle ist die Zündkerze etwas aus der Zylindermitte gegen das Auslaßventil hin versetzt.

Meist tritt bei diesen Ausführungen des Zylinderkopfs, so wie im vorliegenden Fall, die Antriebswelle des Zündverteilers durch den Zylinderkopf durch, so daß der Verteiler am Zylinderkopf selbst befestigt werden kann. Durch zweckmäßige Anordnung von breiten, nicht allzu hohen Rippen im Kühlwasserraum des Kopfes wird der Verwendung von Leichtmetall Rechnung getragen. Bei der vorliegenden Bauart sind die Teile um die Wasserübertrittsöffnungen zwischen den Zylindern besonders ausgebildet. Hier wird die Bodenwand des Zylinderkopfes durch kräftige Rippen, die von einer Zylinderkopfschraube zur anderen gehen, abgesteift.

Der Motor des Adler 1,7 l ist auf S. 203 u. f. beschrieben.

IV. Schmiersysteme.

1. Allgemeines.

Alle schnellaufenden Verbrennungskraftmaschinen haben heute Druckschmierung. Eine Ölpumpe, meist eine Zahnradpumpe, saugt das Schmieröl aus einem Ölbehälter und drückt das im Hauptstrom oder Nebenstrom gefilterte Öl über ein Verteilrohr den Lagern zu. Der Ölbehälter wird meist durch das Kurbelgehäuseunterteil gebildet. Von den Kurbelwellenlagern wird das Öl durch Bohrungen in der Kurbelwelle oder durch besondere Ölröhrchen den Pleuellagern zugeleitet. Die Ölführung in den Triebwerksteilen wurde im Heft 10 besprochen. Wie schon dort erwähnt, ist die kontinuierliche Ölzufuhr zum Pleuellager für schnellaufende Motoren besonders wichtig.

Die Nockenwellenlager werden meist an das Schmiersystem der Kurbelwelle angeschlossen.

Ein Teil des Schmieröls kann durch Drosseln vom Hauptstrom abgezweigt werden und dient zur Schmierung der Kipphebel und Ventilführungen. Bei einzelnen Bauarten werden zur Schmierung der Nockenwelle und des Ventilantriebes eigene Schmierölpumpen verwendet, um die empfindlichen Drosselstellen vor diesen Schmierstellen zu vermeiden.

2. Kurbelgehäuseunterteil.

Das Kurbelgehäuseunterteil dient in der Regel als Behälter für das Schmieröl und schließt das Kurbelgehäuseoberteil nach unten ab.

Um bei Steigungen oder im Gefälle ein sicheres Ansaugen der Ölpumpe zu gewährleisten, wird der Ölvorrat in einem besonders ausgebildeten Teil des Kurbelgehäuseunterteils — dem Ölsumpf — untergebracht. Falls es die Raumverhältnisse beim Einbau des Motors in das Fahrzeug erlauben, ist die Anordnung des Ölsumpfes in der Mitte des Motors am zweckmäßigsten, da die Ölspiegelverhältnisse dann für Steigungen und Gefälle dieselben sind.

In vielen Fällen, besonders bei Motoren für Lastkraftwagen, ist durch die Lage der Vorderachse und der Spurstange die Anordnung des Ölsumpfes in der Mitte des Motors nicht möglich. Je nach Lage der Vorderachse wird dann der Ölsumpf unter dem vorderen oder hinteren Motorende angebracht. Der vorne liegende Ölsumpf ist bei Lastwagen für 3, 4 ½ und 6 ½ Tonnen üblich.

Die Ausbildung des Kurbelgehäuseunterteils bei Personenwagenmotoren macht im allgemeinen weniger Schwierigkeiten als bei Lastwagenmotoren, da die Vorderachse bei Personenwagenmotoren meist nicht unterhalb des Motors liegt. Die Personenwagenmotoren sind im allgemeinen sehr kurz gebaut, so daß auch bei starker Längsneigung des Motors keine besonderen Maßnahmen notwendig sind. Dies gilt ganz besonders für 4-Zylinder-Reihenmotoren. Bei 6-Zylindermotoren ist die Ölpumpe meist in der Mitte der Maschine angeordnet, so daß an dieser Stelle ein kleiner Ölsumpf zweckmäßig ist. Die Ausbildung des Kurbelgehäuseunterteils wird bei Personenwagenmotoren immer durch die besonderen baulichen Verhältnisse des Wagens bestimmt. Trockensumpfschmierung oder die Anordnung einer besonderen Absaugpumpe werden im Personenwagen-Motorenbau nur sehr selten und dann meist nur bei verhältnismäßig langen z. B. 8-Zylinder-Reihenmotoren verwendet.

Das Abweichen von der Mittellage macht es in den meisten Fällen notwendig, den Ölsumpf tiefer auszubilden, damit er auch bei geneigtem Motor gefüllt bleibt. Beim Entwurf des Ölbehälters sind folgende Neigungen zu berücksichtigen:

Gewöhnliche Personenwagenmotoren sollen auf Steigungen bis 35% arbeiten können.

Lastkraftwagen, die als Geländewagen gebaut werden und dann meist eine angetriebene Vorderachse besitzen, müssen nach deutschen Vorschriften mit 36% Längsneigung oder 36% Querneigung fahren können. Die Ölwanne ist dann für diese Neigungen zu entwerfen. In einzelnen Fällen werden bei Geländewagen Steigungen bis 55% berücksichtigt.

Um diese Bedingungen zu erfüllen, gibt es drei Lösungen:

α) Der Motor erhält nur eine Ölpumpe. Dieser Weg ist bei allen 4-Zylindermotoren sicher gangbar. Wegen des Vorderachsantriebes liegt der Ölsumpf nach Abb. 57 vorne. Bei Gefälle sind wegen des vorne liegenden Ölsumpfs keine Schwierigkeiten zu erwarten. Bei Steigungen werden zu hohe Ölstände im Kurbelgehäuseunterteil durch taschenartige Ausbildung desselben verhindert.

Auch bei 6-Zylindermotoren ist diese Lösung meist angängig. Man läßt dabei zu, daß bei dem höchsten Peilstand, entsprechend der obersten Peilstabmarke, eine Pleuelstange in den Ölspiegel eintaucht und auch die Kurbelwellendichtung unmittelbar mit Öl benetzt wird.

β) Der Motor erhält außer der Umlaufpumpe eine Absaugpumpe (Schöpfpumpe). Die Absaugpumpe hat bei vorne liegendem Ölsumpf auf Steigungen das im hinteren Teil der Ölwanne dem Ölumlauf entzogene Öl in den Ölsumpf zu fördern. Absaugpumpe

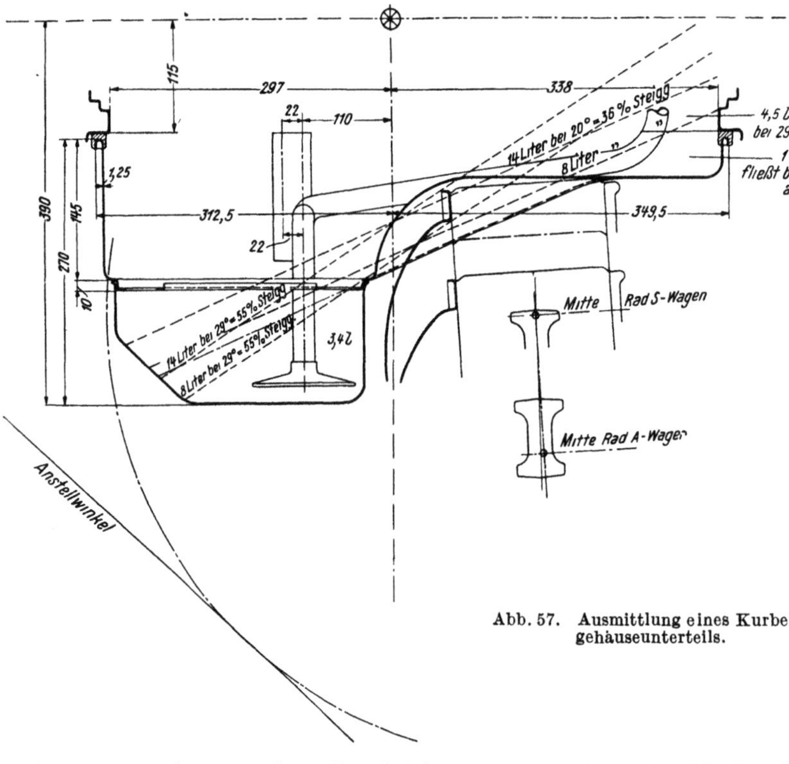

Abb. 57. Ausmittlung eines Kurbelgehäuseunterteils.

und Umlaufpumpe werden zweckmäßig gleich groß gemacht. Der Nachteil dieser Lösung besteht in der Notwendigkeit einer zweiten Ölpumpe, die nur bei Steigungen arbeitet, während des Leerlaufes jedoch geschmiert werden muß, um ihre Saugfähigkeit zu erhalten und mechanische Schäden zu vermeiden.

γ) Der Motor wird mit Trockensumpfschmierung ausgeführt.

Meist ist der Ölbehälter dann vom Kurbelgehäuseunterteil getrennt. Es kann aber auch in diesem nach Abb. 112 (innere und äußere Ölwanne) ein vom Triebwerksraum getrennten Raum angeordnet werden, der als Ölbehälter dient.

An jedem Motorende ist eine Absaugpumpe angeordnet. Beide Absaugepumpen können auch in einer Doppelpumpe mit drei Zahnrädern und zwei getrennten Saugleitungen, die zu den Motorenden führen, zusammengefaßt werden.

Die Umlaufpumpe saugt in diesem Falle das Öl aus dem Ölbehälter an, in den die Absaugpumpen das Öl fördern. Da die Absaugpumpen je nach der Neigung des Motors auch Luft fördern, muß eine ausreichende Entlüftung des Ölbehälters vorgesehen werden, um Ölschaumbildung zu vermeiden.

Die Ausmittlung des Kurbelgehäuses des Motors F 4 M 513 der Klöckner-Humboldt-Deutz A. G. zeigt Abb. 57.

Der Motor findet als Antriebsmotor für einen 3 t-Lastkraftwagen Verwendung. Da

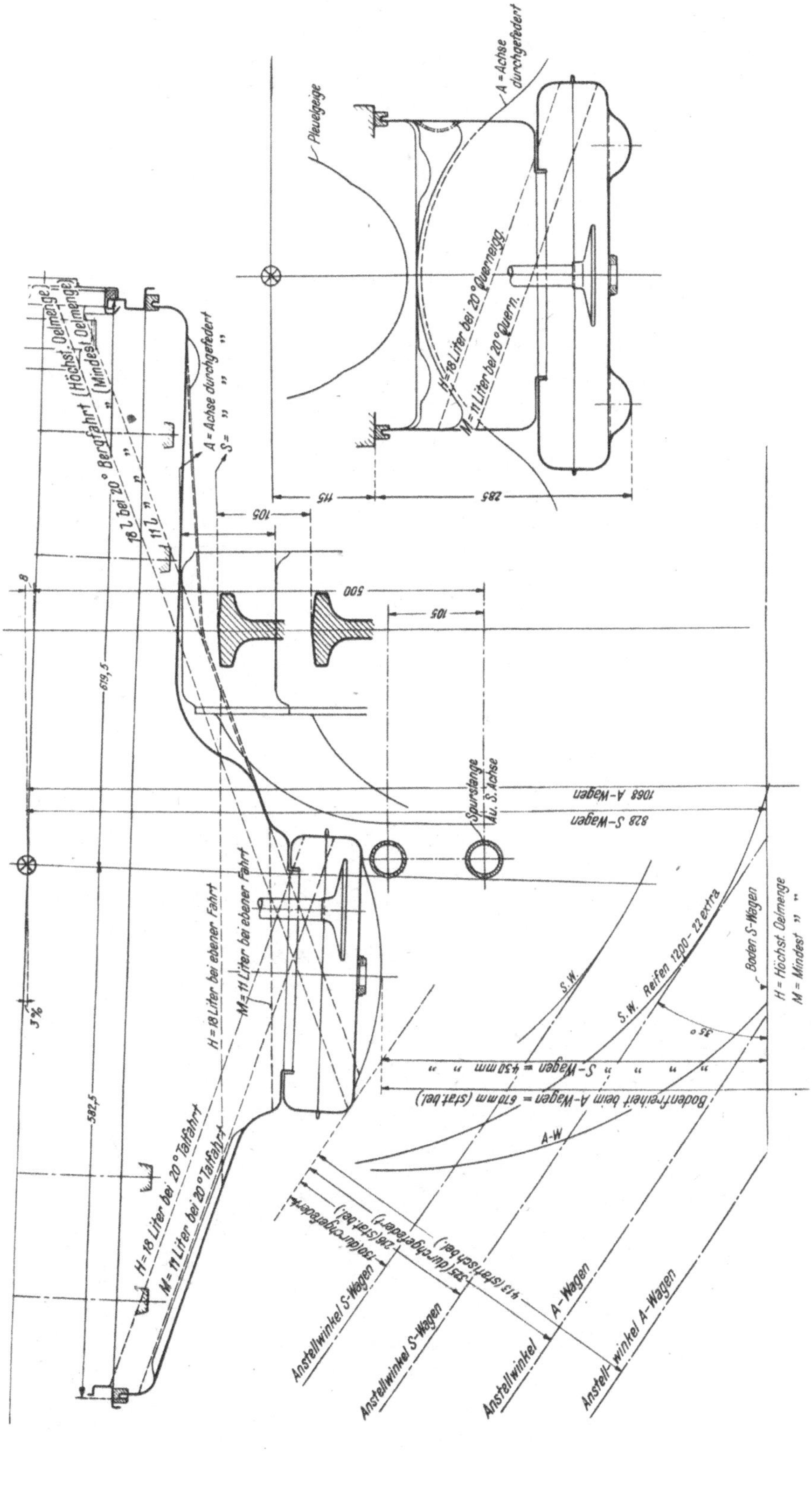

Abb. 58. Ausmittlung eines Kurbelgehäuseunterteils.

der 3 t-Lastkraftwagen auch als Allradwagen, also mit angetriebener Vorderachse ausgeführt wird, mußte beim Entwurf des Kurbelgehäuseunterteils darauf Rücksicht genommen werden.

Das Kurbelgehäuseunterteil ist aus Blech gepreßt und wird aus 2 Stücken hergestellt. Diese Teilung war erforderlich, da es nicht möglich war, die Kurbelwanne aus einem Stück 270 mm tief zu ziehen. An den oberen Teil des Kurbelgehäuseunterteils ist der Ölsumpf als besonderes Preßstück durch Schweißung angesetzt. Die Bedingungen des Allradwagens, d. h. also des geländegängigen Wagens erfordern, daß mit dem Motor etwa Steigungen bis 55% befahren werden können. Da der Motor nur eine normale Ölpumpe besitzt, mußte bei der Ausbildung des Kurbelgehäuseunterteils darauf Rücksicht genommen werden, daß auch bei Steigungen von 55% das Saugrohr der Ölpumpe unter dem Ölspiegel liegt. Der Ölsumpf ist bei dem Wagen vor der Achse angeordnet. Bei Talfahrt treten infolge dieser Lage des Ölsumpfes auch bei starken Neigungen keine Schwierigkeiten auf. Bei Bergfahrt ist durch eine seitliche taschenförmige Ausbildung des Kurbelgehäuseunterteils dafür gesorgt, daß das Öl bis auf einen kleinen Rest am Ölumlauf teilnehmen kann. Die taschenförmige Ausbildung ist mit Rücksicht auf den Achskopf bei Allradantrieb notwendig. Die Abdichtung des Kurbelgehäuseunterteils erfolgt durch eine profilierte endlose Gummidichtung, die auf den oberen Rand des Kurbelgehäuseunterteils geschoben wird.

Die Abb. 58 zeigt die Ausmittelung eines Kurbelgehäuseunterteils für einen kurz gebauten 8-Zylinder-Fahrzeugdieselmotor von 165 PS. Für den Entwurf war maßgebend, daß eine besondere Absaugpumpe erspart und der Motor sowohl im steuerbegünstigten sogenannten S-Wagen, wie auch in einem Wagen mit Allradantrieb eingebaut werden sollte. Das Differentialgehäuse der angetriebenen Vorderachse erfordert bei der Ausbildung der Ölwanne besondere Berücksichtigung. Die eingezeichnete Vorderachse gilt für den S-Wagen. Der Ölsumpf kann, wie aus der Abbildung ersichtlich, aus Einbaugründen nicht unter der Motormitte untergebracht werden. Um nun die für dieses Fahrzeug in Betracht kommenden Steigungen von 36% noch ohne Ölabsaugepumpe befahren zu können, wurde der Ölsumpf, wie aus dem Querschnitt ersichtlich ist, verbreitert.

Die Ölwanne ist aus gezogenen Blechteilen hergestellt. Die Verbindung des eigentlichen Ölsumpfes mit der Ölwanne erfolgt durch eine große runde Öffnung. Bei der Ausmittlung der Ölwanne wurde ein Ölvorrat von 18 l angenommen. Mit diesem Ölvorrat kann bis zu einem Ölstand von 11 l gefahren werden, was einem Ölverbrauch von 7 l entspricht. In der Ausmittlung sind sowohl für den Allradswagen als auch für den S-Wagen die Anstellwinkel bei statischer Belastung und auch bei durchgefederter Vorderachse eingezeichnet.

3. Größe des Ölvorrates.

Die erforderliche Größe des Ölvorrates ist von der Motorleistung abhängig. Das Schmieröl muß die Lagerreibungswärme aufnehmen und sie an die Außenluft über die Oberfläche der Ölwanne abgeben. Einen Überblick über die Größe des Ölvorrates im Kurbelgehäuseunterteil in Abhängigkeit vom Gesamthubraum für Ottomotoren, Fahrzeugdieselmotoren und Triebwagendieselmotoren geben die Abb. 59 bis 61. Sie enthalten Werte ausgeführter Motoren. Während bei Ottomotoren für Personenwagen recht klare Verhältnisse bezüglich des Ölvorrates herrschen, gibt es bei Fahrzeugdieselmotoren diesbezüglich größere Unterschiede. Dies ist bei Fahrzeugdieselmotoren durch die stark unterschiedliche Drehzahl begründet. Es sind deshalb in Abb. 60 Bereiche eingetragen, die für Drehzahlen bis 1700, 1700—2000, 2000—2500 und über 2500 U/min gelten. Bei gleichem Gesamthubraum muß der Ölvorrat mit der Drehzahl zunehmen, da mit der Hubraumleistung auch die vom Öl abzuführende Wärmemenge steigt.

Bei Triebwagenmotoren ist der Ölvorrat wesentlich von der Bauart der Maschine abhängig. Rollengelagerte Motoren haben einen verhältnismäßig kleinen Ölvorrat. Die obere Grenze desselben ist vielfach durch die geforderten Abmessungen der Motoren bestimmt. Für Entwürfe sind die mittleren Werte von Abb. 61 zu empfehlen.

Zur Feststellung des Ölstandes dient meist ein Peilstab, der in das Öl eintaucht und dessen Benetzung die Höhe des Ölstandes anzeigt. Der Ölstand darf im Betrieb zwischen zwei Marken am Peilstab schwanken.

Der Unterschied zwischen größter Ölmenge (oberster Peilstabmarke) und kleinster Ölmenge mit der noch gefahren werden darf (niedrigste Peilstabmarke), soll so groß sein, daß der Ölinhalt zwischen den Marken für eine 10stündige Fahrt ausreicht. Bei einem Ölverbrauch von 5 g PSh muß man demnach je 100 PS ungefähr 5 kg Schmieröl zwischen oberster und unterster Peilmarke unterbringen. Da der Ölverbrauch von 5 g/PSh hoch angenommen ist, reicht dieser Vorrat meist für erheblich längere Betriebszeiten aus, zumal für den Ölverbrauch die

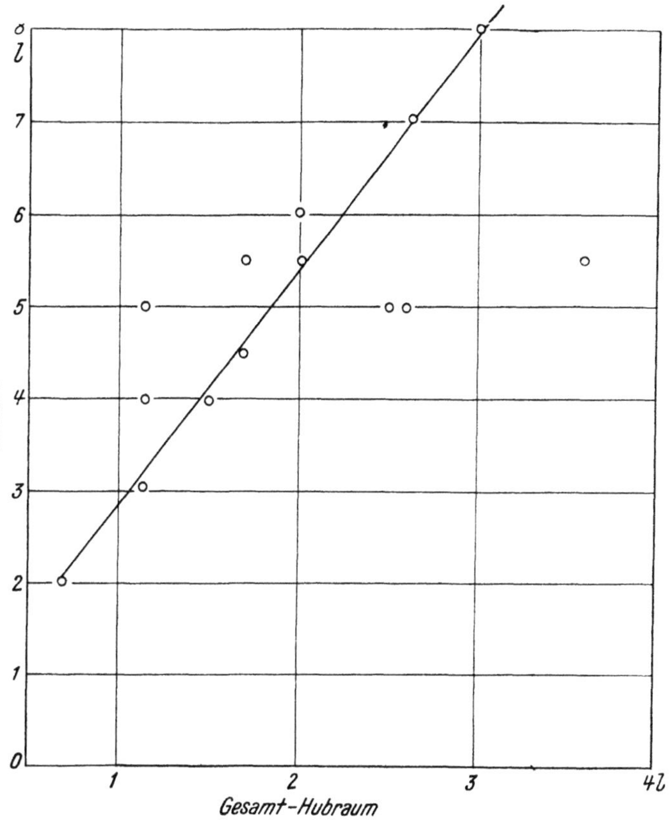

Abb. 59. Ölinhalt von Ottomotoren.

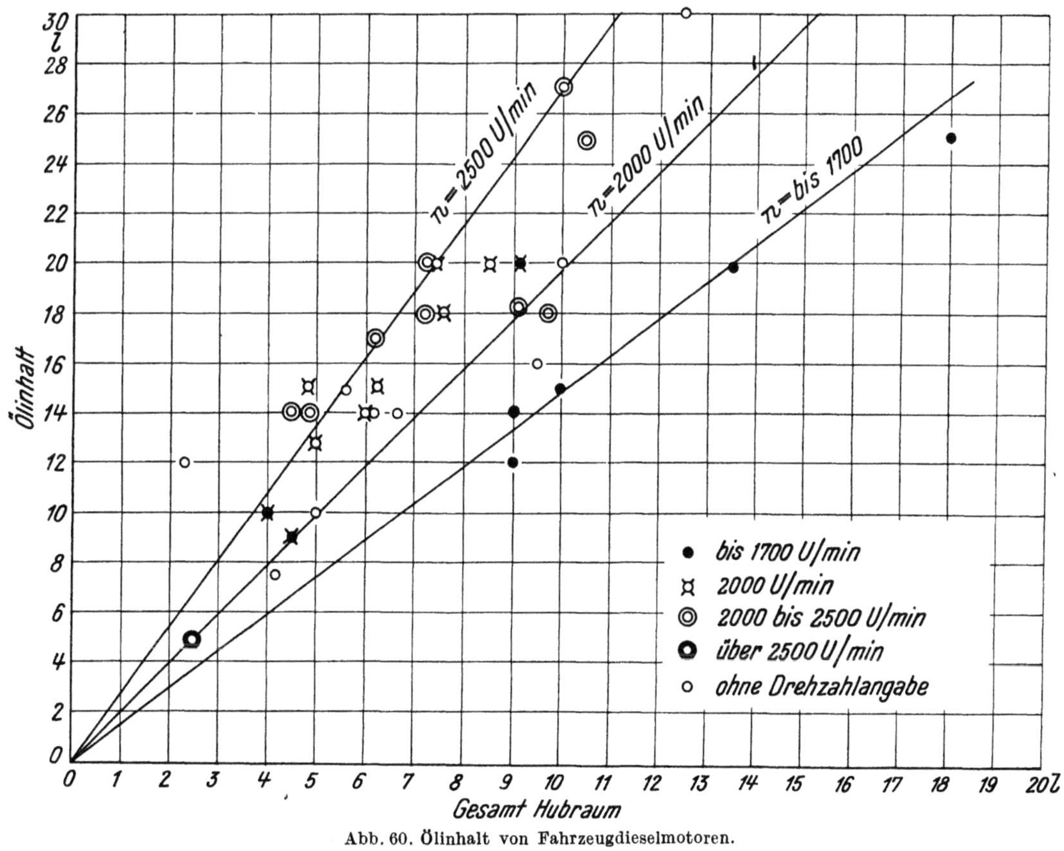

Abb. 60. Ölinhalt von Fahrzeugdieselmotoren.

Motordrehzahl ausschlaggebend ist und die mittlere Betriebsdrehzahl im allgemeinen wesentlich niederer liegt, als die Höchstdrehzahl, die dem früher angenommenen Verbrauch zugrunde liegt. Nähere Angaben über den Ölverbrauch enthält Heft 14.

4. Schmierölpumpe.

Als Schmierölpumpen verwendet man heute fast ausschließlich Zahnradölpumpen Die Zahnradölpumpe ist einfach und billig herzustellen. Sie ist unempfindlich gegen Veränderungen der Zähigkeit des Schmiermittels und gegen Schmutz und hat einen guten, vom Förderdruck wenig abhängigen, volumetrischen Wirkungsgrad.

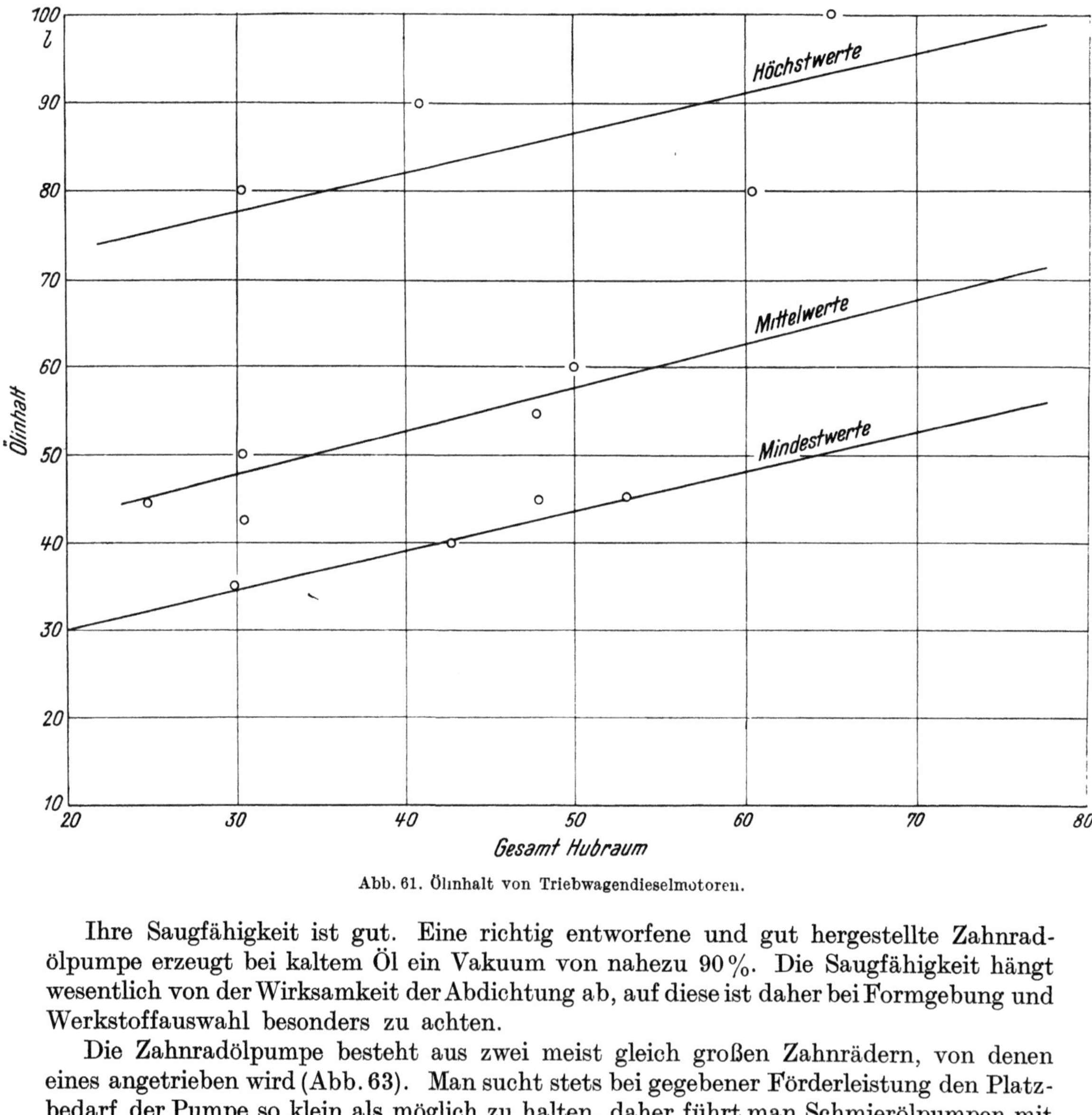

Abb. 61. Ölinhalt von Triebwagendieselmotoren.

Ihre Saugfähigkeit ist gut. Eine richtig entworfene und gut hergestellte Zahnradölpumpe erzeugt bei kaltem Öl ein Vakuum von nahezu 90%. Die Saugfähigkeit hängt wesentlich von der Wirksamkeit der Abdichtung ab, auf diese ist daher bei Formgebung und Werkstoffauswahl besonders zu achten.

Die Zahnradölpumpe besteht aus zwei meist gleich großen Zahnrädern, von denen eines angetrieben wird (Abb. 63). Man sucht stets bei gegebener Förderleistung den Platzbedarf der Pumpe so klein als möglich zu halten, daher führt man Schmierölpumpen mit kleinen Zähnezahlen und großem Modul, daher meist mit korrigierter Verzahnung aus. Die Eingriffsdauer der Zahnräder darf nicht zu klein werden, vor allem wegen der Abdichtung zwischen Saug- und Druckraum, die ja auch durch die Zahnflanken erfolgt. In Grenzfällen können Pumpen mit 6 bis 7 Zähnen ausgeführt werden. Wird die Eingriffsdauer bei geraden Zähnen zu klein, so kann man sich durch Schrägverzahnung helfen. Der

Steigungswinkel der Schrägverzahnung darf jedoch nicht über 10° bis 20° gewählt werden, damit der Achsialschub nicht zu groß wird. Bei der Korrektur der Verzahnung darf am Kopfkreis eine Zahnstärke von 1,5 bis 2 mm nicht unterschritten werden, da die Zähne dort gegen das Gehäuse dichten müssen. Der Durchmesser der Welle des Zahnrades, die meist mit diesem aus einem Stück besteht, soll mindestens 5 mm kleiner sein als der Fußkreis des Zahnrades. Der Übergang der seitlichen Radbegrenzung zur Welle soll durch eine Abrundung mit wenigstens 1 mm Radius erfolgen. Für die Herstellung ist ein Einstich in die Welle zweckmäßig.

Die Fördermenge der Zahnradölpumpe je Umdrehung entspricht dem Volumen der Zähne beider Räder. Für angenäherte Berechnung setzt man Zahn gleich Zahnlücke. Das Fördervolumen je Umdrehung entspricht dann einen Ring vom Außendurchmesser, Grundkreisdurchmesser und Breite des Zahnrades multipliziert mit dem volumetrischen

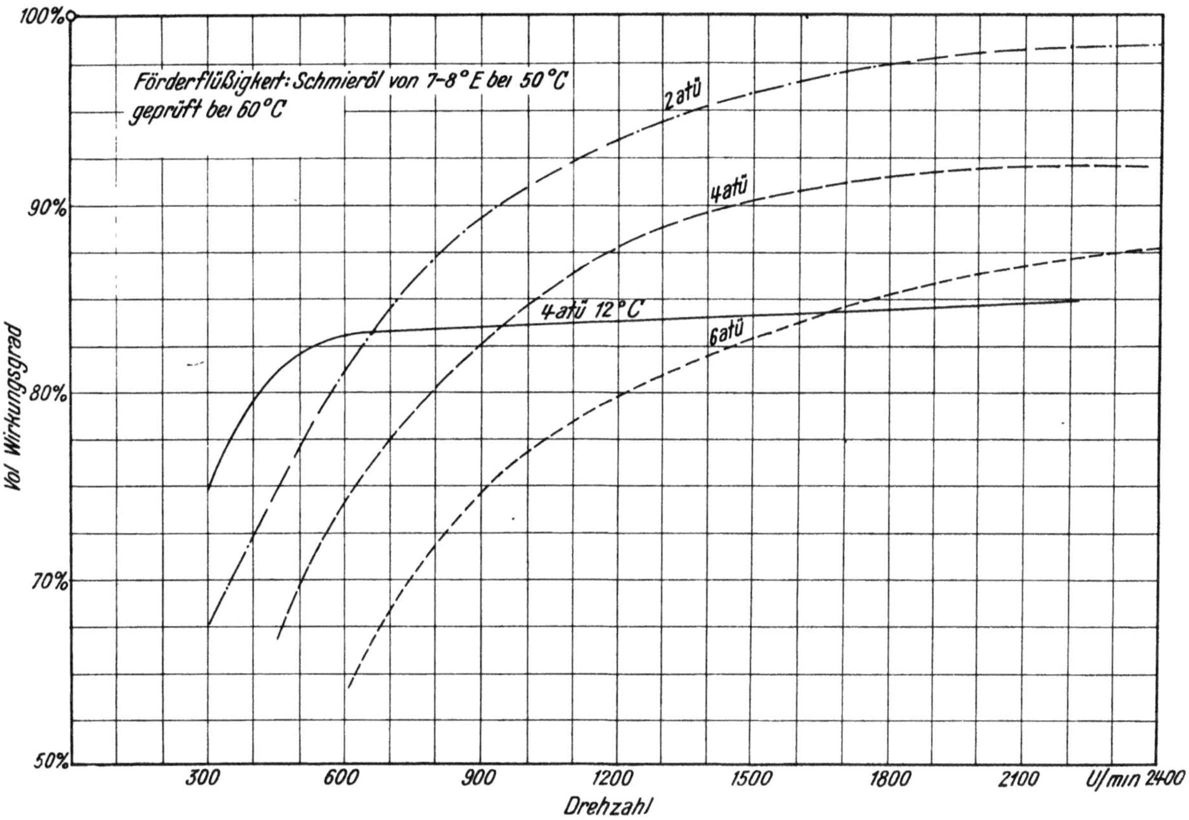

Abb. 62. Volumetrischer Wirkungsgrad von Zahnrad-Ölpumpen.

Wirkungsgrad. Um gute Abdichtung im Betrieb zu erhalten, muß durch entsprechende Werkstoffauswahl der Verschleiß klein gehalten werden.

Der volumetrische Wirkungsgrad der Zahnradschmierölpumpe ist stark von der Herstellungsgenauigkeit und den Eingriffsverhältnissen der Zähne, sowie vom achsialen Spiel des Rades zwischen den Gehäusewänden abhängig. Bei guten Pumpenausführungen und etwa 60° Öltemperatur lassen sich volumetrische Wirkungsgrade von 87—90% erreichen. Die Angaben entsprechen einem Forderdruck von etwa 4 at. Innerhalb der bei Motoren üblichen Druckschwankungen von etwa 4 bis 6 at bei voller Motordrehzahl ändert sich der volumetrische Wirkungsgrad nach Abb. 62 nur wenig.

Zweckmäßig ist die Verwendung von Einsatzstahl für die Zahnräder, wobei die Räder selbst ungehärtet bleiben können und nur die Zapfen im Einsatz gehärtet werden.

Manchmal fertigt man auch die Räder aus Nitrierstahl mit gehärteten Zähnen und Zapfen an. Bei besonders hohen Beanspruchungen empfiehlt sich die Verwendung eingesetzter Lagerbuchsen aus Aluminiumlegierung (z. B. KS 245) oder von Stahlbuchsen, die mit Bleibronze ausgeschleudert sind. Für geringere Beanspruchungen reicht es aus, den gehärteten Zapfen in Gußeisen laufen zu lassen.

Wegen der Abdichtung verschließt man die Bohrungen für die Lagerzapfen der Pumpe und führt nur die Antriebswelle hinaus. Das Pumpengehäuse soll möglichst einfach sein, damit es leicht porenfrei gegossen werden kann. Als Werkstoff findet sowohl Gußeisen, wie auch Leichtmetallspritzguß (Elektron) Verwendung.

Beim Eindringen eines Zahnes in die Zahnlücke wird das darin befindliche Öl verdrängt. Es ist nun für jede Zahnradpumpe außerordentlich wichtig, für dieses Öl Abströmmöglichkeiten zu schaffen. Fehlen sie, so entstehen sehr hohe Drücke, welche die Zapfen der Pumpe belasten und zum Bruch derselben führen können.

Es ist unrichtig, die Abströmung durch großes Zahnspiel zu erleichtern, da dann der volumetrische Wirkungsgrad der Pumpe schlecht wird. Man ordnet Entlastungsnuten nach Abb. 63 zu beiden Seiten im Gehäuse an, durch die das aus der Zahnlücke verdrängte Öl seitlich abfließen kann. Zur Füllung der Lücke auf der Saugseite ist die Anordnung entsprechender Nuten zweckmäßig. Zwischen den beiden Nuten ist zur Abdichtung ein Abstand von ungefähr der halben Zahnstärke im Teilkreis einzuhalten.

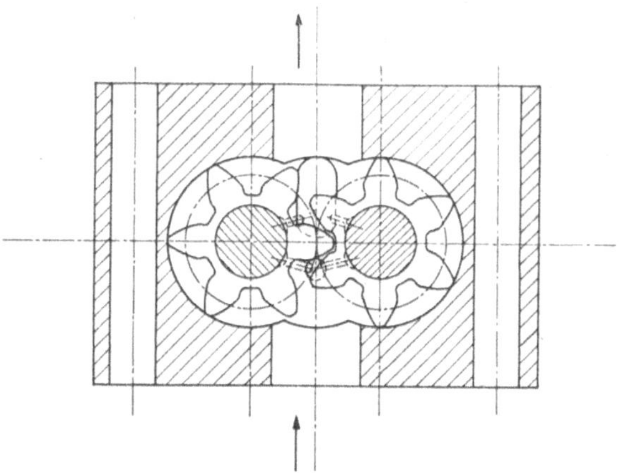

Abb. 63.

Die Zapfenlager der Zahnräder müssen durch Verbindung mit dem Druckraum der Pumpe gut geschmiert werden. Sie werden stets in der gleichen Richtung belastet, die Schmiernuten sind an der unbelasteten Seite anzubringen.

Bei der Bemessung des Wellendurchmessers ist folgendes zu berücksichtigen: Beim Start bei niederen Temperaturen ist das Öl so dickflüssig, daß Öldrücke von 30 bis 40 at entstehen können. Obwohl man dagegen meist ein Sicherheitsventil an der Pumpe oder am Filtergehäuse anbringt, das auf ungefähr 10 at eingestellt ist, ist es doch angezeigt, die Zapfen festigkeitsmäßig für diese hohen Öldrücke zu berechnen.

Wenn die Pumpe nicht im Ölsumpf angebracht werden kann, muß sie mit diesem durch eine Saugleitung verbunden werden. Die Ausbildung derselben erfordert besondere Beachtung. Es sind weite Rohrquerschnitte auszuführen. Die Ölgeschwindigkeit im Rohr soll bei größter Motordrehzahl nicht über 1,5 m/sec liegen. Die Flanschverbindung zwischen Rohr und Pumpengehäuse muß vollkommen dicht sein. Am Ansaugeende des Saugrohres soll sich ein nach unten gerichteter Saugtrichter anschließen, damit bei zähem Öl die Saugöffnung des Rohres gegen den Ölspiegel genügend abgedeckt wird. Sonst kann sich über der Saugöffnung ein Trichter bilden und die Pumpe saugt Luft statt Öl an. Der Saugtrichter wird unten durch ein grobes Sieb abgeschlossen, um größere Teile (z. B. Schraubenmuttern) oder grobe Verunreinigungen abzuhalten, die den Zähnen der Pumpe gefährlich werden könnten.

Sitzt die Ölpumpe nicht im Ölsumpf, sondern über dem Ölspiegel, wie es bei Ölpumpen üblich ist, die von der Nockenwelle aus mit senkrechter Welle durch Schraubenräder angetrieben werden, dann muß das Auslaufen des Öls aus der Pumpe im Stillstand verhindert werden. Die Pumpe braucht sonst beim Anlassen zum Ansaugen zu lange Zeit und es können dadurch Lagerschäden auftreten. Das einfachste Mittel besteht in der Bildung eines Syphons in der Saugleitung durch eine die Ölpumpe überhöhende Rohrschlinge. Damit wird bei längerem Stillstand des Motors ein Leerlaufen der Ölpumpe auch dann verhindert, wenn beim Abstellen des Motors das Öl heiß und dünnflüssig ist.

5. Fördermenge der Schmierölpumpe.

Die von der Ölpumpe zu fördernde Ölmenge hängt vom Lagerspiel und damit von der Art des verwendeten Lagermetalls für die Kurbelwellen- und Kurbelzapfenlager ab.

a) Weißmetallager.

Weißmetallager, sowie auch Kadmiumlager benötigen nur ein geringes Lagerspiel. Es ist daher ein Wert des niedersten Schmieröldrucks, der vom Fahrer noch gut abgelesen werden kann, bei niedrigem Leerlauf des Motors, leicht zu halten. Dieser Öldruck bei niedrigem Leerlauf eines Motors soll im allgemeinen nicht wesentlich unter 1 at liegen, auch dann, wenn Verschleiß in den Lagern und in der Ölpumpe aufgetreten ist. Dem Fahrer muß ein am Manometer noch deutlich erkennbarer unterer Wert des Öldrucks angegeben werden, bis zu welchem er ohne Bedenken den Motor betreiben kann.

Der Öldruck bei voller Motordrehzahl soll 3—4 at nicht überschreiten und soll auch bei kalter Maschine nicht höher als 6 at sein. Zu hoher Öldruck bedeutet fast immer eine Erhöhung des Ölverbrauches oder die Vergrößerung des Aufwandes der notwendig ist, um das Öl vom Verbrennungsraum fern zu halten. Es ist auch nicht erwünscht, das im Ölsumpf vorhandene Öl öfter als notwendig umzuwälzen, denn vor allem bei Fahrzeugdieselmotoren wird dadurch die Oxydation des Schmieröls gefördert. Die im Ölsumpf unterzubringenden Ölmengen sind meist aus räumlichen Gründen beschränkt, so daß man die Zahl der Umläufe, welche der Ölvorrat macht, durch Vergrößerung desselben nicht vermindern kann.

Die Erfahrungen der Praxis haben gezeigt, daß für Motoren mit Weißmetallagerung eine Umlaufmenge von 15—20 l/PSh erforderlich ist, um den früher angeführten Bedingungen hinsichtlich des Öldrucks zu entsprechen.

b) Bleibronzelager.

Bleibronzelager, die auch in Personenwagenmotoren in immer höheren Umfang verwendet werden, erfordern fast doppelt so großes Lagerspiel wie Weißmetallager. Will man also bei Bleibronzelagerung ähnliche Bedingungen für den Schmieröldruck einhalten, so erfordert dies eine erhebliche Erhöhung der Fördermenge der Schmierölpumpe. Dazu kommt, daß trotz gehärteter Kurbelwellen der Verschleiß bei Bleibronzelagern höher ist und das Einhalten der Öldrücke auch deshalb größere umlaufende Ölmengen erfordert. Bei Fahrzeugdieselmotoren rechnet man deshalb heute mit Ölpumpenfördermengen von etwa 28—30 l je PSh für 6-Zylindermotoren. Bei Herstellung einer Typenreihe, die 4-, 6- und 8-Zylindermotoren gleicher Zylinderabmessungen umfaßt, kann man die für den 6-Zylindermotor ausgelegte Ölpumpe auch für die anderen Zylinderzahlen verwenden.

6. Ölregelventil und Sicherheitsventil.

Um Ölpumpe und Filtergehäuse vor zu hohen Öldrücken, wie sie z. B. beim Anlassen einer kalten Maschine entstehen können, zu schützen, ist im Schmierkreislauf die Anordnung eines Sicherheitsventiles erforderlich. Das Sicherheitsventil soll im allgemeinen möglichst nahe der Ölpumpe angebracht werden. Am besten werden Saug- und Druckseite der Ölpumpe über das Sicherheitsventil miteinander verbunden. Diese Anordnung hat den Vorteil, daß die Pumpe bei Kaltstart der Maschine, falls das Öl durch die Saugleitung noch nicht nachkommt, nicht leerzulaufen braucht, sondern ständig gegen Druck fördert. Man findet jedoch auch Anordnungen des Sicherheitsventiles im oder unmittelbar neben dem Filtergehäuse. In diesem Falle hat die Leitung von der Ölpumpe zum Filtergehäuse einen höheren Druck beim Anlassen aufzunehmen. Das Sicherheitsventil wird meist auf 10 at eingestellt, so daß es im normalen Betrieb des Motors nicht anspricht. Voraussetzung für die Wirksamkeit des Ventiles ist eine genügend große Durchtrittsfläche. Es kann sonst der Fall eintreten, daß der Öldruck bei voll geöffnetem Ventil infolge des zu kleinen Durchflußquerschnittes weit über den durch die Ventilfeder eingestellten Wert ansteigt.

Ventile, die als Abschlußorgan eine Kugel verwenden, sind für kleine Abmessungen brauchbar. Zweckmäßig ist die Anordnung einer Hubbegrenzung der Kugel. Auch die Führung der Kugel muß sichergestellt und die Ventilsitze sehr sorgfältig bearbeitet werden. Für größere Ölmengen empfiehlt sich die Verwendung von Kolbenventilen, die genügend lange geführt und mit einer Hubbegrenzung versehen sind. Es ist dabei wichtig, daß das hinter dem Kolbenventil eingeschlossene Lecköl entweichen kann, da das Ventil sonst blockiert wird.

Das Öldruckregelventil dient zur Einstellung des Schmieröldruckes im normalen Betriebszustand der Maschine. Es soll die durch die Temperatur des Öles bedingten Druckschwankungen im Schmiersystem in erträglichen Grenzen halten. Dazu sind reichliche Durchflußquerschnitte im Ventil und weiche Ventilfedern erforderlich. Das Öldruckregelventil soll am Ende der Hauptölleitung angeordnet werden, damit der eingestellte Öldruck sicher vor allen Lagerstellen wirkt. Die Einstellung des Regelventiles soll von außen möglich sein. Es ist daher nicht weckmäßig, das Regelventil innerhalb des Motorgehäuses anzuordnen. Das Regelventil ist für die früher angegebenen Öldrucke zu bemessen. Es kann sowohl als Kugelventil wie auch als Kolbenventil ausgeführt werden und erhält eine Einrichtung, um die Spannung der Ventilfeder während des Betriebes einstellen zu können.

7. Rohrleitungen und Ölbohrungen.

In den Druckleitungen für das Schmieröl von der Pumpe zum Ölfilter und den Ölverteilleitungen soll eine Ölgeschwindigkeit von 2,5—3 m/sec nicht überschritten werden. Die Bohrungen, die von der Ölverteilleitung zu den Lagerstellen führen, sollen nicht unter 8—12 mm Durchmesser haben, damit der Durchflußwiderstand bei kalter Maschine nicht zu groß und die Ölversorgung der Lager nicht gestört wird. Die Bohrungen im Lager sollen aus den gleichen Gründen mindestens 4—5 mm Durchmesser haben.

8. Ölfilterung.

Grundsätzlich unterscheidet man zwei Arten der Ölfilterung:

a) Filterung des Öles im Nebenschluß.

Diese Art der Filterung ist heute bei Ottomotoren vorherrschend. Es wird dabei nur ein Teil der geförderten Umlaufmenge durch das Ölfilter gedrückt. Der Hauptteil des Öles strömt den Lagern unmittelbar zu, ohne das Filter zu durchfließen.

Man findet 2 Ausführungen:

α) Das zu filternde Öl wird unmittelbar der Ölpumpe im Nebenschluß zum Hauptölstrom entnommen und strömt durch das Ölfilter und ein Ventil, das die durchfließende Menge regelt, in den Ölsumpf.

β) Das von der Hauptverteilleitung im Öldruckregelventil abströmende Öl fließt durch das Filter in den Ölsumpf.

In beiden Fällen ist es üblich, ein Schlauchfilter zu verwenden.

b) Filterung des Öles im Hauptstrom.

Bei Dieselmotoren wird das Schmieröl durch die bei der Verbrennung entstehenden Rückstände stark verunreinigt. Dazu kommt die Oxydation des Schmieröls im Betrieb des Dieselmotors, die das Öl schon nach kurzer Betriebszeit schwarz färbt. Die heute bei raschlaufenden Dieselmotoren allgemein verwendeten Bleibronzelager haben gegenüber Weißmetallagern den Nachteil größeren Verschleißes; die Abriebteilchen gelangen mit den Koksteilchen in das Öl und wirken wie eine Schleifpaste. Es ist daher eine Filterung erforderlich, die größere Mengen von Verunreinigungen ausscheidet, so daß für Dieselmotoren nur die Anwendung von Filtern im Hauptstrom auf der Druckseite in Betracht kommt.

α) Spaltfilter.

In den letzten 10 Jahren hat sich für die Hauptstromfilterung — trotz mancher Nachteile — das Spaltfilter nach Abb. 64 durchgesetzt, das während des Betriebes gereinigt wird. Der Spaltfiltereinsatz besitzt Trommelform und wird durch ein Schaltwerk, das meist an das Beschleunigungs- oder Kupplungspedal angeschlossen ist, von Zeit zu Zeit gedreht. Ein Kamm greift in die Spalten des Filters ein und reinigt dieses während des Betriebes. Dadurch bleibt das Filter trotz starken Anfalls von Verunreinigungen immer betriebsfähig und erfordert im Betrieb keine Wartung.

Die Spaltfilter sind sehr druckfest und beanspruchen wenig Raum, haben also kleine Ölfiltergehäuse. Die Filterwirkung der Spaltfilter ist durch die Spaltweite begrenzt. Es ist kaum möglich, Spaltweiten unter 0,08 mm anzuwenden, da sonst die Reinigungskämme, die in die Spalten eingreifen, zu zart werden und Beschädigungen auftreten können. Spaltweiten von 0,1—0,13 mm sind betriebssicherer, die Filterwirkung ist jedoch geringer.

Das von der Mahle Komm.-Ges. Stuttgart hergestellte Spaltfilter besteht nach Abb. 65 aus einer größeren Anzahl Plättchen *B*, die durch die Abstandsbleche *A* in dem der gewünschten Spaltbreite entsprechenden Abstand voneinander gehalten werden. Der Reinigungskamm *C* greift in den von zwei Plättchen *B* und einem Plättchen *A* gebildeten Spalt und entfernt die Verunreinigungen, die sich dort angelegt haben. Die Plättchen *A* und *B* sind auf einer Flachkantspindel aufgefädelt, so daß sie sich weder gegeneinander noch gegen die Spindel verdrehen können. Die Spindel mit den Plättchen kann von Hand oder durch eine Schaltvorrichtung, die an ein Pedal des Fahrzeuges angeschlossen wird, gedreht werden. Der Reinigungskamm steht still. Die Plättchen *C* sitzen ebenfalls auf einer Flachkantspindel.

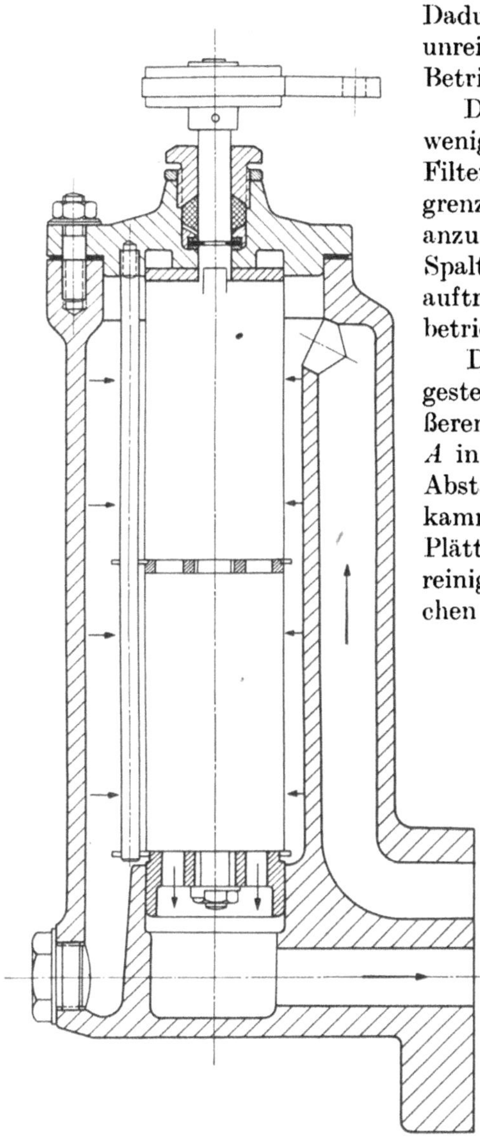

Abb. 64. Spaltfilter.

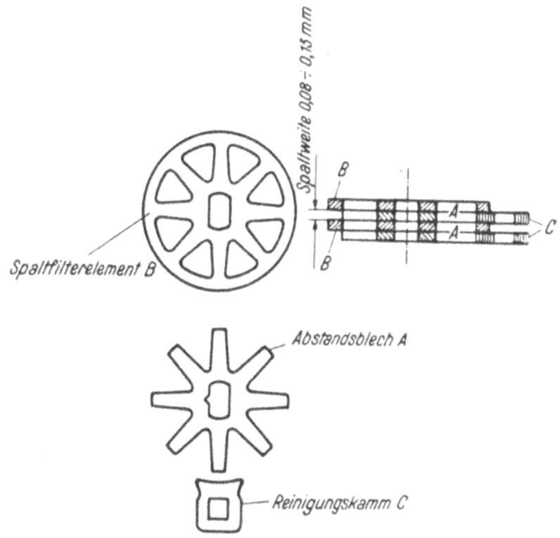

Abb. 65.

Eine andere Spaltfilterausführung wird von Alfred Knecht in Cannstatt gebaut. Das Filterelement besteht nach Abb. 66 aus einer fortlaufenden Drahtwicklung, die auf einer entsprechend ausgebildeten Spule aus Leichtmetall angebracht ist. Die Bürste oder der Kamm besteht aus nebeneinanderliegenden kurzen Drähten, die an einem Bürstenhalter angelötet sind. Auch diese Ausführung hat sich in der Praxis durchaus bewährt. Die Spaltweiten können mit Rücksicht auf die Festigkeit der Bürstendrähte 0,08 mm nicht unterschreiten.

Eine weitere Verkleinerung der Spaltweite ist nur bei Fortfall der Reinigungseinrichtung möglich. Nach Ansicht des Verfassers fällt jedoch dann jener Vorteil des Spaltfilters fort, der überhaupt zur Verwendung dieser Bauart geführt hat. Bei den immer größeren Ansprüchen der Motorenbesitzer hinsichtlich des Maschinenverschleißes, sowie bei den sich immer mehr steigernden Drehzahlen der Motoren muß eine einwandfreie Lösung der Filterfrage gefunden werden. Sicher ist, daß Spaltfilter, die mit selbsttätiger Reinigung arbeiten, den Ansprüchen in absehbarer Zeit nicht mehr gewachsen sein werden. Der Verfasser ist der Ansicht, daß eine genügende Filterung nur durch Verwendung eines Feinstfilters, das dem Spaltfilter nachgeschaltet wird, erzielt werden kann. Diese Verbindung hat den Vorteil, daß das Feinstfilter von groben Verunreinigungen weitgehend entlastet wird. Eine solche Hintereinanderschaltung hat der Verfasser bei Triebwagenmotoren mit sehr gutem Erfolg erprobt.

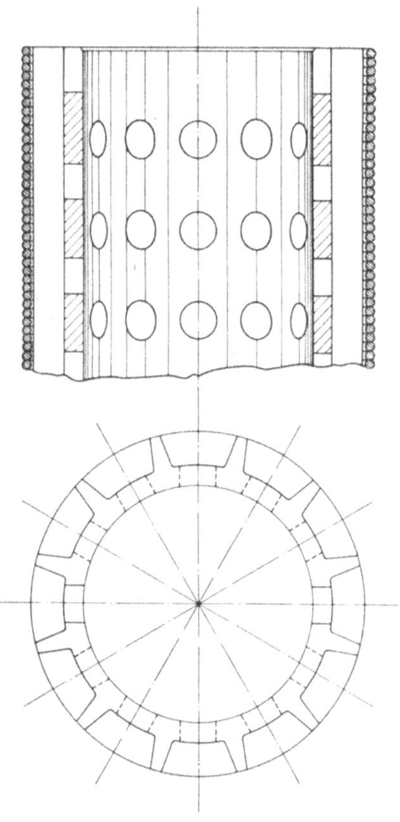

Abb. 66.

β) Feinstfilter.

Unter Feinstfilter versteht man meist Filter mit Siebgeweben, die eine Maschenzahl von 3500—4500 Maschen pro cm² haben. Es werden im folgenden zwei Filter deutscher Erzeugung beschrieben, die sich gut bewährt haben.

1. Das Filter der Faudi-Feinbau-Ges. m. b. H. Oberursel i. T.

Das Filtersieb ist nach Abb. 67 zwischen besonders gepreßten Blechringen eingespannt. Die Bauart ermöglicht es, große Filterflächen auf gedrängtem Raum unterzubringen und baut leicht und gefällig. Das Öl tritt von außen durch die Löcher in den gepreßten Blechtellern ein, durchströmt die Filterfläche und tritt durch Löcher am innern Umfang der Blechteller in ein zentrales Rohr mit dem die Filterelemente zusammengepreßt werden. Bei einem Rohrquerschnitt von 12 mm Durchmesser und einer freien Filterfläche von 3600 cm² beträgt diese das 450fache des Zuflußquerschnittes.

Die Blechringe (Spannscheiben) ermöglichen eine selbsttätige straffe Spannung der Filterscheiben, die ihrerseits aus verschiedensten Stoffen, Metalldrahtmaschen oder Tressengewebe oder auch aus Filterpappe, bestehen können. Die einzelnen Filterelemente sind parallel geschaltet. Infolge der großen Zahl der Filterelemente wird die Filterfläche groß und die Durchströmgeschwindigkeit durch das Filter klein. Die Verunreinigungen lagern sich daher nur lose auf den Filtersieben und sinken in den Betriebspausen auf den Boden der unteren Kammerhälfte. Dadurch wird eine teilweise Selbstreinigung erreicht. Um das Filter gegen Überdruck zu schützen, kann der ganze Filtereinsatz nach Abb. 67 im Gehäuse achsial verschiebbar angebracht werden. Er wird durch eine Feder, die auf das oben tellerförmig ausgebildete Halterohr drückt, gegen das Filtergehäuse gepreßt, bildet also ein großes Sicherheitsventil, das bei starker Filterverunreinigung aufgeht und die Siebe vor Zerstörung schützt.

Nach Ansicht des Verfassers ist das Filter als Feinstfilter mit einem vorgeschalteten Spaltfilter sehr brauchbar. Ein feinmaschiges Metallgewebe ist imstande auch sehr kleine Schmutzteilchen von den Lagerstellen ferne zu halten.

2. Das Filter von Jean Deckart in Augsburg.

Das Deckart-Filter Abb. 68 ist gleichfalls ein mit Metallgewebesieben arbeitendes Feinstfilter. Es wird von der deutschen Reichsbahn in größerem Umfang als Filter für Triebwagen-Dieselmotoren verwendet. Die Filterelemente bestehen aus Ringplatten aus Rotguß, die am äußeren Umfang in achsialer Richtung schmale Dichtflächen aufweisen. Mit diesen kreisringförmigen Ringflächen dichten die einzelnen Ringplatten gegeneinander ab. Die Bauart eines Filterelementes ist aus Abb. 69 ersichtlich. Das Öl wird den Filterelementen durch die Bohrung b zugeführt. In die Filterkammer tritt das Öl durch 2 aufgelötete Filtersiebe, die aus einem groben Stützgewebe und einem Feinstgewebe bestehen und fließt aus diesen durch die Kanäle a nach außen ab. Die in der Mitte jedes Filterelementes befindliche Nabe ist durch Speichen mit den äußeren Kranz verbunden und ist mit einer Bohrung zur Aufnahme eines Bolzens versehen, der die einzelnen Filterelemente

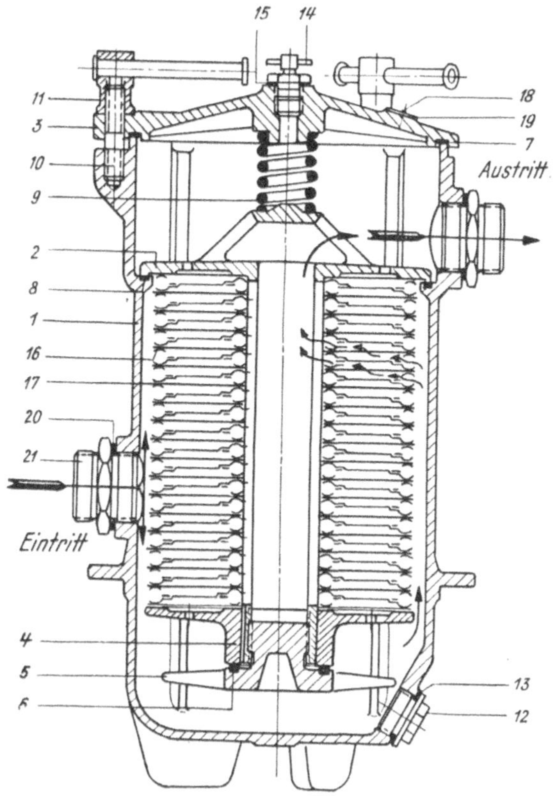

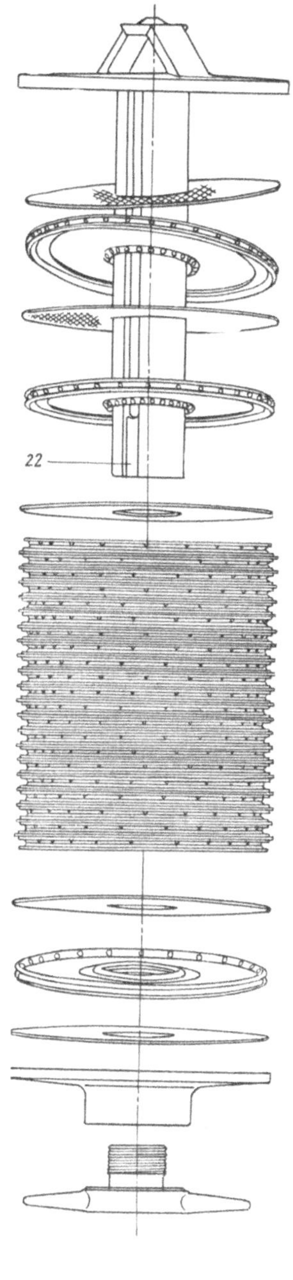

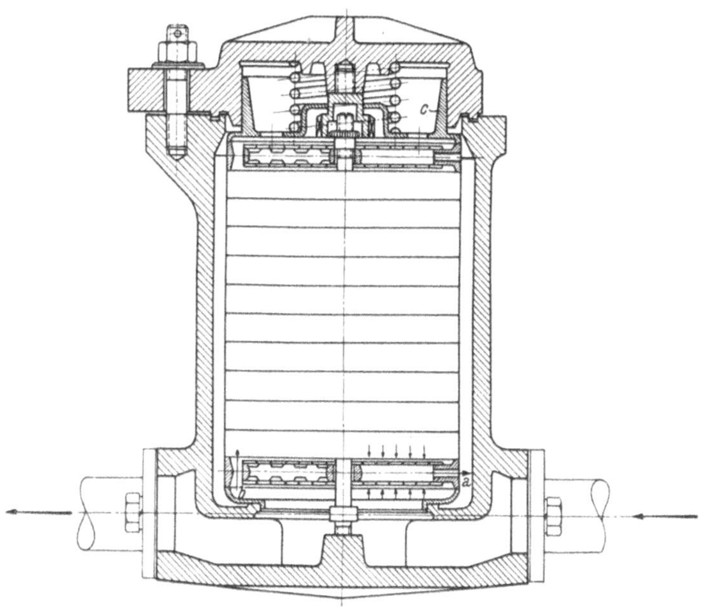

Abb. 68. Filter von JEAN DECKART.

miteinander verbindet. Als Sicherung gegen zu hohen Druckunterschied vor und nach dem Filtersieb bei starker Verunreinigung, dient ein zusätzliches Spaltfilter, das zwischen dem obersten Filterelement und dem federnden Deckel *c*, bei unzulässig hohem Druckunterscheid gebildet wird. Durch den Filterspalt braucht nur die Ölmenge durchzuströmen, welche von den verunreinigten Elementen nicht mehr ohne weiteren Druckanstieg bewältigt werden kann. Ein vorgeschaltetes Spaltfilter kann jedoch, nach An-

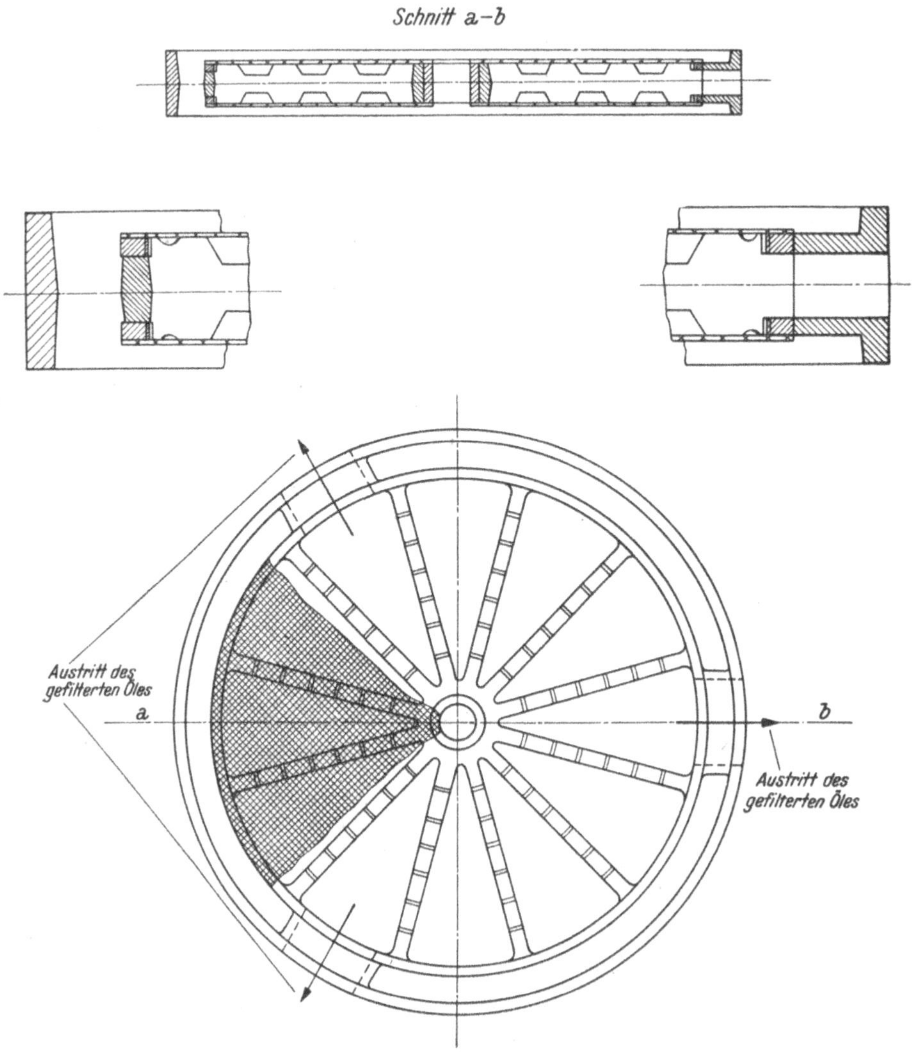

Abb. 69.

sicht des Verfassers, das Feinstfilter soweit von groben Verunreinigungen entlasten, daß diese Vorrichtung praktisch wohl nie in Tätigkeit zu treten braucht.

Die allgemeine gleichzeitige Verwendung von Grob- und Feinstfilter empfiehlt sich vor allem bei größeren Motoren, z. B. Triebwagenmotoren. Bei Fahrzeugdieselmotoren steht gegenwärtig noch der verhältnismäßig hohe Preis der Einführung von Feinstfiltern mit vorgeschaltetem Spaltfilter im Wege. Eine hinsichtlich Raum und Kosten befriedigende Verbindung eines Spaltfilters mit einem Feinstfilter, möglichst in einem gemeinsamen Filtergehäuse, ist zur Zeit noch nicht gefunden worden.

V. Bemessung der elektrischen Anlaßeinrichtung.

Die Anlaßeinrichtung hat den Motor in Gang zu setzen und auf eine Drehzahl zu beschleunigen, bei welcher die Zündungen sicher einsetzen. Von dieser Zünddrehzahl ab beschleunigt sich der Motor aus eigener Kraft, wobei anfänglich auch die Anlaßvorrichtung mitwirken kann.

Maßgebend für die Bemessung der Anlaßeinrichtung ist demnach das Drehmoment, das beim Anlassen zu überwinden ist und die Zünddrehzahl, die erreicht werden muß.

1. Das erforderliche Anlaßdrehmoment.

Das Anlaßdrehmoment ist nach Untersuchungen von TRIEBNIGG [1] vor allem abhängig von der Viskosität des verwendeten Öls, demnach, entsprechend der Viskositätskurve, von der Öltemperatur beim Anlassen. Es nimmt mit steigendem Verdichtungsverhältnis zu. Der Unterschied des Anlaßdrehmomentes von Ottomotoren mit Verdichtungsverhältnissen von rund 6 und von Dieselmotoren mit Verdichtungsverhältnissen von 17 bis 22 ist bei gleicher Motorgröße und Ölzähigkeit erheblich.

Um von der Motorgröße unabhängig zu sein, ist es zweckmäßig, an Stelle des Anlaßdrehmomentes den entsprechenden mittleren Reibungsdruck p_r einzuführen.

Einen Überblick über die Abhängigkeit des p_r von der Öltemperatur bei den Versuchen von TRIEBNIGG an einem Dieselmotor (Deutz A 6 M 317) gibt Abb. 70. Das verwendete Schmieröl hatte bei

0° C . . . . . . 430 Englergrade
50° C . . . . . . 6,5 „
100° C . . . . . . 1,6 „

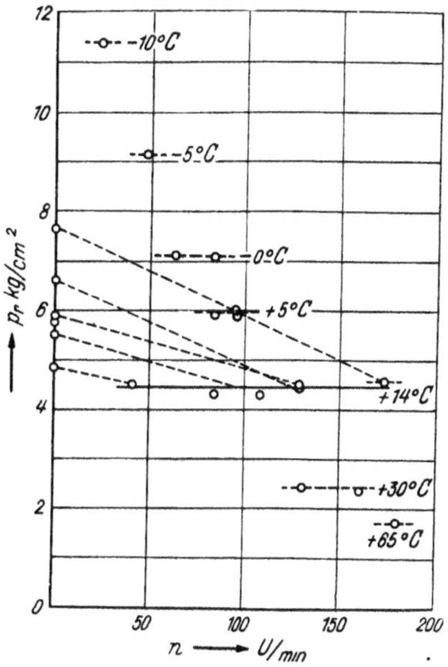

Abb. 70. Abhängigkeit des p_r von Drehzahl und Öltemperatur nach TRIEBNIGG.

Das p_r ist von der Drehzahl im Bereich, der für das Anlassen in Betracht kommt, nahezu unabhängig. Die Zusammenhänge zwischen Viskosität in Englergraden und p_r zeigt nach TRIEBNIGG Abb. 71 für verschiedene Ölsorten und verschiedene Dieselmotoren.

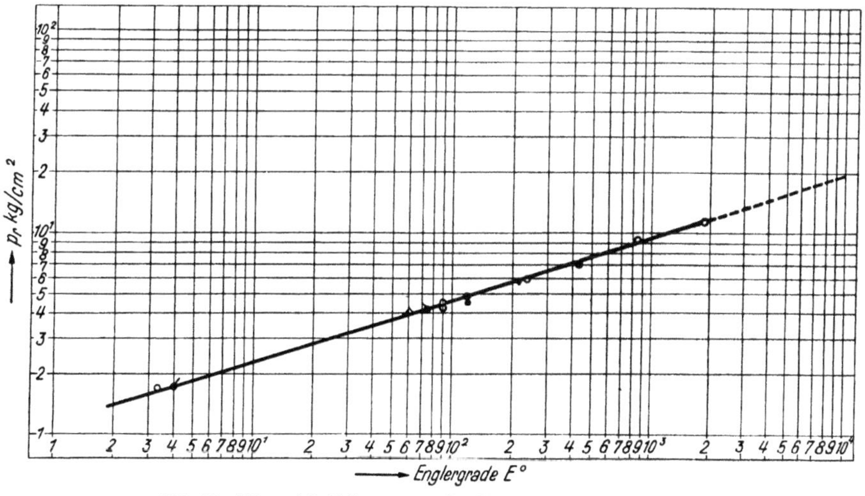

Abb. 71. Abhängigkeit des p_r von der Viskosität nach TRIEBNIGG.

Es hat keinen Zweck die Anlaßeinrichtung bei Dieselmotoren für ein p_r über 7,5 bis 8 kg/cm² zu bemessen, da der Motor bei einem darüberliegenden p_r nach Einsetzen der Zündung das Moment nicht übernehmen kann. Erfahrungsgemäß entspricht ein p_r von

8 kg/cm² bei einem Dieselmotor und Verwendung von Winteröl dem Anlaßmoment bei einer Außentemperatur von — 10° C.

Bei Ottomotoren mit Verdichtungsverhältnissen von $\varepsilon = 5$—6,5 rechnet man im allgemeinen mit Anlaßmomenten entsprechend $p_r = 6{,}0$—6,5 kg/cm², also mit Werten, die um 1,5—2 kg/cm² unter denen der Dieselmotoren liegen. Auch diese Werte entsprechen dem Anlaßmoment bei — 10° C Außentemperatur.

2. Die Zünddrehzahl.

Die Zünddrehzahl ist abhangig von der Art des Arbeitsverfahrens (Otto- oder Dieselverfahren), von der Größe des Zylinderhubraumes und vom Verdichtungsverhältnis.

Das Verdichtungsverhältnis raschlaufender *Dieselmotoren* liegt zwischen $\varepsilon = 17$ und $\varepsilon = 22$. Die niedrigeren Verdichtungsverhältnisse werden bei direkter Einspritzung oder Wirbelkammer, die höheren bei Vorkammermaschinen angewendet. Bei Dieselmotoren ist die Zünddrehzahl vom Wärmeübergang und vor allem von den Lässigkeits-

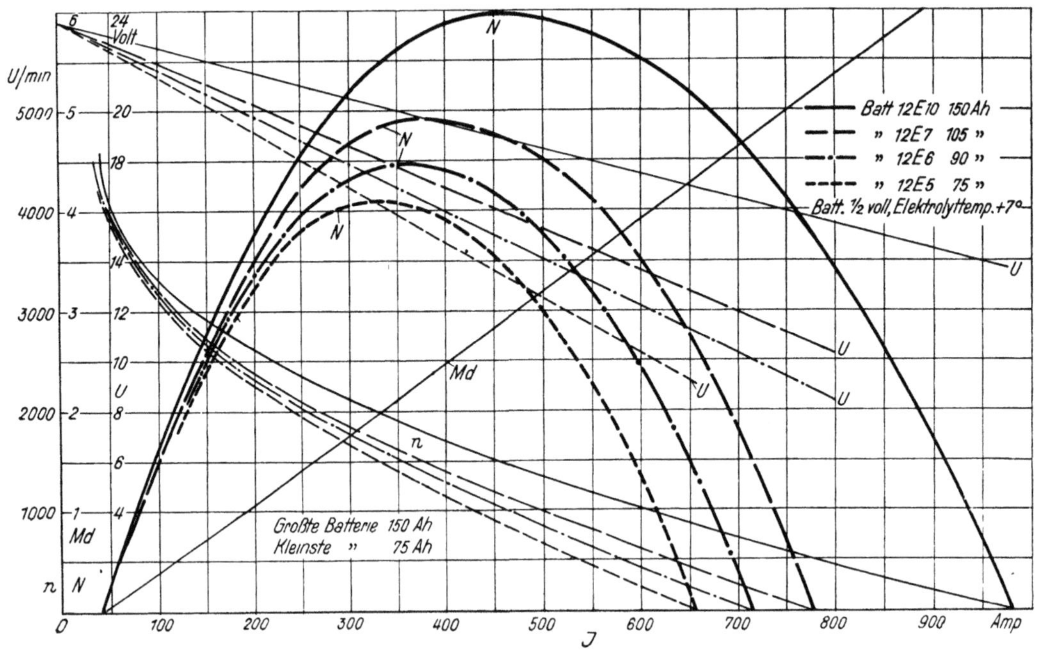

Abb. 72. Kennlinien eines Anlassers von Bosch.

verlusten durch die Kolbenringe abhängig. Diese nehmen bei kleinen Drehzahlen mit abnehmender Drehzahl stark zu. Erfahrungsgemäß halten sich die Lässigkeitsverluste für Dieselmotoren erst bei Kolbengeschwindigkeiten von 0,4—0,6 m/sec in für das Anlassen erträglichen Grenzen. Kleinere Zylinderabmessungen bedingen daher höhere Zünddrehzahlen. Je nach den Zylinderabmessungen ergeben sich daher bei Dieselmotoren Zünddrehzahlen von 70—120 U/min. Wenn diese Drehzahlen nicht erreicht werden, dann sind Wärme- und Lässigkeitsverluste so groß, daß die Verdichtungsendtemperatur nicht mehr zur sicheren Zündung des eingespritzten Kraftstoffes genügt. Bei Dieselmotoren liegen die Zünddrehzahlen auch infolge der, bei geringen Motordrehzahlen, stark abfallenden Motordrehmomente höher als bei Ottomotoren.

Die Zünddrehzahl der *Ottomotoren* liegt mit 25—30 U/min erheblich unter jener der Dieselmotoren. Da der Ottomotor ein bereits zündfähiges Gemisch ansaugt, sind die Lässigkeitsverluste für den Anlaßvorgang von geringer Bedeutung.

3. Größe des Anlassers und der Batterie.

Die von Bosch herausgegebenen Leistungsblätter der Anlasser geben nach Abb. 72 die Kennlinien der Anlasser für verschiedene Batteriegrößen oder nach Abb. 73 für verschiedene Elektrolythtemperaturen an. In den Leistungsblättern ist der Verlauf des Drehmomentes, der Leistung und der Drehzahl in Abhängigkeit von der Stromaufnahme aufgetragen.

4. Größe des Übersetzungsverhältnisses zwischen Anlasser und Motor.

Die Anlasser werden mit verschiedenen Ritzelzähnezahlen ausgeführt. Die Lage des Anlassers am Kurbelgehäuseoberteil sowie die des Anlasserzahnkranzes am Schwungrad liegt im allgemeinen vom Motorentwurf her fest. Das Übersetzungsverhältnis kann daher meist nur durch Veränderung der Ritzelzähnezahl den Anlaßverhältnissen angepaßt werden.

5. Ermittlung der Größe des Anlassers.

Das Anlaßdrehmoment ist bei einem gegebenen p_r mit V_H als Gesamthubraum in l:

$$M_d = \frac{71\,620\, V_H \cdot p_r}{900} \text{ kg cm.}$$

Ist das Übersetzungsverhältnis zwischen Motor und Anlasser φ, so ist das erforderliche Drehmoment des Anlassermotors unter Vernachlässigung der Verluste bei der Übersetzung.

$$M_{da} = \frac{71\,620\, V_H \cdot p_r}{900 \cdot \varphi} \text{ kg cm.}$$

Dieses Moment muß der Anlasser bei einer Drehzahl $\varphi \cdot n_z$ abgeben (n_z = Zünddrehzahl des Motors).

Aus den Kennlinienblättern kann bei einem gegebenen Übersetzungsverhältnis φ die dem Moment M_{da} entsprechende Drehzahl des Anlassers n_a, also auch die entsprechende Motordrehzahl $\frac{n_a}{\varphi}$ ermittelt werden. Es muß $\frac{n_a}{\varphi} \geq n_z$ sein.

Durch Vergrößerung des Übersetzungsverhältnisses φ kann das Anlaßdrehmoment bei Herabsetzung der Drehzahl gesteigert, bei einer Verringerung des Übersetzungsverhältnisses die Drehzahl bei einer Herabsetzung des Drehmomentes erhöht werden.

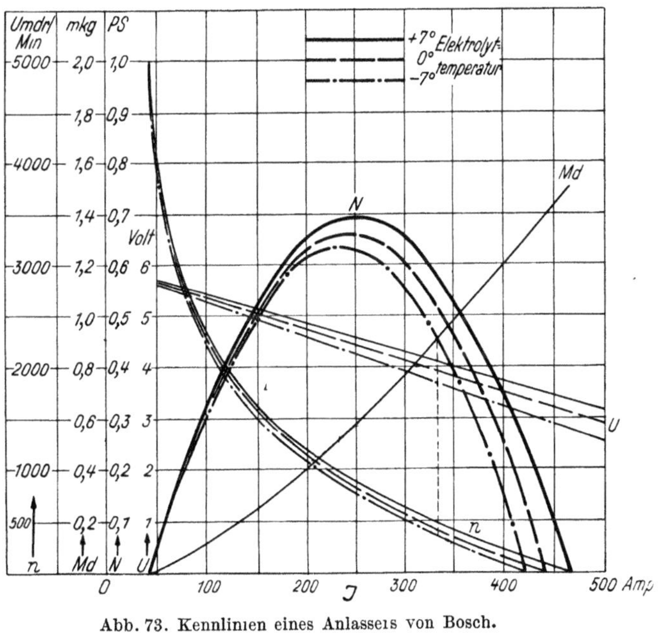

Abb. 73. Kennlinien eines Anlassers von Bosch.

6. Beispiele.

a) Anlaßeinrichtung des Fahrzeug-Dieselmotors F 4 M 513 der Klöckner-Humboldt-Deutz-AG.

$D = 100$ mm, $s = 130$ mm, $V_H = 4{,}92$ l. Anlasser BNG 4/24 mit Kennlinien nach Abb. 72 Batterie 90 A h. Zähnezahlen: Anlaßritzel 9, Zahnkranz am Schwungrad 142. Übersetzungsverhältnis $\varphi = 15{,}75$.

Das Anlaßmoment am Anlasser ist für $p_r = 8$ kg/cm²:

$$M_{da} = \frac{71{,}620}{900} \cdot \frac{4{,}92 \cdot 8}{15{,}75} = 199 \text{ kg cm.}$$

Nach Abb. 72 entspricht dieses Drehmoment einer Drehzahl von 1600 U/min bei der angegebenen Batteriegröße. Die entsprechende Motordrehzahl $\sim$ 100 U/min reicht aus, da sie einer Kolbengeschwindigkeit von 0,43 m/sec entspricht. Beim Anlassen der betriebswarmen Maschine mit einem $p_r = 1{,}7$ kg/cm², wird eine Motordrehzahl von 200 U/min erreicht. Abb. 74 zeigt die Drehzahlen und Drehmomente des Motors.

b) Anlaßeinrichtung des Personenwagen-Ottomotors 170 V der Daimler-Benz AG. $V_H = 1{,}69$ l. Anlasser: Bosch CG 0,6/6 mit Kennlinien nach Abb. 73, Batterie 75 Ah.

Zähnezahlen: Anlasserritzel 9, Zahnkranz am Schwungrad 89, Übersetzungsverhältnis $\varphi = 9{,}9$.

Das Drehmoment am Anlasser entsprechend $p_r = 6{,}5$ kg/cm² ist:

$$M_{da} = \frac{71{,}620}{900} \cdot \frac{1{,}69 \cdot 6{,}5}{9 \cdot 9} = 88 \text{ cm kg.}$$

Nach Abb. 73 hat der Anlasser dieses Moment bei $n_a = 330$ entsprechend $n \sim$ 23 U/min des Motors.

Bei warmer Maschine ($p_r = 1{,}7$ kg/cm²) erhöht sich die Motordrehzahl auf 162 U/min.

c) Anlaßeinrichtung des Kapitänmotors der Adam Opel AG.

$V_H = 2{,}47$ l. Anlasser: Bosch CJ. 0,8/6. Batterie 75 A h. Zähnezahlen: Anlasserritzel 9, Zahnkranz am Schwungrad 120, Übersetzungsverhältnis $\varphi = 13{,}3$.

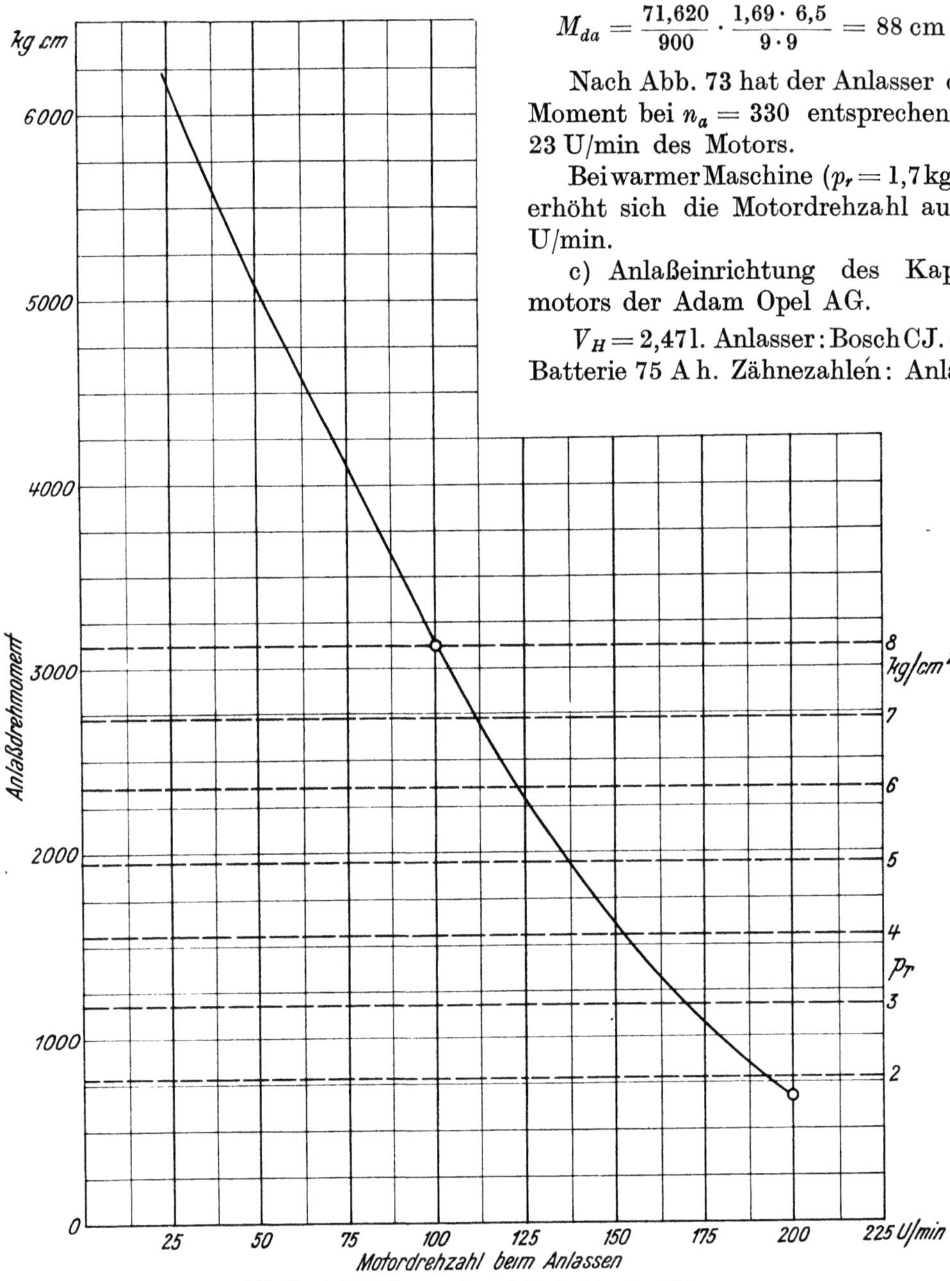

Abb. 74. Anlaßdrehmomente und Drehzahlen des Motors.

Das Drehmoment am Anlasser entsprechend $p_r = 6{,}5$ kg/cm² ist:

$$M_{da} = \frac{71{,}620}{900} \cdot \frac{2{,}47 \cdot 6{,}5}{13 \cdot 3} = 96 \text{ cm kg.}$$

Dieses Drehmoment entspricht einer Anlasserdrehzahl $n_a = 360$ und einer Motordrehzahl $n \sim 27$ U/min die für das Ingangsetzen von Ottomotoren genügt.

Für die betriebswarme Maschine mit einem $p_r = 1{,}7$ kg/cm² das ungefähr einer Motortemperatur von 65° C entspricht, würde sich eine Motordrehzahl von 137 U/min ergeben.

VI. Kühlwasserpumpen.

1. Allgemeines.

Die Kühlwasserpumpe ist eine wichtige Hilfsmaschine des Motors. Auf ihre zweckmäßige Ausführung muß daher besonders geachtet werden.

Für die Gestaltung der Pumpe ist in erster Linie die einfache Herstellung, weniger das Streben nach bestem Wirkungsgrad maßgebend. Daher verwendet man heute im Motorenbau allgemein einseitig offene Schaufelräder und paßt Wasserzufluß und -Abfluß dem Motor an, ohne dabei die üblichen Richtlinien des Pumpenbaues ausschlaggebend zu beachten.

Die Ausbildung der Kühlwasserpumpe ist weiters von Antriebsart und Lage der Pumpe am Motor stark beeinflußt. Ferner ist sie im besonderen Maße von der Art der Abdichtung abhängig, die sich im allgemeinen wesentlich von der größerer Pumpen unterscheidet.

2. Berechnung.

Die folgende Darstellung der Berechnung einer Wasserpumpe beschränkt sich auf das Wesentliche, in bezug auf Einzelheiten wird auf das einschlägige Schrifttum verwiesen.

Vor allem muß die Fördermenge und der Förderdruck bestimmt werden.

a) Fördermenge.

Die Wassermenge wird aus der je Pferdekraftstunde des Motors abzuführenden Wärmemenge W berechnet.

Diese Wärmemenge ist wesentlich verschieden bei Otto- und bei Dieselmotoren und innerhalb der beiden Gruppen vor allem von der Form des Brennraumes, der Kühlung seiner Wände, dem Verdichtungsverhältnis und dem Zünd- bzw. Einspritzzeitpunkt abhängig.

Man kann mit folgenden Durchschnittswerten rechnen:

Dieselmotoren $W = 700$ kcal/PSh
Ottomotoren $W = 1000$ kcal/PSh

Bei wassergekühlten Auspuffrohren erhöhen sich die Werte um 25%.

Der Temperaturunterschied Δt zwischen Ein- und Austritt des Kühlwassers aus dem Kühler soll im allgemeinen 9° C nicht überschreiten. Die sekundliche Kühlwassermenge Q ist:

$$Q = \frac{W \cdot N_e}{3600 \cdot \Delta t} \text{ l/sec} \tag{1}$$

Mit den obigen Werten für W und Δt erhält man:

Für Dieselmotoren $Q = 0{,}022 N_e$ l/sec
oder $80 \cdot N_e$ l/h

Für Ottomotoren $Q = 0{,}032 N_e$ l/sec
oder $114 N_e$ l/h

b) Druckhöhe.

Die Druckhöhe oder Förderhöhe der Wasserpumpe ist von der Fördermenge und von den Durchflußquerschnitten im Motor, Kühler und in den Leitungen abhängig.

Unter Berücksichtigung der durch Kesselsteinbildung entstehenden zusätzlichen Widerstände kann man für Personen- und Lastwagenmotoren eine Druckhöhe von insgesamt 10 m annehmen. Für Triebwagenmotoren größerer Leistung mit langen Rohrleitungen zum Kühler sind der Rechnung 12 m Druckhöhe zugrunde zu legen.

c) Verluste und Wirkungsgrade.

Die tatsächliche Förderhöhe der Pumpe H ist um die Verluste an Druckhöhe durch Reibung, Querschnitts- und Richtungsänderungen (hydraulischen Verluste) kleiner als die theoretische Förderhöhe H_{th} der verlustfreien Pumpe.

Das Verhältnis der tatsächlichen Förderhöhe zur theoretischen Förderhöhe nennt man den hydraulischen Wirkungsgrad η_h. Es ist

$$\eta_h = \frac{H}{H_{th}}\,. \qquad (2)$$

Die Fördermenge Q ist um die durch den Spalt am Umfang des Laufrades rückfließende Menge Q_{sp} kleiner, als die durch das Rad fließende Wassermenge. Der volumetrische Wirkungsgrad η_v ist das Verhältnis der wirklichen Fördermenge Q zur Durchflußmenge $Q + Q_{sp}$ des Rades.

$$\eta_v = \frac{Q}{Q + Q_{sp}}\,. \qquad (3)$$

Der mechanische Wirkungsgrad ist das Verhältnis der an das Fördermittel abgegebenen oder inneren Leistung zur an der Welle aufzuwendenden Leistung.

$$\eta_m = \frac{N_i}{N_e}\,.$$

d) Hauptgleichung der Pumpe.

Für die Druckhöhe gilt allgemein für radialen Eintritt:

$$H = \eta_h \cdot \frac{k \cdot u_2 \cdot c_{u2}}{g}\,. \qquad (4)$$

Darin ist u_2 die Umfangsgeschwindigkeit am Austrittsdurchmesser D_2 des Laufrades. c_{u2} die in Richtung der Umfangsgeschwindigkeit fallende Komponente der absoluten Austrittsgeschwindigkeit c_2, k eine Berichtigungszahl, welche die Strömungsveränderungen infolge der endlichen Schaufelzahl berücksichtigt.

Der hydraulische Wirkungsgrad η_h liegt bei gut ausgebildeten Kühlwasserpumpen um 0,65. Für k gelten z. B. bei Laufrädern mit 8 Schaufeln folgende Werte für verschiedene Verhältnisse von Austrittsdurchmesser zu Eintrittsdurchmesser D_2/D_1 und verschiedene Schaufelwinkel am Austritt β_2:

D_2/D_1	$\beta_2 = 30°$	$\beta_2 = 20°$	$\beta_2 = 15°$
1,25	0,55	0,63	0,69
1,5	0,63	0,71	0,77
2	0,70	0,77	0,82

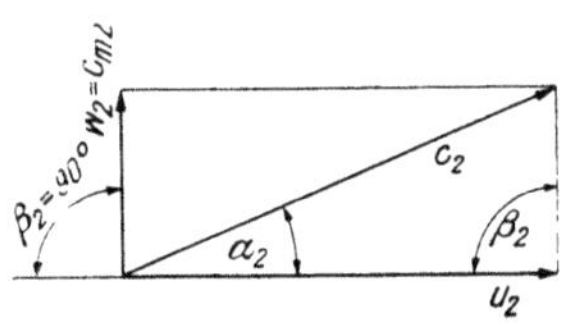

Abb. 75.

Für den Sonderfall *radialer Schaufeln* ist die Hauptgleichung, da nach Abb. 75 $c_{u2} = u_2$ wird

$$H = \eta_h \frac{k\, u_2^2}{g}\,. \qquad (5)$$

Laufräder mit radialen Schaufeln werden für kleinere Motoren wegen ihrer Einfachheit bevorzugt. Die damit erreichbare Druckhöhe ist sehr groß, da $c_{u2} = u_2$ wird. Die Wasserführung im Rad ist jedoch infolge zu großer Erweiterung der Querschnitte schlecht.

Das Verhältnis $\frac{D_2}{D_1}$ kann bei den Kühlwasserpumpen in den meisten Fällen aus baulichen Gründen, die mit der Anordnung und Befestigung der Pumpe zusammenhängen, nicht größer als 1,5 bis 1,7 gemacht werden. Radiale Schaufeln werden daher bei diesem kleinen Durchmesserverhältnis sehr kurz und sind hydraulisch ungünstig.

Bessere Wasserführung und damit geringere Verluste geben rückwärts gekrümmte Schaufeln, die man allgemein anwenden sollte.

Kühlwasserpumpen werden stets ohne Eintrittsleitrad ausgeführt. Im Eintrittsdreieck Abb. 76 ist daher die Geschwindigkeit c_1 radial gerichtet und gleich der Zuströmgeschwindigkeit c_0.

Im Austrittsdreieck Abb. 77 ist $c_{u2} = c_2 \cdot \cos \alpha_2$ die in der Richtung der Umfangsgeschwindigkeit, die Meridiangeschwindigkeit $c_{m2} = c_2 \sin \alpha_2$ die senkrecht dazu liegende Komponente der Austrittsgeschwindigkeit c_2.

Die Winkel α_2 und β_2 haben bei Kühlwasserpumpen im allgemeinen die folgenden Werte:

$$\alpha_2 = 10°, \ \beta_2 \text{ um } 30° \text{ (in den Grenzen 25—50°).}$$

e) Angenäherte Berechnung der Laufradabmessungen.

Um einen raschen Überblick über die ungefähren Abmessungen einer Kühlwasserpumpe zu bekommen, kann die folgendeNäherungsrechnung benutzt werden. Man setzt

$$H = \frac{\nu \cdot u_2^2}{2 g} \tag{6}$$

Der Beiwert ν heißt Druckhöhenziffer. Er hängt außer von den Schaufelwinkeln von der Schaufelzahl und dem hydraulischen Wirkungsgrad ab und kann für ähnliche Schaufelung gleich gewählt werden. Für Pumpen ohne Leitrad liegt ν zwischen 0,7 und 1. Wenn man den Außendurchmesser und die Drehzahl einführt, wird

$$H = k' \cdot n^2 \cdot D_2^2. \tag{7}$$

Der Beiwert k' liegt im allgemeinen zwischen 1 und $1{,}4 \cdot 10^{-4}$. Für die früher angegebenen Schaufelwinkel und $\eta_h = 0{,}65$ wird

$$k' \sim 1{,}3 \quad 10^4.$$

Damit erhält man für eine Druckhöhe $H = 10$ m wie sie im allgemeinen für Kühlwasserpumpen gefordert werden muß in erster Annäherung:

$$D_2 \cong \frac{280}{n}. \tag{8}$$

Für die erste Berechnung konnen die Abmessungen des Laufrades auch dem Kurvenblatt Abb. 78 entnommen werden, das auf Grund von Erfahrungswerten gezeichnet wurde.

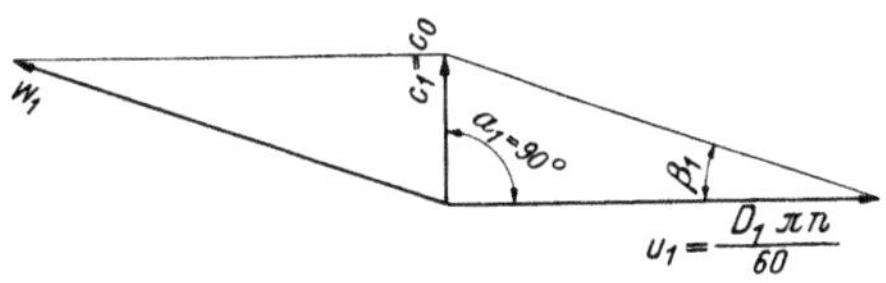

Abb. 76.

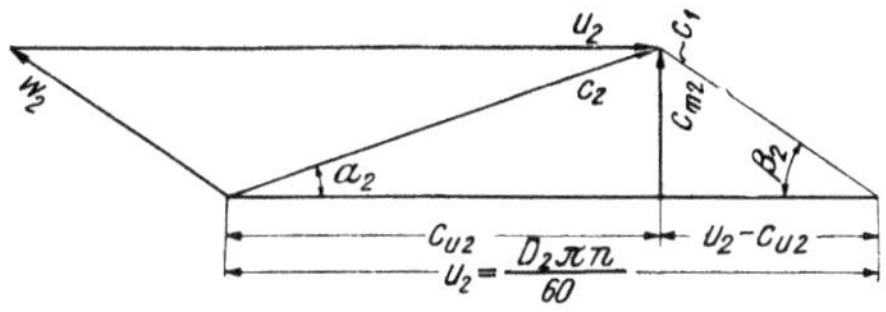

Abb. 77.

f) Berechnung des Laufrades.

Beim Entwurf des Laufrades geht man am besten von der Nabe aus. Der Nabendurchmesser D_n ist von der Art der Wellendichtung abhängig und kann bei manchen Ausführungen derselben recht groß werden. Man nimmt $c_0 = c_1$ mit 2—3 m/sec an. Die Durchflußfläche an der Nabe ist nach Abb. 79, wenn wie bei kleinen Rädern üblich, der Saugrohrdurchmesser gleich D_1 ist,

$$F = (D_1^2 - D_n^2) \cdot \frac{\pi}{4}.$$

Zur Berücksichtigung des Spaltverlustes setzt man die Durchflußmenge durch das Rad $1{,}1 \cdot Q$. Es ist

$$F \cdot c_1 = 1{,}1 \cdot Q.$$

Damit ist der Durchmesser D_1 gegeben. D_2 ergibt sich nun aus dem Durchmesserverhältnis $\frac{D_2}{D_1}$. Dieses liegt für Kühlwasserpumpen um 1,5 und soll 1,7 nicht übersteigen, damit der Durchmesser der Kühlwasserpumpe nicht zu groß wird.

Wird der Lüfter mit der Kühlwasserpumpe zusammengefaßt, so ist bei der Wahl der Pumpendrehzahl die Lüfterdrehzahl zu berücksichtigen. Aus der Hauptgleichung kann, da nach dem vorstehenden der Durchmesser D_2 des Pumpenrades konstruktiv bestimmt ist, der Wert $u_2 \cdot c_{u2}$, der zur Erreichung der gewünschten Druckhöhe erforderlich ist, berechnet werden. c_{m2} kann $\sim c_1$ angenommen werden. Es ist daher

$$\operatorname{tg} \alpha_2 = \frac{c_{m2}}{c_{u2}}. \tag{9}$$

Damit ist der Winkel α_2 bekannt. Der Winkel β_2 ergibt sich aus

$$\operatorname{tg} \beta_2 = \frac{c_{m2}}{u_2 - c_{u2}}. \tag{10}$$

Damit ist der Winkel β_2 festgelegt. Der Winkel β_1 ergibt sich, wenn $\alpha_1 = 90°$ ist, aus

$$\operatorname{tg} \beta_1 = \frac{c_1}{u_1}. \tag{11}$$

Für die Ermittlung der günstigsten Schaufelzahl z kann der Ausdruck $z = k'' \cdot \frac{D_1 + D_2}{D_2 - D_1} \cdot \sin \beta_m$ benutzt werden. Darin ist: $\sin \beta_m = \sin\left(\frac{\beta_1 + \beta_2}{2}\right)$; $k'' = 6$—$6{,}5$ für normale Pumpen, 4,5 bis 5 für Kühlwasserpumpen, um bei letzteren nicht zu große Schaufelzahlen zu erhalten. (12)

Die Radbreiten b_1 und b_2 bei Ein- und Austritt nach Abb. 79 werden durch die Durchflußmenge bestimmt. Allgemein gilt

$$Q + Q_{sp} = 1{,}1\,Q = c_1 \cdot b_1 \cdot D_1 \cdot \pi \cdot \tau_1 = c_{m2} \cdot b_2 \cdot D_2 \cdot \pi \cdot \tau_2 \tag{13}$$

Durch τ_1 und τ_2 wird die Verengung der Durchtrittsquerschnitte infolge der Wandstärke der Schaufel und der Kontraktion berücksichtigt. Man kann je nach Pumpengröße folgende Werte für τ einsetzen:

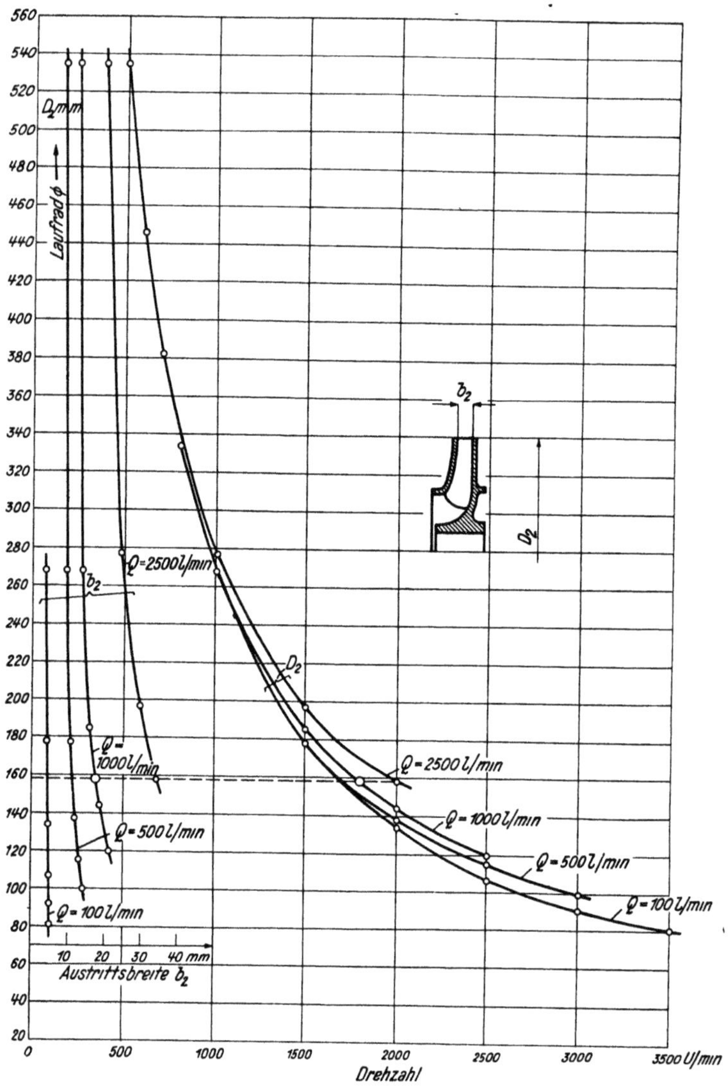

Abb. 78. Laufraddurchmesser und Austrittsbreiten fur Kühlwasserpumpen.

$$\tau_1 = 0{,}55—0{,}65$$
$$\tau_2 = 0{,}8\ —0{,}95$$

Damit liegen die Radbreiten fest.

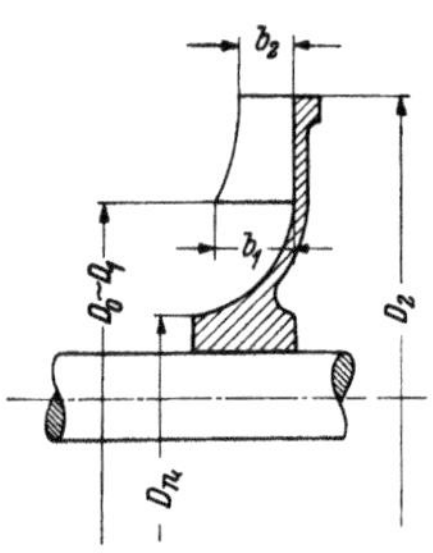

Abb. 79.

Im Meridianschnitt wird der Kanal im Laufrad nach Abb. 79 am besten durch einen flachen Kreisbogen oder bei kleineren Laufrädern durch eine Gerade begrenzt.

g) Entwurf der Laufradschaufeln.

Die Schaufel wird am einfachsten kreisbogenförmig ausgeführt. Zum Entwurf dient folgende Konstruktion:

Man trägt nach Abb. 80 im Punkt A den Winkel β_2 und in O den Winkel $\beta_1 + \beta_2$ auf. Der durch den Winkel $\beta_1 + \beta_2$ gegebene Strahl schneidet den Kreis mit dem Durchmesser D_1 im Punkt B. Die Verbindung AB gibt den Schnittpunkt C. In der Mitte der Strecke AC zieht man zu dieser eine Senkrechte, die den von A unter dem Winkel β_2 ausgehenden Strahl in dem Mittelpunkt M des Schaufelkreisbogens schneidet.

h) Spiralgehäuse.

Für Kühlwasserpumpen werden stets Spiralgehäuse verwendet. Der Übergang vom Laufrad zum Spiralgehäuse erfolgt am besten nach Abb. 81. Der Leitring hat etwa 5 mm radiale Breite. Die Berechnung der Kreisquerschnitte erfolgt nach PFLEIDERER [4].

Für jeden Punkt des Spiralgehäuses gilt der Flächensatz. Daher ist die Geschwindigkeit in der Umfangsrichtung beim Radius r

$$c_u \cdot r = \frac{c_{u2} \cdot D_2}{2} = K.$$

Für ein Spiralgehäuse mit kreisförmigem Querschnitt ist mit den Beziehungen nach Abb. 81

$$b = 2 \cdot \sqrt{\varrho^2 - (r - a)^2}$$

Die durch einen Querschnitt durchfließende Menge ist mit dem Winkel φ vom Anfang der Spirale $\frac{Q \cdot \varphi}{360}$

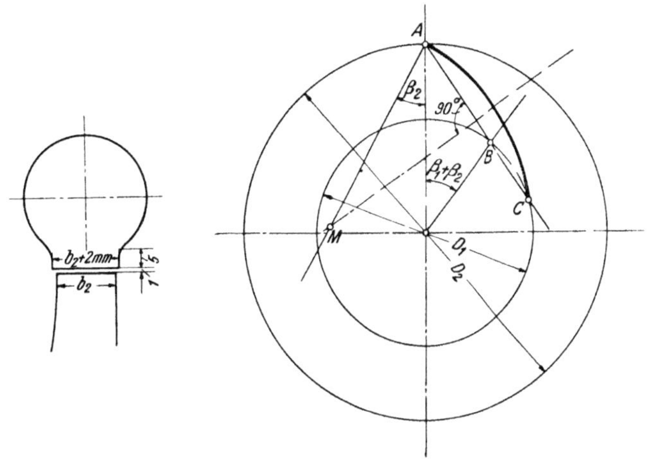

Abb. 80.

Nun muß sein:

$$\frac{Q \cdot \varphi}{360} = \int c_u \cdot b \, dr.$$

Daraus ist

$$\varphi^\circ = \frac{360 \cdot K}{Q} \int_{r_i}^{r_a} \frac{b \cdot dr}{r} = \frac{360\,K}{Q} \int_{a-\varrho}^{a+\varrho} 2 \cdot \sqrt{\varrho^2 - (r - a)^2}\, \frac{dr}{r}. \quad (14)$$

Nach Integration erhält man

$$\varphi = \frac{720 \cdot K}{Q} \cdot \pi \left(a - \sqrt{a^2 - \varrho^2}\right)^\circ. \quad (14a)$$

Für eine Pumpe ohne Leitrad ist

$$a = r_i + \varrho \text{ daher}$$

$$\varphi = \frac{720 \cdot K}{Q} \cdot \pi \left[r_i + \varrho - \sqrt{r_i^2 + 2\, r_i \varrho}\right]^\circ. \quad (15)$$

Damit können die Winkel φ gerechnet werden, die bestimmten Werten von ϱ zugeordnet sind.

Zweckmäßiger ist es jedoch ϱ in Abhängigkeit von φ zu berechnen. Es ist aus Gl. (15)

$$\varrho = \frac{\varphi^\circ}{C} + \sqrt{2\, r_i \cdot \frac{\varphi^\circ}{C}} \quad (16)$$

mit $C = \frac{720 \cdot \pi \cdot K}{Q}$. Wenn a und r_i groß im Verhältnis zu ϱ sind, so ist nach Gl. (14a) angenähert

$$\varrho \sim \sqrt{2\, a \cdot \frac{\varphi}{C}}. \quad (17)$$

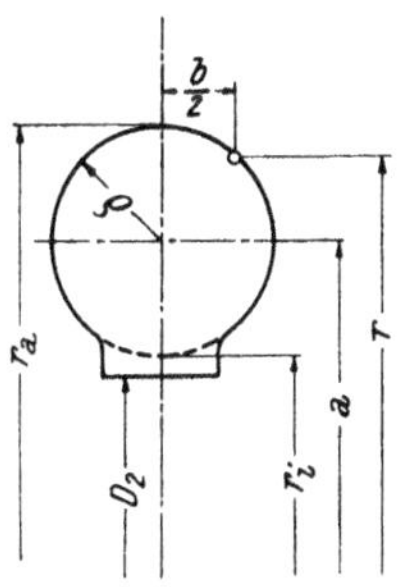

Abb. 81

Der Übergang von ϱ für $\varphi = 360°$ zum Druckrohrquerschnitt erfolgt am besten in Form eines an die Spirale angesetzten Diffusors, der am Ende eine Fläche entsprechend einer Wassergeschwindigkeit von etwa 3—5 m/sec aufweist.

i) Leistungsbedarf der Pumpe.

Mit den früher angegebenen Wirkungsgraden wird der Leistungsbedarf der Pumpe

$$N = \frac{Q \cdot H}{60 \cdot 75} \cdot \frac{1}{\eta_h \cdot \eta_m \cdot \eta_v}. \quad (18)$$

Setzt man die folgenden Durchschnittswerte $\eta_h = 0{,}65$, $\eta_m = 0{,}95$, $\eta_v = 0{,}9$ in den Ausdruck ein, so wird

$$N = 1{,}8 \frac{Q \cdot H}{60 \cdot 75} \text{ PS.} \tag{19}$$

Der mechanische Wirkungsgrad berücksichtigt auch die Radreibung der Pumpe. Diese ist, wenn Gehäuse und Laufrad unbearbeitet sind, angenähert

$$N_r = K \cdot n^3 \cdot D_2^5 \text{ mit } K \sim 1{,}7 \cdot 10^{-7}.$$

Kleine Radreibung erfordert daher für gegebene Förderhöhen hohe Drehzahlen und kleine Raddurchmesser.

k) Zahlenbeispiel:

Es ist eine Kühlwasserpumpe für einen Dieselmotor von 165 PS Leistung zu berechnen.

Die stündlich abzuführende Wärme ist $165 \cdot 700 = 115\,000$ kcal/h. Für den runden Wert $Q = 4$ l/sec wird die Kühlwassererwärmung

$$\Delta t = \frac{115\,000}{4 \cdot 3600} = 8^\circ \text{ C.}$$

Die Wasserpumpendrehzahl ist gegeben: $n = 3200$ U/min. Der Nabendurchmesser ist durch die Abdichtung mit 44 mm festgelegt.

Nimmt man $c_1 = 2{,}3$ m/sec an, so ist mit 10% Spaltverlust

$$F = \frac{4400}{230} = 19{,}2 \text{ cm}^2.$$

Daraus wird

$$\frac{D_1^2 \pi}{4} = \frac{4{,}4^2 \pi}{4} + 19{,}2 \text{ cm}^2 \text{ und } D_1 = 66 \text{ mm.}$$

Das Durchmesserverhältnis wird $\frac{D_2}{D_1} = 1{,}5$ gewählt, daher wird $D_2 = 100$ mm.

Die Eintrittsbreite des Rades wird

$$b_1 = \frac{4400}{0{,}6 \cdot D_1 \cdot \pi \cdot c_1} = 1{,}5 \text{ cm.}$$

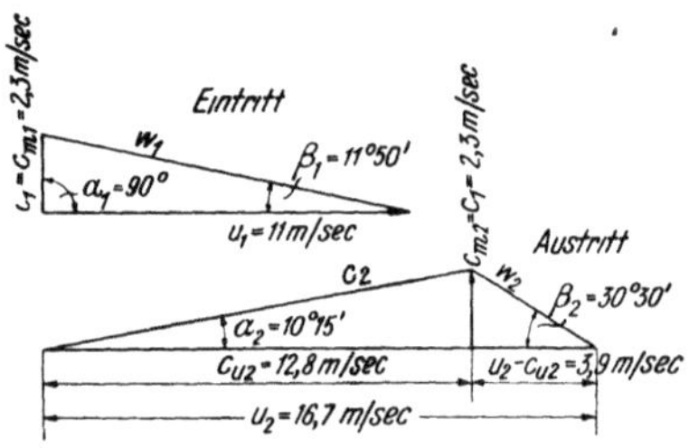

Abb. 82.

Für 10 m Förderhöhe, einen geschätzten hydraulischen Wirkungsgrad $\eta_h = 0{,}65$ und den Beiwert $k = 0{,}7$ als Mittelwert nach S. 106 ist aus der Hauptgleichung

$$u_2 \cdot c_{u2} = 215 \text{ m}^2/\text{sec}^2$$

Nun ist $u_2 = 16{,}7$ m/sec, daher ist $c_{u2} = 12{,}8$ m/sec. Setzt man $c_{m2} = c_1 = 2{,}3$ m/sec, so erhält man das Austrittsdreieck Abb. 82 mit $\alpha_2 = 10^\circ\,15'$, $\beta_2 = 30^\circ\,30'$. Die Winkel haben ungefähr die auf S. 107 angegebenen Werte, eine Änderung der Annahme ist demnach nicht erforderlich.

Für den Eintritt wird nach Abb. 82 $\beta_1 = 11^\circ\,50'$

Die Austrittsbreite wird

$$b_2 = \frac{4400}{0{,}9 \cdot D_2 \pi \cdot c_{m2}} = 0{,}7 \text{ cm.}$$

Der Ausdruck für die Schaufelzahl wird

$$z = k'' \cdot \frac{D_1 + D_2}{D_2 - D_1} \sin \frac{\beta_1 + \beta_2}{2} = 5 \cdot \frac{166}{34} \cdot 0{,}36 \sim 8.$$

Es werden 8 Schaufeln ausgeführt.

Das radiale Spiel zwischen Laufrad und Gehäuse wird 1 mm, der Leitring 5 mm breit ausgeführt.

Für die Berechnung des Spiralgehäuses ist $K = \frac{0{,}1}{2} \cdot 12{,}8 = 0{,}64$.

Damit wird

$$C = \frac{720 \cdot \pi}{4{,}0 \cdot 10^{-3}} \cdot 0{,}64 = 3{,}6 \cdot 10^5$$

Der Innenradius der Spirale ist $r_i = 50 + 1 + 5 = 56$ mm.

Für den Radius ϱ ergeben sich nach Gleichung 16 folgende Werte:

φ	45	90	135	180	223	270	315	360°
ϱ	3,8	5,5	7,0	8,0	9,0	10,0	11,0	11,8 mm

Die Geschwindigkeit im ausgeführten Endquerschnitt der Spirale von 25 mm Durchmesser ist $c_3 = \frac{4{,}0 \cdot 10^{-3}}{\frac{0{,}025^2\,\pi}{4}} = 8{,}2$ m/sec.

Im Austrittsquerschnitt, der bei dieser Pumpe mit 33 mm Durchmesser ausgeführt wurde, ist

$$c_4 = \frac{4{,}0 \cdot 10^{-3}}{\frac{0{,}033^2\,\pi}{4}} = 4{,}8 \text{ m/sec.}$$

Abb. 83 zeigt die Entwurfsgrundlagen für Spirale und Laufrad.

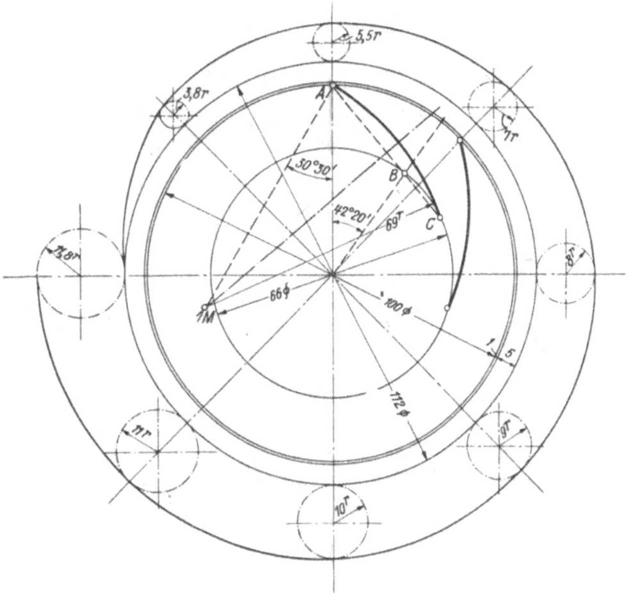

Abb. 83. Entwurfsgrundlage für Spirale und Laufrad einer Kühlwasserpumpe.

3. Ausführung der Kühlwasserpumpe.

Abb. 84 zeigt eine Wasserpumpe neuester Bauart, ähnlich der, welche dem Berechnungsbeispiel zugrunde gelegt wurde. Beim Entwurf wurde weitgehend Rücksicht auf einfache und billige Herstellung genommen. Die Lüfternabe ist aus Tiefziehblech gepreßt und sitzt auf der Wasserpumpenwelle. Sie ist in zwei kräftigen Kugellagern gelagert, die im Wasserpumpengehäuse sitzen. Der Axialschub des Lüfters wird durch die Kopfschraube *b* aufgenommen, gegen die sich das hintere Kugellager abstützt. Beide Kugellager

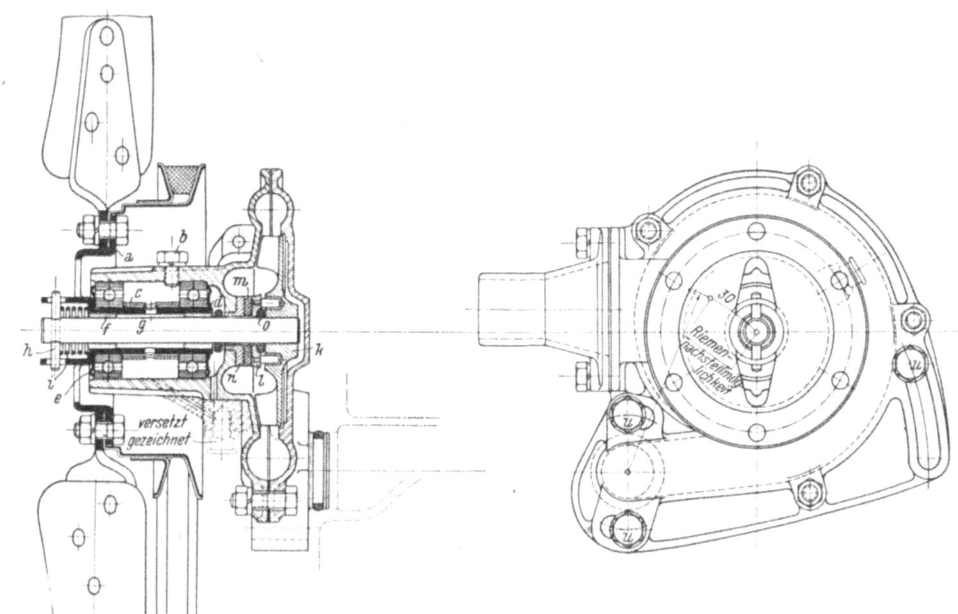

Abb. 84. Kühlwasserpumpe.

werden durch eine Distanzhülse im Abstand gehalten. Gegen Axialverschiebung ist die Nabe *a* durch einen Seegerring *d* gesichert. Die Lager werden auf beiden Seiten durch mitgeklemmte Blechscheiben *e*, die mit geringen Spalt gegen die Außenringe der Kugellager dichten, nach außen abgeschlossen. In dem Raum zwischen den Lagern wird durch einen Schmiernippel (im Bilde versetzt gezeichnet) Fett gedrückt. In der hohlen Lüfternabe ist mittels zweier Büchsen *f* die eigentliche Wasserpumpenwelle *g* aus geschliffenem Rundstahl achsial verschiebbar gelagert. Sie wird am vorderen Ende durch den Zylinderpaßstift *h* mitgenommen. Dieser greift in die gestanzten Löcher zweier Blechflügel ein, die aus der Lüfternabe herausgebogen sind. Zwischen dem Stift *h* und der Nabe *a* liegt eine Schraubenfeder *i*, die das auf die Welle aufgepreßte Laufrad *K*, unter Zwischenschaltung einer mit dem Laufrad durch Stifte gekuppelten Dichtscheibe *l* und eines Dichtungsringes *m* aus Kunstharz, gegen die in das Wasserpumpengehäuse eingepreßte Büchse *n* drückt. Durch den Axialdruck der Feder wird die Welle abgedichtet. Der Gummiring *o* hat den Zweck, die Dichtung zwischen den Teilen *l* und *k* herzustellen und eine Einstellung der Dichtscheibe *l* zu ermöglichen. Der Verschleiß des Kunstharzringes *m* bedingt allerdings einen Spalt zwischen Laufrad und Gehäuse, der den volumetrischen Wirkungsgrad der Pumpe etwas herabsetzt. Der Verschleiß ist jedoch nur gering, der Ring selbst leicht auswechselbar. Hat der Verschleiß eine gewisse Grenze überschritten, so stößt der Mitnehmerstift *h* gegen die Lüfternabe, wodurch der Dichtungsdruck aufgehoben wird. Die plötzlich einsetzende Undichtheit ist daher das Zeichen für die notwendige Erneuerung des Dichtringes *m*. Das Laufrad berührt bei dieser Abnützung seitlich noch nicht die Gehäusewand.

Mit Rücksicht auf billige Herstellung in Kokillen oder durch Spritzguß ist das Wasserpumpengehäuse in einer Querebene durch das Spiralgehäuse geteilt und kann nach Lösen von vier Verbindungsschrauben leicht auseinander genommen werden.

Die Pumpe ist um den zylindrischen Druckstutzen drehbar, der im Motorgehäuse durch einen Gummiring abgedichtet ist. Dadurch wird eine einfache und ausreichende Riemennachspannung ermöglicht, indem nach Lösen der Befestigungsschrauben der Kühlwasserpumpe am Motorgehäuse das ganze Pumpengehäuse um den Druckstutzen geschwenkt werden kann. Für die Schrauben *u* sind dazu Langschlitze im Pumpengehäuse vorgesehen. Da der Wasserübertritt zum Motorgehäuse die tiefste Stelle der Pumpe bildet, entwässert sich die Pumpe vollständig in das Kurbelgehäuseoberteil.

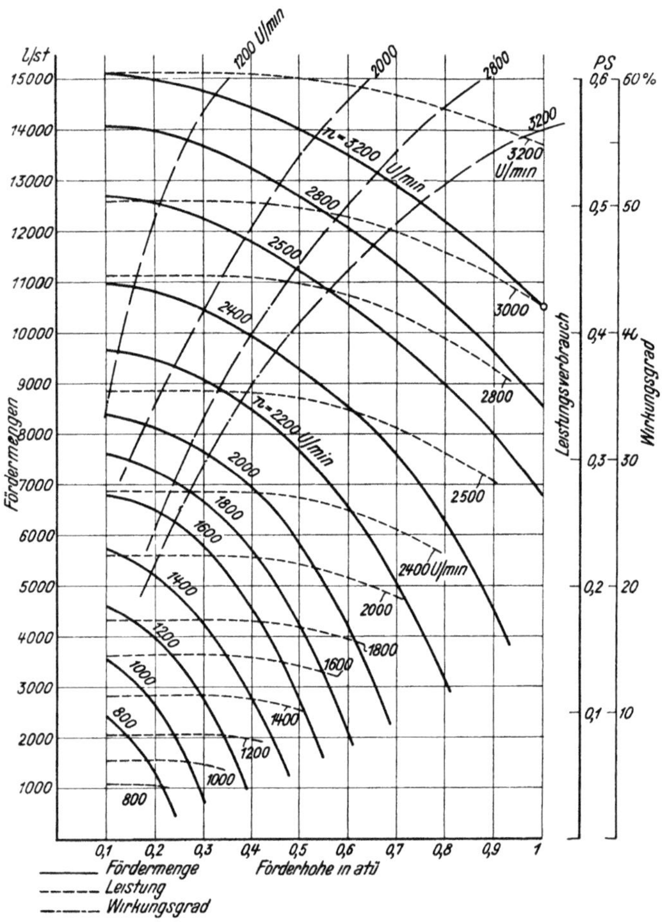

Abb. 85. Kennlinien einer Kuhlwasserpumpe.

4. Kennlinien der Kühlwasserpumpe.

In Abb. 85 sind die durch Versuch bestimmten Kennlinien der vorhin besprochenen Kühlwasserpumpe eingetragen. Die erreichte Fördermenge bei $H = 10$ m beträgt 10500 l/Stunde. Die Erwärmung des Kühlwassers ist daher

$$\Delta t = 8{,}8^\circ$$

Der Gesamtwirkungsgrad der Pumpe beträgt bei 3200 U/min und 10 m Forderhöhe rund 55%. Dabei ist zu berücksichtigen, daß der mechanische Wirkungsgrad der Pumpe durch die angewandte Wasserpumpendichtung (Schleifringdichtung mit verhältnismäßig großem Durchmesser) verhältnismäßig schlecht ist. Der Leistungsbedarf beträgt bei 10 m Förderhöhe etwa 0,55 PS.

5. Wasserpumpendichtungen.

Die heute bei Personenwagenmotoren noch viel verwendeten Stopfbüchsendichtungen befriedigen nicht restlos. Die Zubehörindustrie hat deshalb Kühlwasserpumpenpackungen entwickelt, die sich bereits gut eingeführt und bewährt haben. Im folgenden werden zwei solcher Dichtungen beschrieben:

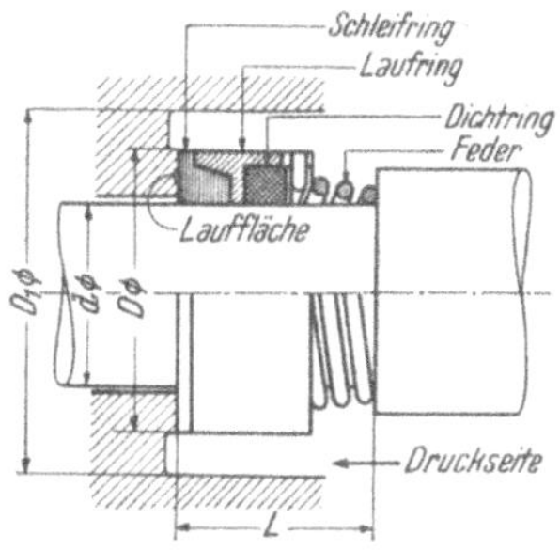

Abb. 86. Pumpenpackung von GOETZE.

a) Pumpenpackungen von Goetze, Burscheid bei Köln.

Die Goetze-Packung nach Abb. 86 ist eine Axialdichtung. Sie besteht aus einem Laufring aus Leichtmetall, in dem ein Schleifring aus Kunststoff eingepreßt ist. Die Abdichtung des Laufringes gegen die Wasserpumpenwelle erfolgt durch einen in ihm eingelegten Buna-Gummiring von quadratischem Querschnitt. Der Anpreßdruck wird durch eine Schraubenfeder erzeugt, die auch den Laufring mit der Pumpenwelle kuppelt. Die Dichtung muß unbedingt auf der Wasserseite der Pumpe eingebaut werden, da sonst der Schleifring verschmort. Die Dichtung baut jedoch axial etwas lang.

b) Pumpenpackungen von Diring, Stuttgart.

Auch die von dieser Firma herausgebrachte Kühlwasserpumpenpackung (Abb. 87) ist eine Achsialdichtung. Sie zeichnet sich durch eine sehr geringe Ausdehnung in axialer Richtung aus. Der Schleifring ist aus Kunstpreßstoff. Er ist gegen das aus Leichtmetallblech bestehende Dichtungsgehäuse durch einige Nuten, in die Fortsätze des Gehäuses eingreifen, gegen Verdrehung gesichert. Der Federkörper besteht aus einer Wellfeder, die

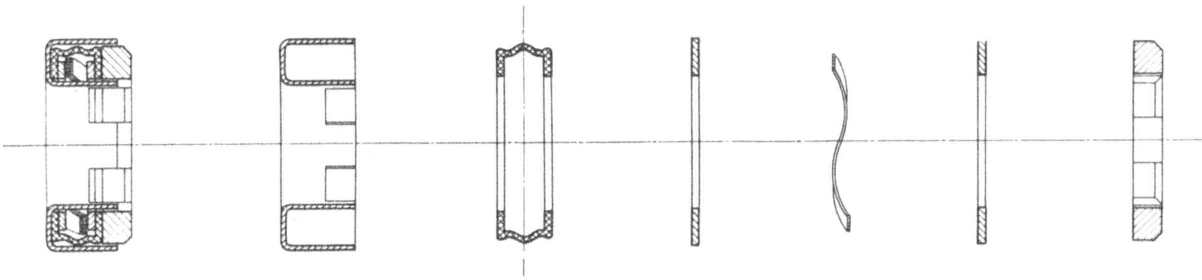

Abb. 87. Pumpenpackung von DIRING.

innerhalb eines U-förmigen Gummiringes angeordnet ist. Der U-Ring aus Gummi übernimmt die Abdichtung des Gleitringes gegen das Gehäuse des Dichtungsringes. Die Dichtung wird überall dort vorteilhaft verwendet werden können, wo man Wert auf eine kurze Baulänge der Dichtung legen muß.

VII. Lüfter.

1. Grundlagen.

Die Lüfterberechnung setzt die Kenntnis der Abmessungen des Fahrzeugkühlers voraus, da der Durchmesser der Flügel diesem entsprechend gewählt werden muß.

Man führt die Kühler mit annähernd quadratischer Stirnfläche aus und bemißt die

Höhe mit Rücksicht auf die Riemennachspannung, falls sie durch Verschieben des Lüfters erfolgt, etwa um 50 mm größer als die Breite.

Die Grundlagen für die Bemessung der Kühlerstirnflächen sind in Heft 3 behandelt. Überschlägig kann bei Motoren für Lastkraftwagen die Stirnfläche bei etwa 115 mm Blocktiefe

für Dieselmotoren mit 35 dm² je 100 PS
für Ottomotoren mit 50 dm² je 100 PS

angenommen werden. Bei Ottomotoren für Personenkraftwagen wird mit einer Fläche von 25 dm² je 100 PS gerechnet bei Blocktiefen von 40—50 mm.

Die vom Lüfter zu fördernde Luftmenge Q_l m³/sec errechnet sich aus der sekundlich abzuführenden Wärme. Damit wird die zu fördernde Luftmenge mit den Werten von W auf S. 105:

$$Q_l = \frac{W \cdot N_e}{3600 \cdot \Delta t_l \cdot c_p} \text{ m}^3/\text{sec} \tag{20}$$

Für 15° C, 760 mm/Hg ist $c_p = 0{,}24$ kcal/N_m^3 °C, Δt_l die Temperaturerhöhung der Luft, ist von den Kennlinien des verwendeten Kühlers abhängig. Sie ist weiter abhängig von der umgewälzten Kühlwassermenge, also vom Temperaturunterschied zwischen Kühlwasserein- und Austritt und von der Außentemperatur. Δt_l kann bei den üblichen Fahrzeugkühlern bis 25° betragen.

Aus der Stirnfläche F_{st} des Kühlers ergibt sich die Luftgeschwindigkeit. Man rechnet meist mit einer Luftgeschwindigkeit v m/sec im Abstand von 1 m vom Kühler und bezieht den Kühlerwiderstand auf diese Geschwindigkeit. Es ist

$$v = \frac{Q_l}{F_{st}} \text{ m/sec.}$$

Bei den üblichen Luftgschwindigkeiten $v = 10 - 12$ m/sec beträgt der Kühlerwiderstand im allgemeinen ungefähr 35 mm WS. Eine genaue Ermittlung des Kühlerwiderstandes muß in jedem Fall erfolgen.

Bei Lüftern von Lastkraftwagen, die lange Zeit unter voller Belastung im ersten Gang fahren müssen, ist mit einer Verringerung der Lüfterleistung durch den Fahrtwind nicht zu rechnen.

2. Berechnung.

Gegeben ist die Fördermenge und die Druckhöhe des Lüfters. Die Kühlerabmessungen bestimmen den größtmöglichen Durchmesser, bei einer Verbindung des Lüfters mit dem Wasserpumpenantrieb ist auch der Bereich der Höchstdrehzahl durch die Wasserpumpe gegeben.

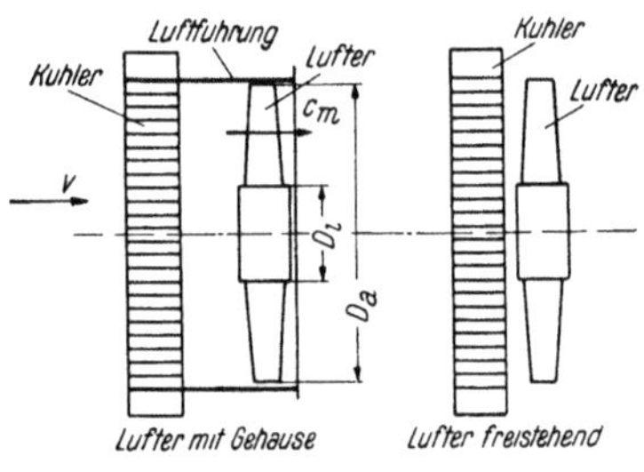

Abb. 88.

Der im folgenden angegebene Berechnungsgang, der sich auf die Tragflügeltheorie und auf eine Arbeit von Keller [2] stützt, wird vom Verfasser mit Erfolg verwendet.

Lüfter für Fahrzeugmotoren haben keine Leiträder. Die Luft strömt dem Rad demnach in axialer Richtung zu.

Zunächst sei angenommen, daß der Saugraum des Lüfters vom Druckraum durch eine Blechplatte mit Ring nach Abb. 88 (links) getrennt ist. Die Theorie der Axialgebläse ist dann auf den Lüfter ohne weiteres anwendbar.

Für die Berechnung des Lüfters wird angenommen, daß die Luft durch die Schaufeln keine radiale Geschwindigkeit erhält. Sie strömt durch den Lüfter im wesentlichen in axialer Richtung und erhält durch ihn lediglich eine zusätzliche tangentielle Geschwindigkeitskomponente. Die kinetische Energie der Tangentialkomponente wird in den üblichen Axialgebläsen durch ein Leitrad in Druck umgesetzt, bei den Lüftern fehlt dieses Leitrad; es fehlt aber auch ein Diffusor, in dem die kinetische Energie der axialen Komponente der Austrittsgeschwindigkeit zur Druckerzeugung ausgenützt werden kann. Die gesamte kinetische Austrittsenergie des Gases geht demnach für die Druckerzeugung verloren.

Zur Aufstellung der Grundgleichung für den erzeugten Druck betrachtet man die Strömung in der Stufe (Laufrad) in zur Lüfterachse koaxialen Zylinderflächen, die nach Abb. 89 abgewickelt werden.

Die Luft strömt dem Laufrad mit der Geschwindigkeit c_m in axialer Richtung zu. Sie trifft mit der Relativgeschwindigkeit w_1 auf das Schaufelprofil, erhält von dieser die tangentielle Geschwindigkeitskomponente c_u so, daß sie mit der Relativgeschwindigkeit w_2, demnach mit der Absolutgeschwindigkeit c_2 das Laufrad verläßt.

Die vom Profil übertragene Arbeit je Volumseinheit, als Druckhöhe angegeben, ist

$$\Delta p_{th} = \varrho \cdot c_u \cdot u \tag{21}$$

Darin ist $\varrho = \frac{\gamma}{g} \sim \frac{1}{8}$.

Die wirkliche statische Druckerhöhung Δp_{st} ist um den Verlust an kinetischer Energie und um die Verluste durch Radreibung kleiner. Mit η_h als hydraulischem Wirkungsgrad, der dem Radreibungsverlust Rechnung trägt und auf die zugeführte Arbeit bezogen wird, ist

$$\Delta p_{st} = \Delta p_{th} - \frac{\varrho}{2} \cdot c_2^2 - (1 - \eta_h) \cdot \Delta p_{th} \tag{22}$$

oder

$$\Delta p_{st} = \eta_h \cdot \varrho \cdot c_u \cdot u - \frac{\varrho}{2} \cdot c_m{}^2 - \frac{\varrho}{2}\, c_u{}^2. \tag{22a}$$

Mit dem Nabenverhältnis $\nu = \frac{D_i}{D_a}$ nach Abb. 88 wird

$$c_m = \frac{Q}{\frac{D_a^2 \pi}{4}(1 - \nu^2)}. \tag{23}$$

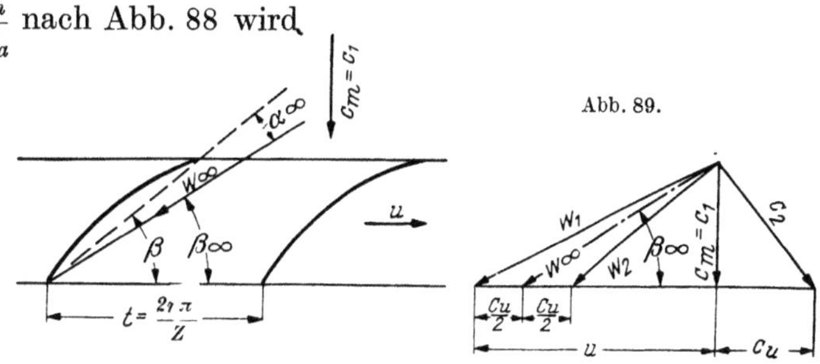

Abb. 89.

Bei gegebener Durchflußmenge, gegebenem Außendurchmesser und vorläufig geschätztem Nabenverhältnis ist c_m berechenbar. Sowohl c_m, wie auch der vom Lüfter erzeugte Druck sind auf der ganzen Durchtrittsfläche gleich angenommen. Daher ist für jeden Radius aus Gl. (22a)

$$c_u = \eta_h \cdot u - \sqrt{\eta_h{}^2 \cdot u^2 - \frac{2\,\Delta p_{st}}{\varrho} - c_m{}^2} \tag{24}$$

mit p_{th} und c_m als Festwerten.

Für den hydraulischen Wirkungsgrad läßt sich nach KELLER ein mittlerer konstanter Wert

$$\eta_h \sim 1 - m\,\frac{\varepsilon}{\varphi} \tag{25}$$

für alle Radien verwenden.

Darin ist $m = \frac{2}{3} \cdot \frac{1 - \nu^3}{1 - \nu^2}$ vom Nabenverhältnis abhängig; ε ist die Gleitzahl des Profils (meist um 0,03) und $\varphi = \frac{c_m}{u_a}$ eine Verhältniszahl, welche die Zuströmgeschwindigkeit c_m auf die Umfangsgeschwindigkeit u_a am Außendurchmesser D_a bezieht.

Zur Bestimmung des jedem Wert von c_u zugeordneten Flügelprofils berechnet man die Zirkulation Γ in jedem Radius. Es ist einerseits

$$\Gamma = c_u \cdot t = \frac{\Delta p_{th} \cdot 2\pi}{\varrho \cdot \omega \cdot z} = \frac{c_u \cdot u \cdot 2\pi}{\omega \cdot z} \tag{26}$$

andererseits aus der Tragflügeltheorie

$$\Gamma = \frac{c_a}{2} \cdot w_\infty \cdot l. \tag{27}$$

In Gleichung (26) ist t die Teilung, z die Flügelzahl, in Gleichung (27) l die Flügeltiefe, w_∞ die in Abb. 89 eingezeichnete mittlere Anströmgeschwindigkeit und c_a die Auftriebsziffer des Profils, die in Abhängigkeit von dem Anstellwinkel α_∞ den Profilbüchern entnommen werden kann. Man erhält

$$c_a \cdot l = \frac{2 \cdot c_u \cdot u}{w_\infty \cdot n_{\text{sec}} \cdot z} \tag{28}$$

w_∞ ist aus den Geschwindigkeitsdreiecken nach Abb. 89 zu entnehmen. Das Produkt $c_a \cdot l$ ist in geeigneter Weise in seine beiden Faktoren aufzuspalten.

Der in den Profilbüchern enthaltene Anstellwinkel bezieht sich meist auf ein Breitenverhältnis des Einzelflügels von l/b = 1/5. Bei Lüftern wie sie meist für Fahrzeugmotoren verwendet werden, ist mit dem in den Profilbüchern angegebenen Anstellwinkel zu rechnen. Nur für Lüfter, die wie Axialgebläse in einem geschlossenen Windtunnel arbeiten, wobei die Flügelspitze nicht wie bei einem Tragflügel umströmt wird, muß der Anstellwinkel für das Profil von unendlicher Spannweite umgerechnet werden. Man erhält den Anstellwinkel α_∞ für unendliche Breite durch folgende Umrechnung:

$$\alpha_\infty{}^\circ = \alpha^\circ_{\text{geom}} - \frac{c_a \cdot l}{\pi \cdot b} \cdot 57{,}3. \tag{29}$$

Der unendlich breite Flügel erfordert demnach für die gleiche Auftriebsziffer c_a einen kleineren Anstellwinkel als der Flügel mit endlicher Breite.

Der kleinste zulässige Nabendurchmesser bestimmt sich aus der Forderung, daß einerseits c_a den Wert 1 nicht überschreiten soll, andererseits das Überdeckungsverhältnis l/t im allgemeinen den Wert 1,1 nicht überschreiten soll.

Mit den Gleichungen (26) und (27) für die Zirkulation wird

$$\frac{l}{t} = \frac{2\, c_u}{w_\infty \cdot c_a}$$

und da

$$w_\infty = \sqrt{c_m{}^2 + \left(u - \frac{c_u}{2}\right)^2} \tag{30}$$

ist, mit den früher angegebenen Grenzwerten für l/t und c_a

$$1{,}1 \sqrt{c_m{}^2 + \left(u - \frac{c_u}{2}\right)^2} > 2\, c_u$$

$$c_m{}^2 + u^2 - c_u\, u > 3{,}08\, c_u{}^2$$

damit der obere Grenzwert für c_u

$$c_u < -0{,}162\, u + 0{,}557 \cdot \sqrt{1{,}05\, u^2 + c_m{}^2} \tag{31}$$

Durch Verbindung mit Gl. (24) kann u_i für die Erfüllung der Grenzbedingung gerechnet werden.

Die vom Laufrad aufgenommene Leistung ergibt sich durch Integration der Arbeiten zwischen den einzelnen koaxialen Zylinderschnitten.

Es ist

$$N_i = \frac{1}{75}\int_{r_i}^{r_a} \varrho \cdot c_u \cdot u \cdot c_m \cdot 2 \cdot r\pi \cdot d\,r \cdot = \frac{2\pi\, \varrho\, c_m\, \omega}{75}\int_{r_i}^{r_a} c_u\, r^2\, dr. \tag{32}$$

Der Zusammenhang zwischen c_u und r ist über Gl. (24) gegeben. Mit

$$a^2 = \frac{2\, p_{th} + c_m{}^2\, \varrho}{\varrho \cdot \eta_h{}^2 \cdot \omega^2}$$

wird die Leistung

$$N_i = \frac{2\pi\, \varrho \cdot c_m \cdot \omega^2 \cdot \eta_h}{75}\int_{r_i}^{r_a}\left(r^3 - r^2\sqrt{r^2 - a^2}\right) dr \quad \text{und integriert}$$

$$N_i = \frac{2\pi\, \varrho \cdot c_m \cdot \omega^2 \cdot \eta_h}{300}\Big/ r^4 - r\left(r^2 - \frac{a^2}{2}\right)\sqrt{r^2 - a^2} + \frac{a^4}{2} \cdot \text{arc Cos}\left(\frac{r}{a}\right)\Big/_{r_i}^{r_a}. \tag{33}$$

3. Beispiel.

Für einen 125 PS-Fahrzeugdieselmotor soll der Lüfter berechnet werden.

Die Kühlerfläche wäre nach den früheren Angaben $35 \cdot 125 = 44$ dm². Es wurde ein Kühler von 40 dm² angenommen.

Die abzuführende Wärme ist bei voller Belastung des Motors

$$W = \frac{125 \cdot 700}{3600} = 24{,}3 \text{ kcal/sec.}$$

Aus den Angaben des Kühlerherstellers entnimmt man die Temperaturdifferenz der Luft $\Delta\, t_l = 22^\circ$ und erhält daraus die vom Lüfter zu fördernde Luftmenge:

$$Q_1 = \frac{24{,}3}{0{,}24 \cdot 22} = 4{,}6 \text{ m}^3\text{/sec.}$$

Die Luftgeschwindigkeit im ungestörten Luftstrom (in 1 m Entfernung vom Kühler) beträgt

$$v = \frac{Q_1}{F} = \frac{4{,}6}{0{,}4} = 11{,}5 \text{ m/sec.}$$

Diese Luftgeschwindigkeit entspricht bei der gewählten Kühlerbauart einer Widerstandshöhe von 34 mm WS.

Der Durchmesser des Lüfters ist durch die baulichen Verhältnisse des Motors und die Abmessungen des Kühlers mit 600 mm begrenzt. Die Drehzahl $n = 3200$ U/min liegt durch die Kühlwasserpumpe fest, da Lüfter und Kühlwasserpumpe auf einer Welle sitzen.

Das Nabenverhältnis wird zunächst $\nu = 0{,}35$ geschätzt. Damit wird vorläufig nach Gl. (23)

$$c_m = \frac{4{,}6}{\frac{0{,}6^2 \pi}{4}(1 - 0{,}35^2)} = 18{,}5 \text{ m/sec.}$$

Die Umfangsgeschwindigkeit ist $u_a = 100$ m/sec (entsprechend $D_a = 0{,}6$ m, $n = 3200$ U/min). Daher wird $\varphi = 0{,}185$. Die Gleitzahl ε des Profils kann $\sim 0{,}03$ angenommen werden.

Für den hydraulischen Wirkungsgrad erhält man mit

$$m = \frac{2}{3} \cdot \frac{1 - 0{,}35^3}{1 - 0{,}35^2} = 0{,}73$$

aus Gl. (25)

$$\eta_h = 1 - 0{,}73 \cdot \frac{0{,}03}{0{,}185} = 0{,}88.$$

Man erhält nun aus Gl. (24) den Zusammenhang zwischen c_u und u. Es ist

$$c_u = 0{,}88\, u - \sqrt{0{,}77 \cdot u^2 - 2 \cdot 8 \cdot 34 - 18{,}5^2}$$

$$= 0{,}88\, u - \sqrt{0{,}77\, u^2 - 894} \text{ m/sec}$$

Aus dieser Gleichung und aus Gl. (31) für den Grenzwert von c_u mit Rücksicht auf Auftriebsziffer und Überdeckung an der Nabe

$$c_u \leq -0{,}162\, u + 0{,}557 \sqrt{1{,}05\, u^2 + 18{,}5^2}$$

laßt sich die kleinstmögliche Umfangsgeschwindigkeit und damit der Nabendurchmesser ermitteln.

Man erhält durch Entfernen von c_u und Auflosen nach u oder durch graphische Lösung (Bestimmen des Schnittes der durch die beiden Gleichungen gegebenen Kurven)

$$u_i \geq 38 \text{ m/sec, das entspricht annähernd}$$
$$D_i = 0{,}23 \text{ m, also } \underline{\nu = 0{,}38.}$$

Damit wird $c_m = 19$ m/sec, der Einfluß der Änderung von φ und ν auf η_h ist so gering, daß mit dem früher erhaltenen Wert von $\eta_h = 0{,}88$ weiter gerechnet werden kann.

Die Gleichung für c_u wird nun

$$c_u = 0{,}88\, u - \sqrt{0{,}77\, u^2 - 906} \text{ m/sec.}$$

Infolge der geringen Veränderung von c_m ist ein nochmaliges Bestimmen des Nebenverhältnisses ν überflüssig.

Man erhält für die verschiedenen Durchmesser die nebenstehenden Werte von c_u und

$$w_\infty = \sqrt{c_m^2 + \left(u - \frac{c_u^2}{2}\right)}.$$

D mm	u m/sec	c_u m/sec	$u \cdot c_u$ m/sec	w_∞ m/sec	β_∞ °
600	100	5,6	560	99	11
500	83	6,5	540	82	13
400	67	8,3	556	66	17
300	50	12,0	600	48	23
230	38,3	18,4	702	35	34

Man rechnet nun aus Gl. (28) das Produkt $c_a \cdot l$ und kann nach Annahme eines der beiden Werte den anderen bestimmen. Man erhält, wenn die Flügelzahl $z = 6$ gewählt wird, aus

$$c_a \cdot l = \frac{2\, c_u\, u}{w_\infty\, 53 \cdot 6}$$

die nebenstehenden Werte.

D mm	$c_a \cdot l$	c_a	l	α_∞	$\beta = \beta_\infty + \alpha_\infty$
600	3,6	0,6	~ 6	2°	13°
500	4,1	0,7	~ 6	3°	16°
400	5,3	0,8	6,6	4°	21°
300	7,9	0,9	8,8	6°	29°
230	12,6	1,0	12,6	6°	40°

Die Werte für α_∞ wurden der Abb. 90 für einen Blechflügel mit $\frac{f}{t} = 0{,}05$ entnommen. Die so erhaltenen Werte genügen für den Entwurf des Rades.

Der Leistungsbedarf des Lüfters ist mit

$$a = \sqrt{\frac{2{,}34 + \frac{1}{8} \cdot 19{,}0^2}{\frac{1}{8} \cdot 0{,}88^2 \cdot 335^2}} \sim 0{,}1$$

$$N_t = 4900 \left\{\left[0{,}3^4 - 0{,}3\left(0{,}3^2 - \frac{0{,}1^2}{2}\right)\sqrt{0{,}3^2 - 0{,}1^2} + \frac{0{,}1^4}{2}\,\text{arc Cos}\left(\frac{0{,}3}{0{,}1}\right)\right] - \right.$$

$$\left. - \left[0{,}115^4 - 0{,}115\left(0{,}115^2 - \frac{0{,}1^2}{2}\right)\sqrt{0{,}115^2 - 0{,}1^2} + \frac{0{,}1^4}{2}\,\text{arc Cos}\left(\frac{0{,}115}{0{,}1}\right)\right]\right\}$$

$$N_t = \frac{4900 \cdot 8{,}2}{10\,000} = 4{,}0 \text{ PS}.$$

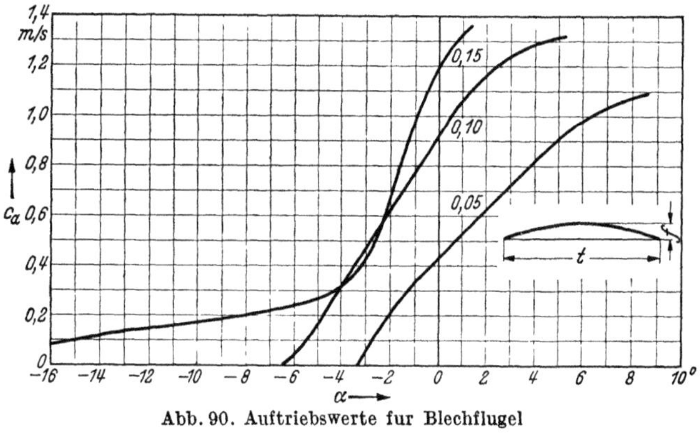

Abb. 90. Auftriebswerte fur Blechflugel

Die theoretische Leistung bei der Förderung von 4,6 m³/sec Luft gegen einen Überdruck von 34 mm H_2O = 34 kg/m² beträgt 2,08 PS. Der Wirkungsgrad des Lüfters ist demnach 52%.

Berücksichtigt man bei der theoretischen Leistung auch die Fördergeschwindigkeit durch die Lüfterkreisfläche (ohne Berücksichtigung der Nabenfläche) so wird mit $c_m' = 16{,}2$ m/sec die Förderhöhe:

$$34 + \frac{16{,}2^2}{16} = 50{,}4 \text{ mm } H_2O.$$

Damit wird der Wirkungsgrad 77%.

Der freiblasende Lüfter ohne Trennungswand zwischen Saug- und Druckseite arbeitet wie eine stehende Luftschraube. Er fördert infolge Umströmung der freien Flügelenden weniger als der ringumschlossene Lüfter. Diese Umströmung würde bei unendlicher Schaufelzahl verschwinden. Daher ist der Unterschied des dynamischen Verhaltens zwischen einem freiblasenden und eines ringumschlossenen Lüfters ungefähr gleich dem Unterschied im dynamischen Verhalten einer Schraube mit endlicher und einer Schraube mit unendlicher Flügelzahl.

Nach PRANDTL ist eine Schraube endlicher Flügelzahl einer solchen mit unendlich vielen Flügeln mit kleinerem Durchmesser gleichwertig. Der Durchmesser der Ersatzschraube D_a ist

$$D_a = D_a' \left(1 - \frac{1{,}386 \cdot \sin\beta}{Z}\right). \tag{34}$$

Mit dieser Beziehung kann der freiblasende Lüfter annähernd auf einen gleichwertigen ringumschlossenen Lüfter mit dem Durchmesser D_a zurückgeführt werden.

Mit dem vorstehenden wurde eine kurze Anleitung zur Berechnung von Lüftern gegeben. Für alle hier nicht behandelten Fragen wie z. B. theoretische Grundlagen, Zusammenarbeit von Kühler und Lüfter, Berücksichtigung des Fahrtwindes usw. wird auf das einschlägige Schrifttum hingewiesen.

4. Ausführung von Lüftern.

a) Lüfter aus Leichtmetall.

Die Herstellung der Lüfterflügel als Elektron oder Silumin gibt dem Konstrukteur Freiheit in der Gestaltung der Flügelprofile, so daß mit diesen Werkstoffen aerodynamisch hochwertige Lüfter gebaut werden können. Bei Leichtmetallüftern ist es zweckmäßig, an der Nabe ein dickes, an der Flügelspitze ein dünnes Göttinger Profil auszuführen und die Profile dazwischen stetig zu ändern. Man kann bei dieser Ausführung das Profil an der Nabe und an der Flügelspitze gut den geforderten Auftriebswerten anpassen. Auch festigkeitsmäßig ist diese Ausführung günstig. Der Lüfter wird auf der Antriebsnabe meist mit einem Flansch befestigt. Die Umfangsgeschwindigkeiten bei ausgeführten Lüftern aus Leichtmetall liegen zwischen 80 bis 100 m/sec. Bei diesen Umfangsgeschwindigkeiten reicht die Festigkeit der Leichtmetallegierungen sicher aus, da bei Turbogebläsen Elektronräder bis 200 m Umfangsgeschwindigkeit ausgeführt werden. Die Herstellung der Lüfter aus Leichtmetall erfolgt bei Personenwagen mit Lüftern mit verhältnismäßig kleinem Durchmesser durch Spritzguß. Die hierfür notwendigen Werkzeuge sind teuer und kommen daher nur für eine Groß-Serienerzeugung in Betracht. Lüfter von Fahrzeugdieselmotoren mit Durchmessern von 700 bis 800 mm werden in Sandformen gegossen. Die aus Leichtmetall hergestellten Lüfter sind etwa 4- bis 5mal so teuer wie Lüfter aus Blech.

Abb. 91 zeigt einen Lüfter aus Elektron mit Göttinger Profil für einen 150 PS Fahrzeugdieselmotor.

b) Lüfter aus Blech.

In den meisten Fällen wird die Ausführung aus Blech sowohl bei Personenwagen als auch bei Fahrzeug-Dieselmotoren verwendet. Maßgebend dafür sind die geringeren Herstellungskosten.. Die übliche Ausführung für Blechlüfter größeren Durchmessers ist folgende: Ein Nabenstern wird aus ungefähr 4 mm starkem Blech gestanzt. Dieser hat flügelförmige Ansätze, die zur Befestigung der eigentlichen Blechflügel dienen. Die Nabe wird in einem besonderen Werkzeug geschränkt. An der Nietstelle muß für den Flügel eine entsprechend große Auflage vorhanden sein, damit der Flügel genügend eingespannt ist. Hierbei ist darauf zu achten, daß die für die Aufnahme der eigentlichen Blechflügel vorgestanzten Nietlöcher nach dem Stanzen unbedingt aufgebohrt werden müssen, da sonst an diesen Stellen Anrisse in der Nabe entstehen können.

Die Flügel bestehen je nach Größe aus 0,7 bis 1,5 mm starkem Tiefziehblech. Sie werden in Formen gebogen. Blechflügel formt man meist nach einem Kreisbogenprofil, das aerodynamisch verhältnismäßig günstig ist und gute Auftriebswerte gibt. Im Allgemeinen sind sie jedoch aerodynamisch ungünstiger als Flügel aus Leichtmetall. Für die Förderung fällt der Bereich um die Nabe aus, da an dieser Stelle ein aerodynamisch wirksames Profil fehlt. Versteifungsrippen in den Flügeln werden zwar häufig ausgeführt, stören aber die Luftströmung erheblich und verschlechtern den Wirkungsgrad.

Lüfter mit kleinem Durchmesser wie sie z. B. bei Personenwagen verwendet werden, können auch unter Vermeidung des früher beschriebenen Nabensterns aus durchgehenden Flügelblättern hergestellt werden, die dann kreuzweise übereinander gelegt sind.

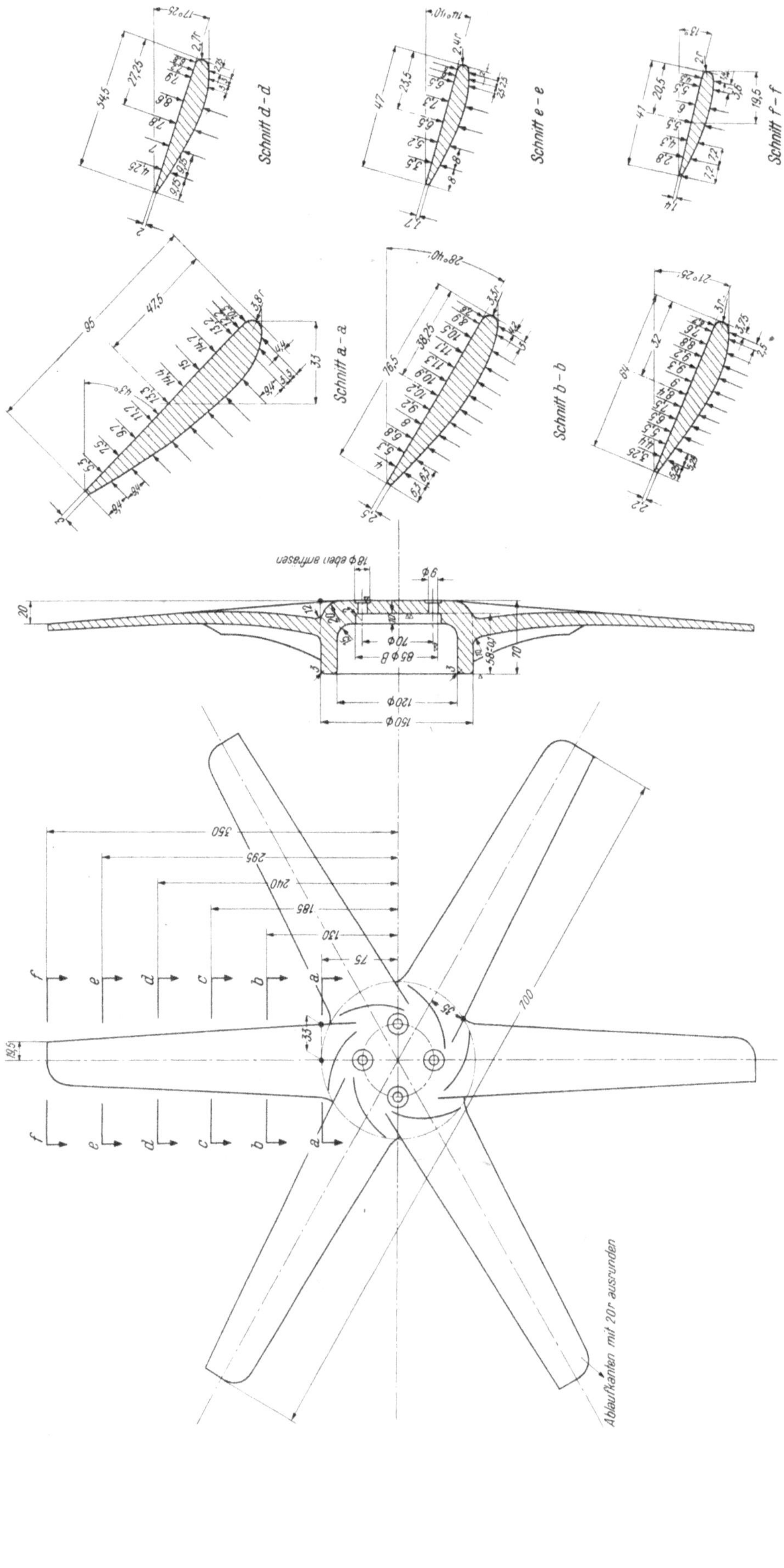

Abb. 91. Lüfter aus Elektron mit Göttinger Profil.

VIII. Einspritzpumpenantrieb und Regler.

Die grundsätzliche Anordnung des Einspritzpumpenantriebes wurde bereits in den Abschnitten über den allgemeinen Aufbau des Motors besprochen.

Infolge der unvermeidlichen Ungenauigkeiten in der Bearbeitung der Konsolen für die Einspritzpumpe, die in den meisten Fällen ein Stück mit dem Kurbelgehäuseoberteil bilden, können Mittenverschiebungen zwischen dem Antriebsrad und der Einspritzpumpenwelle auftreten, um so mehr als ja auch die Einspritzpumpe Toleranzen im Abstand von Wellenmitte und Befestigungsfläche hat. Man muß daher mit Versetzungen von mehreren Zehntel Millimeter zwischen Mitte Einspritzpumpenwelle und Mitte Antriebsrad rechnen.

Die Welle des Antriebsrades der Einspritzpumpe kann auf beiden Seiten des Rades oder einseitig im Kurbelgehäuseoberteil gelagert sein. Bei einseitiger Lagerung kann die Antriebswelle starr mit der Einspritzpumpe gekuppelt werden. In diesem Fall erfolgt die zweite Abstützung der Antriebswelle in der Einspritzpumpe selbst. Diese Ausführung ist dann möglich, wenn das Antriebsrad im Verhältnis zur Länge der Antriebswelle einen kleinen Durchmesser hat. In der Verbindung zwischen Antriebswelle und Einspritzpumpe ist ein Längenausgleich vorzusehen, da die Antriebswelle an der Einspritzpumpe meist durch einen Konus befestigt ist, wodurch kleine Längenveränderungen auftreten können, die beim Fehlen eines Längenausgleiches die Montage erschweren würden.

Bei Antriebsrädern für die Einspritzpumpe mit verhältnismäßig großen Durchmessern, wie sie sich bei einigen Anordnungen des Einspritzpumpenantriebes ergeben, ist die Lagerung der Antriebswelle beiderseits des Antriebsrades im Kurbelgehäuseoberteil nötig, da sonst der Seitenschlag des Antriebsrades zu groß werden würde. In diesen Fällen benötigt man zum Ausgleich des Unterschiedes zwischen den Mitten der Einspritzpumpenwelle und der Antriebswelle eine Kreuzscheibenkupplung wie sie z. B. die Firma Bosch für alle ihre Einspritzpumpen vorsieht. Von diesen Kupplungen steht eine genügende Auswahl von verschiedenen Größen und Bauarten für alle vorkommenden Fälle zur Verfügung. Die Einspritzpumpenkupplung muß eine Einstellung des Einspritzbeginns bei der Montage zulassen.

Die Abmessungen der Einspritzpumpen können den Maßblättern der Firmen Bosch und Deckel entnommen werden. Befestigung und Hauptabmessungen der Einspritzpumpen wurden durch ein Normblatt festgelegt. Bosch baut für Fahrzeugdieselmotoren 2 Größen von Einspritzpumpen (Größe A und B).

Sowohl von Bosch als auch von Deckel werden Fliehkraftregler an die Einspritzpumpen für Fahrzeugmotoren angebaut. Diese regeln nur die Leerlaufdrehzahl und die Höchstdrehzahl. Im Zwischenbereich wird die Regelstange unmittelbar vom Fußhebel betätigt.

Deutz hatte bisher bei den Einspritzpumpen einen Regler vorgesehen, bei dem die Regelstange über den ganzen Bereich vom Regler betätigt wird. Durch den Fußhebel wurden die Reglerfedern gespannt oder entspannt. Es wird demnach mit dem Pedal nur die Drehzahl eingestellt, während die Bemessung der Kraftstoffmenge die der jeweiligen Belastung entspricht, durch den Regler erfolgt. Der Fliehkraftregler wurde in letzter Zeit durch einen hydraulischen Regler nach Pischinger ersetzt. Bei diesem wird zur Regelung der von der Einspritzpumpe gesteuerte Überströmkraftstoff benützt.

Für die Einspritzpumpe Größe A hat Bosch durch längere Zeit einen pneumatischen Regler geliefert, der mit dem Unterdruck arbeitet, den ein im Saugrohr angeordnetes Venturirohr erzeugt. Dieser Regler hat jedoch den Nachteil, daß erhebliche Drehzahlüberschreitungen vorkommen können; er wird daher heute nicht mehr verwendet.

Eine ausführliche Beschreibung der Regler enthält Heft 9.

IX. Luftfilter.

Die Fortschritte der letzten Jahre in der Entwicklung der Lagermetalle für schnelllaufende Motoren haben dazu geführt, daß die Lebensdauer der Kurbelwellen- und Pleuellager erheblich größer geworden ist. Dadurch erfordert, insbesonders bei schnelllaufenden Fahrzeugdieselmotoren, der Zylinderverschleiß eine Überholung des Motors nach einer Zeit, die etwa der halben Lebensdauer der Lager entspricht. Aus wirtschaftlichen Gründen soll aber der Verschleiß von Zylindern und Lagern so aufeinander abgestimmt werden, daß beide gleichzeitig überholt werden müssen. Da die Ursache des Zylinderverschleißes vor allem im Staubgehalt der angesaugten Luft liegt, erhält dadurch die Filterung der Verbrennungsluft erhöhte Bedeutung.

Der Staubgehalt der Luft kann nach Irmer [3] folgende Werte annehmen:

Autobahn	0,0001 g/m³
Landstraße, geteert oder asphaltiert	0,0003 g/m³
Kolonnenfahrt auf staubiger Nebenstraße	0,1 g/m³
Schlepperbetrieb auf trockenem Acker	0,2 g/m³.

Berücksichtigt man, daß z. B. ein Fahrzeug-Dieselmotor mit etwa 7 l Gesamthubraum in der Stunde ungefähr 550 m³ Luft ansaugt, so kann man ermessen, daß dem Motor u. U. erhebliche Staubmengen zugeführt werden, die sich in einem starken Verschleiß der Zylinderlaufbahn auswirken.

1. Naßluftfilter.

Ein Naßluftfilter besteht meist aus mehreren Streckmetall- oder Metallwollschichten, die übereinander liegen und in einem Gehäuse befestigt sind. Das Filtergewebe wird mit Motorenöl benetzt. Die durch die Filterschichten strömende Luft wird dort mehrfach umgelenkt und gibt den Staub an das Öl ab. Der Grad der Speicherfähigkeit der Filterschicht ist stark von der Ausbildung des Streckmetalls abhängig. Die Reinigungswirkung eines solchen Filters nimmt allmählich ab, bis das an den Filterschichten haftende Öl völlig mit Staub gesättigt ist. Dieser Zustand macht sich meist in der infolge des erhöhten Saugwiderstandes abnehmenden Motorleistung bemerkbar. Das Filter muß dann in Benzin oder Rohöl gewaschen und wieder mit frischem Motoröl benetzt werden. Bei sorgfältiger Pflege der Naßluftfilter kann der Motorverschleiß weitgehend vermindert werden.

Nach der Bauart unterscheidet man Kolbenfilter und Trichterfilter. Beim Kolbenfilter bilden die Filterschichten die Oberfläche eines Zylinders, beim Trichterfilter haben sie die Form von Kreisflächen. Das trichterförmige Gehäuse entsteht durch den Übergang von der Filterfläche zum Anschlußquerschnitt. Es ist zu beachten, daß das Kolbenfilter stets stehend oder hängend verwandt werden soll, während das Trichterfilter mit senkrechter Filterebene eingebaut werden muß. Durch die Beachtung dieser Eigenart beider Filterbauarten verhindert man, daß Staub infolge von Erschütterungen durch das Filtergewebe dringt und vom Motor angesaugt wird.

Betriebserfahrungen haben gezeigt, daß die Wartung der Naßluftfilter in den meisten Fällen sehr zu wünschen übrig läßt. Für starken Staubanfall sind die Naßluftfilter nicht geeignet, da sie nur eine sehr geringe Staubspeicherfähigkeit haben. Der Wunsch nach einem noch besseren Filterwirkungsgrad und nach einer größeren Staubspeicherfähigkeit führte zur Entwicklung des Ölbadluftfilters.

2. Ölbadluftfilter.

Beim Ölbadluftfilter wird der Staub nicht durch die Labyrinthwirkung eines ölbesetzten Filtergewebes, sondern durch direktes Auswaschen der Luft mittels einer Ölvorlage ausgeschieden. Die heute von den Firmen Delbag, Mahle, Knecht und Motorcondensator Comp. gebauten Luftfilter arbeiten im wesentlichen nach dem gleichen Verfahren:

Die vom Motor angesaugte Luft wird nach Abb. 92 durch ein besonderes Leitschaufelsystem in kreisende Bewegung versetzt, die sich auch dem Ölbad mitteilt. Die kreisende Ölschicht muß an der Eintrittsstelle von der Luft unterbrochen werden, so daß hier eine Vorwaschung der Luft erfolgt. Durch die Rotationsbewegung wird der Staub in die rotierende Ölschicht geschleudert und gebunden. Die noch mit Öl beladene Luft tritt dann durch einen Ölfangeinsatz durch, der die Luft von dem mitgerissenen Öl befreit. Die aus dem Filter austretende Luft muß vollständig ölfrei sein, damit der im Filter vorhandene Ölvorrat restlos zur Staubbindung herangezogen werden kann. Erfahrungsgemäß beträgt die vom Ölbad aufgenommene Staubmenge etwa das 1½fache Gewicht des Ölvorrates. Der Staubausscheidungsgrad eines Ölbadluftfilters bleibt, zum Unterschied vom Naßluftfilter, fast bis zur Sättigungsgrenze des Ölbades gleich. Nach der Sättigung des Ölbades hört die Filterwirkung plötzlich auf. Es muß daher in jedem Ölbadluftfilter ein möglichst großer Ölvorrat untergebracht werden. Die Grenzleistungen des Filters sind dadurch gegeben, daß das Filter bei niedrigem Leerlauf des Motors noch genügend benetzt werden muß, also bereits ein Ölschleier gebildet sein muß und bei hoher Motordrehzahl kein Öl mitgerissen werden darf. Diese beiden Bedingungen sind für die Bemessung des Ölbadluftfilters maßgebend. Die Ölbadluftfilter haben sich bei richtiger Bedienung sehr gut bewährt. Man kann daher mit einer allgemeinen Einführung dieser Filter sowohl bei Fahrzeugdieselmotoren als auch bei Personenwagenmotoren rechnen. Es ist anzustreben, die Motoren möglichst nur mit einem Filter auszurüsten, da bei Anordnung von 2 oder 3 Filtern der Fahrer die 2- oder 3fache Reinigungsarbeit vornehmen muß.

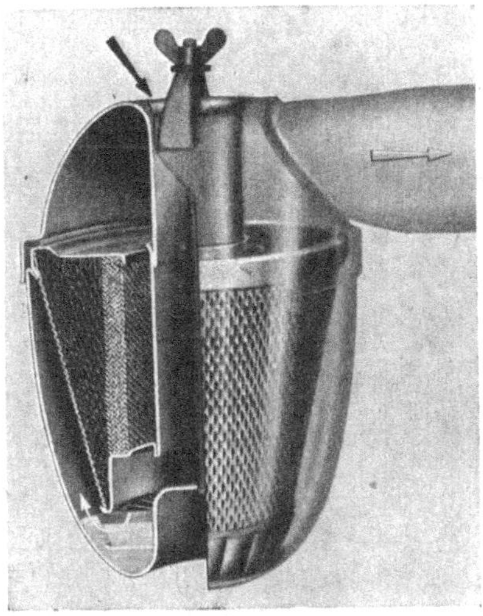

Abb. 92. Ölbadluftfilter.

X. Auspuffrohre.

Die Anschlußstutzen des Auspuffsammelrohres am Zylinderkopf werden mit einem Querschnitt der 20—30% größer ist als der freie Durchgangsquerschnitt des Auslaßventils, ausgeführt. Der Innendurchmesser des Auspuffsammelrohres kann nach Abb. 93 gewählt werden.

Die Auspuffsammelrohre werden, vor allem wegen der Korrosionswirkung der Abgase, aus dünnwandigem Grauguß hergestellt. Die Anschlußflansche an den Zylinderköpfen müssen kräftig sein. Sie werden bei Motoren mittlerer Leistung meist 8—10 mm stark ausgeführt. Die Auspuffsammelrohre von Otto-Motoren haben meist eine Heizkammer, um die Saugrohrheizung anschließen zu können. Auspuffsammelrohre von Lastwagenmotoren, die eine beträchtliche Länge haben, müssen aus Gründen der Wärmedehnung unterteilt werden, da das Auspuffrohr eine weit höhere Temperatur annimmt als das Kurbelgehäuseoberteil und sonst starke Wärmespannungen auftreten würden. Die Trennstellen im Auspuffsammelrohr werden durch ein eingepreßtes Rohrstück, das sich in den beiden Hälften des Auspuffsammelrohres verschieben kann, überbrückt. Für den Anschluß der Auspuffleitung an den Auspuffsammler verwendet man meist Dreieckflanschen mit Linsendichtungen aus gepreßter Dichtungsmasse, die eine Einstellung des Gegenflansches ermöglichen.

Strömungstechnisch am richtigsten ist es, die Auspuffleitung am rückwärtigen Ende des Auspuffsammlers anzuschließen. Es können jedoch, durch die Einbauverhältnisse des Motors in das Fahrzeug bedingt, auch Fälle eintreten, bei denen man gezwungen ist, die Auspuffleitung in der Mitte des Auspuffsammlers nach unten wegzuführen. In diesem Falle ist auf eine strömungstechnisch richtige Formgebung des Anschlusses zu achten.

Bei 6-Zylindermotoren mit dem Anschluß der Auspuffleitung in der Mitte des Sammlers kann eine Unterteilung desselben in 3 Teile zweckmäßig sein.

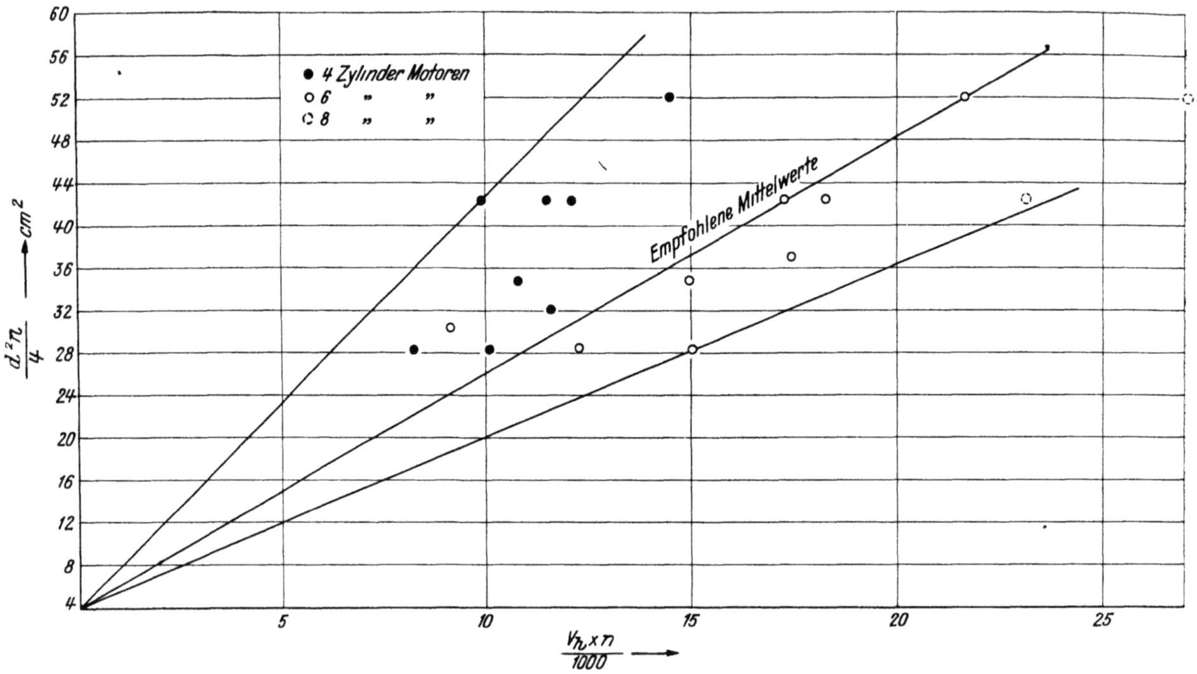

Abb. 93. Durchmesser des Auspuffsammelrohrs.

Verrippungen am Auspuffsammler haben wenig Zweck, werden jedoch manchmal des Aussehens halber angebracht.

XI. Schwungräder.

Einen Überblick über das erforderliche GD^2 in Abhängigkeit vom Gesamthubraum gibt Abb. 94. In dem Kurvenblatt sind die GD^2 der Schwungräder ausgeführter Ottomotoren und Fahrzeugdieselmotoren verschiedener Zylinderzahl und Bauart eingetragen. Durch einzelne Strahlen sind die GD^2 für verschiedene Zylinderzahlen angegeben. Hierbei fällt auf, daß der Streubereich für 6-Zylinder-Reihenmotoren verhältnismäßig groß ist. Für 4-Zylinder-Reihenmotoren liegt das GD^2 an der oberen, für 8-Zylindermotoren unterhalb der unteren Grenze der 6-Zylindermotoren. Bestimmend für die Gestaltung des Schwungrades von Kraftfahrzeugmotoren ist in erster Linie die Reibungskupplung, die in das Schwungrad eingebaut wird. Die Größe der Reibungskupplung ist gegeben durch das größte zu übertragende Drehmoment. Durch sie ist der Innendurchmesser des Schwungradkranzes festgelegt. Die Bauart des Schwungrades ist weiter bestimmt durch die Art der Befestigung auf der Kurbelwelle, die heute fast allgemein mit einem Flansch erfolgt, da nur dadurch ein einwandfreier Sitz des Schwungrades gewährleistet wird. Der Kurbelwellenflansch muß entsprechend kleiner sein als der innerste Durchmesser der Reibscheiben, damit die Reibfläche nicht von Schrauben durchbrochen wird. Da beim Anfahrvorgang eines Kraftfahrzeuges große Wärmemengen in den Reibflächen anfallen, muß die Schwungradscheibe, gegen welche die Reibfläche schleift, stark ausgeführt werden um ein Verziehen zu vermeiden und eine genügende Wärmeaufnahme ohne zu große Temperaturerhöhung zu ermöglichen. Durch Löcher im äußeren Schwungradkranz soll für eine gute Belüftung der Reibungskupplung gesorgt werden. Es ist zweckmäßig, bis zu Umfangsgeschwindigkeiten von 50—55 m/sec Schwungräder aus Gußeisen zu verwenden. Bei Umfangsgeschwindigkeiten, die höher als 60 m/sec sind, müssen Stahlschwungräder verwendet werden. Schwungräder aus Stahl müssen an der Reibfläche einen besonders eingesetzten gußeisernen Ring erhalten, da ein unmittelbares Auflaufen der Reibscheibe auf Stahl zu starker Riefenbildung in der Stahlscheibe führen würde.

Das Schwungrad trägt meist auch den Anlaßzahnkranz. Dieser soll so befestigt werden, daß er leicht umgedreht werden kann, wenn sich die eine Seite durch das Einrücken des Anlasserritzels abgenutzt hat. Zur Herstellung des Zahnkranzes verwendet man meist einen rechteckigen Stabstahl, der im entsprechenden Durchmesser gebogen und an der Naht elektrisch stumpf geschweißt wird.

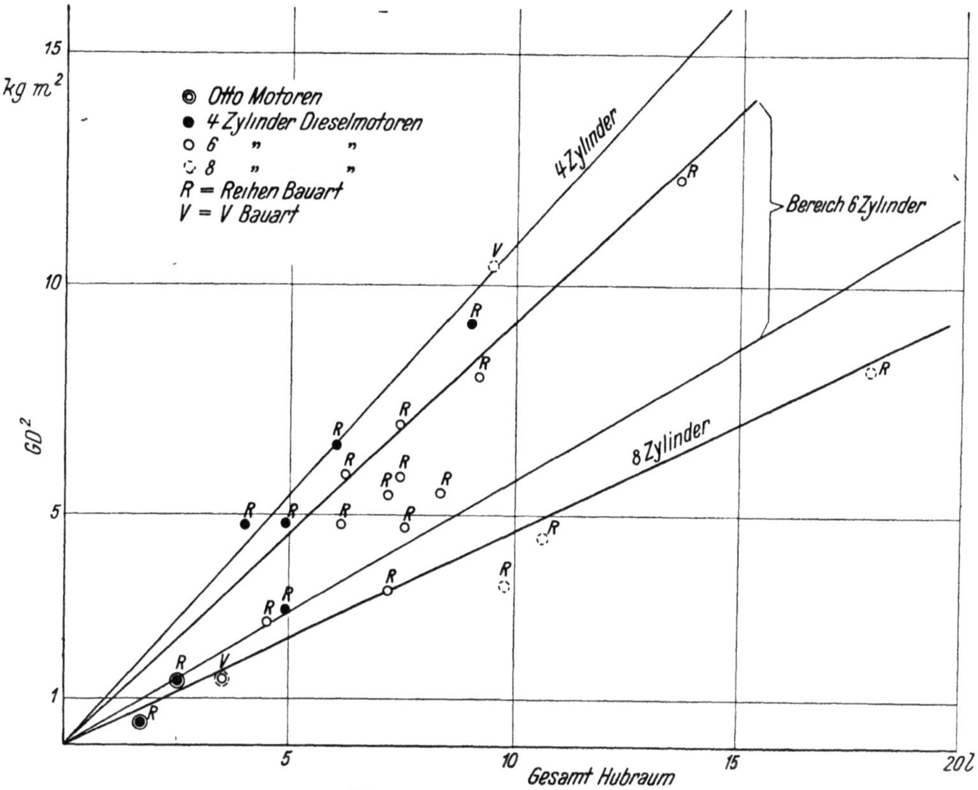

Abb. 94. GD² von Schwungrädern.

Es ist zweckmäßig, im Schwungrad besondere Bohrungen vorzusehen, durch die der Abrieb der Reibscheiben nach außen abgeschleudert werden kann.

C. Beschreibung ausgeführter Motoren.

I. Dieselmotoren für Kraftfahrzeuge.

1. Personenkraftwagenmotor OM 138 der Daimler-Benz AG.

Zylinderzahl: 4
Motorbauart: Reihe
Bohrung: 90 mm
Hub: 100 mm
Hubraum: 2,54 l
Verdichtungsverhältnis: 20,5
Drehzahl: 3000 U/min
Leistung: 45 PS
Nutzdruck (p_e): 5,3 kg/cm²
Motorgewicht: 300 kg
Leistungsgewicht: 6,65 kg/PS
Hubraumleistung: 17,7 PS/l
Hubraumgewicht: 118 kg/l
Ölinhalt: 5 l

Der Motor gehört zu den wenigen, marktfähig gewordenen Bauarten von Personenwagendieselmotoren.

a) Verbrennungsverfahren.

Der Motor arbeitet nach dem Vorkammerverfahren. Die Vorkammer liegt stark exzentrisch und schräg. Sie wird durch die Seitenwand des Zylinderkopfes heraus geführt, wodurch Einspritzventil und Glühkerze gut zugänglich werden. Die Vorkammer bläst durch den von der Daimler-Benz AG. allgemein verwendeten Zerstäubungseinsatz in den Hauptbrennraum.

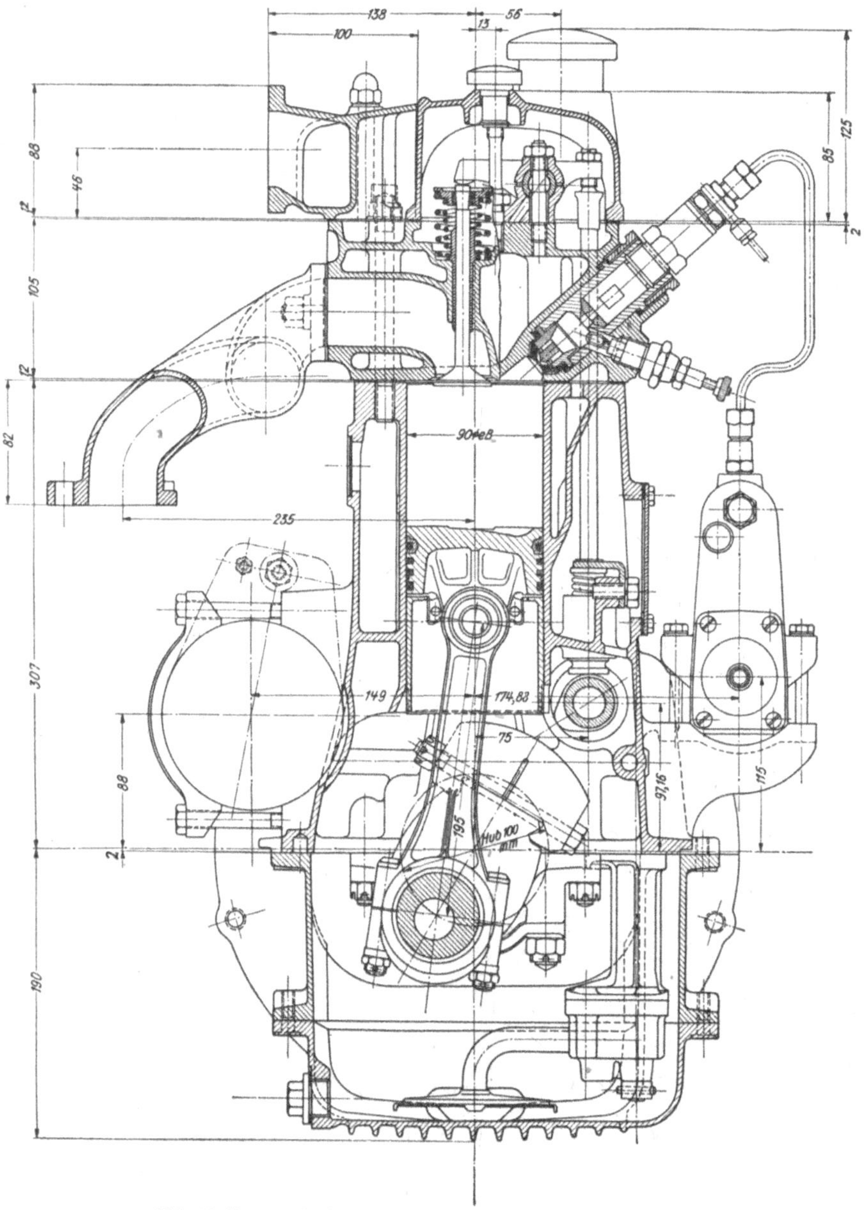

Abb. 95. Personenkraftwagenmotor OM 138 der Daimler-Benz A. G.

b) Zylinder, Zylinderkopf.

Der Zylinderkopf mit hängenden Ventilen ist für alle vier Zylinder gemeinsam. Auf der Vorkammerseite sind die Stoßstangen durch den Zylinderkopf geführt. Die Auspuffkanäle münden an der entgegengesetzten Seite, die Ansaugkanäle aus Platzgründen in der oberen Fläche des Zylinderkopfes. Das Ansaugrohr schließt an die Zylinderkopfhaube an. Jeder Zylinder hat ein Einlaß- und ein Auslaßventil von gleichem Durchmesser. Die Federteller für die doppelten Ventilfedern werden durch Kegelstücke gehalten. Die durchgehende, hohlgebohrte Kipphebelachse ist auf jedem Zylinder in einem Bock gelagert und

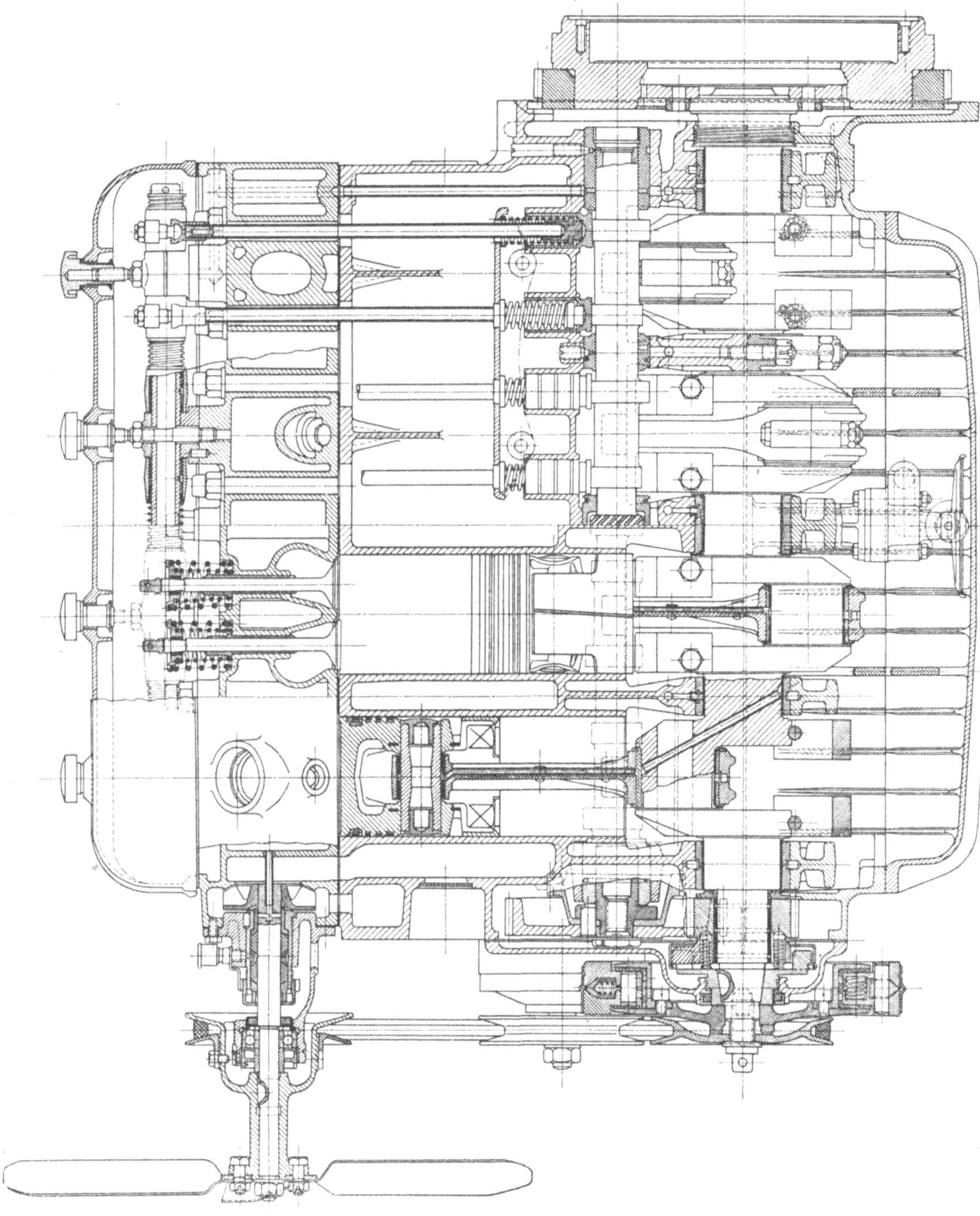

Abb. 96. Längsschnitt zum Motor Abb. 95.

an die Umlaufschmierung angeschlossen. Die Kipphebel haben Bronzebüchsen und werden seitlich durch Federn gegen den Bock gedrückt.

Der Ventilantrieb ist von einer mit vier randrierten Muttern befestigten Zylinderkopfhaube umschlossen.

Die Zylinder sind in das Kurbelgehäuseoberteil eingegossen.

c) Kurbelgehäuseoberteil.

Das Kurbelgehäuseoberteil reicht von Mitte Kurbelwelle bis zum Zylinderkopf. Es besteht aus dünnwandigem Grauguß und ist beispielgebend durchgebildet. Der Kühlmantel um die Zylinderlaufbuchsen ist auffallend tief heruntergezogen. Das Kurbelgehäuse nimmt die fünf kräftig bemessenen Wellenlager auf. Die Lagerdeckel sind mit je zwei Stiftschrauben befestigt und durch zwei kleinere außerhalb der Befestigungsschrau-

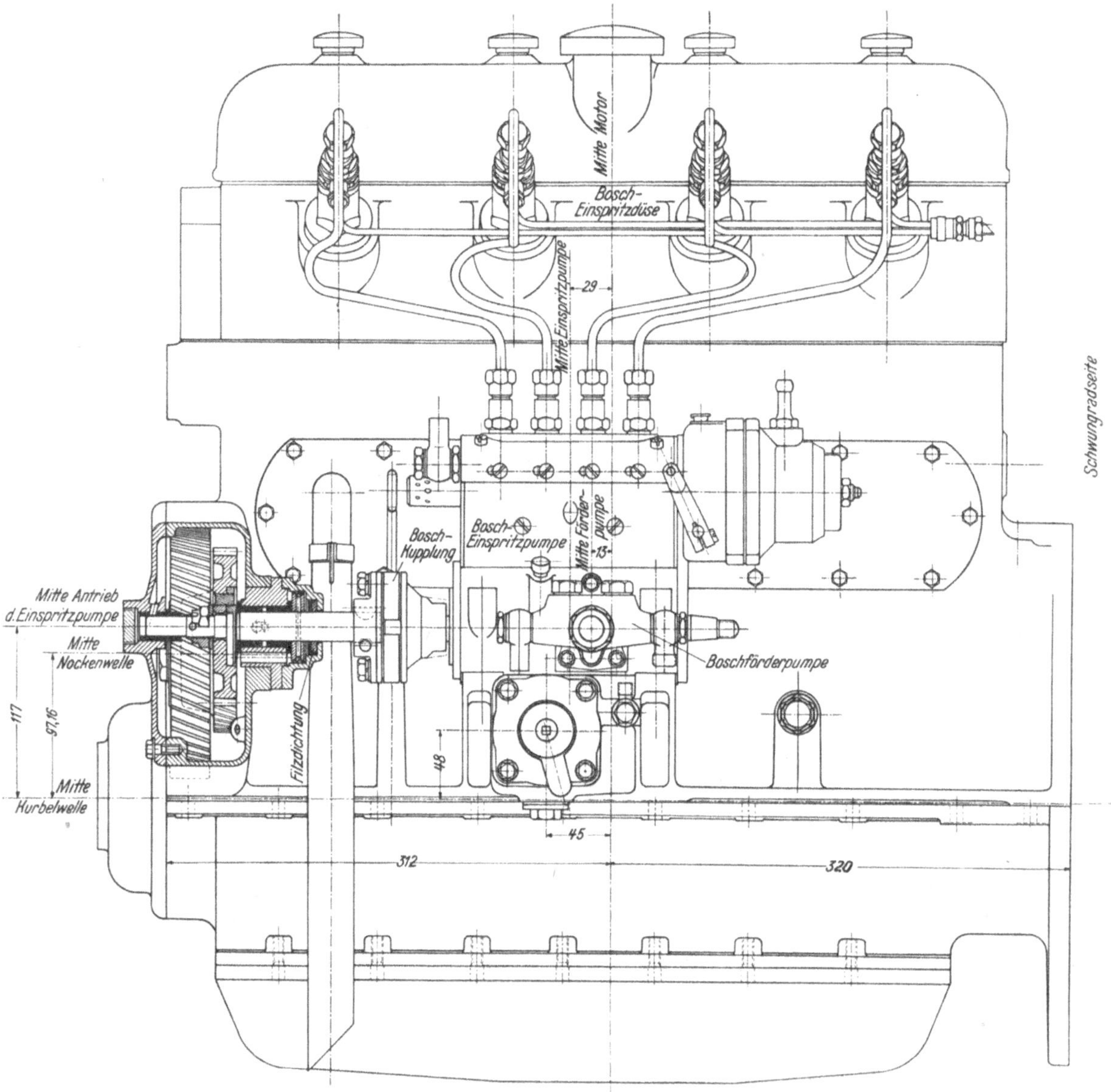

Abb. 97. Ansicht zum Motor Abb. 96.

ben angeordnete Paßschrauben in ihrer Lage gesichert. An der Vorderseite ist das Kurbelgehäuseoberteil als Kasten für den Nockenwellenantrieb ausgebildet. Dieser ist durch einen Deckel zugänglich. Die Nockenwelle ist fünfmal gelagert und liegt so, daß sie vom Kurbelwellenrad ohne Zwischenrad angetrieben werden kann.

Lichtmaschine, Anlasser und Einspritzpumpe sind auf angegossenen Konsolen befestigt.

Die Ölverteilleitung ist in das Kurbelgehäuse gebohrt. Von ihr führen Bohrungen zu den Kurbel- und Nockenwellenlagern. Die Querwände des Gehäuses, in welchen die Lager liegen, sind für die Weiterleitung der Verbrennungskräfte durch Rippen verstärkt.

d) Kurbelgehäuseunterteil.

Das Kurbelgehäuseunterteil aus Leichtmetall ist unterhalb der Lagerdeckel in horizontaler Ebene nochmals unterteilt. Dadurch wird das Triebwerk zugänglich, ohne daß der vordere Deckel für den Nockenwellenantrieb und die schwungradseitige Abdichtung der Kurbelwelle abgenommen werden muß. Das Kurbelgehäuseunterteil ist am Oberteil durch Stiftschrauben befestigt. Die untere Hälfte des Getriebeanschlußflansches ist an das Kurbelgehäuseunterteil angegossen. Dieses ist innen durch Querrippen versteift.

e) Motorsteuerung.

Der Nockenwellenantrieb befindet sich, der üblichen Bauart von Ottomotoren ent-entsprechend, am vorderen Motorende. Das Kurbelwellenrad hat zylindrischen Sitz und wird durch einen Federkeil mitgenommen. Die Nockenwelle ist zur Aufnahme des Zahnrades am vorderen Ende flanschförmig ausgebildet. Ein zwischen Flansch und Antriebsrad geklemmtes Zahnrad treibt unmittelbar das Zahnrad auf der Antriebswelle der Einspritzpumpe an. Die Nockenwellenlager sind zweiteilig, da die Lagerdurchmesser kleiner als die Nocken sind. In der Mitte der Nockenwelle befindet sich ein Schraubenrad für den Antrieb der Ölpumpe. Ebene Pilzstößel treiben die Stoßstangen an. Die Massenkräfte der Stößel werden durch innerhalb derselben liegende Schraubenfedern aufgenommen. Diese stützen sich gegen ein für vier Stößel gemeinsames Halteblech.

f) Triebwerk.

Die Kolben aus Leichtmetall sind zur Erzielung eines möglichst kleinen Laufspiels als Nelson-Breitplattenkolben ausgeführt. Sie haben drei Dichtungsringe und einen Ölabstreifring. Der oberste Kolbenring liegt in einem eingegossenen Ringträger.

Der Kolbenbolzen ist durch Pilze gegen Anlaufen an der Zylinderwand gesichert.

Die Pleuelstange ist aus hochwertigen Vergütungsstahl mit I-Querschnitt ausgeführt. Die Lagerschalen der Bleibronze-Pleuellager sind durch einen zylindrischen Stift gegen Verdrehung gesichert. Ein am Pleuelstangenschaft befestigtes Ölrohr führt das Öl den Pleuelbuchsen zu.

Die Kurbelwelle ist fünfmal gelagert und hat gehärtete Lagerzapfen. Zur Entlastung der Wellenlager sind an allen Kurbelwangen Gegengewichte durch Schwalbenschwanz und Spannschraube befestigt. Die beiden End- und das Mittellager der Kurbelwelle sind breiter als die beiden Zwischenlager ausgeführt. Das Schwungrad ist an einem Flansch der Kurbelwelle befestigt. Ein Reibungsschwingungsdämpfer sitzt am vorderen Ende des Motors außerhalb des Kurbelgehäuses. Die Pleuelzapfen der Kurbelwelle sind hohl gebohrt. Das Schmieröl wird den Pleuellagern durch eingewalzte Rohre zugeführt.

g) Einspritzpumpe.

Die Boscheinspritzpumpe Größe A mit angebautem pneumatischen Regler wird über eine Bosch-Kreuzscheibenkupplung angetrieben. Die Einspritzleitungen sind kurz. Das ist bei der verhältnismäßig hohen Motordrehzahl von Vorteil.

h) Schmierung.

Die Ölpumpe wird von der Nockenwelle durch Schraubenräder angetrieben. Sie befindet sich im Ölsumpf in Motormitte und ist an das Kurbelgehäuseoberteil angeflanscht. Die Pumpe saugt durch ein kurzes Saugrohr, das am Ende einen Ansaugtrichter mit Sieb tragt und drückt das Öl über ein Spaltfilter der Hauptölleitung zu. Ein gut zugängliches Regelventil ermöglicht die Einstellung des Öldruckes.

i) Lüfter und Wasserpumpe.

Der Lüfter sitzt auf der Wasserpumpenwelle. Die Wasserpumpe ist an der vorderen Stirnfläche des Zylinderkopfes befestigt. Ihr Gehause ist in den Zylinderkopf, der Saugkanal in das Kurbelgehäuseoberteil eingegossen. Das Kühlwasser wird dem Zylinderblock seitlich zugeführt, tritt von dort in den Zylinderkopf und wird in einer seitlich angeordneten Leitung abgeführt.

Der Antrieb von Lüfter, Kühlwasserpumpe und Lichtmaschine erfolgt durch einen Gummikeilriemen im Dreieckstrieb. Der Riemen wird durch Schwenken der Lichtmaschine nachgespannt.

2. Fahrzeugdieselmotor der Hercules Motors Corp.

Die amerikanische Hercules Motor Corp. baut 4- und 6-Zylindermotoren von 48 PS bis 160 PS Leistung mit Drehzahlen von 1000 bis 2600 U/min. Die Motoren werden für Lastwagen, Triebwagen, Boote, Omnibusse und Schlepper verwendet. Als Vertreter der amerikanischen Richtung im Fahrzeugdieselmotorenbau wird ein Hercules-6-Zylindermotor beschrieben.

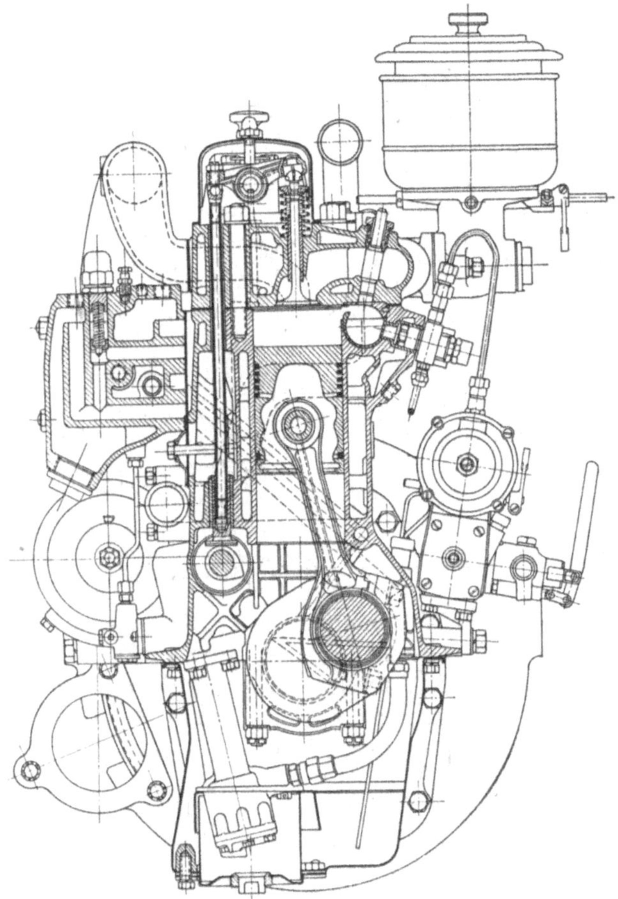

Abb. 98. Fahrzeugdieselmotor der Hercules Motor Corporation.

Zylinderzahl: 6
Motorbauart: Reihe
Bohrung: 89 mm (3 ½″)
Hub: 114 mm (4 ½″)
Hubraum: 4,23 l
Verdichtungsverhaltnis: 15
Höchstleistung: 83 PS bei 2600 U/min
Dauerleistung: 69 PS bei 1800 U/min
Mittl. Kolbengeschwindigkeit: 9,9 m/sec bei 2600 U/min
Nutzdruck (p_e): 6,75 kg/cm² bei 83 PS, 8,15 kg/cm² bei 69 PS
Motorgewicht 463 kg
Leistungsgewicht: 5,6 kg/PS
Hubraumleistung: 19,6 PS/l
Hubraumgewicht: 11 kg/l

a) Verbrennungsverfahren.

Der Motor arbeitet nach dem Wirbelkammerverfahren. Die Wirbelkammer sitzt im Zylinderblock und ist durch eine tangentiale Bohrung mit dem Zylinderraum verbunden.

b) Zylinder, Zylinderkopf.

In den für alle 6 Zylinder gemeinsamen Zylinderkopf ist auf der Seite der Einspritzpumpe das Saugrohr eingegossen. Der Anschluß für das Ölnaßluftfilter liegt in der Längsmitte des Motors. Die Auspuffkanäle sind nach der anderen Motorseite geführt. Die außergewöhnliche Bauart des Ansaugkanals ist darauf zurückzuführen, daß die im Kurbelgehäuseoberteil liegende Wirbelkammer nach oben durch den Zylinderkopf abgeschlossen werden muß. Dadurch ist die Breite des Zylinderkopfs gegeben. Es war daher naheliegend, den dadurch gegebenen Raum für das Ansaugrohr zu verwenden und dieses einzugießen. Ähnliche Überlegungen bestimmten die Wasserabführung des Zylinderkopfes nach oben, in der Mitte des zweiten und fünften Zylinders. Die Glühkerzen werden aus Platzmangel durch die reichlich bemessenen Ansaugkanäle geführt. Das Einspritzventil sitzt der Lage der Wirbelkammer entsprechend im Kurbelgehäuseoberteil und ist sehr gut gekühlt.

c) Kurbelgehäuseoberteil.

Der Aufbau der Maschine entspricht durchaus dem von Ottomotoren. Die Kurbelwelle ist allerdings nach jedem Zylinder, also siebenmal, gelagert, wie es im Dieselmotorenbau üblich ist. Die Zylinder sind eingegossen.

d) Kurbelgehäuseunterteil.

Das Kurbelgehäuseunterteil ist aus Blech gepreßt. Eine gußeiserne Schwungradverschalung, an welcher der Anlasser befestigt wird, ist an das Kurbelgehäuseoberteil angeschraubt. Das Kurbelgehäuseunterteil (Ölwanne) ist sowohl gegen das Kurbelgehäuse-

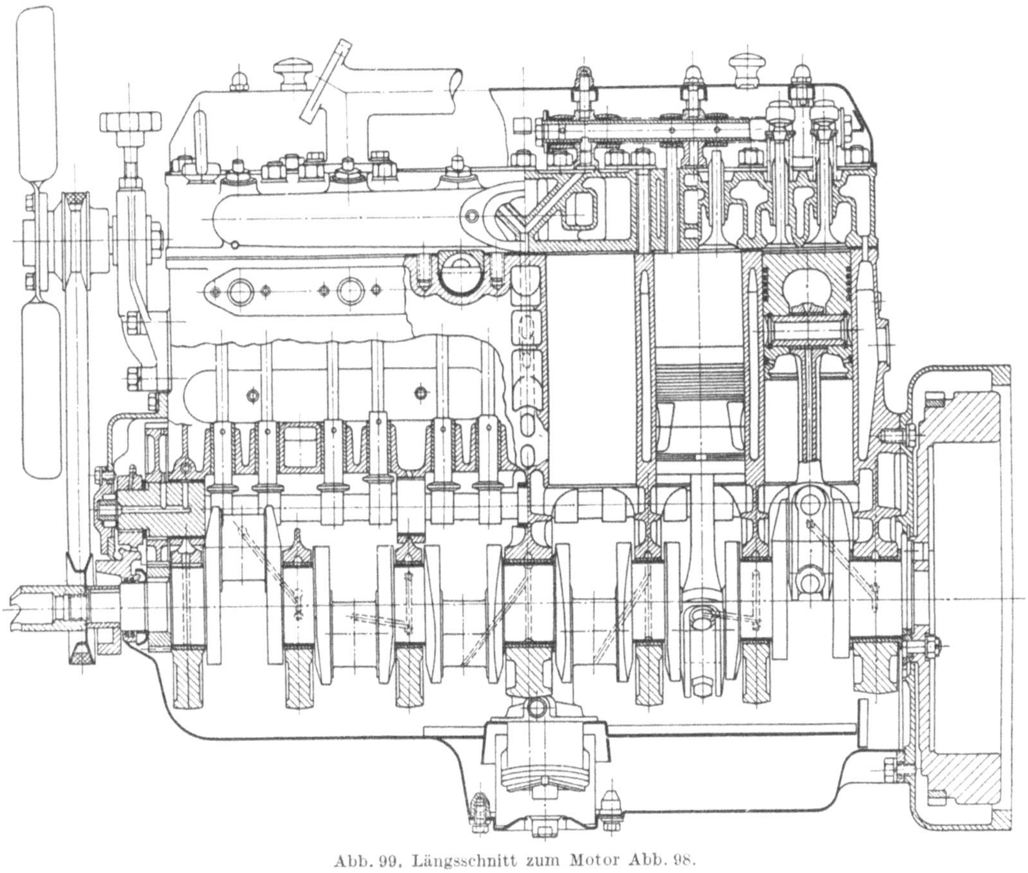

Abb. 99. Längsschnitt zum Motor Abb. 98.

oberteil, als auch gegen diese Verschalung geschraubt, so daß die Ölwanne an zwei unter 90° liegenden Flächen dichtet.

e) Triebwerk.

Die Kolben aus Aluminiumlegierung tragen vier Dichtungsringe und je einen über und unter dem Kolbenbolzen angeordneten Ölabstreifring.

Die Pleuelstangen sind schräg geteilt, um sie trotz des großen Pleuellagerdurchmessers (63,5 mm) durch die Zylinderbohrungen ausbauen zu können.

Die Kurbelwellenlager in der Mitte und am schwungradseitigen Ende sind breiter als die übrigen Lager ausgeführt. Die Lager haben folgende Abmessungen:

	Durchmesser	Länge
Mittellager	76,2 mm (3″)	51,6 mm ($2^1/_{32}$″)
Schwungradseitiges Lager. . .	76,2 mm (3″)	52,4 mm ($2^1/_{16}$″)
Übrige Lager	76,2 mm (3″)	27,3 mm ($1^3/_{32}$″)

Die Pleuellager haben einen Durchmesser von 63,5 mm (2 ½″) und eine Länge von 45,2 mm ($1^{25}/_{32}$″).

Die Kurbelwelle hat keine Gegengewichte. Das dürfte bei der hohen Drehzahl wohl von Nachteil sein, obwohl das mittlere Kurbelwellenlager breiter ausgebildet ist, um die Massenkräfte der auf beiden Seiten dieses Lagers gleichgerichteten Kurbeln ohne zu große spezifische Lagerpressung aufnehmen zu können.

Das Schwungrad ist mit der Kurbelwelle durch einen Flansch verbunden. Um Baulänge zu sparen, erfolgt die Abdichtung der Kurbelwelle beim Austritt aus dem Kurbelgehäuse am Umfang des Flansches.

f) Motorsteuerung.

Die Nockenwelle wird lüfterseitig durch zwei schräg verzahnte Stirnräder angetrieben, die durch einen Gußdeckel verkleidet sind. Die Nockenwelle ist zwischen je zwei Zylindern, also viermal gelagert. Der Ventilantrieb erfolgt durch ebene Pilzstößel und Stoßstangen. Die Kipphebel für je drei Zylinder sitzen auf einer gemeinsamen Achse. Diese ist hohl und an den Schmierolkreislauf angeschlossen.

g) Einspritzpumpe, Regler.

Die Einspritzpumpe ist mit einem Unterdruckregler ausgerüstet. Sie liegt aus Raumgründen etwas gegen die Zylinderachse geneigt.

h) Schmierung.

Die Ölpumpe ist in der Längsmitte der Maschine angeordnet und wird von der Nockenwelle mit Schraubenradern angetrieben. Ihre Antriebswelle ist zur Zylinderachse geneigt. Das Schmierölfilter sitzt sehr hoch am Kurbelgehäuseoberteil unter dem Auspuffrohr. Das Schmierol wird von der Pumpe durch eine Rohrleitung zum Kurbelgehäuseoberteil und in diesem durch eine zur Zylinderachse stark geneigte Bohrung zur Anpaßfläche des Filters geleitet. Eine zur Zylinderachse parallele Bohrung führt das gereinigte Öl vom Filter zur im Gestell gebohrten Verteilleitung. Von dieser werden die Kurbelwellenlager durch schräge Bohrungen mit Öl versorgt. Durch Ölnuten in den oberen Lagerschalenhälften und Schrägbohrungen in der Kurbelwelle wird das Öl den Pleuellagern zugeleitet.

i) Kühlung.

Wasserpumpe und Lichtmaschine sind an der Auspuffseite des Motors angeordnet und werden durch eine einfache Rollenkette vom vorderen Ende der Nockenwelle angetrieben.

Der Lüfter wird durch einen Keilriemen angetrieben. Er ist auf einen Bock am Kurbelgehauseoberteil gelagert, der ein Nachspannen des Riemens erlaubt.

3. Fahrzeugdieselmotor S 88 D der Klöckner-Humboldt-Deutz AG. (Werk Magirus.)

Zylinderzahl: 6	Hochstleistung: 70 PS bei 2000 U/min
Motorbauart: Reihe	Nutzdruck (p_e): 6,9 kg/cm² bei 70 PS
Bohrung: 88 mm	Motorgewicht: 480 kg
Hub: 125 mm	Leistungsgewicht: 6,8 kg/PS
Hubraum: 4,562 l	Hubraumleistung: 15,4 PS/l
Verdichtungsverhaltnis: 19,5	Haubraumgewicht: 105 kg/l
Drehzahl: 2000 U/min	Ölinhalt: 9 l
Mittlere Kolbengeschwindigkeit: 8,4 m/sec	

Der Motor zeichnet sich durch seine klare und billige Bauweise aus. Er wurde in mehreren Tausend Stück erzeugt und hat sich bestens bewährt. Er wurde in letzter Zeit durch eine neuere Motorbauart ersetzt, da es heute üblich ist, für eine Leistung von 70 PS einen 4-Zylindermotor zu verwenden.

a) Verbrennungsverfahren.

Der Motor arbeitet nach dem Vorkammerverfahren. Die Vorkammer ist exzentrisch zur Zylinderachse in den Zylinderkopf eingesetzt, hat 2 Ausblaseöffnungen und entspricht in ihrer Form der von Deutz entwickelten Bauart.

b) Zylinder, Zylinderkopf.

Die Zylinder sind eingegossen. Die Herstellung wird dadurch einfach und billig und hat daher bei den kleinen Abmessungen dieses Motors Berechtigung.

Der Zylinderkopf ist für alle 6 Zylinder gemeinsam. Einsaug- und Auspuffkanäle liegen auf verschiedenen Seiten des Zylinderkopfes. Die Einsaugkanäle münden an der Einspritzpumpenseite in das Saugrohr. Dieses liegt im Zylinderkopf und wird durch einen aus Blech gepreßten Deckel seitlich abgeschlossen. Ein- und Auslaßventile sind gleich groß. Die Vorkammern sind nach der Auspuffseite hin gegen die Zylinderachse versetzt. Die Ventile herkömmlicher Ausführung werden in eingepreßten Ventilführungen geführt. Jedes Ventil hat 2 Ventilfedern. Die Kipphebelachse ist für je 3 Zylinder gemeinsam und wird über jedem Zylinder in einem Bock gelagert. Die Kipphebel haben Bronzebüchsen. Kipphebel und Kipphebelachse werden durch Umlauföl geschmiert, das vom Hauptkreislauf des Öls durch eine Drosselbohrung abgezweigt wird. Das Öl kann sich in einer tassenförmigen Vertiefung des Zylinderkopfes sammeln und wird von dort in das Kurbelgehäuse zurückgeleitet. Die Zylinderkopfhaube aus Leichtmetall ist mit 3 Schrauben befestigt.

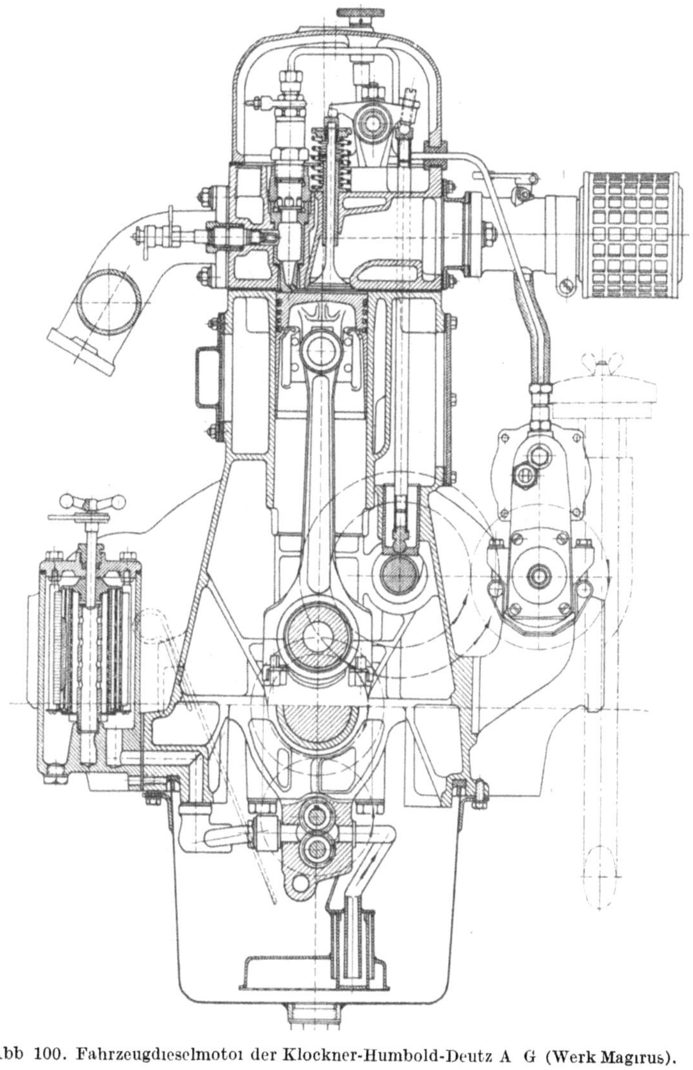

Abb 100. Fahrzeugdieselmotor der Klockner-Humbold-Deutz A G (Werk Magirus).

c) Kurbelgehäuseoberteil.

Das Kurbelgehäuseoberteil bildet mit dem Zylinderblock ein Stück. Die Teilebene zum Kurbelgehäuseunterteil liegt weit unter der Kurbelwellenmitte. Dadurch wird die Abdichtung gegen das Kurbelgehäuseunterteil einfach. Die Verbrennungskräfte werden über die Zylinderlaufbuchsen und die Querwände des Gehauses, die unterhalb des Kühlwasserraums durch Rippen verstärkt sind, zu den Befestigungsschrauben der Lagerdeckel geleitet. Die Kurbelwelle ist nach jeder Kropfung gelagert. Das mittlere Kurbelwellenlager und die beiden Endlager sind breiter als die übrigen Lager. Die Nockenwelle ist nach je 2 Zylindern unmittelbar im Kurbelgehäuseoberteil gelagert. Auch die Pilzstößel sind unmittelbar im Kurbelgehäuseoberteil geführt. Der Kühlwasserraum hat seitlich eine große Kernlochöffnung, die durch einen aus Blech gepreßten Deckel verschlossen wird. Der Stößelraum hat 2 große Öffnungen, durch welche die Stößel ausgebaut werden können. Der Antrieb der Nockenwelle liegt vorne. An das Kurbelgehäuseoberteil ist dort ein Räderkasten angegossen. Die Kühlwasserpumpe ist am oberen Teil des Kurbelgehäuse-

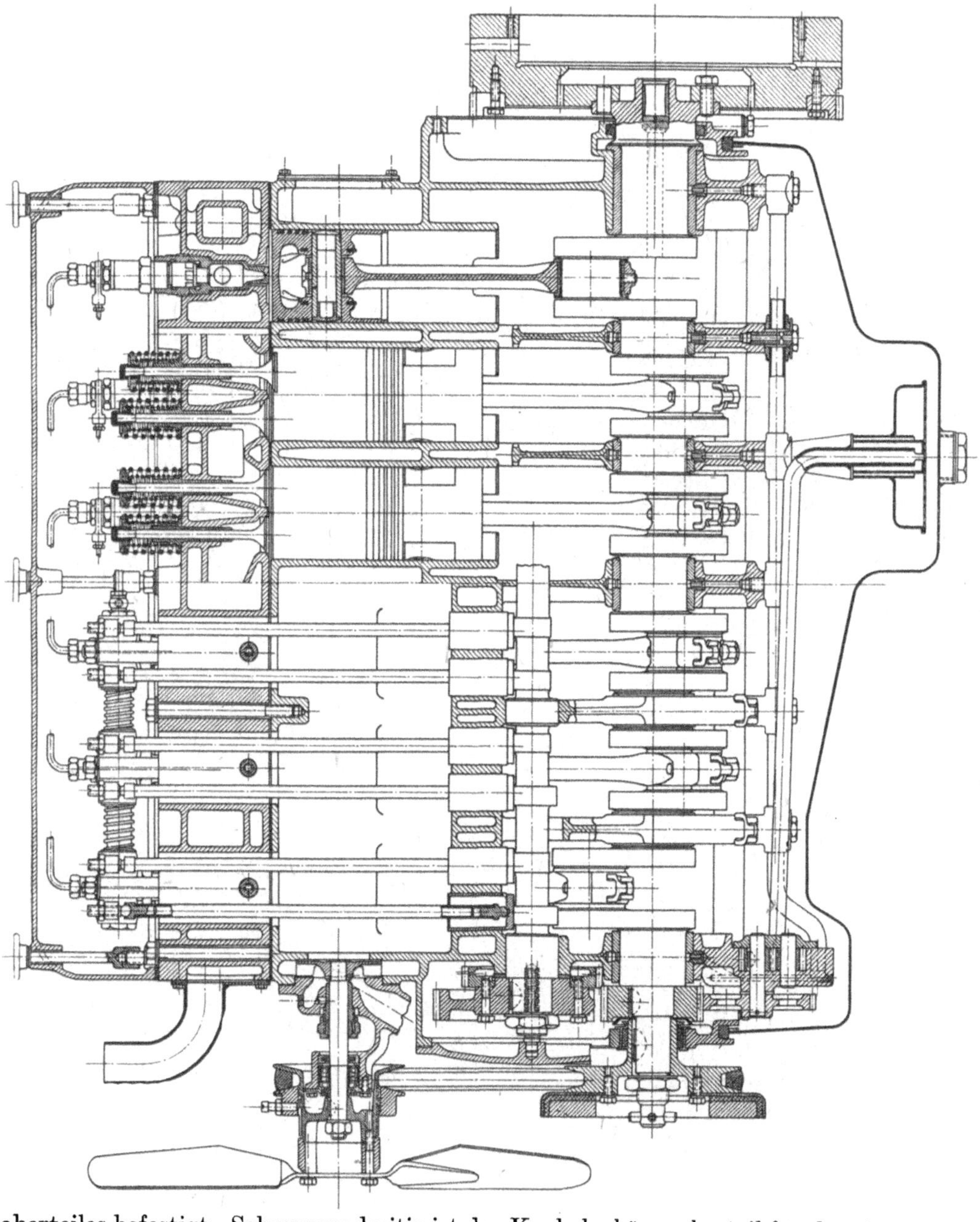

Abb. 101. Längsschnitt zum Motor Abb. 100.

oberteiles befestigt. Schwungradseitig ist das Kurbelgehäuseoberteil für den Anschluß der Kupplungsglocke ausgebildet. Die Einspritzpumpe sitzt auf einer Konsole, die an einer Anpaßfläche des Kurbelgehäuseoberteiles befestigt wird.

d) Kurbelgehäuseunterteil.

Das Kurbelgehäuseunterteil ist aus Blech gepreßt und wird mit 8 Schrauben am Kurbelgehäuseoberteil befestigt. Die Abdichtung zum Kurbelgehäuseoberteil besorgt eine

Burgmann-Schnur, die in eine in das Gehäuseoberteil eingegossene Rille eingelegt ist. Zur Aufnahme der Befestigungsschrauben sind am Kurbelgehäuseunterteil Blechwinkel angeschweißt. Diese Art der Abdichtung erlaubt ein schnelles Abnehmen des Kurbelgehäuseunterteils zur Kontrolle der Lager und des Triebwerkes.

e) Motor-Steuerung.

Die Nockenwelle wird vom vorderen Ende der Kurbelwelle durch schrägverzahnte Stirnräder angetrieben. Das Nockenwellenrad hat zylindrischen Sitz und ist mittels Federkeil befestigt. Einspritzpumpe und Nockenwelle liegen auf derselben Motorseite. Das Antriebsrad für die Einspritzpumpe befindet sich neben dem Nockenwellenrad.

f) Triebwerk.

Die Kolben aus Aluminium-Siliciumlegierung wurden zuerst als Nelsonkolben ausgeführt. Später wurden glattschaftige Kolben verwendet und dadurch die Herstellungskosten verringert.

Die Pleuelstange ist üblicher Bauart. Der Pleuellagerdeckel wird durch Kopfschrauben befestigt. Das Pleuellager besteht aus einer Stahlschale mit Bleibronzeausguß.

Die Kurbelwelle ist siebenmal gelagert. Da sie keine Gegengewichte hat, sind das mittlere und die beiden Endlager breiter ausgeführt. Das Schwungrad wird mit Kopfschrauben an einem kräftigen Flansch der Kurbelwelle befestigt. Am vorderen Ende der Kurbelwelle sitzt die Riemenscheibe für den Antrieb von Lüfter und Lichtmaschine sowie ein Resonanzschwingungsdämpfer.

g) Schmierung.

Die Zahnradölpumpe ist in den Lagerdeckel des vordersten Wellenlagers eingebaut und wird durch ein Stirnrad von der Kurbelwelle aus angetrieben. Diese Anordnung hat den Nachteil, daß bei eingetretenem Verschleiß der Zahnradölpumpe der Lagerdeckel erneuert werden muß. Zum Ölsumpf, der sich im hinteren Drittel des Motors befindet, führt eine Saugleitung, durch deren trichterförmiges Ende ein Ansaugen von Luft bei kaltem Öl vermieden werden soll. Das Schmieröl wird im Hauptstrom durch ein am Kurbelgehäuseoberteil angebautes Spaltfilter gereinigt. Vom Filter gelangt das Öl in die Verteilleitung unterhalb der Lagerdeckel. Um die Wärmedehnung des Ölverteilrohres zu ermöglichen, umfassen die Anschlußstücke an den Lagerdeckeln das Ölverteilrohr, das aus mehreren Teilen besteht, mit Schiebesitz.

h) Einspritzpumpe und Einspritzventil.

Der Motor hat eine Boschpumpe Größe A mit pneumatischem Regler und Boscheinspritzdüsen DNO St 21. Die Brennstoffleitung schließt zentrisch an das Einspritzventil an.

i) Lüfter und Wasserpumpe.

Lüfter und Wasserpumpe bilden ein Anbau-Aggregat. Zur Aufnahme der Antriebskräfte des Lüfters dient ein doppelreihiges Kugellager im Wasserpumpengehäuse. Die Lüfternabe ist unmittelbar auf der Wasserpumpenwelle befestigt. Die Lichtmaschine wird im Dreieckstrieb angetrieben. Die Nachstellung des Keilriemens erfolgt durch die verstellbare Antriebsscheibe.

4. Fahrzeugdieselmotor D 0534 G der Maschinenfabrik Augsburg-Nürnberg AG.

Zylinderzahl: 4	Mittl. Kolbengeschwindigkeit: 9,6 m/sec
Motorbauart: Reihe	Leistung: 70 PS
Bohrung: 105 mm	Nutzdruck (p'_e): 6,36 kg/cm² bei 70 PS
Hub: 130 mm	Motorgewicht: 450 kg
Hubraum: 4,5 l	Leistungsgewicht: 6,4 kg/PS
Verdichtungsverhältnis: 17	Hubraumleistung: 15,5 PS/l
Drehzahl: 2200 U/min	Hubraumgewicht: 100 kg/l

a) Verbrennungsverfahren.

Der Motor arbeitet mit direkter Einspritzung nach dem neuen Verfahren der MAN. Der kugelförmige Verbrennungsraum befindet sich im Kolben und ist gegen die Kolbenachse zum Einspritzventil hin versetzt. Das Einspritzventil liegt schrag im Zylinderkopf, so daß die Verlängerung seiner Achse in OT-Stellung durch den Mittelpunkt des kugelförmigen Verbrennungsraumes geht. Eingehende Erprobungen haben ergeben, daß die Bedenken gegen die Verlegung des Verbrennungsraumes in den Kolben grundlos sind, da sich im Betrieb keine Schwierigkeiten durch Festbrennen der Kolbenringe oder Ausschmelzerscheinungen des Kolbenwerkstoffs gezeigt haben. Mit dem Verfahren werden sehr niedrige Brennstoffverbräuche von 160—165 g/PSh (ohne Hilfsmaschinen) erreicht. Das Verbrennungsverfahren ist dadurch besonders bemerkenswert, daß es trotz direkter Einspritzung die Anordnung von zwei genügend großen Ventilen je Zylinder ermöglicht, da die Einspritzdüse nicht in der Mitte des Zylinderkopfes sitzt.

b) Zylinder, Zylinderkopf.

Der Motor hat einen gemeinsamen Kopf für alle 4 Zylinder. Auspuffkrummer und Einspritzpumpe liegen auf verschiedenen Motorseiten. Die Einlaßkanäle werden für je 2 Zylinder zusammengefaßt und münden an der Einspritzpumpenseite. Die Verbrennungsluft wird durch zwei Trichter- oder Ölbadfilter gereinigt. An der Seite der Einspritzpumpe sind die Einspritzventile schräg im Zylinderkopf außerhalb der Zylinderkopfhaube und daher leicht zugänglich angeordnet. Einlaß- und Auslaßventile sind gleich groß und werden in eingepreßten Graugußbüchsen geführt. Die beiden Ventilfedern je Ventil sind den Kraftfahrnormen entsprechend befestigt. Unterhalb des Federtellers ist ein Sprengring am Ventilschaft angebracht, um bei Bruch der Feder das Hereinfallen des Ventils in den Zylinder zu verhindern. Die über alle 4 Zylinder durchgehende Kipphebelachse wird über jeden Zylinder in einem Lagerbock gehalten und zur seitlichen Feststellung geklemmt. Die gehärteten Kipphebel sind unmittelbar auf der gehärteten Kipphebelachse gelagert. Die Kipphebelachse und der Ventilantrieb werden durch Umlauföl geschmiert. Die Zylinderkopfhaube ist aus Blech gepreßt und dichtet mit einer Gummidichtung. Die Zylinder sind eingegossen. Ihre reichliche Wandstärke ermöglicht öfteres Ausschleifen.

c) Kurbelgehäuseoberteil.

Das Kurbelgehäuseoberteil mit den eingegossenen Zylindern besteht aus Grauguß. Die Teilebene zwischen Kurbelgehäuseoberteil und Unterteil liegt weit unter Kurbelwellenmitte. Dadurch wird eine einfache Dichtung des Durchtritts der Wellenenden ermöglicht. Die Kurbelwelle ist fünfmal in Stahlschalen mit Bleibronzeausguß gelagert. Die kräftigen Lagerdeckel werden mit Stiftschrauben am Kurbelgehäuseoberteil befestigt. Zur Übertragung der Verbrennungskräfte auf die Lagerdeckel dienen Rippen in den Querwänden des Kurbelgehäuseoberteils. Der Räderkasten für den vorne liegenden Nockenwellenantrieb ist an das Kurbelgehäuseoberteil angegossen und wird durch einen gepreßten Blechdeckel abgeschlossen. Die Öleinfüllöffnung befindet sich am Räderkasten. Ein besonderes Merkmal der MAN-Fahrzeug-Dieselmotoren ist die Ausbildung der Wellendurchtritte im Kurbelgehäuseoberteil. Im Gegensatz zu den üblichen Ausführungen, bei denen das Kurbelgehäuse an der Stelle der Wellendurchtritte portalförmig ausgebildet ist, sind die Durchtrittsöffnungen bei den MAN-Fahrzeugdieselmotoren als entsprechend große Bohrungen in den Stirnwänden des Kurbelgehäuseoberteils ausgeführt. Das Kurbelgehäuseunterteil dichtet somit mit seiner ganzen ebenen Dichtfläche unmittelbar gegen das Kurbelgehäuseoberteil ab. Man begibt sich dabei allerdings des Vorteiles, die Auflagefläche der Lagerdeckel durch Fräsen mit durchgehendem Fräskopf über die ganze Länge des Kurbelgehäuseoberteils herstellen zu können. Damit die Kurbelwelle ausgebaut werden kann, erfolgt die schwungradseitige Ab-

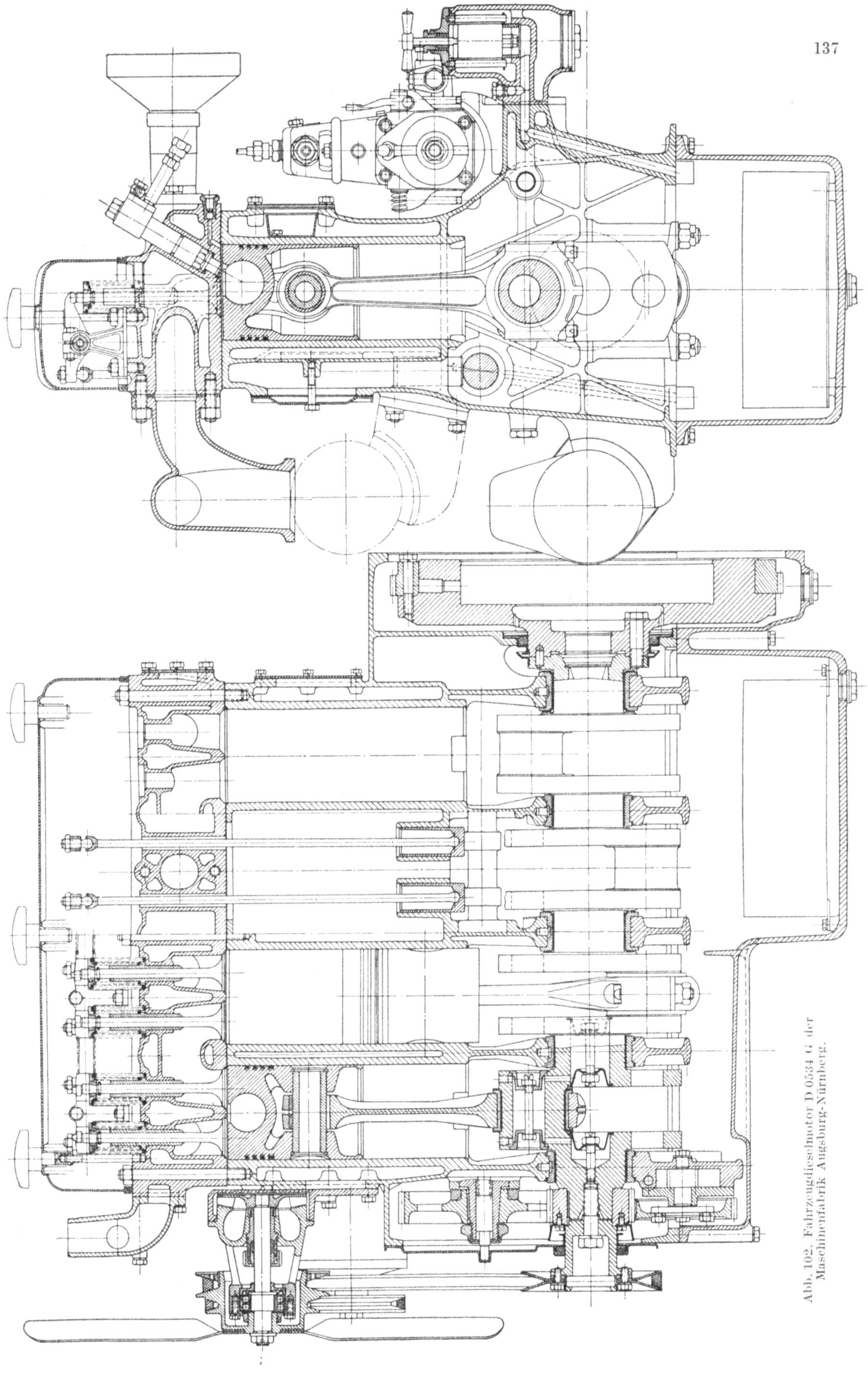

Abb. 102. Fahrzeugdieselmotor D 0534 G der Maschinenfabrik Augsburg-Nürnberg.

dichtung des Wellenaustritts an der Nabe des Schwungrades, die durch kräftige Kopfschrauben mit dem Kurbelwellenflansch verbunden ist. Bei der Ausbildung des lüfterseitigen Kurbelwellenendes mußte die Ausbaurichtung berücksichtigt werden.

Die Konsolen für die Einspritzpumpe, den elektrischen Anlasser und die Lichtmaschine sind am Kurbelgehäuseoberteil angegossen. Die Einspritzpumpe ist, abweichend von anderen Fahrzeugdieselmotoren, in der Fahrtrichtung gesehen links angeordnet. Die Nockenwelle liegt auf der rechten Motorseite. Der Stößelraum ist durch einen gepreßten Blechdeckel abgeschlossen. Die Stößel sind so ausgebildet, daß sie durch die Öffnung des Stößelraumes nach oben ausgebaut werden können. Das Kühlwasser tritt durch eine über die ganze Länge des Kurbelgehäuseoberteils reichende Öffnung in den Kühlwasserraum ein und wird durch Leitbleche den Zylindern zugeführt.

Für die Motoraufhängung sind am Verschalungsgehäuse des Schwungrades und am vorne liegenden Räderkasten je zwei Motorträger angebracht. Die Aufhängezapfen liegen hinten in Richtung der Kurbelwellenachse, vorne senkrecht dazu. Die Kühlwasserpumpe ist an der vorderen Stirnseite des Motors angeflanscht. Unter dem Einspritzpumpenauflager befindet sich die Anpaßfläche für das Spaltfilter. Die Zuführung des Drucköles zum Filter erfolgt durch Bohrungen im Kurbelgehäuseoberteil. Vom Filter strömt das Öl über eine Bohrung zur Hauptölleitung, einem in die Querwände des Kurbelgehäuseoberteils eingewalztem Stahlrohr. Von diesem wird das Öl durch Bohrungen den Wellenlagern zugeführt.

d) Kurbelgehäuseunterteil.

Das Kurbelgehäuseunterteil besteht aus Leichtmetall. Der Ölsumpf reicht von der Längsmitte des Motors bis zur schwungradseitigen Abdichtung. Der untere Teil der Schwungradverschalung ist an das Kurbelgehäuseunterteil angegossen. Die große Zahl der Befestigungsschrauben zwischen Kurbelgehäuseoberteil und Kurbelgehäuseunterteil sichert gute Abdichtung.

e) Motorsteuerung.

Der Nockenwellenantrieb liegt vorne. Das Kurbelwellenrad hat zylindrischen Sitz und wird durch einen Scheibenkeil mitgenommen. Das Nockenwellenrad sitzt auf einem Konus. Die achsiale Führung der Nockenwelle erfolgt in der einen Richtung durch das Kurbelgehäuseoberteil und einem Anlaufring auf der Nockenwelle, in der anderen Richtung durch den Abschlußdeckel, in dem ein Anschlagbolzen sitzt, gegen den ein federnder Bolzen in der Nockenwelle anläuft. Die Nockenwelle ist dreimal gelagert. Der Durchmesser der Lagerstellen ist so groß, daß die Nockenwelle von vorne eingeschoben werden kann. In ähnlicher Weise ist auch der Einspritzpumpenantrieb ausgebildet. Die Stößel sind zylindrisch mit dem Durchmesser des Tellers ausgeführt. Die Ventile werden durch Stoßstangen und Kipphebel in üblicher Weise betätigt.

f) Triebwerk.

Die Kolben sind aus Silicium-Aluminiumlegierung in der Kokille gegossen und tragen 3 Dichtungsringe und einen Ölabstreifring oberhalb des Kolbenbolzens. Die Ausbildung des Kolbens ist durch den, im Kolben liegenden, kugelförmigen Verbrennungsraum weitgehend beeinflußt. Die Kompressionshöhe des Kolbens ist deshalb größer als die üblicher Ausführungen. Der kugelförmige Verbrennungsraum wird durch eine mehrteilige Kokille geformt. Der Kolbenbolzen hat rohrförmigen Querschnitt und ist durch Seegerringe gesichert.

Die Pleuelstange üblicher Ausführung hat I-förmigen Querschnitt. Das Pleuellager besteht aus Stahlschalen mit dünnwandigem Bleibronzeausguß und wird am Kurbelzapfen seitlich geführt. Die Pleuelbuchse wird durch einen Schlitz am oberen Ende der Pleuelstange geschmiert.

g) Kurbelwelle.

Die Kurbelwelle ist fünfmal gelagert. An jede Kurbelwange sind Gegengewichte angeschmiedet. Die Wellen- und Kurbelzapfen sind hohl gebohrt und durch blechgepreßte

Verschlußdeckel abgeschlossen, die mit Zugschrauben befestigt sind. Auch die Kurbelzapfen sind hohl gebohrt. Die Lagerstellen sind durch Ölbohrungen in den Kurbelwangen miteinander verbunden. Die schwungradseitige Wellenabdichtung wird durch einen, auf den Kurbelwellenflansch aufgepreßten, Spritzring aus Blech gebildet. Die aus Blech gepreßten Abschlußdeckel mit Ölrücklaufrinne und Burgmann-Packung sind am Kurbelgehäuseoberteil befestigt.

h) Einspritzpumpe und Regler.

Der Motor wird mit Einspritzpumpen von Deckel oder Bosch mit angebautem mechanischen Regler und Spritzzeitpunktverstellung ausgerüstet. Die Kraftstofförderpumpe ist an die Einspritzpumpe angebaut.

i) Schmierung.

Das Gehäuse der Zahnradölpumpe wird durch den lüfterseitigen Lagerdeckel gebildet. Das Antriebsrad greift unmittelbar in das Kurbelwellenrad ein. Die Pumpe saugt aus dem Ölsumpf und fördert über das Spaltfilter in die Hauptölleitung.

k) Wasserpumpe, Lüfter, Hilfsmaschinen.

Die Lüfterlagerung ist mit der Wasserpumpe zusammengefaßt. Der Antrieb der Wasserpumpe erfolgt durch einen Gummikeilriemen vom vorderen Ende der Kurbelwelle. Die Lüfternabe trägt eine zweite Keilriemenscheibe zum Antrieb der Lichtmaschine. Der Riemen wird durch Nachstellen an den Riemenscheiben nachgespannt. Der Lüfter ist in einem doppelreihigen Kugellager gelagert. Die zweite Lagerstelle liegt in der Wasserpumpe. Die Lichtmaschine hat eine Leistung von 300 Watt bei 12-Volt-Spannung. Es wird ein 4 PS-Anlasser für 24 Volt verwendet. Zur elektrischen Anlage gehören 2 Batterien von je 75 Amp./Std. und 12 Volt.

5. Fahrzeugdieselmotor F 4 M 513 der Klöckner-Humboldt-Deutz AG.

Zylinderzahl: 4	Leistung: 80 PS
Motorbauart: Reihe	Nutzdruck (p_e): 6,5 kg/cm²
Bohrung: 110 mm	Motorgewicht: 480 kg
Hub: 130 mm	Leistungsgewicht: 6 kg/PS
Hubraum: 4,94 l	Hubraumleistung: 16,2 PS/l
Verdichtungsverhältnis: 22	Hubraumgewicht: 98 kg/l
Drehzahl: 2250 U/min	Ölinhalt: 14 l

Der Motor wird zum Antrieb von 3 Tonnen-Lastkraftwagen verwendet.

a) Verbrennungsverfahren.

Der Motor arbeitet nach dem Vorkammerverfahren. Die Vorkammer hat zwei Ablase-Bohrungen von 5,2 mm Durchmesser und liegt stark aus der Zylindermitte. Ihre Achse ist parallel zur Zylinderachse.

b) Zylinder, Zylinderköpfe.

Der Motor hat eingesetzte nasse Zylinderlaufbuchsen. Diese haben am oberen Ende Flanschen, die gegen das Kurbelgehäuseoberteil abdichten. Die untere Abdichtung erfolgt durch zwei an der Laufbüchse angeordnete Gummiringe aus ölbeständigem Buna.

Die Einzel-Zylinderköpfe sind mit je 4 Kopfschrauben am Kurbelgehäuseoberteil befestigt. Die Schrauben sitzen in den vier Ecken des Kopfes und leiten daher ihre Kräfte unmittelbar in die Querwände des Kurbelgehäuseoberteiles.

Der Einsaugkanal liegt auf der Einspritzpumpenseite zwischen den Stoßstangen, der Auslaßkanal auf der gegenüberliegenden Seite. Die Vorkammer sitzt an der Auspuffseite. Das Kühlwasser wird unterhalb des Einsaugkanals vom Zylinderwassermantel in den Zylinderkopf übergeführt und tritt auspuffseitig durch einzelne Rohrkrümmer in die

Sammelleitung aus. Auf derselben Seite liegen auch die Glühkerzen. Ein im Kurbelgehäuseoberteil in der Übertrittsöffnung des Kühlwassers befestigtes Rohrstück sichert die Lage des Kopfes. Um den nötigen Einlaßquerschnitt unterzubringen, ist das Einlaßventil größer als das Auslaßventil. Für das Einlaßventil mußte eine kleine Ausnehmung in der Zylinderbüchse vorgesehen werden. Der Hub beider Ventile ist gleich. Der Kern zwischen den Gaskanalen ist verhältnismaßig stark, damit diese gefährdete Stelle gut gekühlt wird. Die Ventile aus austenitischem Stahl haben gußeiserne Führungen. An

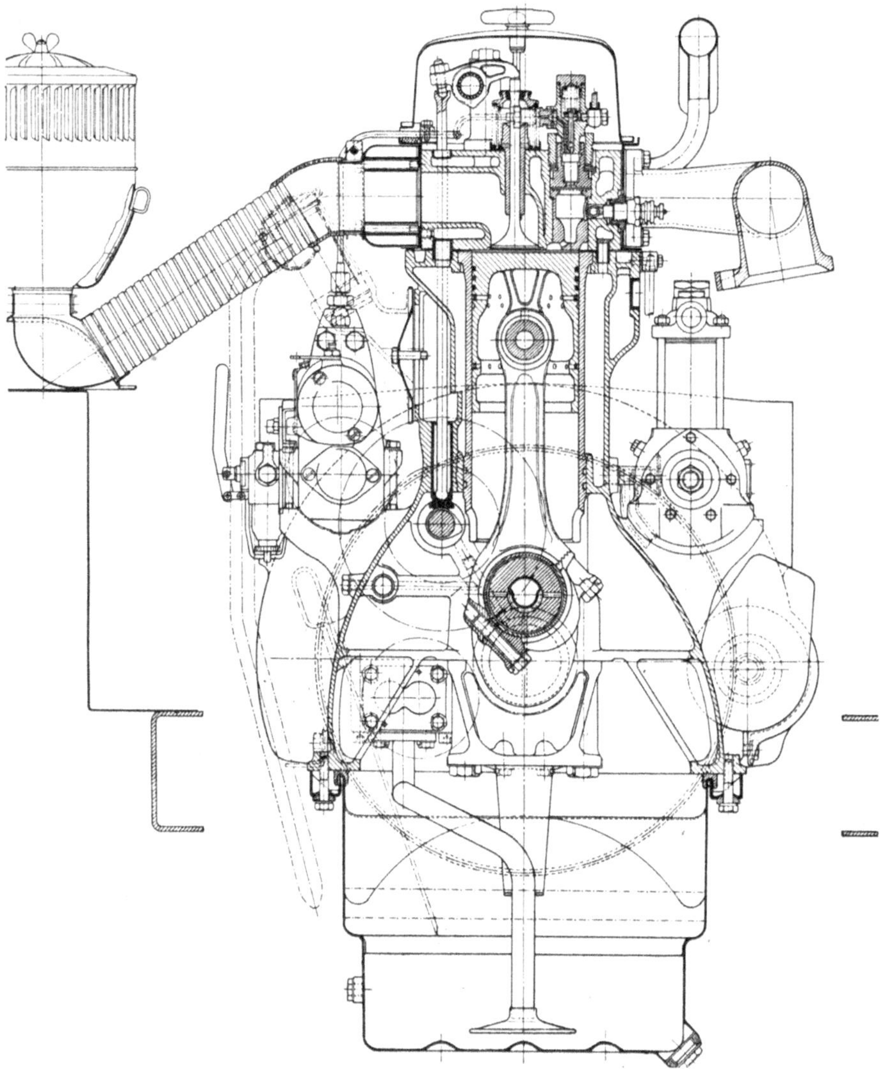

Abb 103. Fahrzeugdieselmotor F 4 M 513 der Klockner-Humboldt-Deutz A G

der Angriffsstelle des Kipphebels sind Plattchen aus Werkzeugstahl auf den Schaft geschweißt. Auf jedem Zylinderkopf ist ein gußeiserner Bock für die Bolzen der Kipphebel mit einer Kopfschraube befestigt. Die Kipphebel haben Nadellager.

Der Zylinderkopf ist mit einer Eisenasbestdichtung abgedichtet.

Seitlich sind die Zylinderköpfe nicht bearbeitet. Zur gemeinsamen Abdichtung aller Köpfe gegen Staub und als Auflage für die Zylinderkopfhaube ist um die Zylinderköpfe ein aus Blech gepreßter Rahmen gelegt, der gleichzeitig das Saugrohr bildet. Dadurch bleibt diese Ausfuhrung trotz des scheinbar erhöhten Aufwandes billig. Jeder Zylinderkopf kann für sich ohne Abnahme des Verkleidungsrahmens abgenommen werden. Eine aus Blech gepreßte Zylinderkopfhaube, die gegen den Verkleidungsrahmen dichtet, schließt den Raum über den Kipphebeln nach außen ab.

c) Kurbelgehäuseoberteil.

Das Kurbelgehäuseoberteil aus Grauguß ist bis unter die Kurbelwellenmitte herabgezogen. Die Verbrennungskräfte werden unterhalb des Kühlwasserraumes durch I-förmige Zugbänder zu den Befestigungsschrauben der Lagerdeckel geleitet. Zylinderkopf-

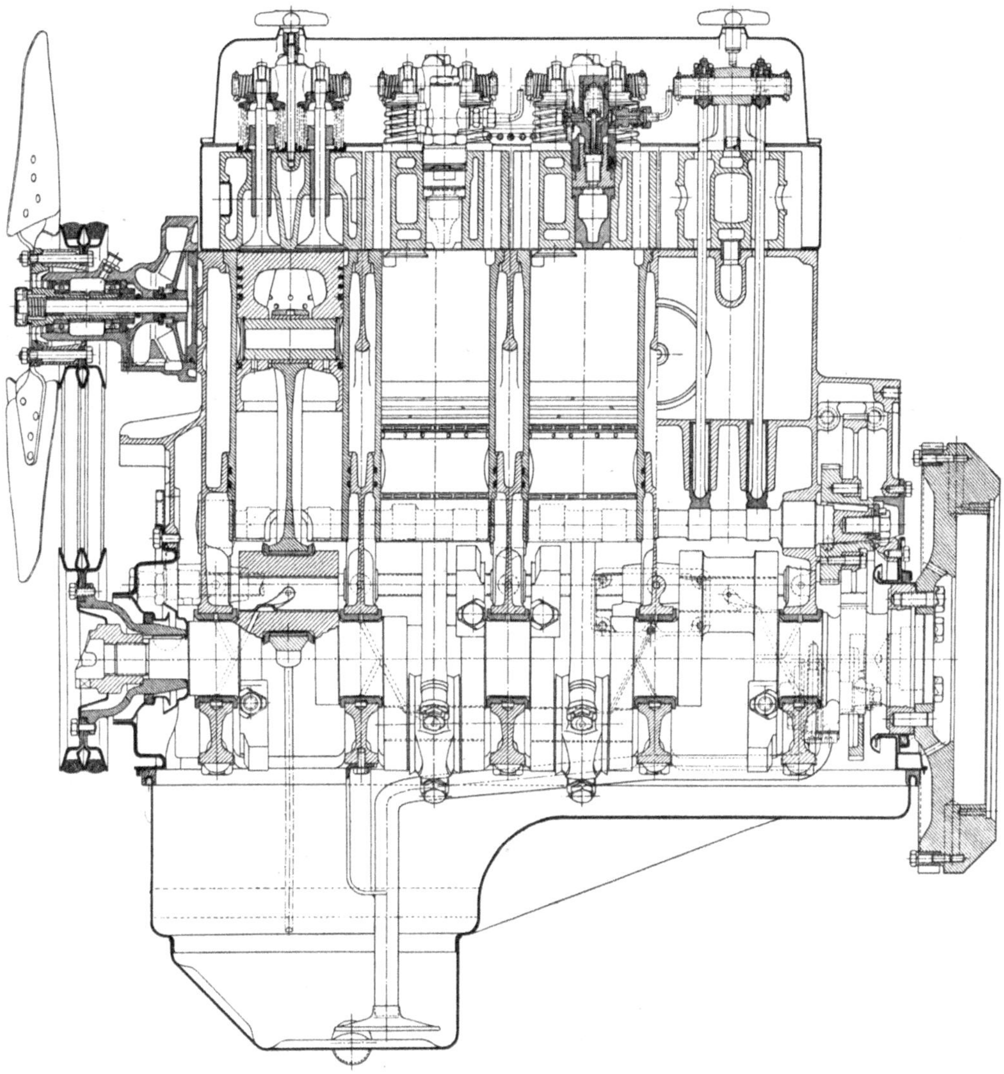

Abb. 104. Längsschnitt zum Motor Abb. 104.

und Lagerdeckelschrauben sind als Kopfschrauben ausgeführt. Zwischen den Zylinderlaufbuchsen liegen Tragstege mit I-förmigem Querschnitt. Die Auflager für Einspritzpumpe, Anlasser, Lichtmaschine und Bremsverdichter sind angegossen und einfach zu bearbeiten.

Durch einen am oberen Teil des Zylinderblocks angegossenen Kanal wird das Kühlwasser auf die einzelnen Zylinder verteilt. Schwungradseitig ist der Räderkasten für den Steuerungsantrieb angegossen und zur Aufnahme der elastischen hinteren Aufhängung des Motors ausgebildet. Die vordere Motoraufhängung durch Schwingmetall liegt etwa in mittlerer Höhe des Kurbelgehäuseoberteils. Die bei Vierzylinder-Personenwagenmotoren mit großem Erfolg eingeführte elastische Lagerung hat sich auch für Vierzylinder-Dieselmotoren durchaus bewährt. Der Schwerpunkt von Vierzylindermotoren vollführt infolge der freien Massenkräfte zweiter Ordnung Schwingungen. Durch die elastische Aufhängung kann sich der Motor bewegen, so daß seine Schwerpunktschwingungen relativ zum Fahrgestell klein bleiben und nur geringe Kraftwirkungen verursachen.

Abb. 105. Fahrzeugdieselmotor F 4 M 513.

Um das Kurbelgehäuseoberteil steif zu halten und Gußspannungen möglichst herabzusetzen, sind ebene Wandteile vermieden.

Die Ölwanne ist aus Blech gepreßt und wird an das Kurbelgehäuseoberteil angeschraubt. Sie wird durch profilierten, ölbeständigen Gummi abgedichtet und ist zur Untersuchung des Triebwerkes leicht abnehmbar.

d) Motorsteuerung.

Die Nockenwelle wird auf der Schwungradseite durch ein in die Kurbelwelle geschnittenes schrägverzahntes Zahnrad angetrieben. Dieses greift unmittelbar in das Nockenwellenrad ein.

Die Nockenwelle ist dreimal gelagert und läuft ohne Lagerbüchsen im Kurbelgehäuseoberteil. Durch Pilzstößel, die unmittelbar im Kurbelgehäuseoberteil gleiten, werden die Kipphebel über Stoßstangen angetrieben.

e) Triebwerk.

Abb. 106. 6-Zylinder-Fahrzeugdieselmotor F 6 M 517.

Die Kolben sind aus eutektischer Al-Si-Legierung hergestellt; ihre Länge beträgt das 1,5-fache des Durchmessers. Der Kolben trägt drei Dichtungsringe und zwei Ölabstreifringe, von denen einer über, der andere unter dem Kolbenbolzen sitzt. Der dicke Kolbenboden und die großen Querschnitte im Ringteil ermöglichen guten Wärmeabfluß und tragen wesentlich zur Erhöhung der Lebensdauer des Kolbens bei.

Die Pleuelstangen sind schräg geteilt, damit die Kolben durch die Laufbuchsen nach oben ausgebaut werden können.

Die fünffach gelagerte Kurbelwelle aus Chrom-Molybdän-Stahl hat nach dem Doppelduro-Verfahren gehärtete Lagerstellen. Alle Wellenlager sind gleich breit. Das Paßlager zur achsialen Führung der Welle liegt auf der Schwungradseite. Die Pleuel- und Kurbelwellenlager haben Stahlschalen mit dünnem Bleibronzeausguß. An den Kurbelwangen sind Gegengewichte zur Entlastung der Wellenlager mit Schwalbenschwanz und Spannschrauben befestigt. Die Bohrungen in den Kurbelzapfen sind zur Weiterleitung des Schmieröls mit eingepreßten Blechformstücken versehen. Das Öl wird vom Kurbelwellenlager zum Pleuellager durch eine Schrägbohrung in der Kurbelwange und eine hierzu um 180° versetzte Bohrung geleitet, welche die Schrägbohrung im Wellenzapfen trifft. Die Kurbelwangen sind mit Rücksicht auf billige Herstellung elliptisch. Die Riemenscheibe für den Lüfter sitzt auf einem zylindrischen Zapfen am vorderen Kurbelwellenende. Die Andrehklaue ist auf diesen Zapfen aufgeschraubt. Die Kurbelwelle wird beim Austritt aus dem Gehäuse in zwei aus Blech gepreßten Deckeln abgedichtet.

Das Schwungrad wird mit Kopfschrauben an dem kräftigen Kurbelwellenflansch befestigt.

f) Einspritzpumpe, Regler.

Das Antriebsrad der in der Fahrtrichtung rechts angeordneten Einspritzpumpe Bauart Deutz wird durch ein neben dem Nockenwellenrad sitzendes kleineres Rad angetrieben. Der an die Pumpe angebaute Regler (s. Heft 9) beeinflußt die Überströmmenge der Einspritzpumpe. Diese Reglerbauart gibt ein günstiges Ansteigen des Drehmomentes mit abnehmender Drehzahl im mittleren Drehzahlbereich.

g) Schmierung.

Die Ölpumpe ist neben dem schwungradseitigen Lagerdeckel innen am Kurbelgehäuseoberteil mit zwei Kopfschrauben befestigt. Sie wird unmittelbar durch das Kurbelwellenrad angetrieben. Durch die Befestigungsfläche der Pumpe tritt das Drucköl in eine Bohrung im Kurbelgehäuseoberteil, die es dem, auf der Einspritzpumpenseite liegenden, Spaltfilter zuführt. Das Drucköl gelangt von dort über die Anpaßfläche des Filters in die Hauptölleitung, die in das Kurbelgehäuseoberteil eingewalzt ist. Von dieser aus wird es den Kurbelwellen- und Nockenwellenlagern durch Bohrungen zugeleitet. Das Sicherheitsventil sitzt im Kurbelgehäuseoberteil am Befestigungsflansch für das Ölfilter. Am vorderen Ende der Verteilleitung ist das Ölregelventil angebracht.

h) Kühlung.

Die Wasserpumpe ist ähnlich Abb. 84 mit dem Lüfterantrieb zusammengefaßt. Ihre Ausbildung ist auf S. 111 beschrieben. Durch Schwenken der Pumpe können die Antriebsriemen einfach und ausreichend nachgespannt werden. Die Wasserpumpe kann ohne Abbau des Kühlers ausgewechselt oder mit einem neuen Dichtungsring versehen werden.

Die beiden Gummikeilriemen sind im Dreieck über die Antriebsscheibe der Lichtmaschine geführt. Von dieser wird über eine Kreuzscheibenkupplung der dahinterliegende Bremsluftverdichter angetrieben.

i) Anlasser.

Der Anlasser ist, in der Fahrtrichtung links, auf einem Auflager mit Spannbändern befestigt.

6. Fahrzeugdieselmotor D 6 M 5 von Carl F. W. Borgward.

Zylinderzahl: 6
Motorbauart: Reihe
Bohrung: 90 mm
Hub: 130 mm
Hubraum: 4,962 l
Verdichtungsverhaltnis: 18,5
Drehzahl: 2000 U/min
Mittl. Kolbengeschwindigkeit 8,66 m/sec
Hochstleistung: 75 PS

Dauerleistung: 70 PS
Nutzdruck (p_e): 6,35 kg/cm^2 bei 70 PS
„ (p_e): 6,8 kg/cm^2 bei 75 PS
Motorgewicht: 390 kg
Leistungsgewicht: 5,2 kg/PS bei 75 PS
Hubraumleistung: 15 PS/l bei 75 PS
Hubraumgewicht: 78,4 kg/l
Ölinhalt: 14 l

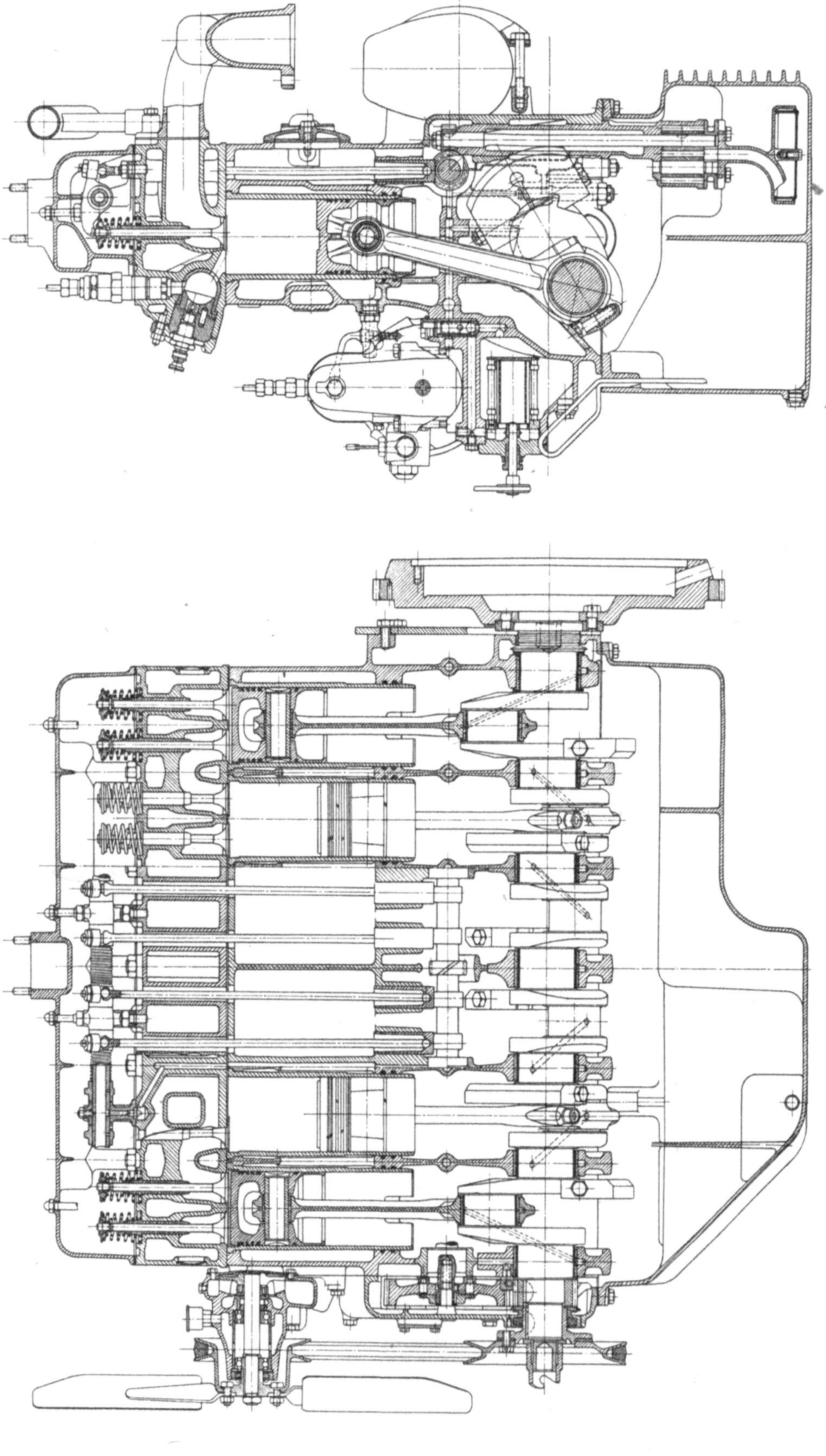

Abb. 107. Fahrzeugdieselmotor D 6 M 5 von Carl F. W. Borgward.

a) Verbrennungsverfahren.

Der Motor arbeitet nach dem Wirbelkammerverfahren. Die Wirbelkammer befindet sich seitlich im Zylinderkopf. Der Verbindungskanal zum Zylinderraum mündet tangential in die Kammer.

b) Zylinder, Zylinderkopf.

Der Zylinderkopf ist für alle 6 Zylinder gemeinsam. Da die eine Zylinderkopfseitenwand zur Gänze durch die Wirbelkammern und die Einspritzventile in Anspruch genommen ist, führen die Auspuffkanäle zu der gegenüberliegenden Wand des Zylinderkopfes. Die Einlaßkanäle zweier nebeneinanderliegender Zylinder sind zusammengefaßt und münden an der oberen Seite des Zylinderkopfes, wo sie an das, mit der Zylinderkopfhaube vereinigte, Saugrohr anschließen. Abgesehen vom stärkeren Schaftdurchmesser des Auslaßventils sind Ein- und Auslaßventile gleich groß. Die Ventile haben Führungen aus Grauguß und je zwei Federn. Die Federteller werden durch Kegelstücke gehalten. Die Kipphebelachse geht über alle Zylinder durch und ist über jedem Zylinder in einem Lagerbock gelagert, der mit Schrauben am Zylinderkopf befestigt ist. Die Kipphebel werden durch Umlauföl geschmiert. Das Öl wird durch Bohrungen im Zylinderkopf und die hohlgebohrte Kipphebelböcke der hohlen Kipphebelachse zugeführt. Die Ventilsteuerung wird nach außen durch eine Zylinderkopfhaube aus Aluminiumguß, abgeschlossen, in die das Saugrohr eingegossen ist.

Einspritzventil und Glühkerze sind sehr gut zugänglich, da sie außerhalb der Haube angeordnet sind. Der Abfluß des Kühlwassers aus dem Zylinderkopf liegt auf der Auspuffseite.

Die eingesetzten Zylinderlaufbuchsen aus hochwertigem, verschleißfestem, Gußeisen werden gegen den Triebwerksraum durch zwei Gummiringe abgedichtet, die jedoch nicht wie üblich in der Laufbuchse, sondern im Kurbelgehäuseoberteil liegen. Die Laufbuchse ist daher an der Stelle der Abdichtung glatt.

c) Kurbelgehäuseoberteil.

Das Kurbelgehäuseoberteil reicht vom Zylinderkopf bis unter die Kurbelwellenmitte. Die Abdichtung der Kurbelwellendurchtritte liegt zur Gänze im Kurbelgehäuseoberteil. Die Verbrennungskräfte werden von den Zylinderkopfschrauben zu den Lagerdeckelschrauben durch besondere Zugbänder übertragen. Hohe Tragstege zwischen den Zylindern dienen oben zur Auflage der Zylinderlaufbuchsen.

Die Nockenwelle ist viermal unmittelbar im Kurbelgehäuseoberteil gelagert. Die Kurbelwelle trägt Gegengewichte. Trotzdem ist das mittlere Kurbelwellenlager und die beiden Endlager breiter als die übrigen Lager ausgeführt. Die größere Breite des mittleren Kurbelwellenlagers ist durch den in Motormitte liegenden Ölpumpenantrieb von der Nockenwelle her gegeben. Der Nockenwellenantrieb des Motors liegt lüfterseitig und wird durch einen einfachen Deckel abgeschlossen. Die Auflager für Einspritzpumpe, Lichtmaschine und Anlasser sind am Kurbelgehäuseoberteil angegossen. Unter dem Einspritzpumpenauflager ist das Ölfilter (Spaltfilter) untergebracht. Das Ölfiltergehäuse wird durch das Kurbelgehäuseoberteil gebildet. Die Hauptölleitung führt als Längsbohrung im Kurbelgehäuseoberteil über die ganze Motorlänge. Durch Horizontal- und Vertikalbohrungen wird das Öl von der Hauptölleitung sowohl den Kurbelwellen- als auch den Nockenwellenlagern zugeführt.

d) Kurbelgehäuseunterteil.

Das Kurbelgehäuseunterteil besteht aus Leichtmetall und hat wegen des herabgezogenen Kurbelgehäuseoberteils eine einfache Form. Der Ölsumpf des Motors befindet sich von vorne gezählt unter dem 2. und 3. Zylinder. Das Kurbelgehäuseunterteil ist entlang des Ölsumpfes seitlich außen mit Kühlrippen versehen. Querwände dienen zur Versteifung des Kurbelgehäuseunterteils und gleichzeitig als Prallwände für das Öl beim plötzlichen Beschleunigen oder Verzögern des Fahrzeuges.

e) Motorsteuerung.

Der Nockenwellenantrieb befindet sich am vorderen Kurbelwellenende. Einspritzpumpe und Nockenwelle liegen auf verschiedenen Seiten des Motors. Dadurch wird für ihren Antrieb ein Zwischenrad erforderlich. Die Stoßstangen werden von Pilzstößeln angetrieben, die unmittelbar im Kurbelgehäuseoberteil gelagert sind. In der Motormitte wird die Zahnradpumpe für das Schmieröl von einem auf die Nockenwelle geschnittenen Schraubenrad angetrieben.

f) Triebwerk.

Die glattschaftigen Kolben aus einer Silicium-Aluminium-Legierung tragen drei Dichtungsringe und je einen Ölabstreifring oberhalb und unterhalb des Kolbenbolzens. Die Kolbenbolzen werden seitlich durch Seegerringe gesichert. Die Pleuelbuchse wird mit Spritzöl durch eine Bohrung am oberen Ende des Pleuelstangenschaftes geschmiert.

Die Pleuellager sind schräg geteilt, so daß die Pleuelstange nach Abnehmen des Zylinderkopfes durch die Zylinderbohrung ausgebaut werden kann. Der Pleuellagerdeckel wird durch 2 Imbus-Kopfschrauben befestigt. Zur Sicherung seiner Lage dienen Paßbüchsen um die Kopfschrauben. Die Pleuellager bestehen aus Stahlschalen mit Bleibronzeausguß.

Die Kurbelwelle ist siebenmal in Bleibronzelagern gelagert, besteht aus Chrommolybdänstahl und ist an den Lagerstellen gehärtet. An jeder Kurbelkröpfung ist ein Gegengewicht zur Entlastung der Wellenlager angebracht. Das Schwungrad ist an einem Flansch befestigt, der außerhalb des Kurbelgehäuses liegt. Die Ölzuführung von den Wellenlagern zu den Pleuellagern erfolgt durch schräge Bohrungen in den Kurbelwangen. Die Wellenlager, mit Ausnahme des Paßlagers an der Schwungradseite, sind ohne Bund ausgeführt.

g) Einspritzpumpe und Regler.

Die Bosch-Einspritzpumpe mit Bosch-Regler ist am Motor in der Fahrtrichtung gesehen, rechts angeordnet.

h) Schmierung.

Die Zahnradölpumpe wird durch ein Schraubenrad auf der Nockenwelle angetrieben. Sie ist am Kurbelgehäuseoberteil angeflanscht. Das Drucköl wird durch das Pumpengehäuse von der Pumpe zum Kurbelgehäuseoberteil geleitet. Das Ansaugrohr der Ölpumpe ist mit einem Grobfiltereinsatz versehen. Der Saugtrichter ist nach oben abgeschirmt, um das Ansaugen von Luft bei kaltem Öl zu vermeiden. Von der Ölpumpe fließt das Öl durch ein Spaltfilter in die Hauptölleitung. Ein Sicherheitsventil tritt bei verstopftem Filter in Tätigkeit.

i) Lüfter und Wasserpumpe.

Der Lüfter und die Kühlwasserpumpe sind zu einem Aggregat vereinigt und an der vorderen Stirnseite des Motors befestigt. Das Aggregat läßt sich ohne Entfernen des Kühlerblockes ausbauen. Die Kühlwasserpumpendichtung ist nach Art der Simmerringe ausgeführt. Lüfter und Kühlwasserpumpe werden durch einen Gummikeilriemen im Dreieck über die Lichtmaschine angetrieben.

k) Anlasser.

Der Motor hat einen 4-PS-Boschanlasser.

7. Fahrzeugdieselmotor LD 6 der Büssing-NAG.

Zylinderzahl: 6
Motorbauart: 3
Bohrung: 110 mm
Hub: 130 mm
Hubraum: 7,41 l
Verdichtungsverhaltnis 18,5
Drehzahl: 1800 U/min
Mittlere Kolbengeschwindigkeit: 7,8 m/sec

Leistung: 105 PS
Nutzdruck(p_e): 7,9 kg/cm²
Motorgewicht: 750 kg
Leistungsgewicht: 7,15 kg/PS
Hubraumleistung: 14,2 PS/l
Hubraumgewicht 100 kg/l
Ölinhalt: 20 l

a) Verbrennungsverfahren.

Der Motor arbeitet nach dem Vorkammerverfahren. Die Vorkammer ist gegen die Zylindermitte stark seitlich versetzt, wird von oben in den Zylinderkopf eingebaut und durch einen Kupferring abgedichtet. Die Glühkerze wird in den Zylinderkopf geschraubt. Ihre Glühspirale ragt in die Vorkammer. Die Vorkammer wird mit einem Flansch am Zylinderkopf befestigt. Das Einspritzventil wird durch die verlängerte Flanschenschrauben der Vorkammer befestigt.

b) Zylinder, Zylinderköpfe.

Je drei Zylinder sind zu einem gemeinsamen Kopf zusammengefaßt. Jeder Kopf hat eine durchgehende Kipphebelachse, die auf jedem Zylinder in einem Bock gelagert ist. Die Kipphebel haben Bronzebuchsen. Die Stoßstangen drücken in üblicher Weise auf kugelförmige Einstellschrauben der Kipphebel. Auf der Ventilseite drücken die Kipphebel unmittelbar auf den Ventilschaft. Jedes Ventil hat zwei Ventilfedern. Diese haben ungleichmäßige Steigung, um Federbrüche durch Schwingungen zu vermeiden. Eine Zylinderkopfhaube schließt den Ventilantrieb nach außen ab. Die Kipphebel werden durch Umlauföl, die Ventile und Stoßstangen durch Spritzöl geschmiert. Das von diesen Teilen abfließende Schmieröl wird in einem Ölsammelraum aufgefangen, der durch die hochgezogenen Wände des Zylinderkopfes gebildet wird. Von dort fließt das Schmieröl durch die Öffnungen für die Stoßstangendurchtritte in den Triebwerksraum zurück.

Einspritzventile, Einspritzpumpe und Saugleitung sind rechts angeordnet. Die Auspuffleitung und die Sammelleitung des Kühlwasserabflusses befinden sich an der linken Motorseite.

Die Zylinderlaufbuchsen sind naß eingesetzt und mit zwei Gummiringen gegen den Triebwerksraum abgedichtet.

c) Kurbelgehäuseoberteil.

Die Teilebene zwischen Kurbelgehäuseoberteil- und Unterteil liegt etwas unter der Kurbelwellenmitte, so daß eine seitliche Führung der Lagerdeckel möglich ist. Zur Übertragung der Verbrennungskräfte von den Zylinderkopfschrauben zu den Lagerdeckelschrauben dienen Zugquerschnitte mit I-Querschnitt. Die Kurbelwelle ist im Kurbelgehäuseoberteil siebenmal gelagert. Die Endlager und das als Paßlager ausgebildete Mittellager sind breiter ausgeführt als die übrigen Lager. Die Nockenwelle ist viermal im Kurbelgehäuseoberteil in eingesetzten Buchsen gelagert. Das vordere Lager nimmt den Längsschub auf. Die Pilzstößel gleiten unmittelbar in Bohrungen des Kurbelgehäuseoberteils. Ein am Kurbelgehäuseoberteil befestigtes Rohr bildet die Hauptölleitung. Von dieser wird das Öl durch schräge Bohrungen den Kurbelwellenlagern zugeführt. Durch Deckel verschlossene Öffnungen im Stößelraum ermöglichen den Ausbau der Ventilstößel.

Am vorderen Ende ist der Räderkasten für den Nockenwellenantrieb angegossen, der durch einen Deckel, an dem zwei Motorträger angegossen sind, abgeschlossen wird. An der Schwungradseite ist das Kurbelgehäuseoberteil zur Verschalung des Schwungrades, an der die hinteren Motorträger angeschraubt sind, ausgebildet. Die Auflager zur Befestigung von Einspritzpumpe, Lichtmaschine und Anlasser sind angegossen. Das Auflager für den Bremsluftverdichter ist angeschraubt.

d) Kurbelgehäuseunterteil.

Das Kurbelgehauseunterteil aus Leichtmetall hat Versteifungs- und Kühlrippen und wird zur Abdichtung der Kurbelwelle herangezogen. Der Ölsumpf liegt vorne.

An den Kurbelwellendurchtritten verhindern Rückförderschnecken den Ölaustritt; eine entgegengesetzt wirkende Schnecke verhindert vorne den Wassereintritt von außen und macht dadurch den Motor watfahig.

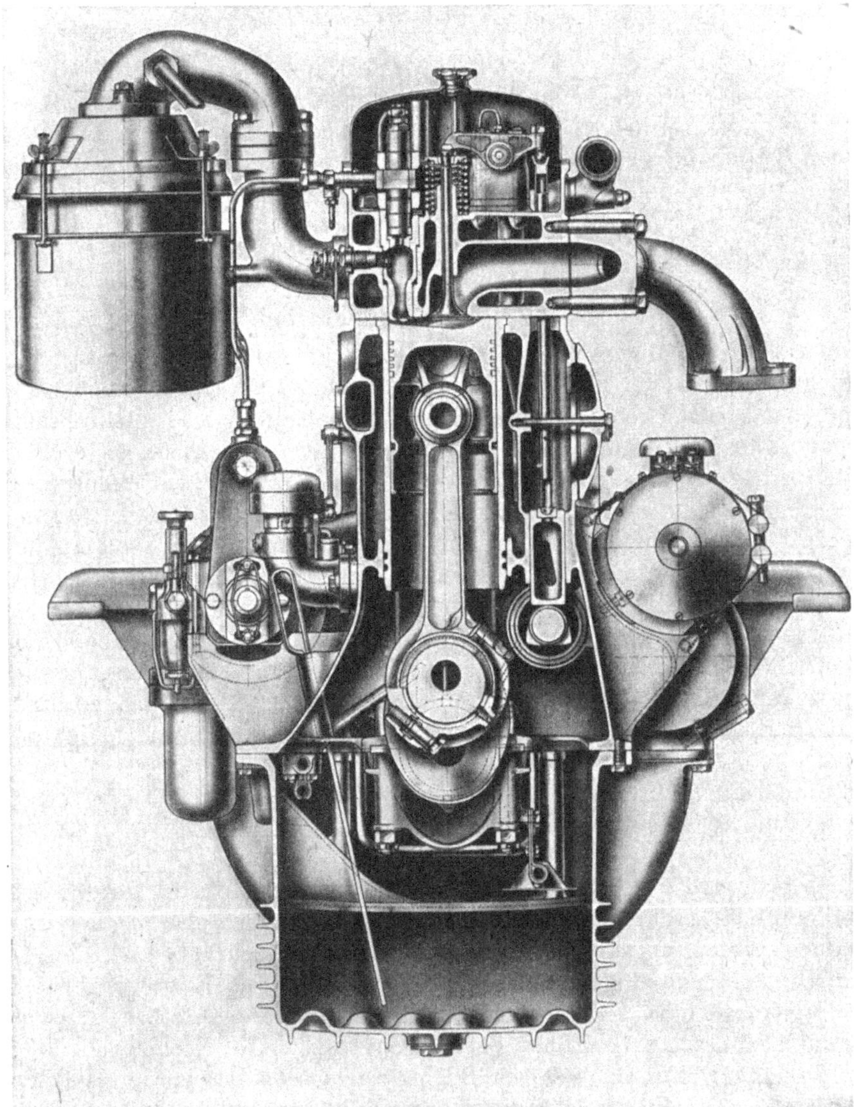

Abb. 108. Fahrzeugdieselmotor L D der Büssing NAG.

e) Triebwerk.

Die Leichtmetallkolben sind Schaftkolben und tragen vier Dichtungsringe und je einen Ölabstreifring über und unter dem Kolbenbolzen. Der Kolbenboden ist muldenförmig ausgebildet.

Die Pleuellager haben Stahlschalen mit Bleibronzeausguß und sind schräg geteilt, so daß Kolben und Pleuelstangen nach oben ausgebaut werden können. Die Pleuellagerdeckel sind durch Scherbuchsen zentriert und mit Kopfschrauben befestigt. Die Pleuelbuchse ist aus Hartbronze und wird durch Spritzöl geschmiert, das durch eingefräste Schlitze am oberen Ende der Pleuelstange zutritt.

Die Kurbelwelle aus legiertem Stahl ist siebenmal gelagert. Die Laufflachen sind nach dem Doppel-Duro-Verfahren gehärtet. Das Schwungrad ist an einem angeschmiedeten

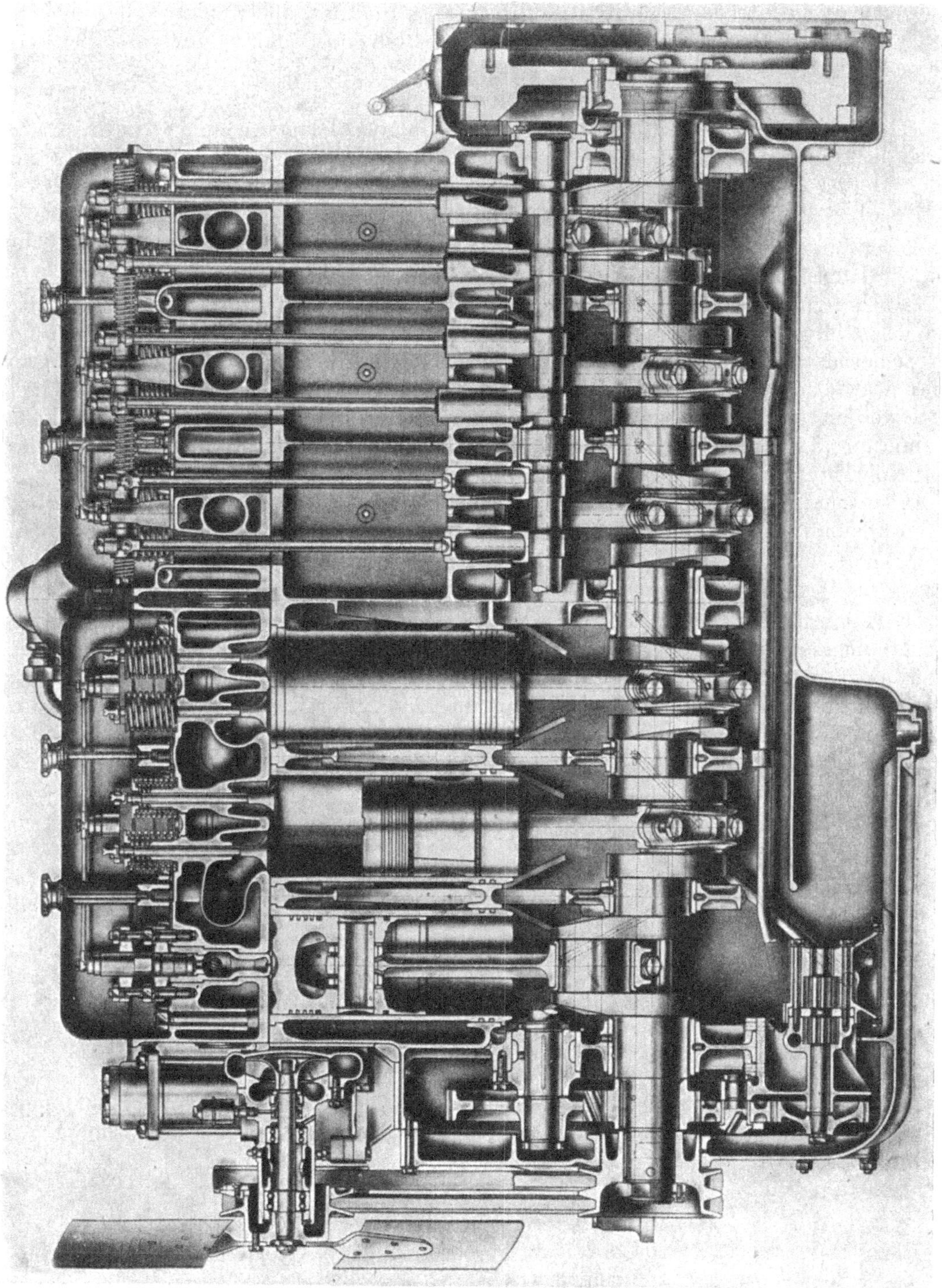

Abb. 109. Längsschnitt zum Motor Abb. 109.

Flansch befestigt. Am vorderen Kurbelwellenende ist das Kurbelwellenrad für den Antrieb von Nockenwelle, Lichtmaschine, Einspritzpumpe und Ölpumpe, sowie eine Doppelriemenscheibe für den Antrieb von Lüfter-Wasserpumpe und Bremsverdichter zylindrisch aufgesetzt. Zur Gewichtsverminderung sind Wellen- und Kurbelzapfen hohl gebohrt. Das Schmieröl wird durch gebohrte Kanäle und Rohre vom Kurbelwellenlager zum Pleuellager geführt.

Gegengewichte fehlen. Um die spezifische Belastung des mittleren Lagers durch die Massenkräfte der gleichgerichteten Kurbeln herabzusetzen, ist dieses breiter als die übrigen ausgeführt.

f) Motorsteuerung.

Der Antrieb der Nockenwelle liegt vorne. Um der Beanspruchung der Stirnräder durch die Drehschwingungen am vorderen Kurbelwellenende zu begegnen, sind die Zahnräder breit ausgeführt.

g) Schmierung.

Die zweiteilige Schmierölpumpe ist am vorderen Kurbelwellenlagerdeckel befestigt und wird über ein Zwischenrad vom Kurbelwellenrad angetrieben.

Die eine Pumpe saugt durch ein grobes Filtersieb aus dem Ölsumpf und fördert über eine leicht lösbare Rohrleitung zum Spaltfilter. Das Filter hat ein Umleitungsventil und ein Sicherheitsventil. Vom Filtergehäuse wird das Öl zur Hauptölleitung geführt, von wo es über Schrägbohrungen im Gehäuse zu den Wellenlagern gelangt. Die Nockenwellenlager werden von den Kurbelwellenlagern aus durch Schrägbohrungen geschmiert. Zur Schmierung der Kipphebelachse dient eine Ölbohrung durch den Zylinderkopf, von der eine Rohrleitung zum Lagerbock der Kipphebelachse führt.

Die zweite Pumpe fördert das Öl aus dem hinteren Teil des Kurbelgehäuseunterteils in den Ölsumpf. Durch diese Einrichtung können Steigungen bis 40% befahren werden.

h) Lüfter und Wasserpumpe.

Die Wasserpumpe dient gleichzeitig als Lagerung des Lüfters und wird an das Kurbelgehäuse angeschraubt. Der Ausbau der Pumpe kann ohne Abbau des Kühlers geschehen. Die Wasserpumpenwelle ist gegen den Kühlwasserraum durch Manschetten abgedichtet. Der Bremsluftverdichter und die Wasserpumpe mit Lüfter werden mit Keilriemen angetrieben. Vom Pumpengehäuse wird das Kühlwasser durch einen in das Kurbelgehäuseoberteil eingegossenen Verteilkanal den Zylindern zugeführt.

8. Fahrzeugdieselmotor OM 67 der Daimler-Benz AG.

Zylinderzahl: 6	Zundfolge: 1-5-3-6-2-4
Motorbauart: Reihe	Hochstleistung: 120 PS
Bohrung: 105 mm	Nutzdruck (p_e): 6,6 kg/cm²
Hub: 140 mm	Motorgewicht: 780 kg
Hubraum: 7,27 l	Leistungsgewicht: 6,5 kg/PS
Verdichtungsverhaltnis: 20	Hubraumleistung: 16,5 PS/l
Drehzahl: 2250 U/min	Hubraumgewicht: 10,7 kg/l
Mittl. Kolbengeschwindigkeit: 10,5 m/sec	Ölinhalt: 17 bzw. 14 l

a) Verbrennungsverfahren.

Der Motor arbeitet nach dem Vorkammerverfahren. Die von Daimler-Benz entwickelte Vorkammer mit dem charakteristischen Zerstäubereinsatz liegt schräg und außerhalb der Zylindermitte.

b) Zylinder, Zylinderköpfe.

Die zweiventiligen Zylinderköpfe sind für je drei Zylinder gemeinsam. Die Ventile werden durch Kipphebel und Stoßstangen von der Nockenwelle betätigt. Die Vorkammer ist so stark zur Zylinderachse geneigt, daß das Einspritzventil in der Seitenwand des Zylinderkopfes sitzt und dadurch gut zugänglich wird. Die Glühkerze befindet sich unterhalb des Einspritzventiles. Die Auslaßkanäle sind nach der gegenüberliegenden Seite geführt und münden in das gemeinsame Auspuffsammelrohr. Wegen der Anordnung der

Vorkammer und des Einspritzventiles in der Seitenwand des Zylinderkopfs mußten die Einlaßkanäle nach oben geführt werden, wo sie sich in der aus Leichtmetall gegossenen Zylinderkopfhaube fortsetzen, an der die Naßluftfilter befestigt sind. Die kurzen Kipphebelachsen sind auf jedem Zylinder in zwei Lagerböcken, die mit den Zylinderkopfschrauben befestigt sind, gelagert. Die Kipphebel haben Bronzebuchsen. Das Umlauföl zur Kipphebelschmierung wird durch Bohrungen in den Zylinderköpfen zugeführt. Das Kühlwasser tritt vom Kurbelgehäuseoberteil jeweils unterhalb der Vorkammer in die Zylinderköpfe über. Dadurch wird eine gute Kühlung der Vorkammer erreicht. Der Wasseraustritt aus den Zylinderköpfen liegt an der oberen Seite, außerhalb der Zylinderkopfhaube.

Die Zylinder sind eingegossen. Ihre Wandstärke ist mit Rücksicht auf öfteres Nachschleifen der Zylinderbohrung reichlich bemessen.

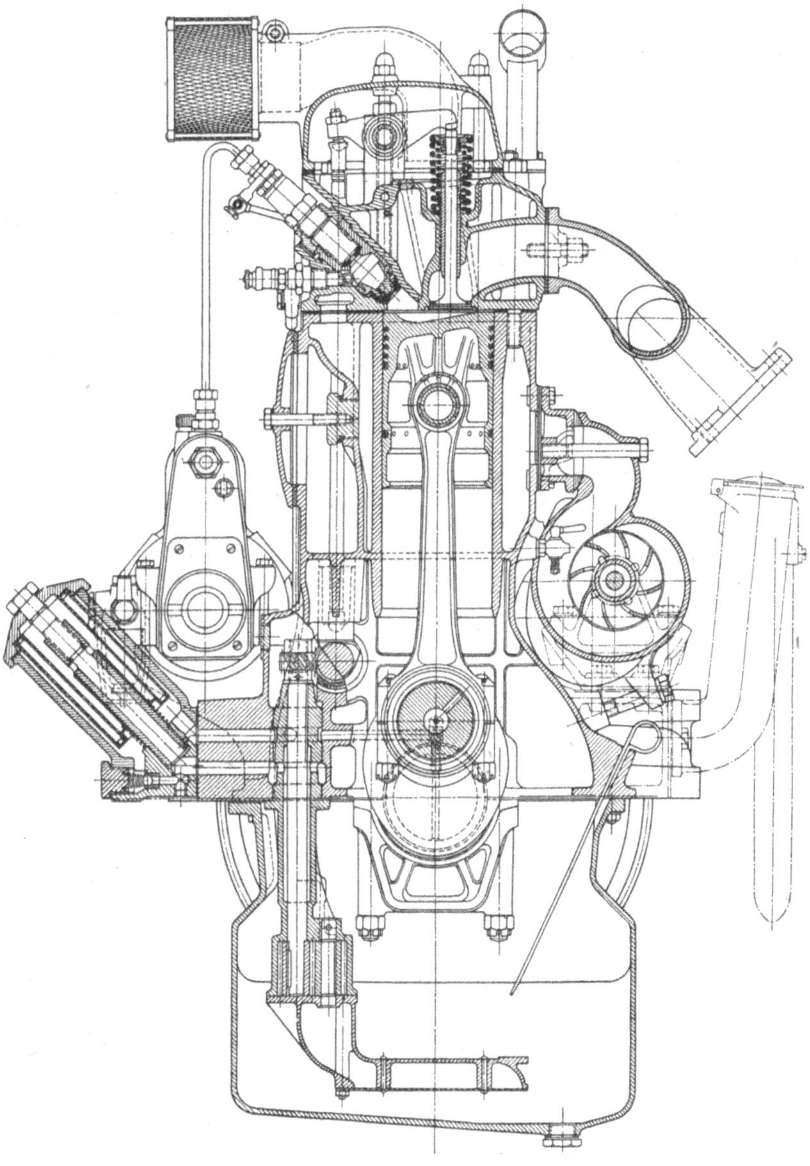

Abb. 110. Fahrzeugdieselmotor OM 67 der Daimler-Benz A. G.

c) Kurbelgehäuseoberteil.

Das Kurbelgehäuseoberteil aus Grauguß reicht etwas unter die Kurbelwellenmitte. Durch die eingegossenen Zylinder wird das Gußstück besonders steif. Die Verbrennungskräfte werden von den Zylindern über Rippen zur Lagerbrücke geleitet. Die Lagerdeckel aus Gußeisen sind mit zwei bzw. vier kräftigen Stiftschrauben am Kurbelgehäuseoberteil befestigt. Die Kurbelwelle ist siebenmal gelagert. Das mittlere und das schwungradseitige Kurbelwellenlager sind breiter als die übrigen Lager. Die größere Breite des mittleren Kurbelwellenlagers ist außer durch die Massenkräfte der gleichgerichteten Kurbeln, auch durch die Bauart des Zylinderkopfes gegeben, da die Zusammenfassung der Zylinderköpfe in zwei Gußstücke für je drei Zylinder in der Mitte einen größeren Zylinderabstand erfordert. Das mittlere Kurbelwellenlager ist als Paßlager ausgebildet. Die Nockenwelle liegt auf der rechten Motorseite und ist nach jedem Zylinder in eingesetzten, bis auf das letzte Lager, zweiteiligen Buchsen gelagert.

Am vorderen Ende des Kurbelgehäuseoberteils ist der Räderkasten für den Nockenwellenantrieb angegossen und durch einen Leichtmetalldeckel nach außen abgeschlossen.

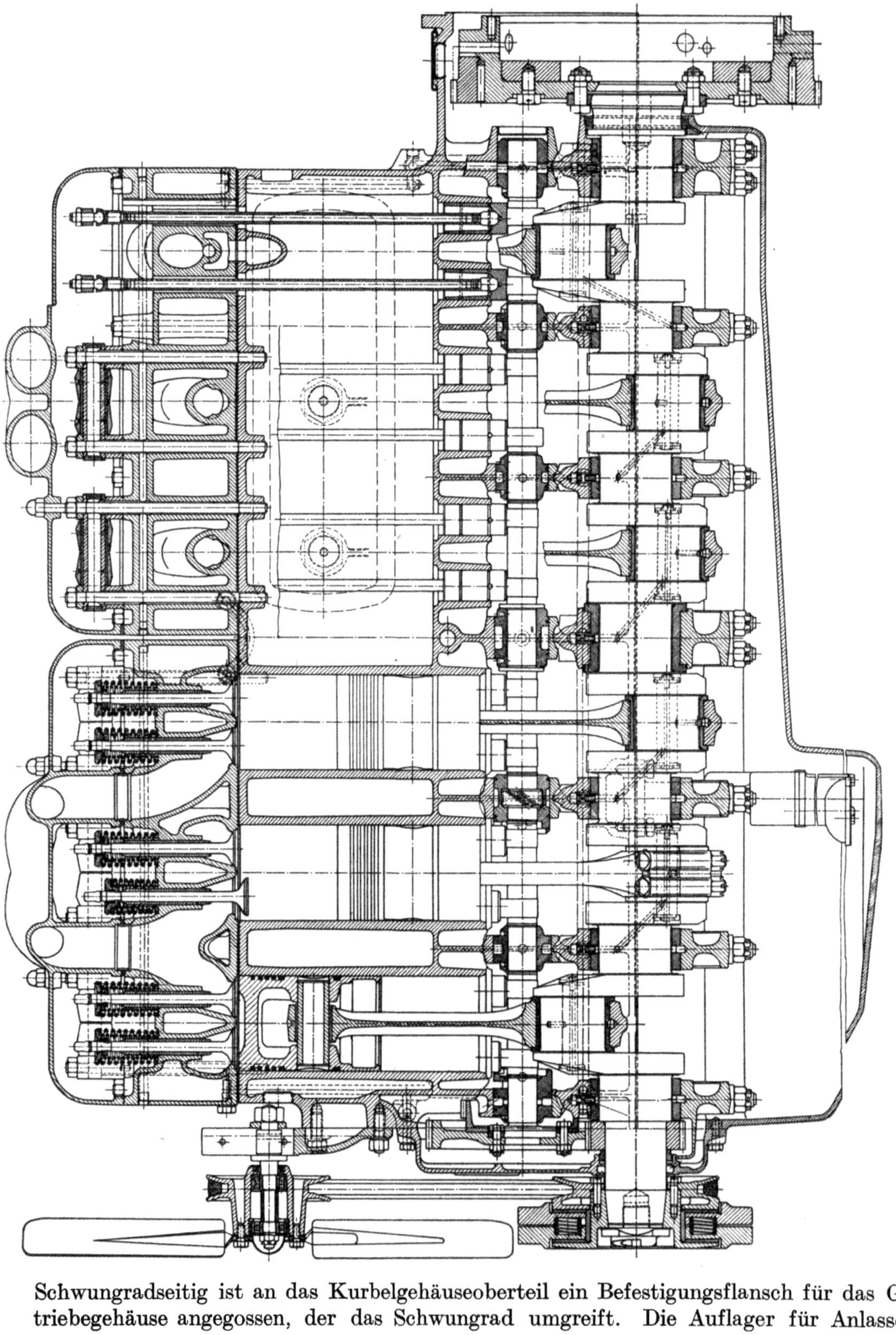

Abb. 111. Längsschnitt zum Motor Abb. 110.

Schwungradseitig ist an das Kurbelgehäuseoberteil ein Befestigungsflansch für das Getriebegehäuse angegossen, der das Schwungrad umgreift. Die Auflager für Anlasser,

Lichtmaschine, Wasserpumpe und Einspritzpumpe sind an das Kurbelgehäuseoberteil angegossen.

d) Kurbelgehäuseunterteil.

Das Kurbelgehäuseunterteil besteht aus Leichtmetallguß. Der Ölsumpf liegt unter den beiden vorderen Zylindern. Der Abschlußdeckel für den Nockenwellenantrieb schließt stirnseitig auch an das Kurbelgehäuseunterteil an. Schwungradseitig dichtet ein eingelegter Dichtring.

e) Motorsteuerung.

Der Nockenwellenantrieb liegt vorne. Das Kurbelwellenrad hat zylindrischen Sitz und kämmt unmittelbar mit dem Nockenwellenrad, das an die Nockenwelle angeflanscht ist. Die Einspritzpumpe wird durch ein an das Nockenwellenrad angeflanschtes Zahnrad angetrieben. Innerhalb des dritten Lagers von vorn trägt die Nockenwelle ein Schraubenrad zum Antrieb der senkrecht stehenden Welle der Zahnradölpumpe.

f) Triebwerk.

Die ungeschlitzten Kolben aus Silicium-Aluminiumlegierung tragen vier Dichtungsringe und je einen Ölabstreifring oberhalb und unterhalb des Kolbenbolzens. Der rohrförmige Kolbenbolzen wird seitlich durch Seegerringe gesichert. Der Kolbenboden hat wegen des Ausströmens der Vorkammer eine flache Mulde. Das Kolbenbolzenauge ist kräftig abgesteift.

Die Pleuelstange aus Chrommolybdänstahl hat I-Querschnitt. Der Pleuellagerdeckel ist mit vier Schrauben befestigt. Das Pleuellager ist mit Bleibronze ausgegossen. Das Kolbenbolzenlager wird durch Bohrungen im Pleuelstangenauge mit Spritzöl versorgt.

Die Kurbelwelle aus Chrommolybdänstahl ist siebenmal gelagert. Die Kurbelwangen sind elliptisch, an jeder Kropfung sind Gegengewichte befestigt. Die Lagerstellen sind gehärtet. Die Lagerschalen sind durch Fixierstifte gesichert. Das Pleuellager wird durch eine Schrägbohrung von den Wellenlagern aus geschmiert.

Das Schwungrad ist an einem außerhalb des Motorgehäuses liegenden Flansch angeschlossen. Auf einem Konus am vorderen Ende der Kurbelwelle sitzt der Reibungsschwingungsdämpfer außerhalb des Kurbelgehäuses. Die Riemenscheibe für den Lüfter- und Lichtmaschinenantrieb ist am Dämpfer befestigt.

g) Einspritzpumpe.

Die Bosch-Einspritzpumpe Größe B liegt auf der rechten Seite und wird vom vorderen Ende der Nockenwelle durch ein besonderes Zahnrad angetrieben. Im Raum zwischen der Einspritzpumpe und ihrem Antrieb kann ein Zweizylinder-Bremsluftverdichter untergebracht werden. Die Boschpumpe ist mit einem Fliehkraftregler mit Höchstdrehzahlbegrenzung ausgerüstet. Da die Einspritzventile auf derselben Seite wie die Einspritzpumpe liegen, sind die Einspritzleitungen kurz.

h) Schmierung.

Die senkrechte Welle der Zahnradölpumpe wird durch Schraubenräder von der Nockenwelle angetrieben. Die Ölpumpe ist an das Kurbelgehäuseoberteil angeflanscht. Das Pumpengehäuse dient gleichzeitig als Öldruckleitung. Das Öl gelangt von der Pumpe zu einem Siebfilter und von dort in die Hauptölleitung im Kurbelgehäuseoberteil, von der aus die einzelnen Lagerstellen einschließlich der Kipphebel mit Öl versorgt werden. Auf der Saugseite der Ölpumpe ragt ein Saugrohr in den Ölsumpf.

i) Wasserpumpe.

Die Wasserpumpe ist an der Auspuffseite in der Längsmitte des Motors befestigt. Sie wird über die vor ihr sitzende Lichtmaschine angetrieben.

k) Lüfter.

Der Lüfter ist am vorderen Ende des Kurbelgehäuseoberteils in einem zur Riemennachspannung eingerichteten Lagerbock gelagert. Er wird im Dreieck durch einen Gummikeilriemen von der Kurbelwelle über die Lichtmaschine angetrieben.

l) Lichtmaschine.

Eine Lichtmaschine von 300 Watt bei 12 Volt kann an den Motor angebaut werden. Die Akkumulatorenbatterie hat 2×105 Amp.-Stunden.

9. Fahrzeugdieselmotor D 1038 GL der Maschinenfabrik Augsburg-Nürnberg AG.

Zylinderzahl: 8	Leistung: 175 PS (ohne Lufter, ohne Bremsverdichter, jedoch mit Lichtmaschine)
Motorbauart: V	Nutzdruck (p_e): 6,65 kg/cm²
Gabelwinkel: 45°	Motorgewicht 613 kg (ohne Lichtmaschine, Bremsverdichter, Ansaugeluftfilter, Brennstoffilter und Öl)
Bohrung: 110 mm	Leistungsgewicht: 3,5 kg/PS
Hub: 130 mm	Hubraumleistung: 19,75 PS/l
Gesamthubraum: 9,883 l	Hubraumgewicht: 62 kg/l
Verdichtungsverhältnis: 15	Ölinhalt: 18,2 l
Drehzahl: 2400 U/min	
Mittl. Kolbengeschwindigkeit: 10,4 m/sec	

Dieser 8-Zylinder-Fahrzeugmotor wurde von der MAN aus dem 8-Zylinder-Einheitsmotor entwickelt, der von den Firmen Deutz, Henschel und MAN in gemeinsamer Konstruktionsarbeit gebaut wurde. Da trotz größerer Leistung auf eine kurze Einbaulänge Wert gelegt wurde, wählte man die V-Bauart. Um die Einbaubreite der Maschine klein zu halten und mit Rücksicht auf die Drehschwingungslage wurde ein Gabelwinkel von 45° statt von 90°, wie mit Rücksicht auf Massenausgleich üblich, ausgeführt.

a) Verbrennungsverfahren.

Der Motor arbeitet nach dem neuen Verbrennungsverfahren der MAN mit direkter Einspritzung und kugelförmigem Verbrennungsraum im Kolben. Das Verfahren wurde schon auf S. 136 besprochen.

b) Zylinder, Zylinderköpfe.

Die Zylinderköpfe sind für je zwei Zylinder gemeinsam. Sie sind aus Leichtmetall gegossen und haben eingeschraubte Ventilsitzringe. Obwohl die Stoßstangen innerhalb des V liegen, ist es durch Verwendung von besonderen Düsenhaltern gelungen, auch die Einspritzventile an der Innenseite der Zylinderreihen noch gut zugänglich unterzubringen. Die Einspritzleitungen von der zwischen den Zylinderreihen liegenden Einspritzpumpe werden dadurch kurz. Aus räumlichen Gründen werden die Auspuffkanäle nach der oberen Seite der Zylinderköpfe geführt. Die Einlaßkanäle münden an den Außenseiten der Zylinderköpfe. Die Wasserabflußleitungen sind an der inneren Seite an den höchsten Stellen der Zylinderköpfe angeschlossen. Die Zylinder haben zwei Ventile, die in üblicher Weise durch Kipphebel und Stoßstangen von der Nockenwelle betätigt werden. Der Ventilantrieb ist durch eine Zylinderkopfhaube öldicht abgeschlossen.

Der Motor hat trockene Zylinderlaufbuchsen aus Gußeisen, die in das Leichtmetall-Kurbelgehäuse unterkühlt eingepreßt werden.

c) Kurbelgehäuseoberteil.

Das Kurbelgehäuseoberteil aus Leichtmetall bildet mit den Zylinderblöcken ein Gußstück. Es ist weit unter die Kurbelwellenmitte heruntergezogen, wodurch große Steifigkeit und einfache Abdichtungen der Ölwanne und der Wellenaustritte erreicht werden. Die Kurbelwelle ist nach jeder Kröpfung gelagert. Die Nockenwelle ist nach jedem Zylinder in einer rohrförmigen Pfeife, die sich in Motormitte über die ganze Gehäuselänge erstreckt, unmittelbar im Gehäuse gelagert. Die gebohrte Hauptölleitung liegt unterhalb der Nockenwelle. An den Außenseiten des Kurbelgehäuses ist an jeder Zylinderreihe ein Wasserverteilkanal eingegossen. Die Außenwände des Gehäuses sind stark gekrümmt, um ihre Steifigkeit zu erhöhen. Die Auflager für Lichtmaschine, Bremsverdichter und Anlasser sind angegossen. Am schwungradseitigen Kurbelwellenaustritt ist ein feststehender Ölfangring in einer großen Bohrung zentriert. Zum Ausbau der Kurbelwelle ist der Kurbelwellenflansch stark zurückgezogen. Diese Ausführung hat den Nachteil, daß ein Fräsen der Lagerdeckelsitzflächen an mehreren hintereinander aufgespannten Gehäusen nicht möglich ist.

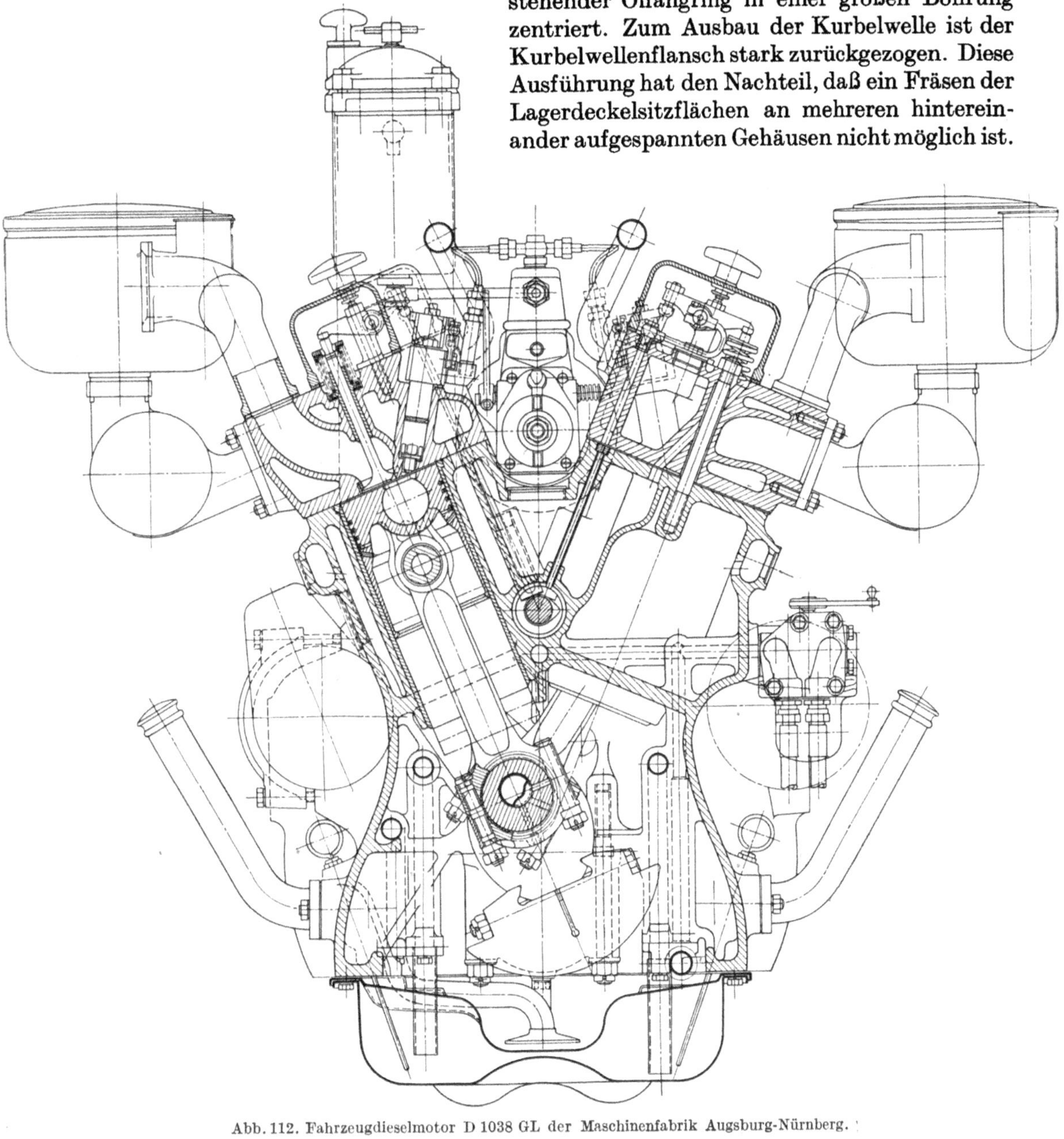

Abb. 112. Fahrzeugdieselmotor D 1038 GL der Maschinenfabrik Augsburg-Nürnberg.

d) Kurbelgehäuseunterteil.

Das Kurbelgehäuse-Unterteil ist für Trockensumpfschmierung ausgebildet und besteht aus zwei ineinandergreifende Blechpreßteilen. Die Ausführung ist dadurch bemerkenswert, daß sie ein teures Gußstück ersetzt. Den Abschluß des Triebwerksraumes bildet die innere Ölwanne, von deren beiden Enden die Absaugepumpen das Öl wegfördern. Die äußere Ölwanne umgreift die innere Wanne. Der Raum zwischen beiden

Ölwannen dient als Ölbehälter, in den die Absaugepumpen fördern. Der Ölbehälter wird durch einen in das Kurbelgehäuseoberteil eingegossenen Krümmer gefüllt.

e) Motorsteuerung.

Der Nockenwellenantrieb liegt vorne. Die durch den kleinen Gabelwinkel des Motors bedingte hohe Lage der Steuerwelle erfordert ein Zwischenrad.

Das Stirnrad der Einspritzpumpenwelle greift unmittelbar in das Nockenwellenrad ein. Der Aufwand für die Motorsteuerung ist nicht größer wie bei einer Reihenmaschine. Die

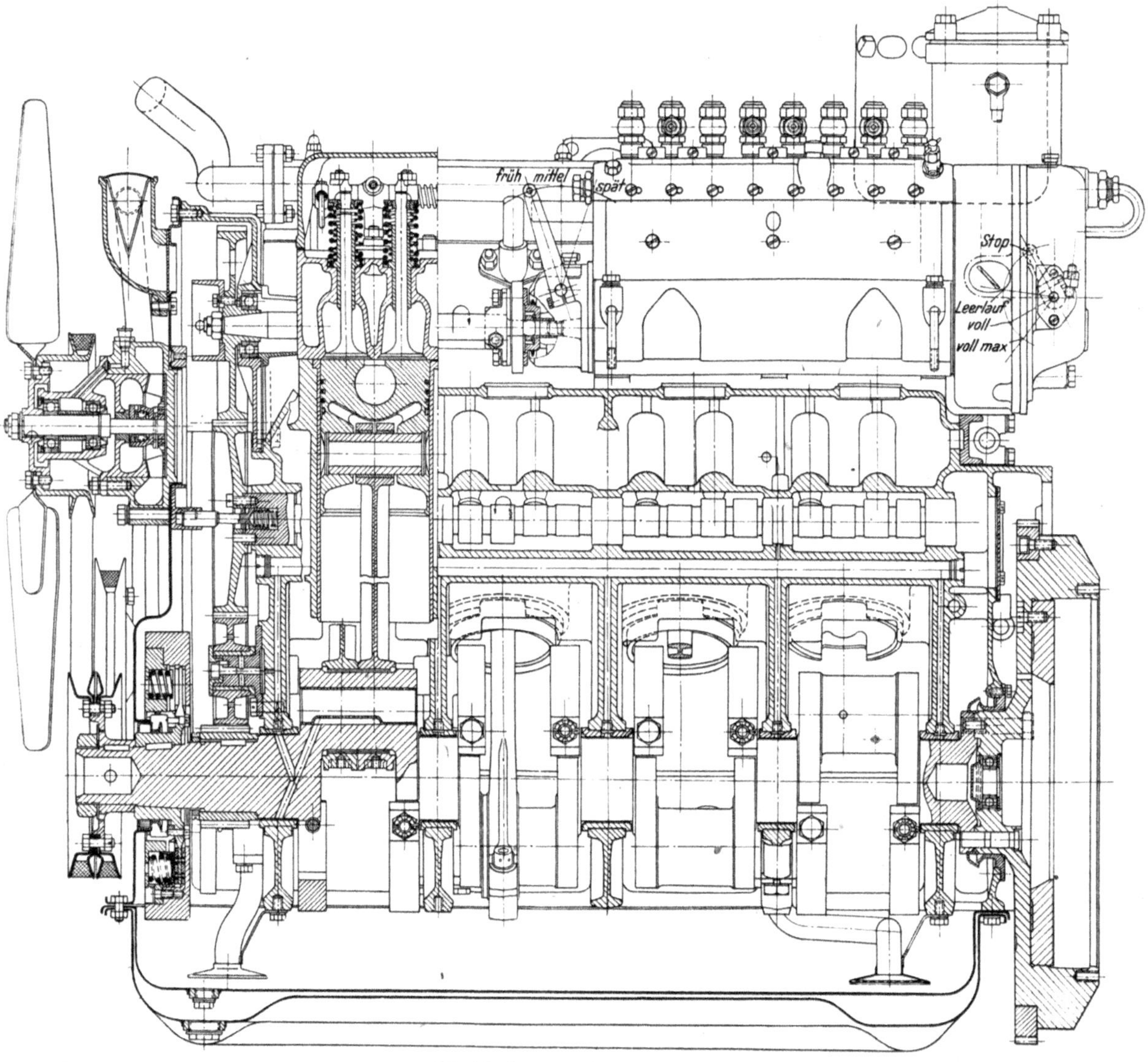

Abb. 113. Längsschnitt zu Abb. 112.

Nockenwellenlagerstellen haben einen so großen Durchmesser, daß die Welle vom vorderen Motorende eingeschoben werden kann. Der Räderkasten ist am Kurbelgehäuse angegossen und durch einen gepreßten Blechdeckel, auf dem die Wasserpumpe und der Entlüfterstutzen angebracht sind, abgeschlossen.

f) Triebwerk.

Die Kolben aus Al-Si-Legierung tragen drei Dichtungsringe und einen Ölabstreifring über dem Kolbenbolzen. Der kugelförmige Brennraum liegt etwas außerhalb der Kolbenmitte. Die Kolbenbolzen werden durch Seegerringe gesichert.

Je zwei Pleuelstangen aus hochwertigem Vergütungsstahl greifen nebeneinander auf einem Kurbelzapfen an. Diese Ausführung ist bei der verhältnismäßig kleinen Maschine zweckmaßig, da sie die Herstellung verbilligt. Die Pleuellager haben Stahlschalen mit Bleibronzeausguß.

Die Kurbelwelle aus Chrom-Molybdänstahl ist fünfmal gelagert und trägt an jeder Kurbelwange ein durch Schwalbenschwanz und Spannschraube befestigtes Gegengewicht. Infolge der Verwendung von Zylinderköpfen, die für je 2 Zylinder gemeinsam sind, ist das mittlere Wellenlager breiter als die ubrigen und als Paßlager ausgeführt. Die ausgebohrten Kurbelzapfen enthalten rohrförmige Blechpreßstücke, welche das Öl von der Ölbohrung in der Kurbelwange nach den Schmierbohrungen im Kurbelzapfen weiterleiten. Die Wellenlagerzapfen sind nicht durchbohrt. Das Öl wird vom Wellenlager durch eine schräge Bohrung dem Pleuellager zugeführt. Eine zu dieser Bohrung um 180° versetzte Bohrung im Wellenzapfen sichert den kontinuierlichen Ölzulauf zum Pleuellager. Das Schwungrad ist an einem Flansch befestigt.

Das Kurbelwellenrad des vorne liegenden Steuerungsantriebs hat zylindrischen Sitz. Der Reibungsschwingungsdämpfer sitzt innerhalb des Kurbelgehäuses auf einem Konus der Kurbelwelle.

Abb 114. Ansicht zum Motor Abb 113

g) Einspritzpumpe.

Die 8-Zylinder-Einspritzpumpe Größe B von Bosch oder Deckel hat angebauten mechanischen Regler und Spritzbeginnversteller. Sie ist innerhalb des V am Kurbelgehäuse-Oberteil angebracht. Wegen des engen Raumes im Innern des V sitzt die Brennstoffförderpumpe seitlich am Räderkasten des Kurbelgehäuses. Sie wird über einen Stößel von einer am Einspritzpumpenrad befestigten Exzenterscheibe angetrieben.

h) Schmierung.

Die Absaugepumpe der Trockensumpfschmierung, eine Zahnradpumpe mit drei Zahnrädern, saugt das Öl an den Enden des Motors ab und fördert in den Ölsumpf. Die Pumpe wird von der Kurbelwelle durch ein Stirnrad angetrieben und ist am Kurbelgehäuseoberteil neben dem vorderen Lagerdeckel befestigt. Die nach rückwärts führende Saugleitung bildet ein in das Gehäuse eingewalztes Rohr.

Die Umwälzpumpe mit zwei Zahnrädern ist auf der anderen Seite des vorderen Lagerdeckels angebracht. Sie fördert das Öl aus dem Ölsumpf in ein Spaltfilter und von dort durch eine Bohrung in die Verteilleitung, die unter der Nockenwelle liegt. Von dieser werden die Kurbelwellenlager und Nockenwellenlager durch Bohrungen mit Öl versorgt.

i) Wasserpumpe-Lüfter.

Die Wasserpumpe ist am vorderen Gehäusedeckel befestigt. Der Kühlwasserstrom wird bereits im Spiralgehäuse geteilt, so daß jeder Motorseite die gleiche Wassermenge zugeführt wird. Die beiden im Kurbelgehäuse eingegossenen Verteilkanäle sind mit kurzen Rohrkrümmern an die Pumpe angeschlossen.

Das Laufrad der Wasserpumpe und der Lüfter sitzen auf einer Welle, die im Wasserpumpengehäuse gelagert ist. Die Wellendichtung der Wasserpumpe eigener Bauart, besteht aus einer Scheibe aus Kohle, die mittels eines Gleitstückes, das mit dem Wasserpumpenrad durch Klauen gekuppelt ist, unter Zwischenschaltung einer Feder abdichtet.

Der Lüfter hat gepreßte Blechflügel die auf einem Nabenstern aufgenietet sind und wird durch einen kräftigen Gummikeilriemen angetrieben. Dieser treibt auch die zur Nachspannung des Riemens ausschwenkbare Lichtmaschine.

Der Antrieb des Bremsverdichters erfolgt durch einen anderen Riemen.

Der Motor hat einen 6 PS Bosch-Anlasser.

10. Fahrzeugdieselmotor HDV der Österreichischen Saurerwerke AG.

Zylinderzahl: 8		Mittl. Kolbengeschwindigkeit: 10,3 m/sec
Motorbauart: V		Dauerleistung: 160 PS
Gabelwinkel: 90°		Nutzdruck (p_e): 5,94 kg/cm²
Bohrung:	110 mm	Motorgewicht: 630 kg
Hub:	140 mm	Leistungsgewicht: 3,95 kg/PS
Hubraum:	10,6 l	Hubraumleistung: 15,1 kg/PS/l
Verdichtungsverhaltnis: 17		Hubraumgewicht 59,5 kg/l
Drehzahl:	2200 U/min	Ölinhalt: 25 l

Die Firma erzeugt noch zwei weitere Motoren, und zwar einen 4-Zylinder- (Abb. 117) und einen 6-Zylindermotor gleicher Zylinderabmessungen. Der 4-Zylindermotor leistet 70 PS bei 2000 U/min, der 6-Zylindermotor 105 PS bei 2200 U/min. Die entsprechenden Motorgewichte sind 400 und 520 kg. Der Aufbau dieser Motoren ist ähnlich dem nachstehend beschriebenen 8-Zylindermotor.

Die Gestaltung der Saurer-Motoren ist durch das Streben nach geringem Gewicht gekennzeichnet. Leichtmetall wird daher weitgehend verwendet. Die Bauart ist hochwertig aber nicht billig.

a) Verbrennungsverfahren.

Der Motor arbeitet mit direkter Einspritzung nach dem Verbrennungsverfahren von Saurer. Der Verbrennungsraum ist innerhalb des Kolbens etwas außermittig zur Zylinderachse untergebracht und hat zur Erzeugung eines Doppelwirbels die Form eines herzförmigen Rotationskörpers. Das Einspritzventil ist gut gekühlt. Der Motor hat zwei Ventile je Zylinder.

b) Zylinder, Zylinderköpfe.

Die Zylinderköpfe jeder Zylinderreihe sind zu einem gemeinsamen Kopf zusammengefaßt. Die Kipphebelachsen reichen über die ganze Zylinderkopflänge. Ventile, Kipphebel und Stoßstangen sind an die Umlaufschmierung des Motors angeschlossen. Die Oberseite des Zylinderkopfes hat zum Sammeln dieses Umlaufschmieröles eine Vertiefung.

Die nassen Zylinderlaufbuchsen sind in das Kurbelgehäuseoberteil aus Leichtmetall eingesetzt. Sie unterscheiden sich von der üblichen Bauart dadurch, daß sie mittels eines Bundes an der unteren Begrenzungswand des Kühlwasserraumes gegen den Triebwerksraum abgedichtet sind. Die Zylinderlaufbuchsen stehen daher frei im Kühlwasserraum und dichten mit ihrem oberen Flansch gegen den gemeinsamen Zylinderkopf ab. Diese Konstruktion ermöglicht eine einfache Gestaltung des Kurbelgehäuseoberteiles.

Der Zylinderkopf wird durch Schrauben befestigt, die in der Trennwand zwischen Kühlwasser und Triebwerksraum sitzen und frei durch den Kühlwasserraum gehen. Bei der Bemessung dieser Schrauben war auf die durch Korrosion herabgesetze Dauerfestigkeit des Werkstoffs Rücksicht zu nehmen.

c) Kurbelgehäuseoberteil.

Das Kurbelgehäuseoberteil aus Leichtmetall reicht von der stark unter die Kurbelwellenmitte herabgezogenen Teilebene zum Kurbelgehäuseunterteil bis zu der Dichtfläche der Zylinderköpfe. Die Kurbelwelle ist nach jeder Kröpfung gelagert. Die kräftigen Lagerdeckel aus Leichtmetall sind mit je zwei Stiftschrauben am Kurbelgehäuseoberteil befestigt. Durch die Anwendung nebeneinanderliegender Pleuelstangen, die auf

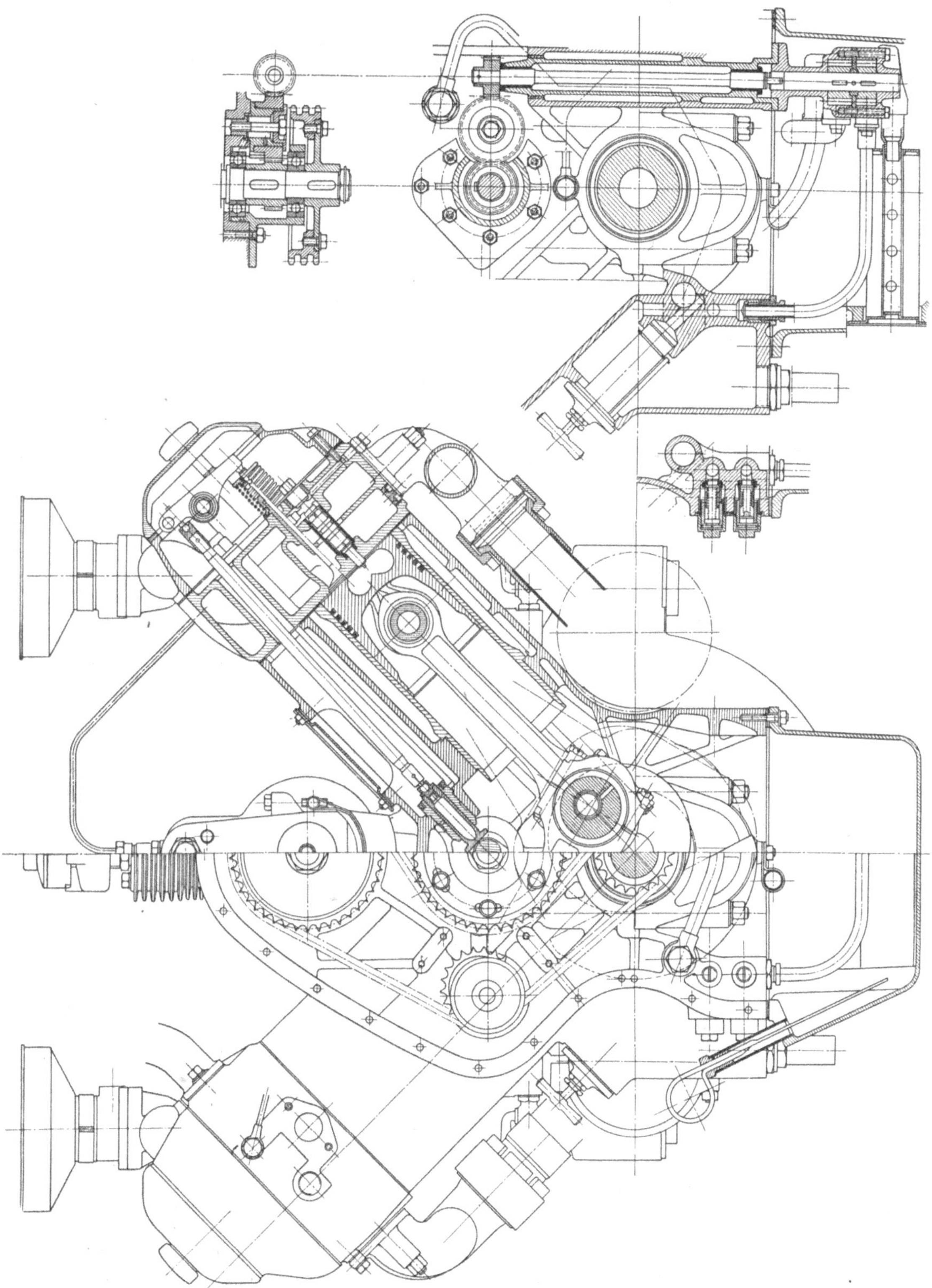

Abb. 115. Fahrzeugdieselmotor HDV der Österreichischen Saurer Werke A. G.

einen gemeinsamen Kurbelzapfen angreifen, ist die weitere Ausbildung des Kurbelgehäuseoberteiles im wesentlichen bestimmt.

Der Motor hat lüfterseitigen Steuerungsantrieb. Der Räderkasten für den Steuerungsantrieb ist an das Kurbelgehäuseoberteil angegossen und wird nach vorne durch einen großen Deckel aus Leichtmetall, der auch das Spiralgehäuse für die Wasserpumpe enthält, abgeschlossen. Auf der Schwungradseite ist nach dem letzten Wellenlager eine zweite Wand zur Abdichtung der Kurbelwelle durchgezogen. Das Schwungradgehäuse bildet mit dem Kurbelgehäuseoberteil ein Stück. Die Nockenwelle liegt in der Mitte des Motors oberhalb der Kurbelwelle. Darüber ist die Hauptölleitung eingegossen. Die Öl-

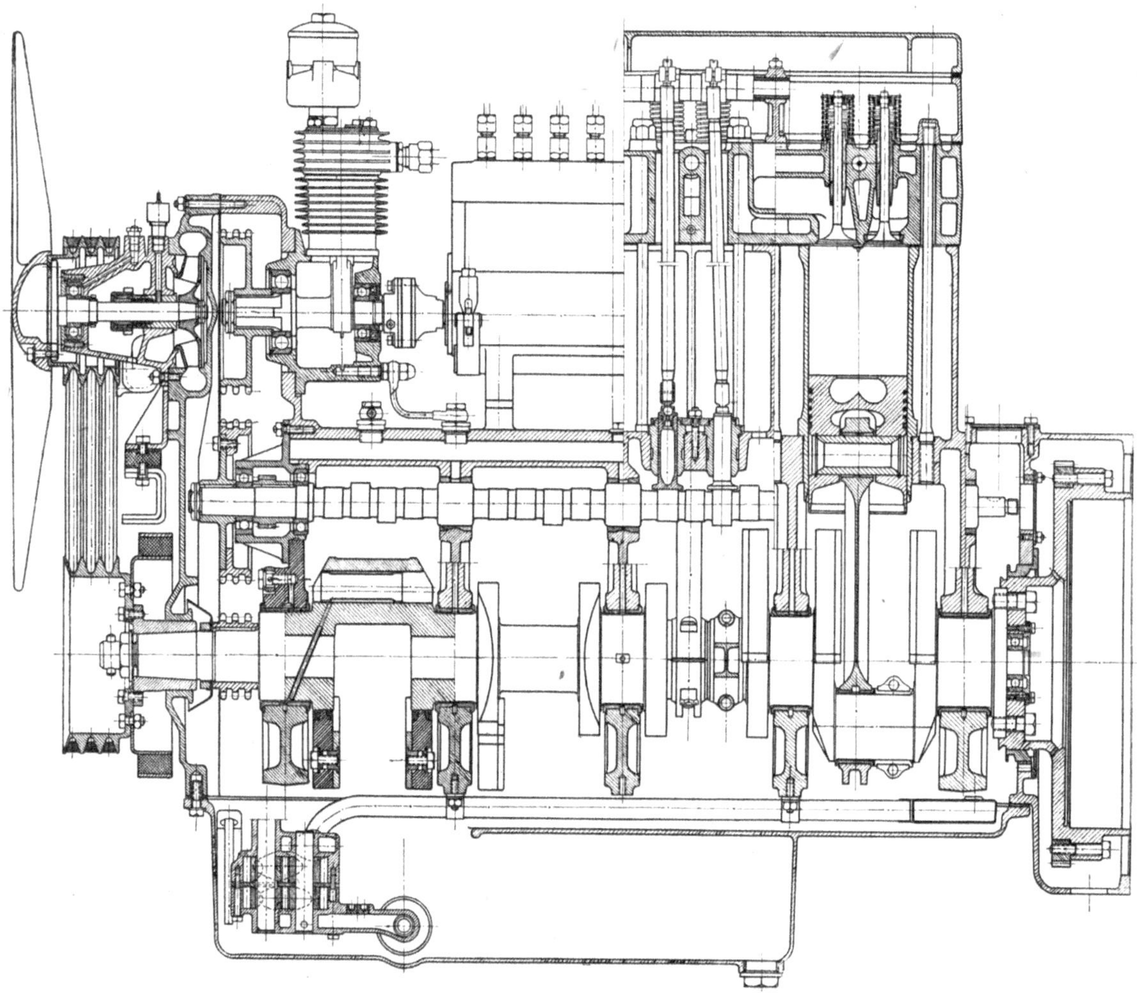

Abb. 116. Längsschnitt zu Abb. 115.

zuführung zu den Wellenlagern erfolgt von dort über die Nockenwellenlager. Innerhalb des V sitzt die 8-Zylinder-Bosch-Einspritzpumpe. Sie wird über den am vorderen Steuerradkasten angeflanschten Bremsverdichter angetrieben.

d) Kurbelgehäuseunterteil.

Das Kurbelgehäuseunterteil aus Leichtmetall ist mit Kopfschrauben am Kurbelgehäuseoberteil befestigt. Der Ölsumpf des Motors, welcher den Ölvorrat aufnimmt, liegt unterhalb des Nockenwellenantriebes und der ersten drei Zylinder. Das Kurbelgehäuseunterteil ist durch eine horizontale Wand auf ungefähr halber Länge gegen den Triebwerksraum abgeschlossen. Der Motor hat außer der Schmierölpumpe eine Absaugpumpe, welche auf Steigungen das Öl aus dem hinteren Teil des Motors in den Ölsumpf pumpt.

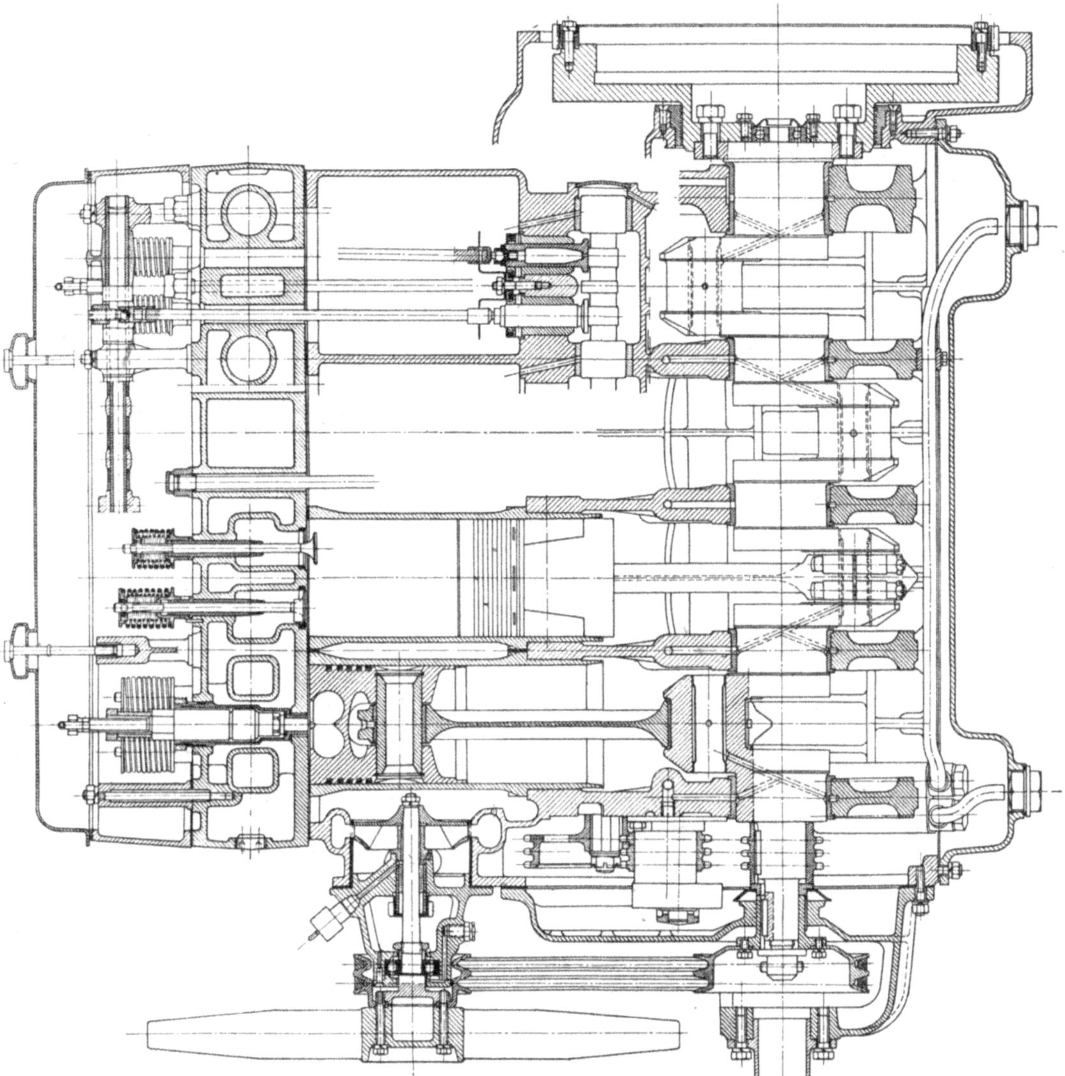

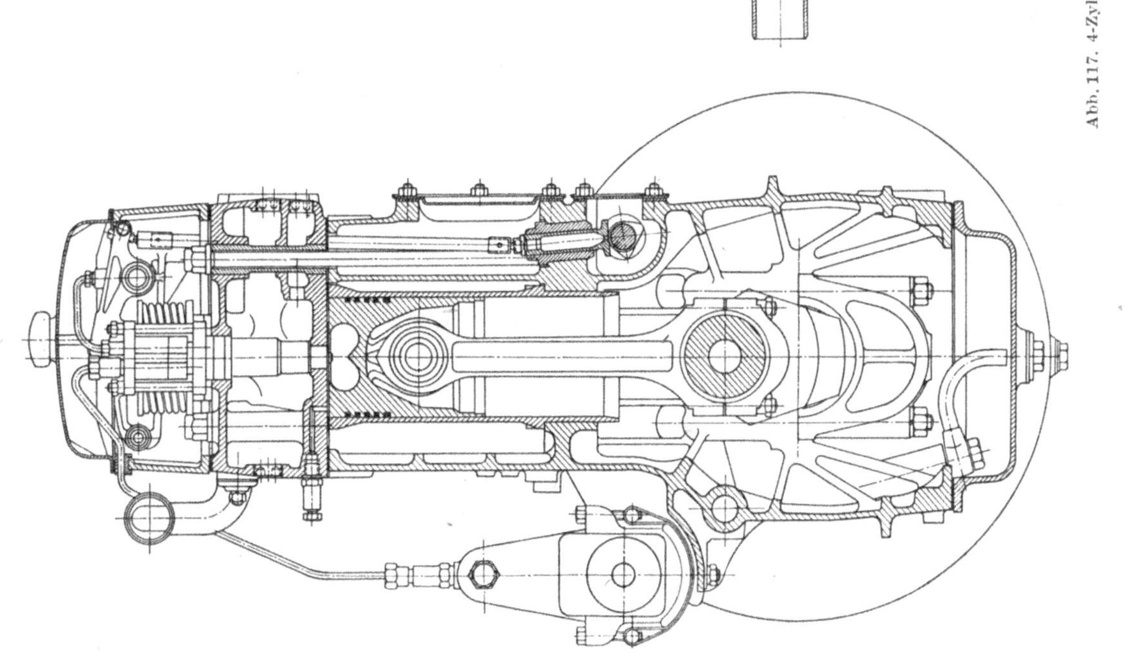

Abb. 117. 4-Zylinder-Fahrzeugmotor der Österreichischen Saurer Werke A. G.

e) Triebwerk.

Die Kolben aus Silicium-Aluminiumlegierung tragen 4 Dichtungs- und einen Ölabstreifring. Der Kolbenbolzen wird durch Seegerringe gesichert.

Die Pleuelstangen sind vollständig bearbeitet. Je zwei im V gegenüberliegende Zylinder arbeiten auf einem gemeinsamen Kurbelzapfen. Die Pleuelstangen liegen nebeneinander, eine Anordnung, die für Fahrzeugmotoren zweifellos den Vorzug einfacher Herstellung und großer Betriebssicherheit hat.

Die Kurbelwelle ist fünfmal gelagert. Das vorderste und das schwungradseitige Wellenlager sind breiter ausgeführt als die übrigen Wellenlager. Die Kurbelwelle zeigt die mit Rücksicht auf vollständigen Massenausgleich übliche Bauart. An jede Kurbelkröpfung sind zwei große Gegengewichte mit Lichtbogenschweißung befestigt. Am vor deren Ende der Kurbelwelle sitzt zylindrisch das Kettenrad für die dreifache Rollenkette des Nockenwellenantriebes und auf einem Konus die Nabe des Gummischwingungsdämpfers. An dieser ist die dreirillige Keilriemenscheibe für den Lüfter- und Wasserpumpenantrieb und den Lichtmaschinenantrieb befestigt. Das Schwungrad ist an die Kurbelwelle angeflanscht. Der Ölaustritt am schwungradseitigen Kurbelwellenende wird durch einen Ringspalt mit Rücklaufgewinde zwischen der zylindrischen Nabe des Schwungrades und einem am Kurbelgehäuseoberteil befestigtem Ring verhindert.

f) Motorsteuerung.

Die Nockenwelle wird vorne mit einer dreifachen Rollenkette angetrieben. Die Rollenkette wird durch ein besonderes Kettenrad gespannt. Die Nockenwelle liegt oberhalb der Kurbelwelle und ist über jeder Kröpfung in eingegossenen Graugußbüchsen gelagert. Auf der Antriebseite läuft die Nockenwelle in zwei Kugellagern, die in einem besonderen Gehäuse sitzen. Ein Schraubenrad zwischen den Kugellagern dient zum Antrieb der Schmierölpumpe. Der Antrieb der Einspritzpumpe und des Bremsverdichters liegt über der Nockenwelle. Zwischen je zwei Lagerstellen der Nockenwelle sitzen vier Nocken, von denen je zwei zur Steuerung eines der beiden gegenüberliegenden Zylinder dienen. Der Ventilantrieb erfolgt durch Pilzstößel, Stoßstangen und Kipphebel üblicher Bauart. Die Pilzstößel laufen in besonderen Führungen. Je zwei Führungen werden durch eine gemeinsame Brücke gehalten. Die Stoßstangen sind aus Leichtmetall, um Veränderungen des Ventilspiels durch die Wärmedehnung des Leichtmetall-Kurbelgehäuses zu vermeiden.

g) Schmierung.

Die Doppelzahnradölpumpe mit senkrechter Welle wird durch ein Schraubenrad auf der Nockenwelle angetrieben. Die Absaugepumpe liegt oberhalb der Umlaufschmierpumpe und hat eine 20 bis 30% größere Fördermenge. Von der Umlaufpumpe gelangt das Öl über ein Filter in die oberhalb der Kurbelwelle befindliche Hauptölleitung, die sich über die ganze Länge des Kurbelgehäuseoberteils erstreckt und von dort zu den Kurbelwellenlagern. Von diesen wird das Öl den Pleuelzapfenlagern durch eingewalzte Rohre zugeführt, da auch die Kurbelwellenzapfen zur Gewichtserleichterung hohl gebohrt sind. Die Ausbohrungen der Pleuelzapfen sind aus Festigkeitsgründen exzentrisch. Sie werden durch eingewalzte Blechhülsen verschlossen. Aus dem zwischen diesen und der Bohrung entstehenden Ringraum werden die nebeneinanderliegenden Pleuelstangen durch Querbohrungen geschmiert.

h) Wasserpumpe und Lüfter.

Die Wasserpumpe ist in den vorderen Anschlußdeckel des Steuerungsantriebsgehauses eingebaut. Lüfter und Wasserpumpe sind gemeinsam gelagert. Das Gehäuse der Wasserpumpe ist zur gleichmäßigen Verteilung des Kühlwassers auf beide Zylinderreihen als Doppelspirale ausgebildet. Drei Gummikeilriemen treiben im Dreieck Lüfter, Wasserpumpe und Lichtmaschine an. Sie können durch eine Spannrolle nachgespannt werden.

II. Triebwagenmotoren.

1. Einheitstriebwagenmotor der Deutschen Reichsbahn.

Hersteller: Daimler-Benz AG., Deutsche Werke Kiel, Klöckner-Humbold-Deutz AG., Maschinenfabrik Augsburg-Nürnberg AG.

Die guten Erfahrungen, welche die Deutsche Reichsbahn mit einem Achtzylinder-Boxermotor der Deutschen Werke Kiel von 180 PS Leistung bei Nebenbahntriebwagen machte, veranlaßte sie die oben genannten Firmen zur Entwicklung eines stärkeren Zwölfzylinder-Boxermotors von 275 PS Leistung heranzuziehen.

Besonders bei Nebenbahntriebwagen ist das Bedürfnis den Nutzraum so groß wie möglich zu machen, vorherrschend. Es wurde daher die Boxerbauart gewählt, die es gestattet, den Motor einschließlich des Kühlers ohne Durchbrechung des Fußbodens unterhalb des Wagenkastens unterzubringen. Für Nebenbahnstrecken sollte ein Motorwagen mit einem Steuerwagen gekuppelt werden, so daß der Zug nach beiden Seiten gefahren werden kann. Das Gesamtgewicht des Zuges beträgt 69 t, seine Geschwindigkeit 90 km/h. Fur Bergstrecken war ein Doppeltriebwagen mit zwei Maschinenanlagen von je 270 PS vorgesehen. Dieser Triebwagenzug, bestehend aus zwei Steuerwagen und dem in der Mitte laufenden Motorwagen hat ein Gesamtgewicht von 92 t und eine Geschwindigkeit von ebenfalls 90 km/h.

Der Motor sollte fallweise mit Büchi-Abgasturbinen der Brown, Boveri & Co. AG. ausgerüstet werden können und damit eine Leistung von 400 PS erreichen.

Von der Reichsbahn wurden folgende hauptsächliche Motordaten und einheitliche Gesichtspunkte für die Gestaltung vorgeschrieben:

Drehzahl 1500 U/min, Leistung 275 PS, Gesamthubraum 30 l, vorgeschriebene, für alle Motoren gleiche Anschlußmaße für Motoraufhängung, Abgasleitungen, Luftleitungen, Wasserleitungen, Ölleitungen und Anschluß der Antriebswellen.

Es sollte dadurch im Bahnbetrieb jederzeit der Austausch von Motoren verschiedener Herstellerfirmen möglich sein. In der sonstigen Gestaltung des Motors war den Herstellern freie Hand gelassen, so daß jede Firma ihre Erfahrungen frei verwerten konnte.

Es ist für den Konstrukteur von besonderem Interesse, die von den vier Firmen gewählten Lösungen dieser Aufgabe nebeneinander zu betrachten.

In der nachstehenden Tabelle sind die Hauptdaten der vier Motoren zusammengefaßt:

Firma	Zyl.-Zahl	Bohrung mm	Hub mm	Gesamthubraum l	ε	N_e PS	n U/min.
Daimler-Benz-AG. . . .	12	138	170	30,5	17	275	1500
Deutsche Werke Kiel AG.	12	130	190	30,2	17,4	275	1500
Klöckner-Humboldt-Deutz AG.	12	130	190	30,2	19	275	1500
MAN.	12	130	190	30,2	18,6	275	1500

Firma	p_e kg/cm²	mittl. Kolb.-Geschw. m/sek.	Gewicht kg	Leist.-Gew kg/PS	Einbaumaße Hohe mm	Einbaumaße Lange mm	Einbaumaße Breite mm	Typenbezeichnung des Werkes
Daimler-Benz-AG. . . .	5,4	8,5	2000	7,3	810	1810	1670	OM 807
Deutsche Werke Kiel AG.	5,5	9,5	2445	8,88	809	2055	1870	12 V 19
Klockner-Humboldt-Deutz AG.	5,5	9,5	2150	7,8	811	1970	1710	A 12 M 319
MAN	5,5	9,5	2460	8,9	810	2200	1900	W 12 V 13/19

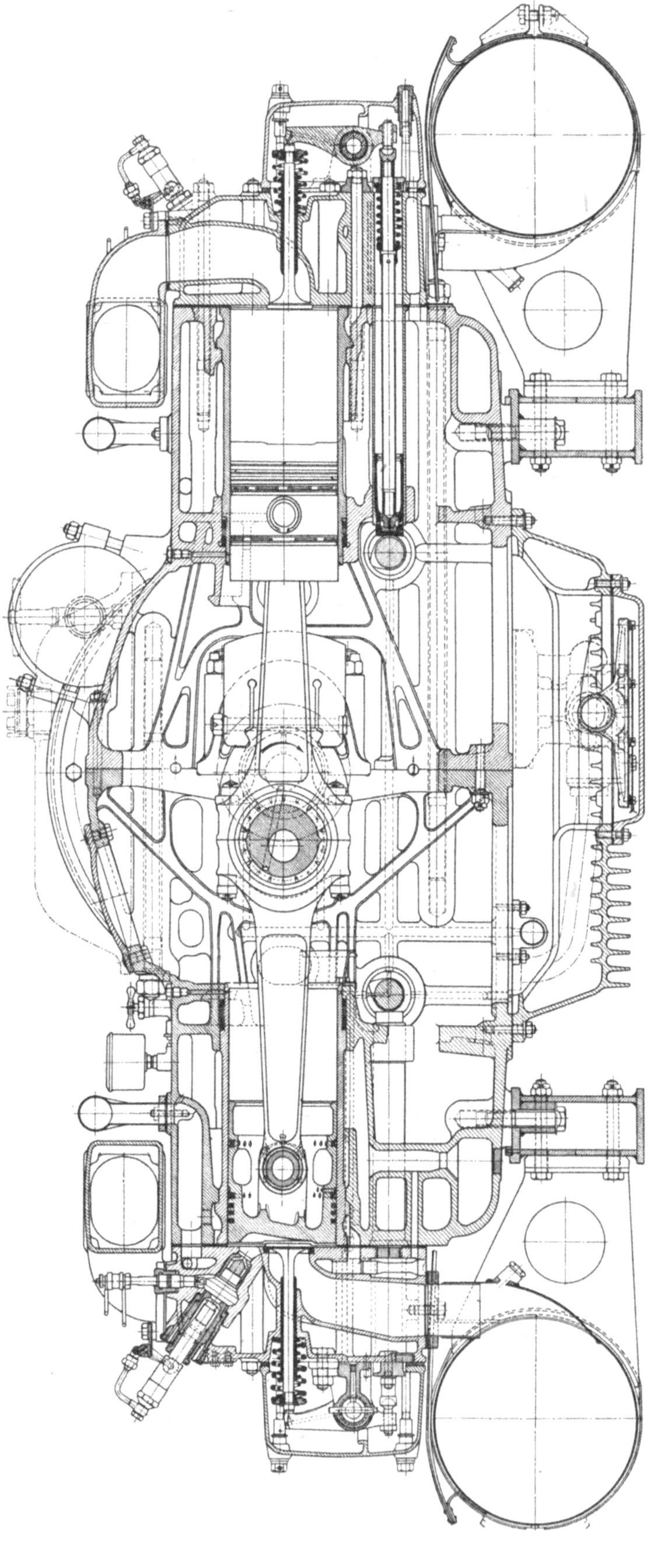

Abb. 118. Triebwagenmotor OM 807 der Daimler-Benz A.G.

a) Verbrennungsverfahren.

Von allen Firmen wird das Vorkammerverfahren verwendet, daß sich im Bahnbetrieb wegen seiner im Verhältnis zu anderen Verbrennungsverfahren größeren Unempfindlichkeit gut bewährt hat. Bei allen Konstruktionen ist die Vorkammer stark aus derZylindermittegerückt. Unterschiede bestehen nur in der Form der einzelnen Vorkammern und in der Ausbildung des Vorkammereinsatzes.

b) Zylinder, Zylinderköpfe.

Alle vier Baufirmen verwenden Einzelzylinderköpfe, die durch vier Schrauben am Kurbelgehäuseoberteil befestigt sind. Auf die Vorteile dieserBauart wurde schon mehrmals hingewiesen. Durch die vorgeschriebenen Anschlußstellen für Luft und Abgasleitungen zeigen alle Zylinderköpfe eine auffallend einheitliche Gestaltung. Bei allen Motoren sind die Auspuffkrümmer nach unten gerichtet, da man den Auspuffsammler möglichst weit vom Fußboden des Triebwagens entfernt anbringen wollte. Die Einsaugkrümmer wurden ebenso einheitlich nach oben geführt. Diese Anordnung ist auch durch den Einzelkopf bedingt, bei dem man aus räumlichen Gründen Einlaß- und Auslaßöffnungen nicht an derselben Seite des Kopfes anordnen kann. Die Vorkammern sind neben den Einlaß-

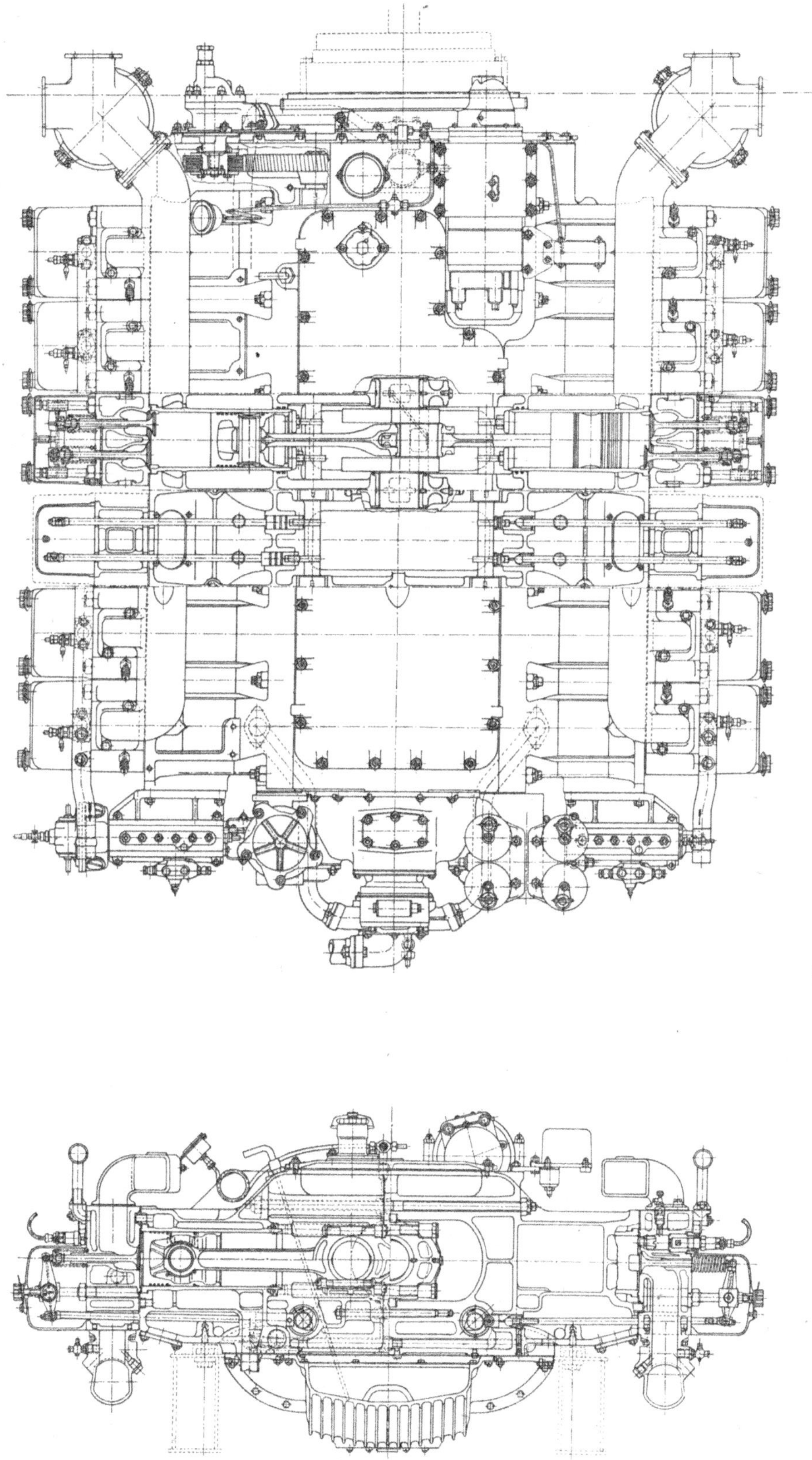

Abb. 119. Triebwagenmotor 12 V 19 der Deutschen Werke Kiel AG.

krümmern untergebracht. Daimler und Deutz legen die Vorkammer schräg, DWK und MAN parallel zur Zylinderachse. Allen Ausführungen gemeinsam ist die Lage des Einspritzventils außerhalb der Zylinderkopfhaube. Über die Vorteile dieser Anordnung wurde schon an anderer Stelle gesprochen. Die Glühkerzen sind bei allen Firmen nach oben gerichtet und leicht zugänglich.

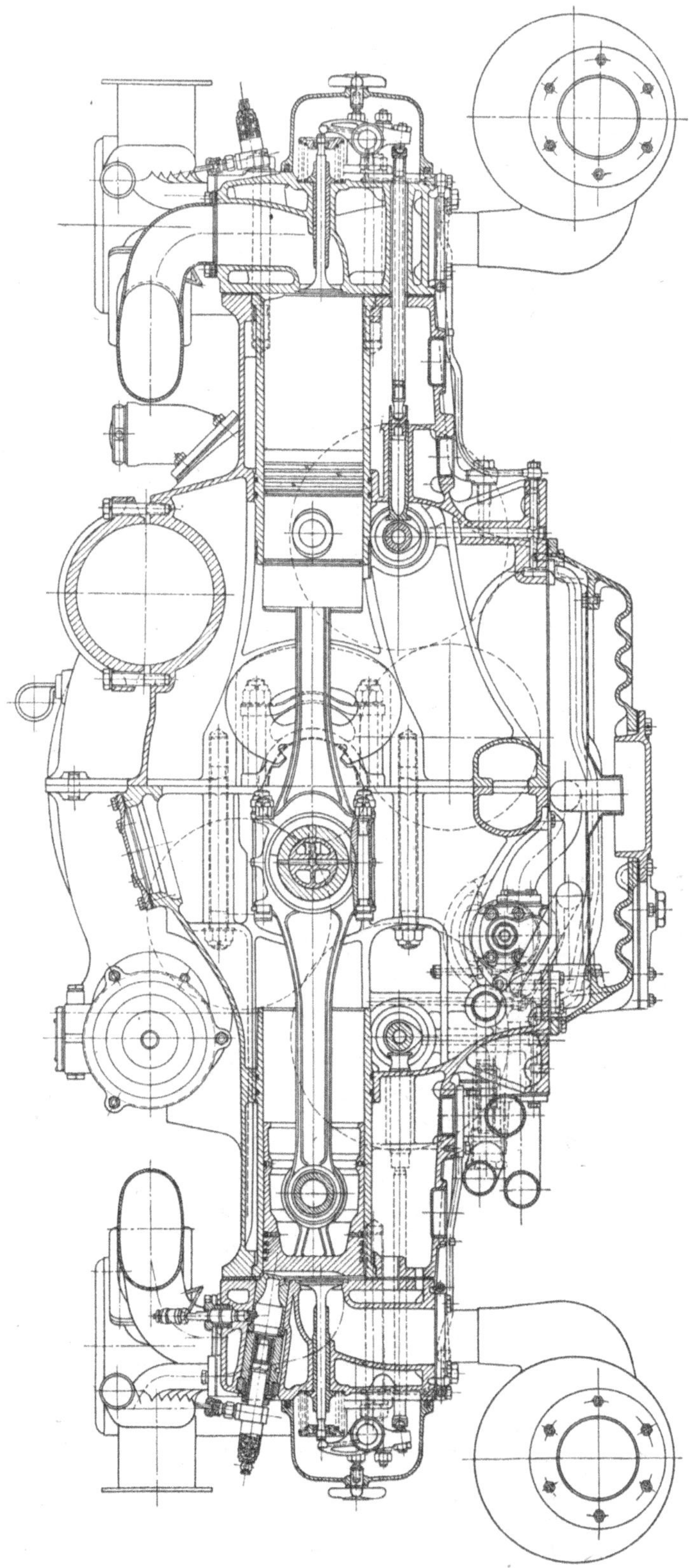

Abb. 120. Triebwagenmotor A 12 M 319 der Klöckner-Humboldt-Deutz AG.

Alle vier Motoren haben zwei Ventile je Zylinder. Auf jedem Zylinderkopf ist ein Lagerbock für die Kipphebelachsen befestigt.

Die Stoßstangen liegen einheitlich an der unteren Motorseite, jeder Zylinderkopf wird durch eine eigene Zylinderkopfhaube nach außen abgeschlossen.

Alle Motoren haben eingesetzte, nasse Zylinderlaufbuchsen aus hochwertigem Gußeisen. Unterschiede zwischen den einzelnen Motoren bestehen nur in der Art der Abdichtung der Laufbuchse an der Durchführung zum Triebwerksraum.

c) Kurbelgehäuse.

Das Kurbelgehäuse aus Grauguß besteht bei allen Firmen aus zwei Hälften, die in einer senkrecht durch die Kurbelwellenachse gehende Ebene zusammengeschraubt sind. Bei den Motoren der Firmen Daimler-Benz, Deutz und DWK ist die Kurbelwelle in einer Kurbelgehäusehälfte gelagert. Diese Anordnung ist für die Überholung vorteilhaft, da diese Kurbelgehäusehälfte z. B. beim Neulagern der Kurbelwelle genau so wie die eines Reihenmotors behandelt werden kann. Beim MAN-Motor sind die Gehäusehälften durch Zuganker, die über die ganze Gehäuselänge hindurchgehen, verbunden und somit die Gehäuse von den Zündkräften entlastet. Diese Zuganker liegen an Stelle der Lagerdeckelschrauben zu beiden Seiten

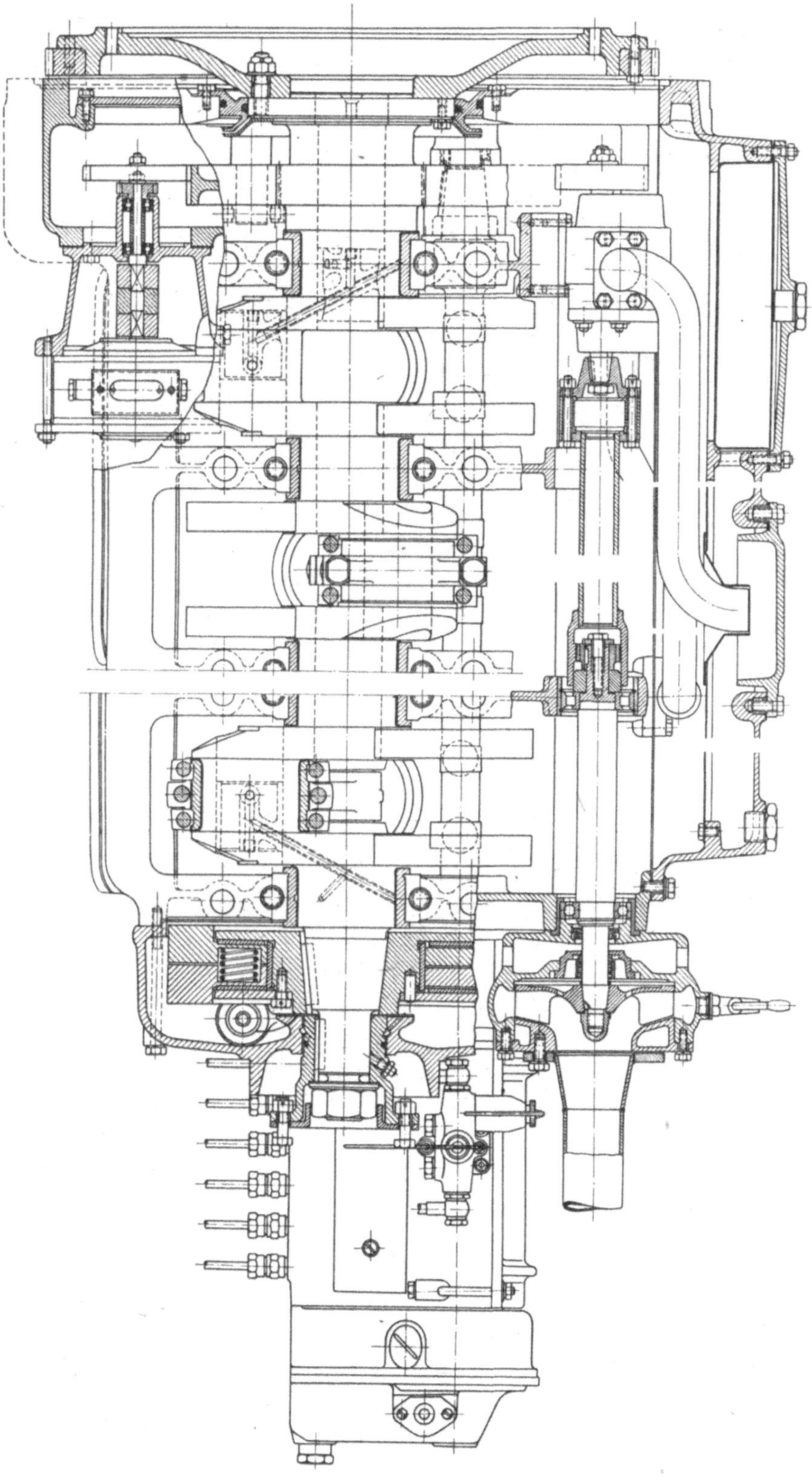

Abb. 121. Längsschnitt zum Motor Abb. 120.

der Lagerschalen, die unmittelbar von den Gehäusehälften umfaßt werden. Bei allen anderen Ausführungen sind besondere, neben den Lagerdeckelschrauben angeordnete Verbindungsschrauben für beide Gehäusehälften vorgesehen.

Für die weitere Ausbildung der Kurbelgehäuse maßgebend war die Forderung das Triebwerk nach unten, also durch die vom Kurbelgehäuseunterteil (Ölwanne) abgedeckte Öffnung ausbauen zu können. Zum Lösen der Pleuelstangenschrauben wurden an der obe-

Abb. 122. Ansicht zum Motor Abb. 120.

ren Seite der Kurbelgehäusehälften zusätzliche Öffnungen angebracht, die durch leicht abnehmbare Deckel verschlossen sind. Bei den Motoren von Daimler und Deutz sind diese Öffnungen nur in einer Kurbelgehäusehälfte vorgesehen. Der Motor der MAN hat Öffnungen in jeder Gehäusehälfte. Der Motor der DWK hat eine über beide Hälften gehende Öffnung. Bestimmend für die Größe und Anordnung der Deckel war vor allem die Lage des elektrischen Anlassers und die Ausführung der Pleuelstangen. Im übrigen ist

Abb. 123 Ansicht des Motors 120 mit Aufladung

die Ausbildung der Kurbelgehäusehalften auch durch die Wasserzuführung bestimmt, die bei allen Motoren für jede Zylinderreihe von unten erfolgt.

d) Kurbelgehäuseunterteil.

Die zum Ausbau des Triebwerkes von beiden Kurbelgehäusehälften gebildete Öffnung wird durch die Ölwanne aus Leichtmetall abgeschlossen. Die Breite der Ölwanne ist durch die Bauweise des Motors weitgehend beeinflußt. Die Abbildungen zeigen erhebliche Abweichungen in der Ausbildung der Ölwanne.

e) Motorsteuerung.

Alle Motoren haben zwei unterhalb der Zylinderreihen liegende Nockenwellen. Eine für beide Zylinderreihen gemeinsame Nockenwelle hätte die Massen des Ventilantriebes zu sehr vergrößert. Der Antrieb der Nockenwelle liegt bei den Motoren von DWK, Deutz, MAN schwungradseitig, beim Daimler-Motor vorne.

Von besonderem Interesse sind die verschiedenen Lösungen, die für den Antrieb der beiden Einspritzpumpen gefunden wurden. Die Bauart des Motors als Boxermotor erfordert die Einhaltung kleinstmöglichster Bauhöhe. Deshalb konnten die Einspritzpumpen nicht oberhalb des Motors angeordnet werden. Man entschloß sich daher die Einspritzpumpen vor das vordere Ende des Motors zu stellen. Dabei wurden zwei Lösungen ausgeführt: Daimler und Deutz setzten die Einspritzpumpen in Längsrichtung an die vorderen Enden der beiden Nockenwellen. Diese Anordnung gibt einen sehr einfachen Einspritzpumpenantrieb ohne zusätzliche Zahnräder. Die Firmen DWK und die MAN vermeiden die Verlängerung des Motors um die ganze Länge der Einspritzpumpen und setzen die Pumpen quer zur Längsachse des Motors. Trotzdem haben die Motoren von Daimler-Benz und Deutz wegen ihres besonders kleinen Zylinderabstandes die geringere Baulänge.

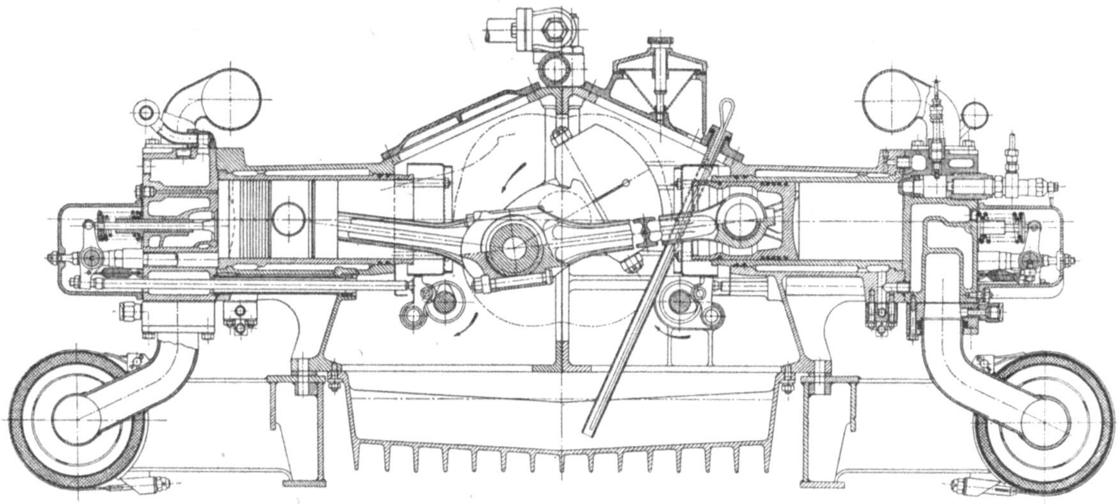

Abb. 124. Triebwagenmotor W 12 V 13/19 der MAN.

Die Querstellung der Einspritzpumpen erfordert je einen Kegeltrieb am vorderen Nockenwellenende, also einen Mehraufwand gegenüber der Losung von Daimler und Deutz.

In der Ausbildung der Verschalung für den Nockenwellenantrieb zeigen sich folgende Unterschiede: Daimler setzt einen als Verschalung ausgebildeten Deckel an das vordere Motorende, die MAN eine besondere Verschalung an das schwungradseitige Ende. Auch beim Motor der DWK dient ein großer Deckel schwungradseitig zum Abschluß des Zahnradgehäuses. Beim Deutz-Motor ist jedoch das Motorgehäuse selbst schwungradseitig als Gehäuse für den Nockenwellenantrieb ausgebildet. Der Antrieb der Stoßstangen erfolgt beim Daimler- und beim Deutz-Motor durch Pilzstoßel, beim DKW-Motor durch Rollenstößel und beim MAN-Motor durch besondere Lenker mit Rolle. Die Vielfalt der hier zur Anwendung gelangten Lösungen ist besonders auffällig und zeigt getrennte Erfahrungswege der einzelnen Firmen.

f) Triebwerk.

Die Kolben bestehen aus Aluminium-Silizium-Legierung. Die Kolben der Motoren der DWK und der MAN tragen vier Dichtungsringe und je einen unter- und oberhalb des Kolbenbolzens sitzenden Ölabstreifring. Daimler und Deutz verwenden nur drei Dichtungsringe bei gleicher Anordnung der Ölabstreifringe. Die Kolbenbolzen werden durch Seegerringe gesichert. Auf eine reichliche Kolbenlänge von ungefähr 1,5 D wurde von allen Firmen Wert gelegt.

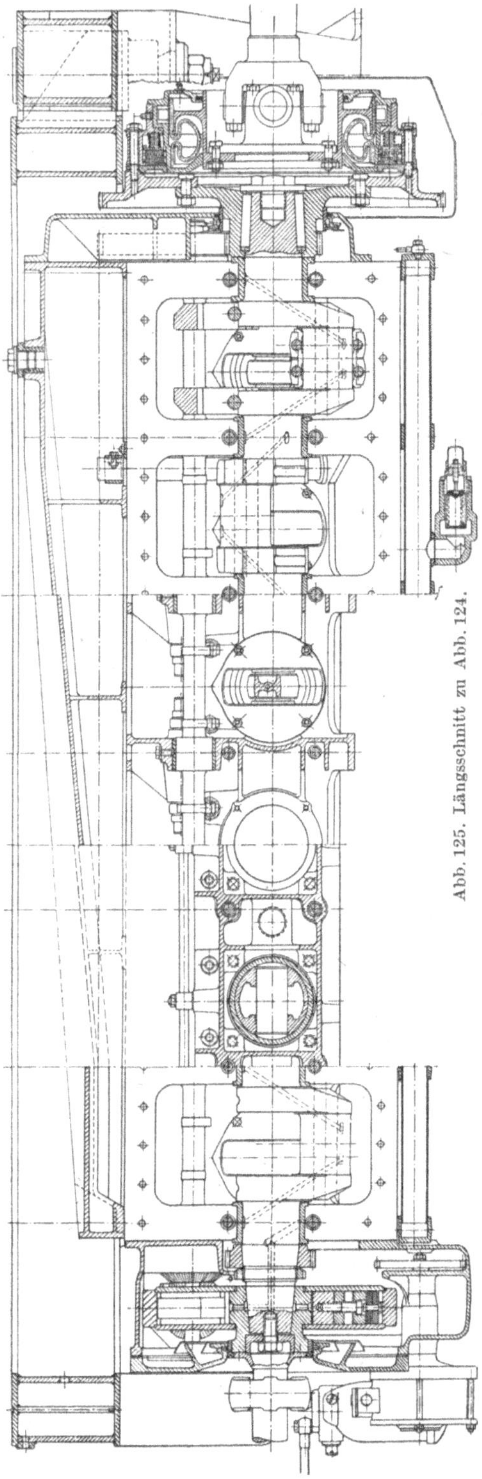

Abb. 125. Längsschnitt zu Abb. 124.

Die Motoren von Daimler, DWK und Deutz haben Gabelpleuelstangen. Maßgebend dafur war vor allem die geringere Baulänge. Die MAN hat den nebeneinander auf einen Pleuelzapfen angreifenden Pleuelstangen wegen der einfachen Herstellung und der größeren Betriebssicherheit den Vorzug gegeben. Dadurch sind die Pleuelstangen aller Zylinder untereinander gleich und die Kolben können mit den Pleuelstangen sowohl nach unten, als auch nach oben ausgebaut werden. Die Erhöhung der Baulange ist fühlbar und damit einer der Gründe zur Querstellung der Einspritzpumpen. Alle Pleuelstangen haben I-Querschnitt und sind aus Vergütungsstahl hergestellt. Die Pleuellager bestehen in allen Fallen aus Stahlschalen mit Bleibronzeausguß.

Die Kurbelwellen aller Motoren sind aus hochwertigem Chrom-Molybdän-Stahl, haben gehärtete Lagerstellen und sind nach jeder Kröpfung gelagert. An jeder Kröpfung sind zwei Gegengewichte angeordnet. Kröpfungs- und Zündfolge aller Motoren sind gleich. Daimler-Benz, Deutz und DWK verwenden am vorderen Kurbelwellenende einen nach außen durch einen Deckel abgeschlossenen Reibungsschwingungsdämpfer. MAN verwendet einen Hülsenfeder-Schwingungsdämpfer. Alle Wellenlager haben Stahlschalen mit Bleibronzeausguß. Das Schwungrad trägt den Anlasserzahnkranz und ist für den Anbau einer Federkupplung System Voith-Maurer eingerichtet. Das vordere Kurbelwellenende ist aus dem Gehäuse herausgeführt und trägt eine Kardankupplung zum Antrieb der Lüfterwelle.

g) Einspritzpumpen.

An einer der zwei Sechszylinder-Boschpumpen Größe B ist ein Drehzahlregler angebaut, der vom elektrischen Drehzahlversteller beeinflußt wird. Die Regelstangen der beiden Pumpen sind gekuppelt. Die Pumpen sind an Konsolen der Motorgehäuse befestigt. Die Einspritzleitungen sind wegen der Anordnung der Pumpen am vorderen Motorenende ziemlich lang, doch haben sich dadurch keine Schwierigkeiten ergeben.

Bei allen Motoren werden Boscheinspritzventile gleicher Ausführung verwendet. Zur Kraftstoffilterung dienen vier normale Boschfilter, die während des Betriebes umschaltbar sind, so daß jeweils zwei Filter gereinigt werden können.

h) Schmierung

Die Schmierpumpen aller Motoren sind Zahnradpumpen mit einer vorgeschriebenen Fördermenge von 5500 l/h.

Die Zahnradölpumpe des Daimler-Motors liegt im Ölsumpf und wird über eine senkrechte Welle vom vorderen Kurbelwellenende aus angetrieben. Ein Trichter, der durch ein grobes Sieb abgedeckt ist, sitzt am Ende der kurzen Saugleitung. Von der Pumpe wird das Öl dem von allen vier Firmen verwendeten Filter, System Deckardt, zugeführt und gelangt von diesem in die innen an der Unterseite des Motorgehäuses befestigte Hauptölleitung. Von dieser wird das Öl durch Bohrungen im Motorgehäuse den Kurbelwellenlagern und den Nockenwellenlagern zugeführt. Eine Abzweigung dient zur Schmierung der Ventile, Kipphebel und Stoßstangen. Von den Kurbelwellenlagern wird das Öl in üblicher Weise den Pleuellagern zugeführt.

Die Ölpumpe des DWK-Motors wird durch ein Stirnrad schwungradseitig angetrieben. Sie ist außen an das Rädergehäuse des Nockenwellenantriebes angeflanscht. Die Führung der Schmierölleitungen ist ähnlich wie beim Daimler-Motor.

Beim Deutz-Motor wird die Zahnradpumpe ebenfalls durch ein Stirnrad von einem der Nockenwellenräder angetrieben. Sie ist im Motorgehäuse an einer angedrehten Fläche befestigt und durch einen großen Deckel in der Ölwanne gut zugänglich. Ein Ölverteilrohr, das in das Motorgehäuse eingewalzt ist, sorgt für die Zuführung des Öles zu den Lagerstellen.

Auch beim MAN-Motor erfolgt der Antrieb der Ölpumpe durch ein Stirnrad. Die Hauptölleitung liegt hier etwa in der Mitte des Motors an der Oberseite des Motorgehäuses, also außerhalb des Triebwerksraumes.

Bei allen Motoren ist ein Ölkühler in den Ölkreislauf eingeschaltet. Bei kaltem Öl wird durch ein Überdruckventil der Ölkühler abgeschaltet, so daß das Öl vom Filter unmittelbar den Lagerstellen zuströmt.

i) Kühlwasserpumpe, Kühlwasserführung.

Bei allen Motoren liegt die Wasserpumpe am vorderen Motorende. Ihr Antrieb erfolgt beim Daimler-, DWK- und MAN-Motor vom vorderen Ende der Kurbelwelle. Beim Deutzmotor erfolgt der Antrieb durch eine Zwischenwelle von der Ölpumpe aus. Die Kühlwasserzuführung zu den beiden Zylinderreihen erfolgt bei allen Motoren durch je eine außen liegende Verteilleitung an der Unterseite der Zylinderreihen. Die Kühlwasserräume können durch diese Ausführung gut entwässert werden. Das aus den Köpfen austretende Kühlwasser wird in einem Sammelrohr für jede Zylinderreihe dem Kühler zugeleitet. Die Kühlwasserabführung des Daimler-Motors weicht von dieser Ausführung ab, indem das aus den Zylinderköpfen austretende Wasser über das Motorgehäuse abgeführt wird.

k) Anlasser.

Alle Motoren haben einen 25 PS-Boschanlasser für 110 Volt.

2. Triebwagenmotor R 12a der Simmeringer Maschinen- und Waggonbau AG.

Die Firma hat außer einem bei den früheren österreichischen Bundesbahnen verwendeten Achtzylinder-V-Motor von 210 PS Leistung auch einen Zwölfzylinder-V-Motor mit Aufladung entwickelt, der nachfolgend beschrieben ist.

Zylinderzahl: 12	Leistung: 320 PS
Motorbauart: V	,, mit Aufladung: 425 PS
Gabelwinkel: 80°	Mittl. Nutzdruck (p_e): 7,25 kg/cm²
Bohrung: 150 mm	Motorgewicht: 3860 kg
Hub: 190 mm	Leistungsgewicht: 9,1 kg/PS
Hubraum: 40,5 l	Hubraumleistung: 10,5 PS/l
Verdichtungsverhaltnis: 13	Hubraumgewicht: 95,3 kg/l
Drehzahl: 1300 U/min	Ölinhalt: 100 l
Mittl. Kolbengeschwindigkeit: 8,2 m/sec	

Der Motor dient zum Antrieb eines dieselhydraulischen Triebwagens und wird mit dem hydraulischen Getriebe zusammen in einem Drehgestell untergebracht.

Seine Bauart weicht wesentlich von den von anderen Firmen für die Reichsbahn gebauten Motoren gleicher Leistung ab.

Der Gabelwinkel wurde 80° gewählt, damit die Hilfsmaschinen, ein Bremsluftverdichter, zwei Sechszylinder-Einspritzpumpen und der Regler innerhalb des V untergebracht werden können.

Zündfolge und Kröpfungsanordnung ist aus Abb. 128 ersichtlich.

a) Verbrennungsverfahren.

Die Maschine arbeitet nach dem Vorkammerverfahren. Die Vorkammern liegen schräg seitlich an den inneren Seiten der Zylinderköpfe. Da die Einspritzpumpen innerhalb

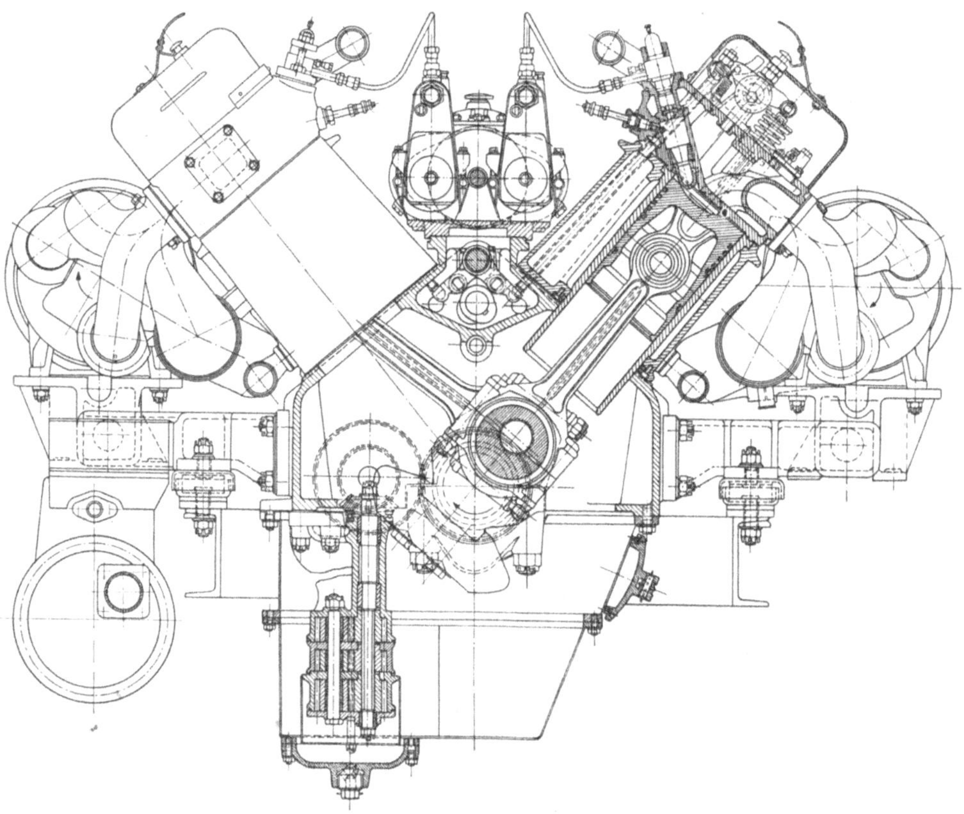

Abb. 126. Triebwagenmotor R 12 a der Simmeringer Maschinen- und Waggonbau AG.

des V sitzen, ergeben sich kurze Einspritzleitungen. Die Einspritzventile sind bei dem Gabelwinkel von 80° gut zugänglich.

b) Zylinder, Zylinderköpfe.

Je zwei Zylinder sind in einem Zylinderblock zusammengefaßt, in dem nasse Zylinderlaufbüchsen eingesetzt sind.

Der Zylinderkopf ist für je zwei Zylinder gemeinsam.

Da für jede Zylinderreihe je eine Brown, Boverie & Co-Abgasturbine System Büchi vorgesehen ist und die Turbinen aus Platzgründen an den Außenseiten der beiden Zylinderreihen liegen, sind die Ein- und Auslaßkanäle der Zylinderköpfe nach außen gerichtet. Die Stoßstangen liegen an den Innenseiten. Beide Zylinderreihen werden von einer in der Mitte liegenden Nockenwelle gesteuert. Jeder Zylinderkopf enthält ein Einlaß- und ein Auslaßventil üblicher Ausführung. Zur Lagerung der Kipphebelachsen ist auf jedem Zylinder ein Lagerbock befestigt. Die Kipphebel sind kugelgelagert. Eine Zylinderkopfhaube aus Blech schließt den Zylinderkopf nach außen ab. Das Kühlwasser tritt an den Außenseiten der Zylinderreihen an den tiefsten Stellen der Kühlwasserräume ein. Die Kühlwasserabflußleitungen sind an den Innenseiten der Zylinderreihen an den höchsten Stellen der Zylinderköpfe angeschlossen.

c) Kurbelgehäuseoberteil.

Das Kurbelgehäuseoberteil aus Gußeisen ist besonders einfach gestaltet, da die Zylinerblöcke gesondert aufgesetzt sind. Es reicht nur wenig unter die Kurbelwellenmitte. Der Aufbau des Gehäuses ist durch die Lagerstellen nach jeder Kurbelkröpfung bestimmt. Mit Ausnahme des abtriebseitigen Lagers, das als Paßlager und breiter ausgebildet ist, sind alle Wellenlager gleich breit. Die Lagerdeckel sind durch je zwei Stiftschrauben am Kurbelgehäuse befestigt und durch eine Passung quer zur

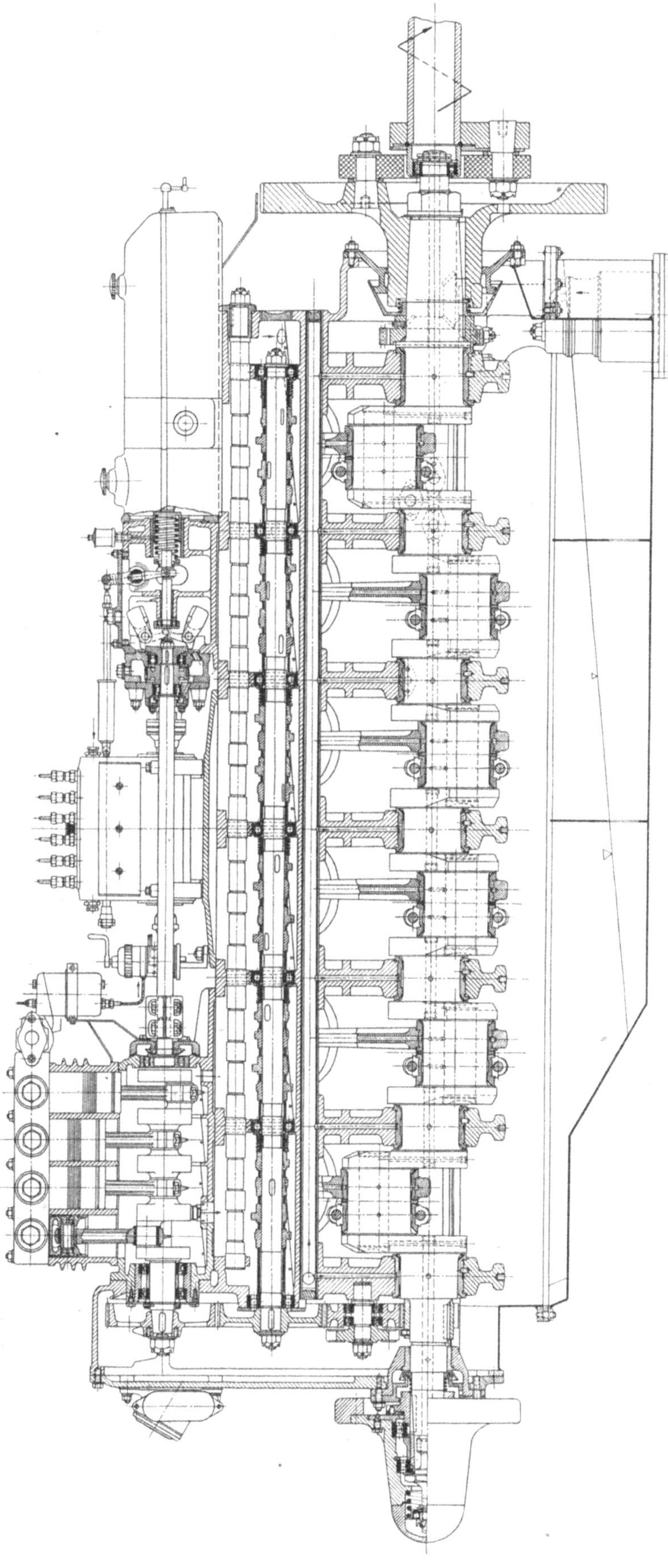

Abb. 127. Längsschnitt für Motor Abb. 126.

Kurbelwelle fixiert. Die für beide Zylinderreihen gemeinsame Nockenwelle ist in der Mitte des Gehäuses in Kugellagern gelagert. Dies ist außergewöhnlich, zumal die ausreichende Schmierung von Gleitlagern keinesfalls schwierig wäre. Unterhalb der Nockenwelle liegt die eingegossene Hauptölleitung. Das Kurbelgehäuse ist mit seitlich angeschraubten Motorträgern unter Zwischenschaltung von Gummipuffern auf den Längsträgern des Drehgestells gelagert. Einige dieser Motorträger sind zur Befestigung der Aufladegebläse ausgebildet.

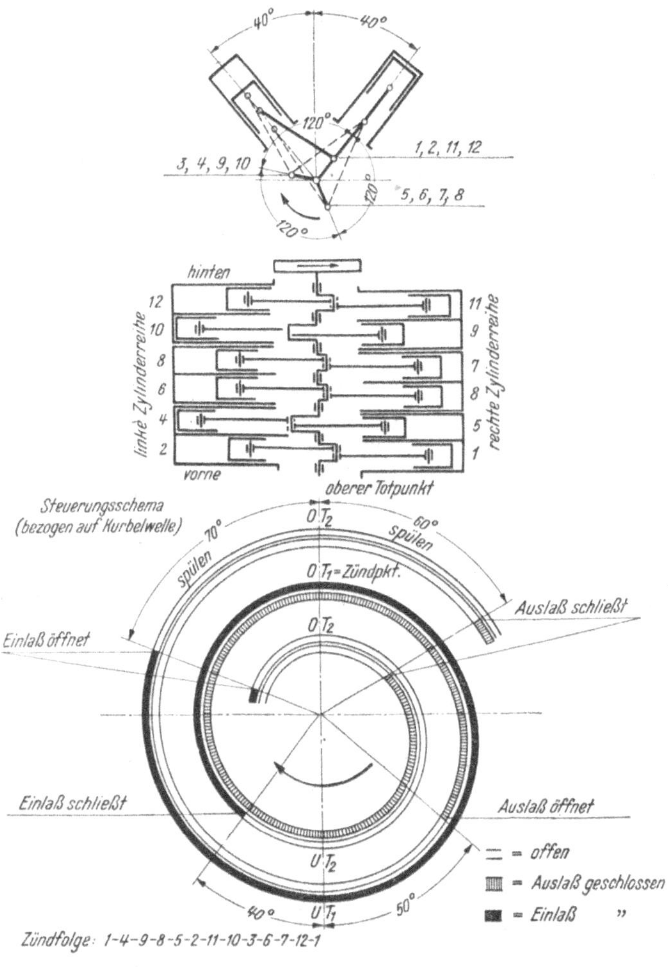

Abb. 128. Zündfolge und Kröpfungs-Anordnung des Motors Abb. 126.

d) Kurbelgehäuseunterteil.

Das Kurbelgehäuseunterteil besteht aus zwei in einer horizontalen Ebene getrennten, geschweißten Blechteilen. Der untere Teil bildet die Ölwanne.

e) Motorsteuerung.

Die Nockenwelle wird am vorderen Motorende angetrieben. Ihre hohe Lage erfordert ein Zwischenrad, das in Rollenlagern gelagert ist. In das Nockenwellenrad greift ein gleich großes Rad auf der Welle des Vierzylinderbremsverdichters ein. Vom anderen Ende dieser Welle wird der Regler und von der Reglerwelle die beiden Einspritzpumpen durch Zahnräder angetrieben. Das Kurbelgehäuse ist vorne als Räderkasten für den Nockenwellenantrieb ausgebildet und wird durch einen Deckel nach außen abgeschlossen. Die Nockenwelle hat aufgesetzte Nockenscheiben. Die Stoßstangen werden durch Schwinghebel angetrieben, die auf einer über die ganze Maschinenlänge reichenden Hebelwelle gelagert sind.

f) Triebwerk.

Der Kolben aus Aluminium-Silizium-Legierung hat, der Lage des Gasstromes aus der Vorkammer entsprechend, eine Mulde. Wegen der für die aufgeladene Maschine notwendigen starken Überschneidung der Steuerzeiten sind im Kolben Taschen für die Ventile notwendig. Der Kolben trägt vier Dichtungsringe und je einen Ölabstreifring ober- und unterhalb des Kolbenbolzens. Die Kolbenbolzen sind seitlich durch Pilze gegen Anlaufen gesichert.

Die Pleuelstangen aus Chrom-Molybdän-Stahl haben I-Querschnitt, sind ganz bearbeitet und haben eine Ölbohrung zur Schmierug des Kolbenbolzens. Die beiden an einem Kurbelzapfen angreifenden Pleuellager liegen nebeneinander. Sie haben Stahlschalen mit Bleibronzeausguß.

Die Kurbelwelle aus Chrom-Molybdän-Stahl ist siebenmal gelagert. Die Lagerstellen sind gehärtet. An jeder Kröpfung ist ein Gegengewicht aus Stahlguß befestigt. Die Pleuelzapfen sind exzentrisch ausgebohrt. Das Öl wird den Pleuellagern durch Bohrungen in den Kurbelwangen und Wellenzapfen zugeführt. Auch die Wellenlager haben Stahlschalen mit Bleibronzeausguß.

g) Einspritzpumpen und Regler.

Zwei Sechszylinder-Boschpumpen Größe B sind in der Mitte des Motors nebeneinander auf einer Konsole mit Spannbändern befestigt. Der Regler eigener Bauart arbeitet als Drehzahlregler. Der an den Regler anschließende Drehzahlversteller, ebenfalls eigener Bauart, wird elektro-pneumatisch gesteuert.

h) Schmierung.

Die senkrechte Welle der dreiteiligen Schmierölpumpe wird vom abtriebsseitigen Kurbelwellenende über Stirn- und Kegelräder angetrieben. Die Pumpengruppe liegt im Ölsumpf und ist am Kurbelgehäuseoberteil angeflanscht.

Die oberste Pumpe fördert aus dem Ölsumpf und drückt das Öl in den, über dem Ölkühler liegenden, Vorratsbehälter. Sie fördert 62 l/min.

Durch die mittlere Zahnradpumpe mit einer Fördermenge von 51 l/min wird aus dem Vorratsbehälter Öl in die Ölwanne gepumpt. Diese verwickelt erscheinende Einrichtung hat den Zweck, den Ölstand in der Ölwanne gleich zu halten und verbrauchtes Öl aus dem Vorratsbehälter zu ersetzen.

Die unterste Pumpe ist die eigentliche Schmierölpumpe mit einer Fördermenge von 72 l/min. Sie saugt aus der Wanne und drückt das Öl durch den Ölkühler und das Deckart-Schmierölfilter in die Verteilleitung und zu den Schmierstellen. Eine Handpumpe dient zum Vorschmieren des Motors. Im Ölkühler gibt das Schmieröl Wärme an das Kühlwasser ab.

i) Kühlwasserpumpe.

Die Kühlwasserpumpe hat eine Fördermenge von 330 l/min und ist gesondert angeordnet. Sie wird von der Lüfterwelle über zwei Keilriemen angetrieben.

3. Triebwagenmotor OM 86 der Daimler-Benz AG.

Zylinderzahl: 12	Leistung ohne Aufladung 450 PS
Motorbauart: V	„ mit „ 650 PS
Gabelwinkel: 60°	Nutzdruck (p_e): 5,8 kg/cm² bei 450 PS
Bohrung: 165 mm	„ (p_e): 8,4 kg/cm² bei 650 PS
Hub: 195 mm	Motorgewicht: 2800 kg
Hubraum: 50 l	Leistungsgewicht: 6,2 kg/PS ohne Aufladung
Verdichtungsverhaltnis: 17	Hubraumleistung: 9 PS/l „ „
Drehzahl: 1400 U/min	Hubraumgewicht: 56 kg/l
Mittl. Kolbengescheindigkeit: 9,1 m/sec	Ölinhalt: 60 l

Der Motor ist als Triebwagenmotor zum Einbau im Drehgestell entwickelt. Mit 450 PS Leistung ist er als Antriebsmotor für Eil- und Schnelltriebwagen geeignet. Mit einer B. B. C.-Abgasturbine, System Büchi, erreicht er eine Leistung von 650 PS, entsprechend einem p_e von 8,4 kg/cm^2.

a) Verbrennungsverfahren.

Der Motor hat zentral liegende Vorkammern. Daimler hat dieses Verbrennungsverfahren beim Zeppelinmotor verwendet und damit sehr günstige Verbrauchswerte erzielt. Das Überströmen von der Vorkammer zum Hauptbrennraum erfolgt durch einen Zerstäubereinsatz, der den Daimler-Deutz-Dieselmotoren eigentümlich ist. Der Kolbenboden hat eine eigenartig geformte Höhlung, die den Zweck hat, die Verbrennungsluft so zu verteilen, daß sie möglichst gut von dem aus der Vorkammer austretenden Brennstoff erfaßt wird. Die zentrale Vorkammer bedingt die Verwendung von vier Ventilen je Zylinder.

b) Zylinder, Zylinderköpfe

Die Zylinderköpfe sind für je drei Zylinder gemeinsam.

Der Aufbau des Zylinderkopfs ist durch die zentrale Vorkammer und die Anordnung von vier Ventilen bestimmt. Die Einlaßöffnungen sind nach der Innenseite des V-Motors

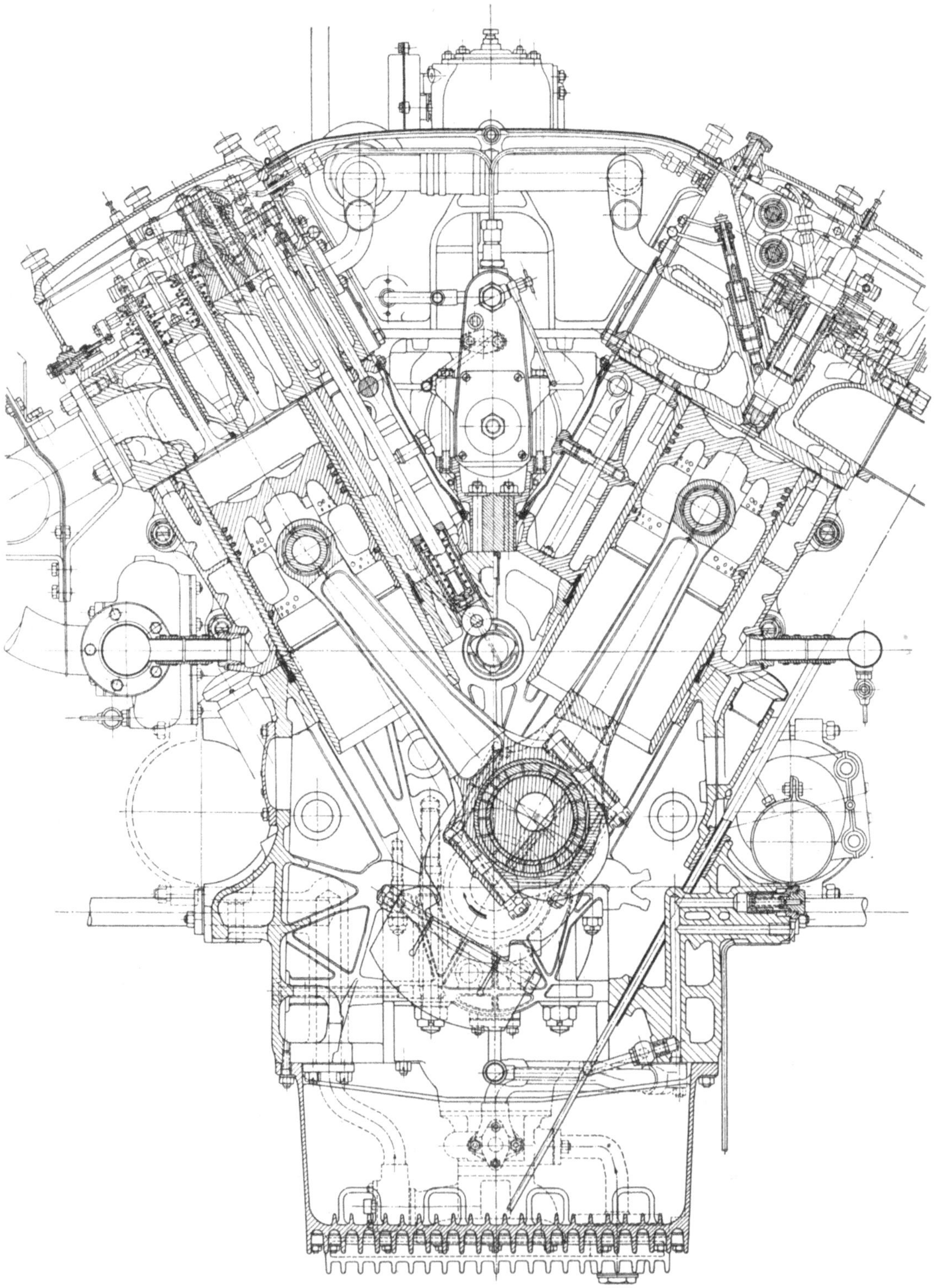

Abb 129 Triebwagenmotoı OM 86 der Daımler-Benz AG.

gerichtet. Der Raum zwischen den Zylinderreihen ist durch einen Deckel nach oben abgeschlossen und bildet den Ansaugraum für den Motor. Dadurch wird eine wirksame Dämpfung des Ansauggeräusches erreicht. Die Auslaßkanäle sind nach den Außenseiten der Zylinderreihen geführt. Da eine Nockenwelle beide Zylinderreihen steuert, befinden sich die Stoßstangen an der Ansaugseite des Zylinderkopfes. Die vier Ventile je Zylinder haben auffallend lange Ventilführungen und je zwei Ventilfedern. Die Auslaßventilsitzringe sind in den Kopf eingepreßt. Die Ventile werden durch zwei untereinander liegende gegabelte Kipphebel betätigt. Der untere Kipphebel öffnet beide Auslaßventile, der obere Hebel beide Einlaßventile. Dazu sind zwei Kipphebelachsen erforderlich. Die Kipphebel werden von der Nockenwelle über Stoßstangen angetrieben.

Die Kühlwasseraustritte liegen an den höchsten Stellen der Zylinderköpfe an der Innenseite des V.

Auf den Zylinderkopf ist ein Verkleidungsrahmen aus Leichtmetall aufgesetzt, der den Ventilantrieb öldicht abschließt. Der Abschluß des Verkleidungsrahmens erfolgt durch flache Deckel aus Leichtmetall, die durch neun randrierte Schrauben am Rahmen befestigt werden. Die Glühkerzen sind durch die besondere Ausbildung des Verkleidungsrahmens, ohne Abheben der Deckel, zugänglich. Das Einspritzventil wird mit einem ovalen Flansch durch zwei Befestigungsschrauben gegen den Zylinderkopf gedrückt. Die Einspritzleitungen sind öldicht durch den Verkleidungsrahmen geführt.

Jeder Zylinderkopf ist mit acht Schrauben je Zylinder befestigt.

Je drei Zylinder sind zu einem gemeinsamen Zylinderblock zusammengefaßt. Die Zylinderkopfschrauben gehen durch den Zylinderblock zum Kurbelgehäuseoberteil. In den Zylinderblock sind die nassen Zylinderlaufbuchsen eingesetzt. Der Austritt der Laufbuchse aus dem Wasserraum wird durch eine Stopfbüchse abgedichtet.

c) Kurbelgehäuseoberteil.

Das Kurbelgehäuseoberteil aus Leichtmetall ist bis weit unter die Kurbelwellenmitte heruntergezogen. Um die durch je acht Zylinderkopfschrauben in das Kurbelgehäuseoberteil eingeleiteten Verbrennungskräfte auf die Lagerbrücken zu übertragen, ist das Gehäuse an der Einleitstelle mit einem kräftigen Kragen versehen, von dem aus die Kräfte zu den in den Querwänden des Gehäuses liegenden Zugbändern übertragen werden. Der Lagerdeckel ist durch zwei kräftige Stiftschrauben am Gehäuse befestigt. Zwei kleinere Schrauben dienen zur Fixierung des Lagerdeckels. Dieser ist zur Aufnahme der Fliehkräfte des Triebwerkes seitlich im Gehäuse geführt. Die durch das Herunterziehen des Gehäuses seitlich der Lagerdeckel entstehenden Lappen sind zur Erhöhung der Steifigkeit des Gehäuses mit den Lagerdeckeln verschraubt.

Die Motorträger laufen über die ganze Länge des Gehäuses und bilden dadurch eine Versteifung gegen seitliche Durchbiegungen des Kurbelgehäuseoberteils. Darüber sind auf beiden Gehäuseseiten je sechs Schaulochdeckel angeordnet.

Abtriebseitig sind am Gehäuse links und rechts Sattelbefestigungen zur Aufnahme der elektrischen Anlasser vorgesehen. Die Gehäuseöffnungen für den Durchtritt der Kurbelwelle werden durch Deckel aus Leichtmetall abgeschlossen. Im hinteren Deckel erfolgt die Abdichtung des Kurbelwellendurchtrittes. Der Räderkasten für den Nockenwellen- und Hilfsmaschinenantrieb ist abtriebsseitig an das Kurbelgehäuseberteil angegossen.

d) Kurbelgehäuseunterteil.

Das Kurbelgehäuseunterteil besteht ebenfalls aus Leichtmetall, wird mit einer großen Zahl Stiftschrauben befestigt und hat wegen des weit herabgezogenen Kurbelgehäuseoberteils eine einfache Form. Der Ölsumpf ist für die Unterbringung eines größeren Ölvorrates bestimmt, er liegt unter der hinteren Hälfte des Motors. Die Ölpumpe ist bei eingebautem Motor durch eine, von einem größeren Deckel verschlossene Öffnung im hinteren Teil des Ölsumpfs zugänglich. In diesem Deckel ist auch die Ölablaßschraube angeordnet.

e) Motorsteuerung.

Der Nockenwellenantrieb liegt am abtriebsseitigen Ende des Motors. Die Nockenwelle liegt in der Mitte zwischen den Zylinderreihen. Die Entfernung der Nockenwelle von der Kurbelwellenmitte ist durch die „Geige“ der Triebwerke der beiden Zylinderreihen bestimmt. Sie ist so groß, daß ein Zwischenrad notwendig ist. Wegen der Laufruhe erfolgt der Nockenwellenantrieb durch schrägverzahnte Stirnräder. Die Nockenwelle ist siebenmal gelagert. Da die Lagerstellen einen kleineren Durchmesser haben, als der die Nockenspitzen einhüllende Kreis, sind alle Lager bis auf die Endlager zweiteilig ausgeführt. Das Nockenwellenrad wird mittels einer Keilnabe auf dem konischen Ende der Nockenwelle befestigt. Neben diesem Stirnrad treibt ein Spiralkegelrad über zwei Kegelritzel das gleich große Spiralkegelrad auf der Einspritzpumpenwelle. In dieses Rad greift auch das Kegelradritzel des Reglers ein.

Die Rollenstößel sind gegen Verdrehung in den, in das Kurbelgehäuseoberteil eingesetzten, Führungen gesichert. Die Stoßstangen bestehen aus Rohren mit eingesetzten Druckstücken.

f) Triebwerk.

Die Leichtmetallkolben tragen drei schmale Dichtungsringe von 4 mm Breite und je einen Ölabstreifring von 6 mm Breite über und unter dem Kolbenbolzen. Vom Nutengrund der Ölabstreifringe führt eine große Zahl von Ölrückführungsbohrungen in das Innere des Kolbens. Unter jedem Ölabstreifring sind Ölfangnuten vorgesehen, die ebenfalls durch zahlreiche Rückführungsbohrungen mit dem Innern des Kolbens verbunden sind. Die im Schnitt gezeigte Anordnung von nur drei Dichtungsringen entspricht wohl nicht mehr den heute gültigen Anschauungen nach denen für einen Kolbendurchmesser von 165 mm vier bis fünf Dichtungsringe erforderlich sind (Heft 10). Der Kolbenbolzen aus Einsatzstahl hat Pilz-Sicherungen gegen das Anlaufen an der Laufbüchse. Der Kolbenbolzen ist in einer schwimmenden Bronzebüchse, die am Umfang mit einer größeren Anzahl von Schmierlöchern versehen ist, gelagert.

Beide Pleuelstangen arbeiten nebeneinander auf einem gemeinsamen Bleibronzelager.

Die Kurbelwelle ist siebenmal gelagert und besteht aus Einsatz- oder Nitrierstahl, um eine möglichst große Oberflächenhärte der Lagerzapfen zu erreichen. An jeder Kurbelkröpfung sind mit Schwalbenschwanz und Spannschrauben je zwei Gegengewichte befestigt, um die an einem Kurbelzapfen angreifenden großen Triebwerksmassen auszugleichen. Das mittlere und die beiden Endlager sind, wahrscheinlich durch den Aufbau der Maschine bedingt, breiter ausgeführt als die übrigen Lager. Das abtriebseitige Endlager der Kurbelwelle ist als Paßlager ausgeführt. Der Abtriebsflansch der Kurbelwelle sitzt auf dem konischen Wellenende. Der Flansch muß für die Aufbringung des Kurbelwellenrades abnehmbar sein.

g) Einspritzpumpen und Regler.

Die beiden Einspritzpumpen sind beim nichtaufgeladenen Motor innerhalb des V auf einer Konsole befestigt. Die Sechszylinderpumpen Bauart Bosch liegen hintereinander und sind durch Bosch-Kreuzscheibenkupplungen miteinander verbunden. Sie haben Spritzbeginnverstellung. Die Lage der Einspritzpumpen innerhalb des V gibt kurze Rohrleitungen.

Beim aufgeladenen Motor, bei dem der Abgasturbinensatz im Inneren des V liegt, werden die Einspritzpumpen oberhalb des abtriebseitigen Wellenendes quer zur Motorachse angeordnet und mit Kegelrädern angetrieben. Die Welle des Reglers eigener Bauart steht senkrecht. Der Regler ist ein Schwunggewichtsregler mit Bolzenlagerung der Gewichte. Die Drehzahlverstellfeder wird vom elektrischen Drehzahlversteller über eine Rollenkette gespannt.

h) Schmierung.

Die Ölpumpe ist als Doppelpumpe, also als Druck- und Absaugpumpe ausgebildet. Die Absaugpunpe besitzt um 30% breitere Zahnräder als die Druckpumpe. Um die Saughöhe der Ölpumpe klein zu halten, wurde sie in den Ölsumpf verlegt. Der Antrieb erfolgt über ein Stirnrad, das in das Kurbelwellenrad eingreift und ein an dieses Stirnrad aufgeflanschtes Spiralkegelrad, das in ein Kegelrad auf der senkrechten Ölpumpenwelle eingreift. Die Ölpumpe wird mit 1,31facher Kurbelwellendrehzahl angetrieben. Ihre Drehzahl beträgt 1840 U/min bei einer Motordrehzahl von 1400 U/min. Die Ölpumpe ist mit dem Gehäuse, welches das Zwischenrad enthält, am Kurbelgehäuseoberteil befestigt. Da Druck- und Absaugpumpe übereinander liegen, ist das Gehäuse der Ölpumpen entsprechend unterteilt.

i) Kühlwasserpumpe.

Die Kühlwasserpumpe wird durch ein Spiralkegelrad, das in ein neben dem Nockenwellenrad sitzendes Kegelrad eingreift mit 1,5-facher Motordrehzahl, also mit 2100 U/min. gemeinsam mit der Lichtmaschine angetrieben.

Die Wasserpumpen-Lichtmaschinenwelle liegt daher quer zur Kurbelwelle und zur Einspritzpumpenantriebswelle. Der Wasserzulauf zur Kühlwasserpumpe ist zentral. Von der Kühlwasserpumpe wird durch eine das Motorgehäuse geländerartig umgebende Rohrleitung das Kühlwasser jedem Zylinder gesondert zugeführt. Die Anschlußstelle im Zylinderblock befindet sich am tiefsten Punkt des Wasserraumes. Dadurch kann der gesamte Kühlwasserraum über die Wasserpumpe entleert werden. Das Kühlwasser wird jeweils am vorderen und hinteren Ende des für drei Zylinder gemeinsamen Zylinderkopfes abgeführt. Die Kühlwassersammelleitungen der beiden Zylinderreihen werden am vorderen Motorende zusammengeführt. Von dort wird das heiße Kühlwasser dem Kühler zugeleitet. Die Wasserpumpe selbst ist in üblicher Weise ausgeführt und hat Stopfbüchsenpackung.

k) Lichtmaschine.

Die Lichtmaschine wird von der Wasserpumpenwelle angetrieben, hat daher dieselbe Drehzahl von 2100 U/min. Sie sitzt an der, der Wasserpumpe gegenüberliegenden Seite quer zur Motorlängsachse.

l) Aufladung.

Das vorstehend beschriebene Baumuster kann mit einem Aufladegebläse System Büchi ausgerüstet werden. Die Leistung beträgt dann 650 PS bei 1400 U/min entsprechend einem Mitteldruck von 8,4 kg/cm². Hierfür ist es nur notwendig, daß die bei der unaufgeladenen Maschine innerhalb des V untergebrachten Einspritzpumpen oberhalb des Kraftabtriebes am schwungradseitigen Motorende angeordnet werden. Die Einspritzpumpen werden in diesem Falle quer zur Motorachse gestellt.

4. Triebwagenmotor A 12 M 322 der Klöckner-Humboldt-Deutz AG.

Zylinderzahl: 12	Leistung ohne Aufladung: 450 PS
Motorbauart: V	Leistung mit Aufladung 650 PS
Gabelwinkel: 60°	Nutzdruck (p_e): 5,46 kg/cm² (7,9 kg/cm²)
Bohrung: 160 mm	Motorgewicht: 2300 kg (2500 kg)
Hub: 220 mm	Leistungsgewicht: 5,1 kg/PS (3,85 kg/PS)
Hubraum: 53 l	Hubraumleistung: 8,5 PS/l (12,25 PS/l)
Verdichtungsverhaltnis: 20	Hubraumgewicht: 43 kg/l (47 kg/l)
Drehzahl: 1400 U/min	Ölinhalt: 60—70 l
Mittl. Kolbengeschwindigkeit: 10,2 m/sec	

Die in Klammern gesetzten Kennzahlen entsprechen der aufgeladenen Maschine.

Der 12-Zylinder-V-Motor entspricht in Größe und Leistung den von der Reichsbahn für die Verwendung in Eil- und Schnelltriebwagen gestellten Forderungen.

a) Verbrennungsverfahren.

Der Motor arbeitet nach dem Vorkammerverfahren. Die Vorkammern sind stark exzentrisch zur Zylinderbohrung angeordnet und außerdem gegen die Zylinderachse geneigt. Die Vorkammer entspricht der bei Deutz üblichen Bauart.

b) Zylinder, Zylinderköpfe.

Die Zylinderköpfe sind als Einzelköpfe für jeden Zylinder ausgebildet. Abgesehen von den auf S. 34 angeführten Vorteilen der Einzelköpfe ist die Unterteilung wegen der kleineren Stückgewichte für den Zusammenbau von Vorteil. Die Zylinder haben zwei Ventile. Der Aufbau des Zylinderkopfes ist auf S. 79ff. eingehend beschrieben worden. Er wurde durch die Forderung beeinflußt, daß der Motor sich auch für Aufladebetrieb eignen sollte. Die Abgasleitung und die Ansaugleitung wurden daher nach der inneren Seite des Motors gelegt, um kurze Anschlüsse zum Büchi-Aufladesatz zu erhalten. Außerdem werden die Einlaß- und Auspuffventile bei Aufladung gegenüber der Ausführung ohne Aufladung vertauscht. Die Zylinderlaufbuchsen sind an jedem einzelnen Zylinderkopf unmittelbar angeschraubt. Zylinderkopf und Laufbuchse bilden also einen Bauteil, der im verschraubten Zustand eingebaut wird.

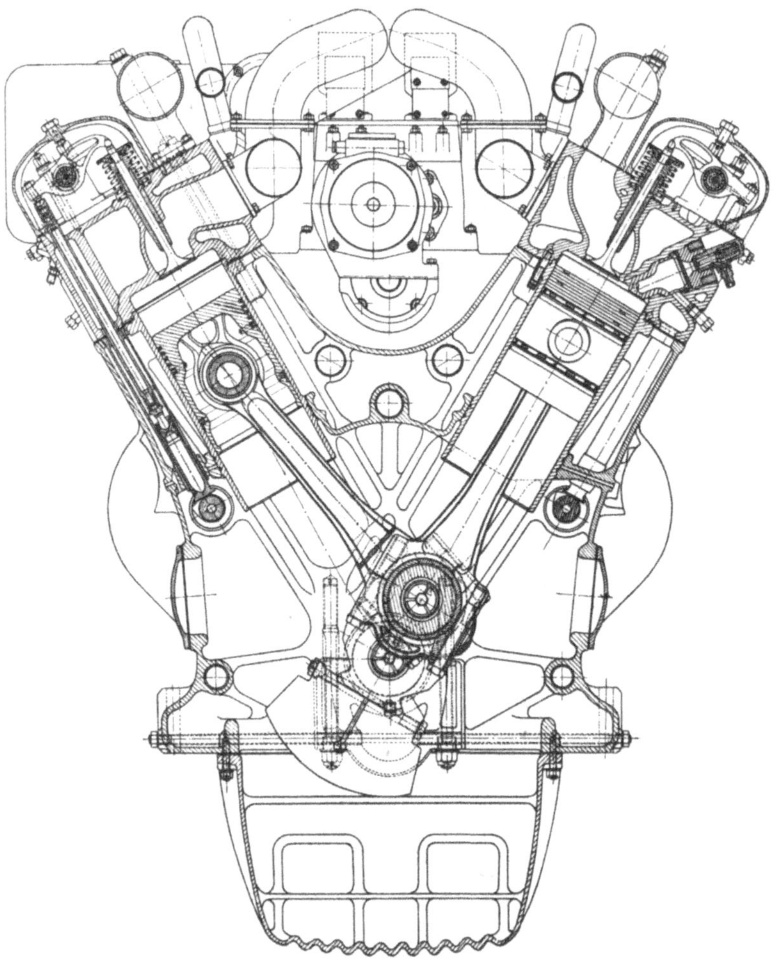

Abb 130. Triebwagenmotor A 12 M 322 der Klöckner-Humboldt-Deutz AG.

c) Kurbelgehäuseoberteil.

Das Kurbelgehäuseoberteil besteht aus Leichtmetall. Sein Aufbau ist durch die Lage der beiden Nockenwellen, durch den schwungradseitigen Nockenwellenantrieb und durch die Ausbildung der Kurbelwellenlagerung bestimmt. Näheres über dieses Kurbelgehäuseoberteil wurde bereits auf S. 63 ff. gesagt.

d) Kurbelgehäuseunterteil.

Die Ölwanne aus Elektronguß schließt an das weit unter die Kurbelwellenmitte herabgezogene Kurbelgehäuseoberteil an. Der Ölsumpf reicht vom schwungradseitigen Motorende bis etwa in die Mitte des Motors. Das Kurbelgehäuseunterteil ist so ausgebildet, daß ein Abbau der Ölwanne bei im Drehgestell montiertem Motor möglich ist. Zur Vermeidung von Wandschwingungen ist die Bodenplatte des Kurbelgehäuseunterteils wellenförmig ausgebildet. Kräftige Querrippen dienen zur Versteifung.

e) Motorsteuerung.

Der Nockenwellenantrieb liegt schwungradseitig. Das Kurbelwellenrad ist in die Kurbelwelle geschnitten. Ein über diesem auf Rollen gelagertes Zwischenrad kämmt mit den beiden Nockenwellenrädern. Von diesem Zwischenrad wird außerdem die oberhalb des Schwungrades sitzende Wasserpumpe, sowie die beiden nebeneinander oberhalb des

Abtriebsflansches befestigten Einspritzpumpen angetrieben. Die Nockenwellen sind nach jedem Zylinder in Graugußbüchsen gelagert. Die Ventile werden über Pilzstößel, Stoßstangen und Kipphebel betätigt. Die Pilzstößel sind in rohrförmigen Einsätzen geführt, die von oben in das Kurbelgehäuseoberteil eingeschoben werden.

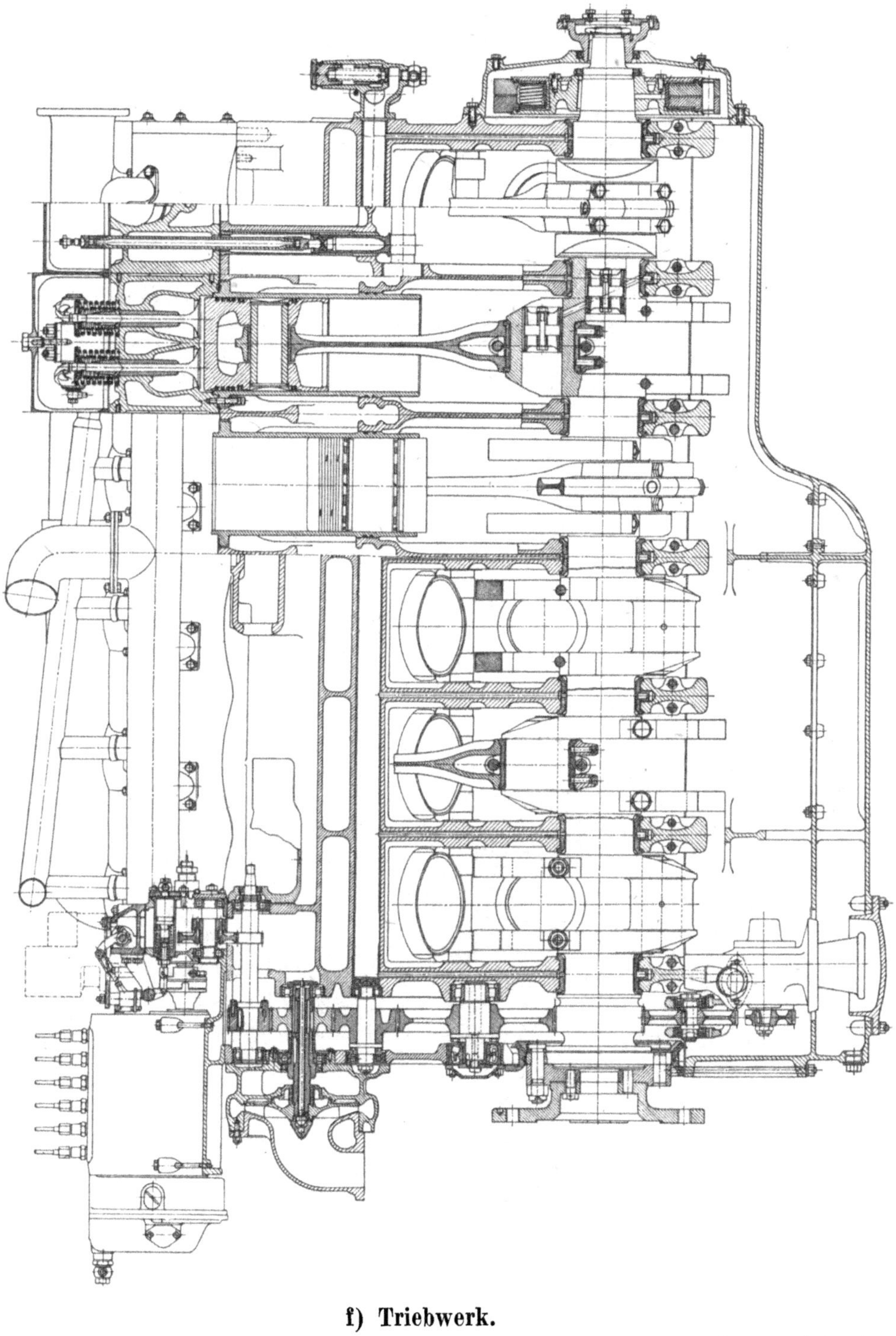

Abb. 131. Längsschnitt zu Motor Abb. 130.

f) Triebwerk.

Die Kolben aus Silizium-Aluminiumlegierung tragen drei Dichtungsringe und je einen ober- und unterhalb des Kolbenbolzens angeordneten Ölabstreifring. Der Kolbenbolzen wird durch Seegerringe seitlich gesichert.

Der Motor hat Gabelpleuelstangen. Das aus einer Stahlschale mit Bleibronzeausguß bestehende Pleuellager sitzt in der Gabelpleuelstange fest. Zwischen den Gabelstücken der Hauptpleuelstange greift die Nebenpleuelstange auf einer Bleibronzeschale an, die außen am Pleuellager aufgebracht ist. Die Pleuelstangen bestehen aus hochvergütetem Chrommolybdanstahl. Auf stetigen Querschnittsverlauf wurde besonders geachtet. Zur Sicherung der Lage der Pleuellagerdeckel gegenüber dem Pleuelstangenschaft ist die Trennfläche zwischen beiden mit Kerbverzahnung versehen. Als Pleuellagerschrauben werden hochvergütete Kopfschrauben verwendet.

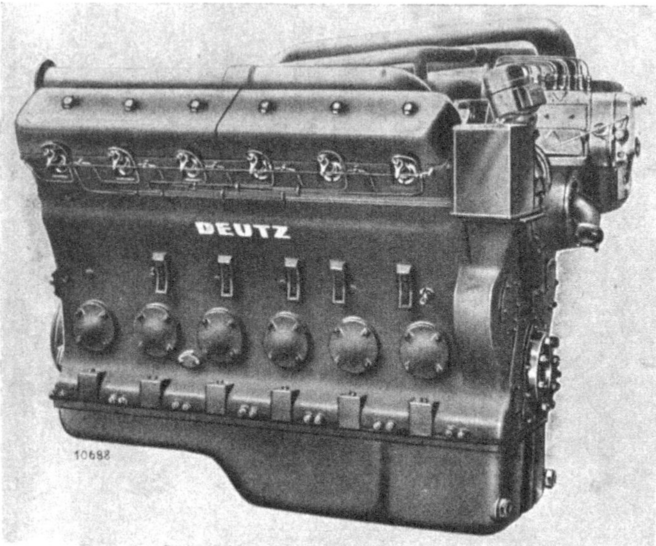

Abb 132 Ansicht zu Motor Abb. 130

Die Kurbelwelle ist siebenmal gelagert. Alle Wellenlager haben gleiche Breite. Das abtriebsseitige Wellenlager hat als Paßlager seitliche Anlaufflächen. Die Kurbelwelle besteht aus Chrommolybdänstahl und besitzt gehärtete Lagerstellen. An jeder Kurbelwange sind Gegengewichte mit Schwalbenschwanz und Spannschraube befestigt. Kurbel- und Wellenzapfen sind hohl gebohrt. Die Ölzuführung zu den Pleuellagern erfolgt von den Kurbelwellenlagern über die Bohrungen der Wellen und Kurbelzapfen, die besondere Verschlüsse haben. Vom mittleren Wellenlager der Maschine wird kein Schmieröl für die Pleuellager angezapft. Innerhalb des Motorgehäuses sitzt ein Reibungsschwingungsdämpfer auf einem Konus am vorderen Kurbelwellende. Der Anschluß des Schwungrades erfolgt mit einem Flansch.

Abb 133 Ansicht des Motors Abb 130 mit Aufladung

g) Einspritzpumpe und Regler.

Die Bosch-Einspritzpumpen Große B liegen oberhalb des Kraftabtriebes. Eine Pumpe ist mit einem Drehzahlverstellregler ausgerüstet. Der Anbau eines Anlaß- und Abstellmagnetes ist vorgesehen.

h) Schmierung.

Die Zahnradölpumpe ist mit einer Lagerbrücke am Kurbelgehauseoberteil befestigt und wird über ein Zwischenrad vom Kurbelwellenrad des Steuerungsantriebs angetrieben. Die Ölpumpe fördert das Schmieröl über den Ölkühler in das Schmierolfilter. Dieses besteht aus mehreren Spaltfilterelementen, die in einem gemeinsamen Gußgehäuse untergebracht sind und einem nachgeschalteten Feinstfilter System Deckardt. Von den Schmierolfiltern strömt das Öl in die Hauptölleitung, die in das Kurbelgehäuseoberteil in der Mitte des Motors oberhalb der Kurbelwelle eingewalzt ist. Von dort führen einzelne Bohrungen zu den Wellenlagern. Die Schmierung der Nockenwellenlager erfolgt durch die hohl gebohrten Nockenwellen, denen das Öl von der Hauptölleitung zugeführt wird.

i) Wasserpumpe.

Die Wasserpumpe wird vom Zwischenrad des Nockenwellenantriebs angetrieben. Im Spiralgehäuse wird der Kühlwasserstrom geteilt und gelangt in die unmittelbar angeschlossenen, eingegossenen Wasserverteilrohre. Von den Kühlwasserräumen strömt das Wasser an den höchsten Stellen der einzelnen Zylinderköpfe durch Bohrungen in die Wasserabflußleitungen.

k) Anlasser.

Bei dieselelektrischem Antrieb wird der Motor über den Generator angelassen. Er kann aber auch mit einem 24 Volt/12 PS-Anlasser oder 110 Volt/24 PS-Anlasser ausgerüstet werden.

l) Aufladung.

Der eben beschriebene Motor kann mit einer BBC-Abgasturbine ausgerüstet werden und erreicht dann eine Dauerleistung von 650 PS bei 1400 U/min, entsprechend einem p_e von 7,8 kg/cm². Der Abgasturbinensatz mit Aufladegebläse System Büchi wird innerhalb des V mit senkrechter Welle angeordnet. Die Abgasturbine hat 4 Düsen, an die je drei Motorzylinder angeschlossen sind. Das über der Abgasturbine angeordnete Aufladegebläse fördert die verdichtete Luft in die beiden Ansaugleitungen für die linke und rechte Zylinderreihe. Aus konstruktiven Gründen sind beim Betrieb mit der Abgasturbine die Ansaugleitungen an die obere Seite der Zylinderköpfe verlegt. Die Ein- und Auslaßventile werden also gegenüber dem Betrieb der unaufgeladenen Maschine vertauscht, was in diesem Falle ohne weiteres durchführbar ist, da Ein- und Auslaßventile gleich groß sind. Durch diese Anordnung werden besonders kurze Auspuffleitungen erreicht und damit die Wärmeverluste bis zur Abgasturbine klein gehalten.

5. Dieselmotor G 56 der Maybach Motorenbau G.m.b.H.

Der von der Maybach-Motorenbau G. m. b. H., Friedrichshafen hergestellte Dieselmotor Bauart G 56 ist ein 12 Zylinder-Viertaktmotor in V-Form. Er wird von der deutschen Reichsbahn und von ausländischen Eisenbahngesellschaften zum Antrieb von Triebwagen verwendet:

Zylinderzahl: 12	Leistung: 450 PS
Motorbauart: V	Nutzdruck (p_e): 6 kg/cm²
Gabelwinkel: 60°	Motorgewicht: rund 2100 kg
Bohrung: 160 mm	Leistunggsewicht: 4,67 kg/PS
Hub: 200 mm	Hubraumleistung: 9,33 PS/l
Hubraum: 48,24 l	Hubraumgewicht: 43,5 kg/l
Verdichtungsverhaltnis: 16	Ölinhalt: 50 l
Drehzahl: 1400 U/min	Zundfolge: 1, 11, 2, 9, 4, 7, 6, 8, 5, 10, 3, 12
Mittl. Kolbengeschwindigkeit: 9,32 m/sec	7—12 rechte Zylinderreihe

a) Verbrennungsverfahren.

Der Motor hat zentral angeordnete Vorkammern, die sehr gut gekühlt sind. Der Verbrennungsraum wird durch eine Mulde im Kolben gebildet, die so geformt ist, daß die aus der Vorkammer austretenden unverbrannten Kraftstoffteile die Kolbenwand bzw. die untere Begrenzung des Zylinderkopfes nicht berühren und daher eine ungestörte Entwicklung der Strahlen möglich ist.

b) Zylinder, Zylinderköpfe.

Der Motor hat Einzelzylinder. Der doppelwandige Zylinder ist an den Zylinderkopf angegossen. Die zentrale Lage der Vorkammer erfordert die Anordnung von vier Ventilen.

Die Auslaßventile liegen an den Außenseiten des Motors. Die Nockenwelle liegt über den Zylinderköpfen. Die Nocken betätigen über Kipphebel unmittelbar die Ein- und Auslaßventile. Die Nockenwellenlager sitzen in besonders aufgesetzten Lagerbrücken. Zur Erzielung einer größeren Längssteifigkeit werden die einzelnen Zylinder seitlich miteinander verschraubt. Damit sämtliche Zylinderachsen in einer Ebene liegen, ist als Behelf für den Zusammenbau im Kurbelgehäuseoberteil eine Keilnut angeordnet. Durch einen Keil und entsprechende Nuten in den einzelnen Zylindern werden diese am Kurbelgehäuseoberteil fixiert.

An der tiefsten Stelle des Kühlwassermantels befindet sich an jedem Zylinder ein Entwässerungsventil. Die Zylinderköpfe sind untereinander durch Wasserübertritte ver-

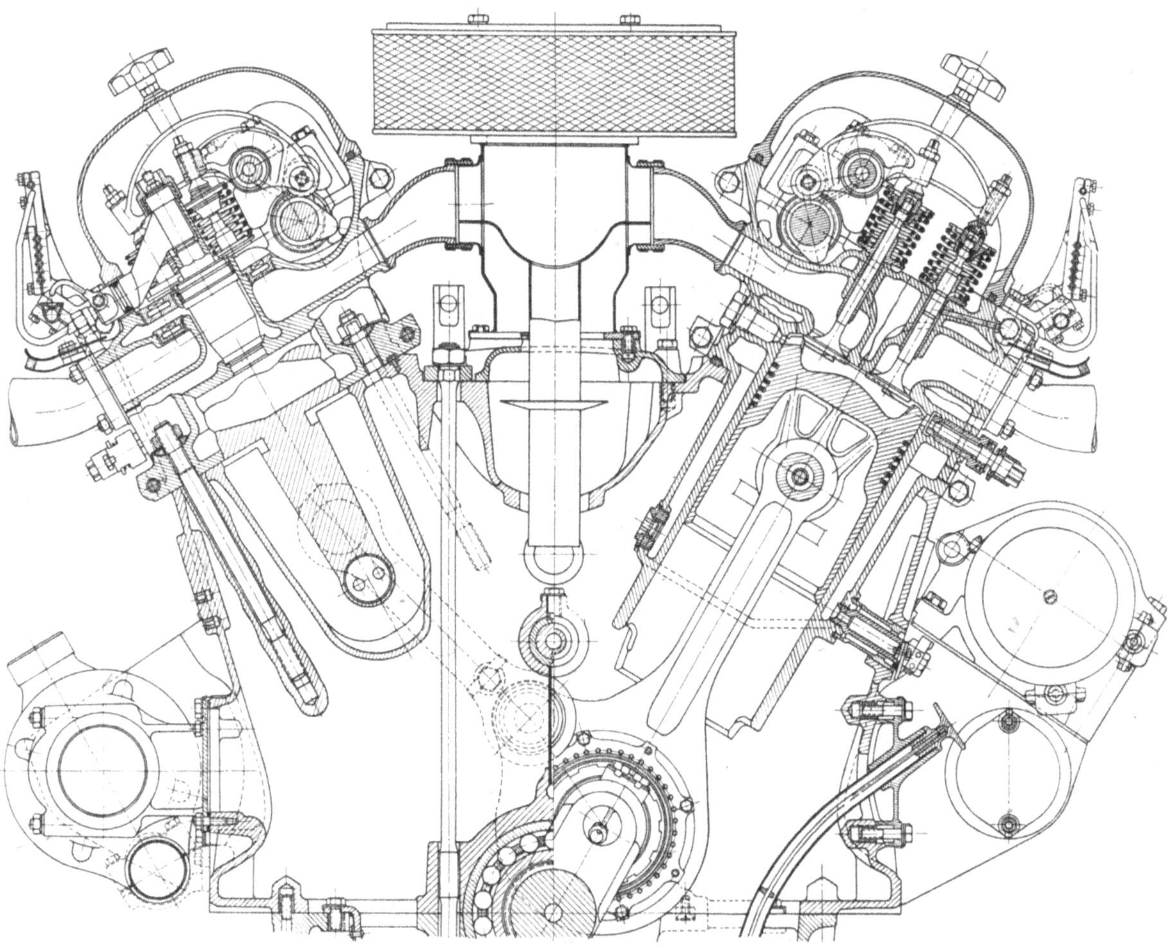

134. Dieselmotorbauart G 56 der Maybach Motorenbau G. m. b. H.

bunden, die in den Teilflächen je zweier aneinanderstoßender Zylinder liegen. Durch die Verwendung von Einzelzylindern und das Zusammengießen von Zylinderkopf und Zylinderlaufbuchse mit dem Kühlwassermantel wird der Verbrennungsraum besonders gut gekühlt. Das Einspritzventil schließt die Vorkammer nach oben ab. Der Düsenhalter hat eine Verlängerung zum Anschluß der Einspritzleitung, der außerhalb der Zylinderkopfhaube liegt. Die Zylinderkopfhaube aus Leichtmetall ist durch eine in eine Nut eingelegte Dichtungsschnur, die sich gegen die Oberseite der Zylinder legt, nach außen abgedichtet.

Die Zylinder sind durch je vier lange Dehnschrauben mit dem Kurbelgehauseoberteil verbunden. Ihre Muttern sitzen auf balligen Unterlegscheiben. Die Zylinderköpfe liegen auf dem hochgezogenen Kurbelgehäuseoberteil auf, so daß der doppelwandige Zylinder frei in das Kurbelgehäuseoberteil hineinragt. Die Gleitbahndrücke der Kolben

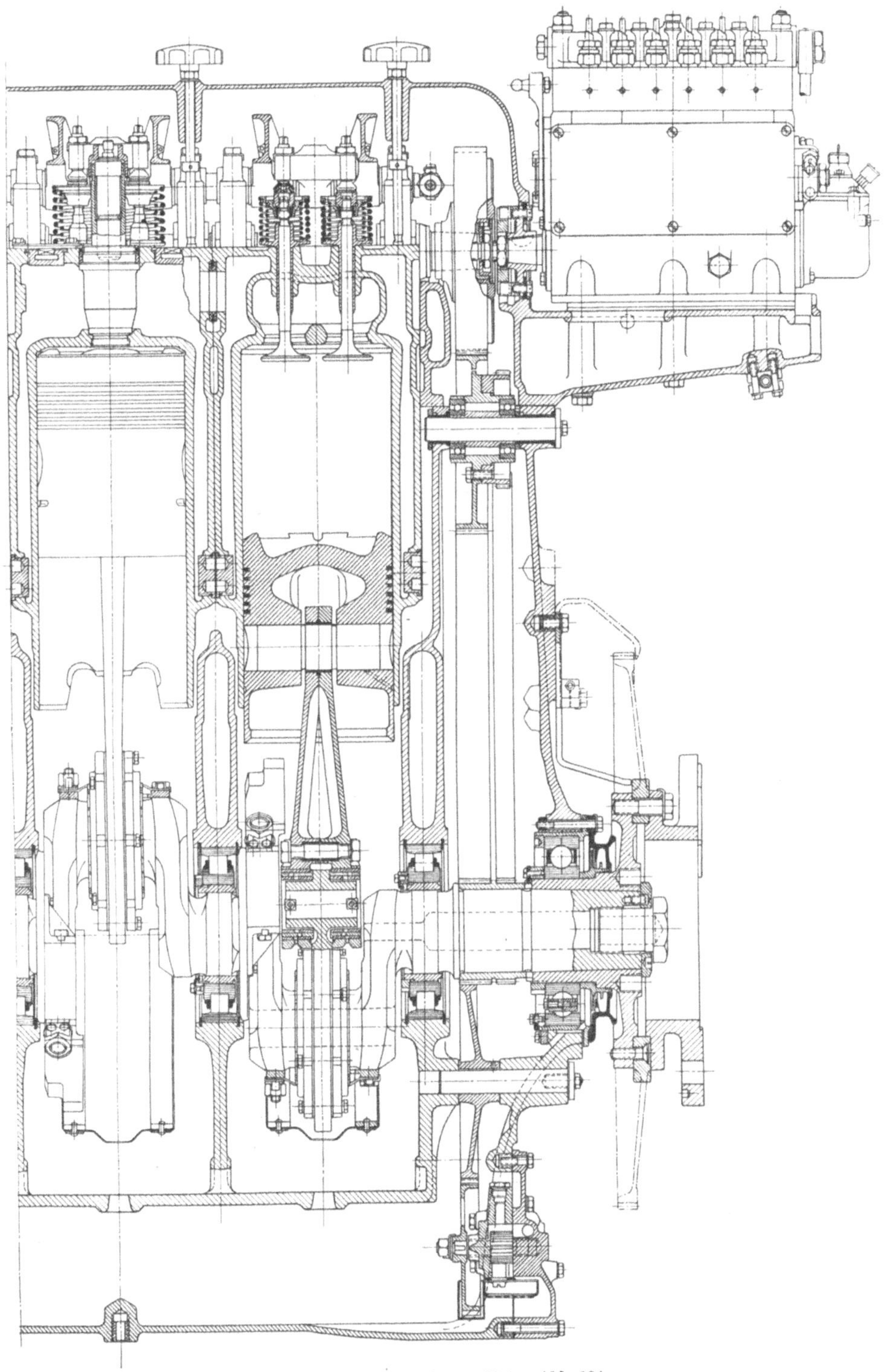

Abb. 135. Längsschnitt zu Motor Abb. 134.

müssen deshalb vom Zylinder unter Biegungsspannungen auf die Befestigungsschrauben des Zylinders übertragen werden. Das Zylindergußstück ist verwickelt, seine Herstellung erfordert einen hohen technischen Stand der Gießerei.

c) Kurbelgehäuseoberteil.

Die Teilfläche zwischen Kurbelgehäuseoberteil und Kurbelgehäuseunterteil liegt in Kurbelwellenmitte. Durch die beschriebene Ausbildung der Zylinder gestaltet sich das Kurbelgehäuseoberteil besonders einfach. Die Wellenlager sitzen in doppelten Querwänden, welche das Kurbelgehäuseoberteil gut versteifen. Innerhalb des V ist der Luftansaugekasten angeordnet; zwei Naßluftfilter besorgen die Filterung der Ansaugluft. Zur Kühlung des Triebwerkes wird ein Teil der Ansaugeluft durch Rundfenster an den Außenseiten des Kurbelgehäuseoberteils über den Triebwerksraum angesaugt. Diese Ansaugöffnungen haben Naßluftfilter. Kurbelgehäuseoberteil und Kurbelgehäuseunterteil werden durch Anker zusammengeschraubt, die bis zur Oberkante des Kurbelgehäuseoberteils in der Mitte des V durchgezogen sind.

Abb 136 Ansicht zu Motor Abb. 134.

d) Steuerungsantrieb.

Die beiden über den Zylinderköpfen liegenden Nockenwellen werden durch Stirnräder von der Kraftabgabeseite aus angetrieben.

e) Kurbelgehäuseunterteil.

Das Kurbelgehäuseunterteil aus Silumingußnimmt den gesamten Schmierölvorrat des Motors auf. Der Ölraum ist vom Triebswerksraum durch eine Wand getrennt. Das vom Triebwerk abgeschleuderte Öl kann durch kleine Rückführungslöcher in den Ölraum zurückfließen. An der Abtriebseite der Kurbelwelle sitzt im Kurbelgehäuseunterteil die über ein Zwischenrad angetriebene Zahnradölpumpe. Die Ölpumpe ist ohne Wegnahme des Kurbelgehäuseunterteils auszubauen.

Abb. 137 Ansicht des Motors G 6 mit Aufladung.

f) Triebwerk.

Die Kolben aus Aluminium-Silizium-Legierung haben sechs Kolbenringe. Der Kolbenbolzen sitzt in der Pleuelbuchse fest, dreht sich daher in den Kolbenbolzenaugen.

Je zwei im V liegende Zylinder haben eine Hauptpleuelstange mit angelenkter Nebenpleuelstange. Das Hauptpleuellager ist ein Rollenlager. Die Hauptpleuelstange ist ungeteilt und wird über die besonders ausgebildete Kurbelwelle übergeschoben. Sie besteht mit dem Anlenkzapfen der Nebenpleuelstange aus einem Stück. Der Anlenkzapfen wird von der zweiteiligen Nebenpleuelstange gabelig umfaßt. Das Lager hat eine schwimmende Büchse aus hochwertiger Spezialbronze. Jede Kurbelkröpfung hat ein Gegengewicht zur teilweisen Entlastung der Wellenlager. Die Kurbelwelle läuft in Rollenlagern besonderer Bauart. Auch diese Lager müssen über die Kurbelkröpfungen übergeschoben werden. Zur Aufnahme des Achsialschubes dient ein Radiaxlager, daß an der Abtriebseite nach dem letzten Wellenlager angeordnet ist. Der Abtriebflansch sitzt auf einen Konus der Kurbelwelle.

g) Einspritzpumpen.

Für jede Zylinderreihe sitzt am abtriebseitigen Ende eine hochliegende Einspritzpumpe (Fabrikat Deckel) auf einem besonderen Auflager. Die Einspritzpumpen werden

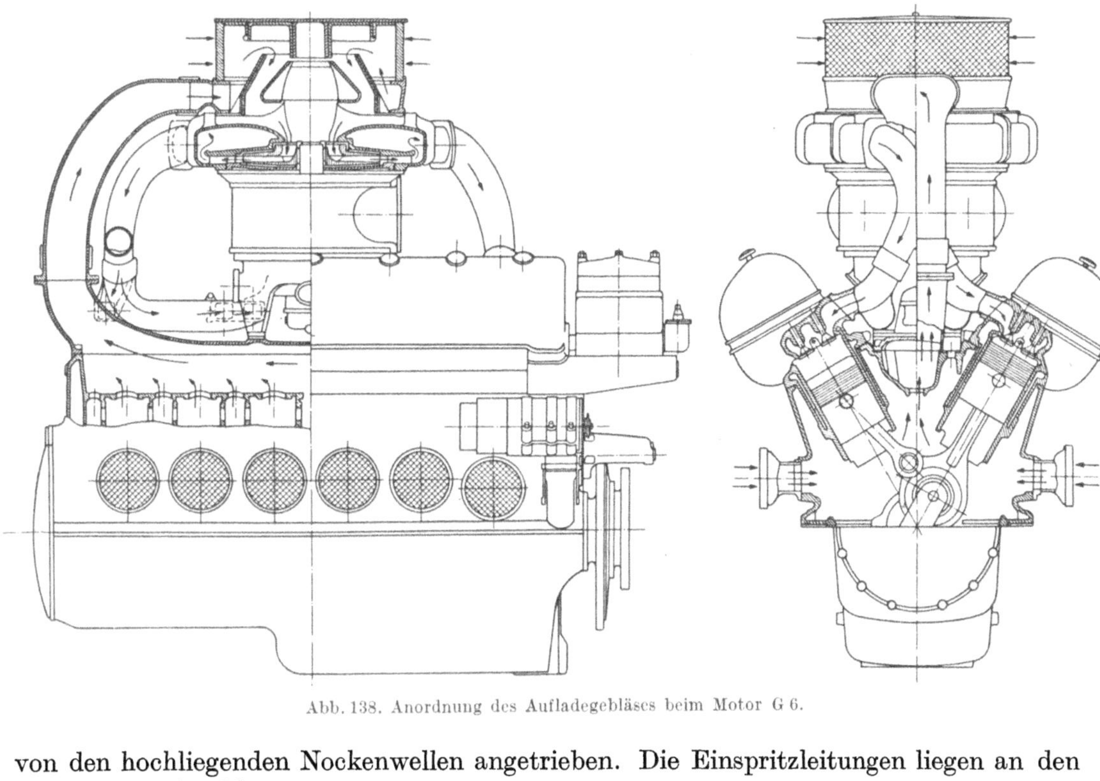

Abb. 138. Anordnung des Aufladegebläses beim Motor G 6.

von den hochliegenden Nockenwellen angetrieben. Die Einspritzleitungen liegen an den Außenseiten des Motors.

h) Regler.

Der Regler ist zwischen beiden Einspritzpumpen angeordnet und wird von einem Zwischenrad des Nockenwellenantriebes angetrieben. Die Verbindung zwischen Regler und Einspritzpumpen erfolgt durch ein einstellbares Gestänge, damit beide Zylinderreihen auf gleiche Leistung eingestellt werden können. Der Regler arbeitet mit dem Schmieröldruck des Motors und stellt beim Versagen der Schmierung ab.

i) Schmierung.

Die am abtriebseitigen Motorende am Kurbelgehäuseunterteil angeordnete Schmierölpumpe fördert das Öl aus dem Motorgehäuseunterteil zu einem Filter, von wo es durch eine Leitung den Schmierstellen des Triebwerks und dem Regler und durch eine zweite Leitung den beiden Zylinderreihen zur Schmierung der Steuerungsteile zugeführt wird. Die Ölkühlung erfolgt durch Frischluft, die, wie schon erwähnt, durch das Kurbelgehäuse hindurch gesaugt wird. Zur Prüfung des Ölstandes ist seitlich am Motorgehäuse ein Peilstab vorgesehen.

k) Kühlung.

Der Antrieb der Kühlwasserpumpe erfolgt über ein Zwischenrad des Nockenwellenantriebes. Das Wasser durchströmt den Motor von den Zylindern 1 und 7 her und tritt aus den Zylindern 6 und 12 auf der Abtriebseite wieder aus dem Motor aus.

l) Anlassen.

Bei elektrischer Kraftübertragung wird der Motor über den Hauptgenerator, der mit einer besonderen Anlaßwicklung versehen ist, angedreht. Bei mechanischer oder hydraulischer Kraftübertragung kommt ein besonderer elektrischer Anlasser zur Anwendung, welcher am Motor angebaut werden kann. Es ist auch Anlassen mittels Druckluft möglich.

m) Aufladung.

Der vorstehend beschriebene Motor wird auch als aufgeladener Motor (Bauart G 6) mit einem Büchi-Aufladegebläse ausgeführt. Die Anordnung des Aufladegebläses ist aus Abb. 138 ersichtlich.

Der Abgasturbinensatz mit senkrechter Welle ist innerhalb des V angeordnet. Das Aufladegebläse befindet sich oberhalb der Abgasturbine. Ein Unterschied gegenüber den anderen Bauarten aufgeladener 12-Zylindermotoren besteht darin, daß die Entlüftung des Triebwerkraumes, die beim Maybachmotor auch die innere Motorkühlung zu übernehmen hat, durch eine besondere Saugleitung erfolgt, die an den Triebwerksraum des Motors angeschlossen ist und zur Saugleitung des Aufladegebläses führt. Der Motor G 6 erreicht mit Aufladung eine Leistung von 650 PS bei 1400 U/min entsprechend einem p_e von 8,65 kg/cm.

6. Triebwagenmotor XII Jv 170/240 der Ganz & Co. AG.

Die Ganz & Co. AG baut fünf verschiedene Triebwagenmotoren mit einen Leistungsbereich von 120—800 PS bei Drehzahlen von 1100—1350 U/min. Vier dieser Motoren haben gleiche Zylinderabmessungen und werden als 6-, 8-, 12- und 16-Zylindermotoren gebaut.

Nachfolgend soll die 12-Zylindermaschine XII Jv 170/240 beschrieben werden:

Zylinderzahl: 12	Dauerleistung: 450 PS bei 1150 U/min
Motorbauart: V	Nutzdruck (p_e): 6,6 kg/cm² bei 600 PS
Gabelwinkel: 40°	„ (p_e): 5,4 kg/cm bei 450 PS
Bohrung: 170 mm	Motorengewicht: 4300 kg
Hub: 240 mm	Leistungsgewicht: 7,17 ka/PS bei 600 PS;
Hubraum: 65,2 l	9,55 kg/PS bei 450 PS
Verdichtungsverhaltnis: 13,5	Hubraumleistung: 9,2 PS/l bei 600 PS;
Drehzahl: 1150 U/min	6,9 PS/l bei 450 PS
Hochstdrehzahl: 1250 U/min	Hubraumgewicht: 66 kg/l
Mittl. Kolbengeschwindigkeit: 9,2/10,0 m/sec	Ölinhalt: 100 l
Hochstleitung: 600 PS bei 1250 U/min	

a) Verbrennungsverfahren und Einspritzsystem.

Die Maschine arbeitet nach dem Verfahren „Ganz-Jendrassik“. Im Zylinderkopf ist eine Vorkammer angeordnet, die mit dem durch eine Aussparung des Kolbenbodens gebildeten scheibenförmigen Hauptbrennraum durch mehrere Bohrungen in Verbindung steht. Der Kraftstoffstrahl spritzt durch eine zentrische Bohrung im Vorkammerboden gegen eine Erhöhung am Kolben und wird dadurch zerteilt. Eine zweite, exzentrische Ausblaseöffnung im Vorkammerboden dient zur Verwirbelung des Kraftstoffes.

Die Einspritzpumpe ist eigener Bauart. Durch einen Nocken wird eine Feder gespannt. die den Einspritzpumpen-Plunger bewegt, sobald der Einspritzhebel durch den Nocken

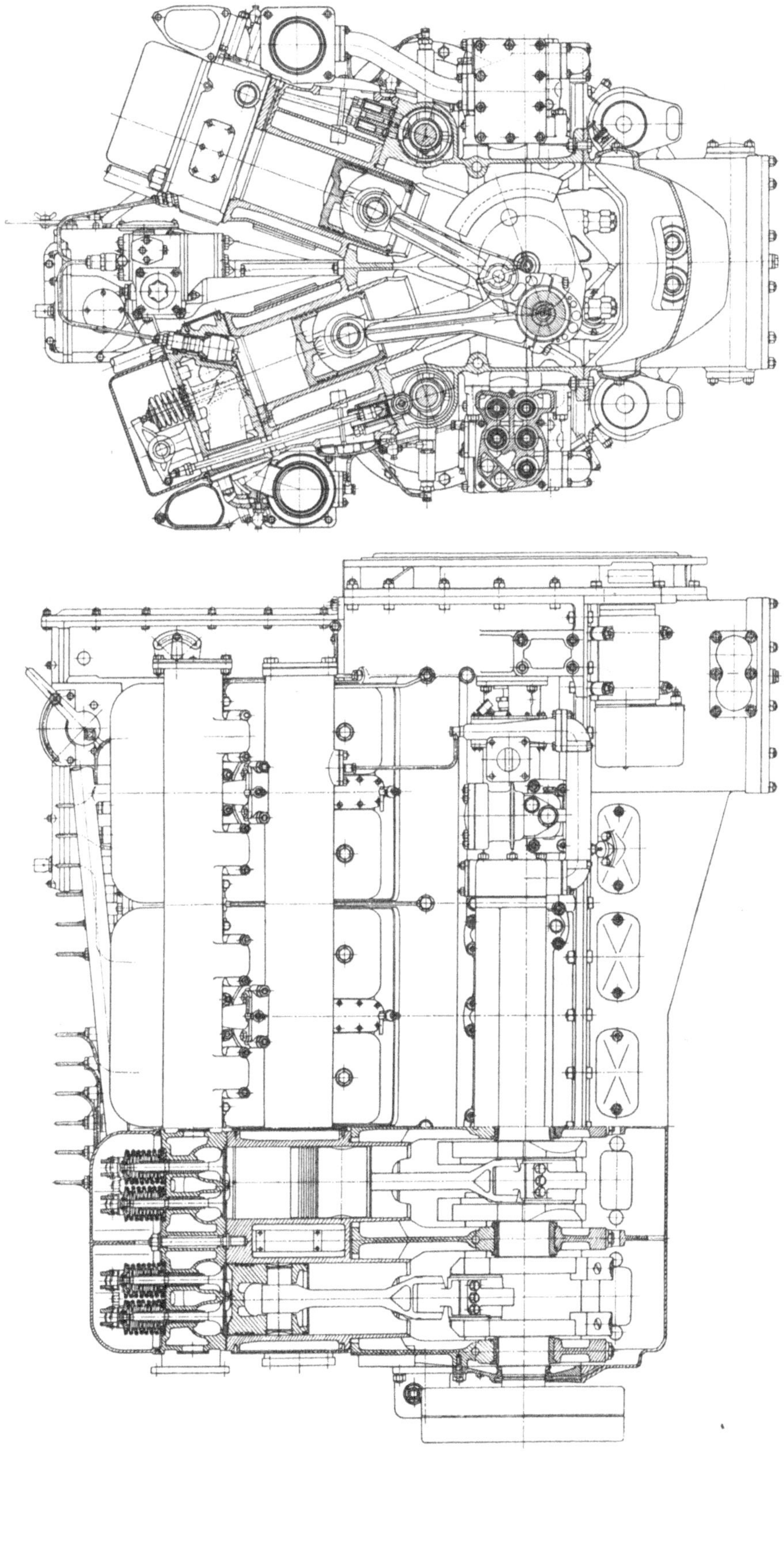

Abb. 139. Triebwagenmotor XIII Jv 170/240 der Ganz & Co. AG.

freigegeben wird. Die Geschwindigkeit des auf diese Art bewegten Pumpenkolbens ist daher von der Drehzahl unabhängig. Der Kraftstoff wird über das Druckventil der Einspritzpumpe und ein Rückschlagventil, welches sich in der offenen Einspritzdüse befindet, in die Vorkammer eingebracht. Die Regelung erfolgt durch Höher- oder Tieferlegen des Drehpunktes des Einspritzhebels mittels Keilen, wodurch der Hub des Pumpenkolbens verändert wird. Der Einspritzdruck beträgt zufolge der großen Düsenbohrung (über 1 mm Durchmesser) nur 100—140 kg/cm². Um die Abnützung der Einspritzpumpenteile gering zu halten, wurde der Pumpenhub klein gewählt und sind Steuerkanten, also schmale Dichtungsflächen beim Entwurf der Pumpe vermieden.

Der Einspritzpumpensatz besteht aus zwei Sechszylinderpumpen, die etwa in der Höhe der Zylinderköpfe innerhalb des V liegen. Sie werden durch schräg verzahnte Stirnräder von den Nockenwellenrädern angetrieben.

Um das Anlassen der Motoren im kalten Zustand zu ermöglichen, ist auf der Nockenwelle für jeden Zylinder außer dem normalen Nocken zur Betätigung des Einlaßventils noch ein weiterer Nocken angeordnet, der beim Anlassen durch Verschiebung der Nockenwelle in Tätigkeit gesetzt wird. Dieser Anlaßnocken öffnet das Einlaßventil erst gegen Ende des Saughubes, wodurch im Zylinder ein Unterdruck entsteht. Auf Grund eines bekannten physikalischen Phänomens erfährt die einströmende Luft bei gleichzeitiger Drucksteigung eine Temperaturerhöhung soweit, daß am Ende des folgenden Verdichtungshubes die nötige Zündtemperatur auch bei kältester Außentemperatur erreicht wird.

b) Zylinder, Zylinderköpfe.

Auf das Kurbelgehäuse werden für je zwei Zylinder gemeinsame Zylinderblöcke aufgesetzt. Die Zylinder sind eingegossen.

Auch die Zylinderköpfe sind für je zwei Zylinder zusammengefaßt. Ihr Aufbau ist durch die schräg nach der Innenseite des V gerichteten Vorkammer wesentlich beeinflußt. Die Einspritzleitungen sind besonders kurz.

Der Motor hat zwei an den Außenseiten der Zylinderreihen angeordnete Nockenwellen. Die Stoßstangen gehen daher außen durch den Zylinderkopf.

Jeder Kopf hat zwei Ventile, die durch Kipphebel, deren Achsen auf Böcken gelagert sind, betätigt werden. Ein- und Auslaßleitungen sind an den Außenseiten der Zylinderreihen nebeneinander angeordnet.

Jeder Doppelkopf wird durch eine Zylinderkopfhaube nach oben abgeschlossen. Die Abführung des Kühlwassers erfolgt an den höchsten Punkten der Zylinderköpfe außerhalb der Zylinderkopfhauben.

c) Kurbelgehäuseoberteil, Motorsteuerung.

Der Gabelwinkel beträgt 40°.

Das Kurbelgehäuse ist weit unter die Kurbelwellenmitte herabgezogen. Zur Weiterleitung der Verbrennungskräfte zu den Wellenlagern dienen I-förmige Zugquerschnitte, die zu den Butzen der Lagerdeckelschrauben führen.

Die Nockenwellenlager liegen neben jedem Zylinder knapp unter der Teilebene zu den Zylinderblöcken an den Außenseiten des Kurbelgehäuses. Die Führungen für die Rollenstößel sind auf die Paßflächen für die Zylinderblöcke aufgesetzt. Der Räderkasten für den schwungradseitig liegenden Nockenwellenantrieb ist angegossen und wird durch einen großen Deckel abgeschlossen. Die Nockenwellen werden über ein Zwischenrad angetrieben. Für den Antrieb der Einspritzpumpe ist ein weiteres Zwischenrad notwendig.

d) Kurbelgehäuseunterteil.

Das Kurbelgehäuseunterteil aus Leichtmetall ist durch Querwände unter jedem Lagerdeckel versteift.

Der Ölsumpf liegt schwungradseitig. Durch einen großen Deckel ist die Ölpumpe zugänglich. Die Querwände dienen gleichzeitig als Prallwände für das Öl. Für jeden Zylinder sind links und rechts unterhalb der Teilfläche zum Kurbelgehäuse Schaulochdeckel angeordnet. Die Anlasser sitzen auf beiden Seiten des Unterteiles.

e) Triebwerk.

Die Leichtmetallkolben tragen drei Dichtungsringe und je einen Ölabstreifring ober- und unterhalb des Kolbenbolzens. Der Kolbenboden ist, der Lage der Vorkammer entsprechend, muldenförmig ausgebildet.

Die Kolbenlänge beträgt nur etwa 1,2 D, ist demnach für einen Dieselmotor verhältnismäßig klein. Dagegen ist die Kompressionshöhe des Kolbens, wegen der tiefen Lage des Kolbenbolzens, auffallend groß.

Die Kolbenbolzen sind durch Seegerringe gesichert. Ihre Schmierung erfolgt durch eine Ölbohrung in der Pleuelstange vom Pleuellager aus.

Der Motor hat Hauptpleuelstangen mit angelenkten Nebenpleuelstangen Die Nebenpleuelstangen sind am unteren Ende gegabelt und umgreifen die Hauptpleuelstangen. Der Pleuellagerdeckel ist durch je drei auf jeder Seite nebeneinanderliegende Kopfschrauben mit der Hauptpleuelstange verbunden. Seine Lage ist durch einen Zentrierzahn gesichert.

Die Kurbelwelle ist nach jeder Kröpfung in Lagern aus besonderer Bronzelegierung, ohne Weißmetallausguß gelagert. An jeder Kröpfung sind zwei Gegengewichte angeschraubt. Der Reibungsschwingungsdämpfer liegt außerhalb des Kurbelgehauses.

7. Triebwagenmotor L 12 V 17,5/21 der Maschinenfabrik Augsburg-Nürnberg AG.

Zylinderzahl: 12	Mittl. Kolbengeschwindigkeit: 9,8 m/sec
Motorbauart: V	Leistung: 450 PS
Gabelwinkel: 60°	Nutzdruck (p_e): 4,8 kg/cm²
Bohrung: 175 mm	Motorgewicht: 2890 kg
Hub: 210 mm	Leistungsgewicht: 6,4 kg/PS
Hubraum: 60,5 l	Hubraumleistung: 7,44 PS/l
Verdichtungsverhältnis: 17	Hubraumgewicht: 47,8 kg/l
Drehzahl: 1400 U/min	Ölinhalt: 80 l

Der Motor wurde für die Deutsche Reichsbahn entwickelt.

a) Verbrennungsverfahren.

Der Motor hat eine zentral liegende Vorkammer. Das Mundstück mit den Blaslöchern ist in den Zylinderkopf eingesetzt. Ein Einsatz zur Aufnahme des Einspritzventiles schließt die Vorkammer oben ab. Der Kolbenboden ist leicht gewölbt.

b) Zylinder, Zylinderkopf.

Die Zylinderlaufbuchsen sind im Kurbelgehäuseoberteil eingesetzt und unmittelbar durch Wasser gekühlt. Die Abdichtung des Austrittes aus dem Wasserraum erfolgt wie üblich durch zwei Gummiringe.

Die Einzelköpfe sind durch je vier Schrauben mit dem Kurbelgehäuse verbunden. Der Zylinderkopf ist auf dem Bund der Zylinderlaufbuchse zentriert. Ein Kupfer- oder Weicheisenring dichtet den Verbrennungsraum ab. Die Wasserüberführung vom Kurbelgehäuse zum Zylinderkopf erfolgt durch besondere, seitlich an den Zylinderkopf und das Kurbelgehäuseoberteil angeflanschte Gußstücke. Diese Ausführung ist wegen der einfachen Form der Zylinderkopfdichtung erforderlich.

Die in der Mitte liegende Vorkammer erfordert die Anordnung von vier Ventilen. Diese sind in gußeisernen Büchsen geführt. Die Ventilspindeln sind sehr lang, da die Durchmesser der Ventilfedern aus räumlichen Gründen außergewöhnlich klein sind, die Federn daher lang ausgeführt werden müssen, um zu große Kraft- und Beanspruchungsschwankungen zu vermeiden. Die Auslaßventile liegen an den Außenseiten der Zylinderreihen. Beide Auslaßventile münden in einen Kanal. Die Einlaßkrümmer liegen um 90° versetzt in den Seitenwänden des Zylinderkopfes, die quer zur Motorlängsachse liegen. Der Zwischenraum zwischen zwei aufeinanderfolgenden Zylinderköpfen wird zum Anschluß an das in der Mitte des V liegende große Luftverteilrohr benützt. Die beiden Kipphebel für die Auspuffventile und der für beide Einlaßventile gemeinsame Kipphebel sind auf

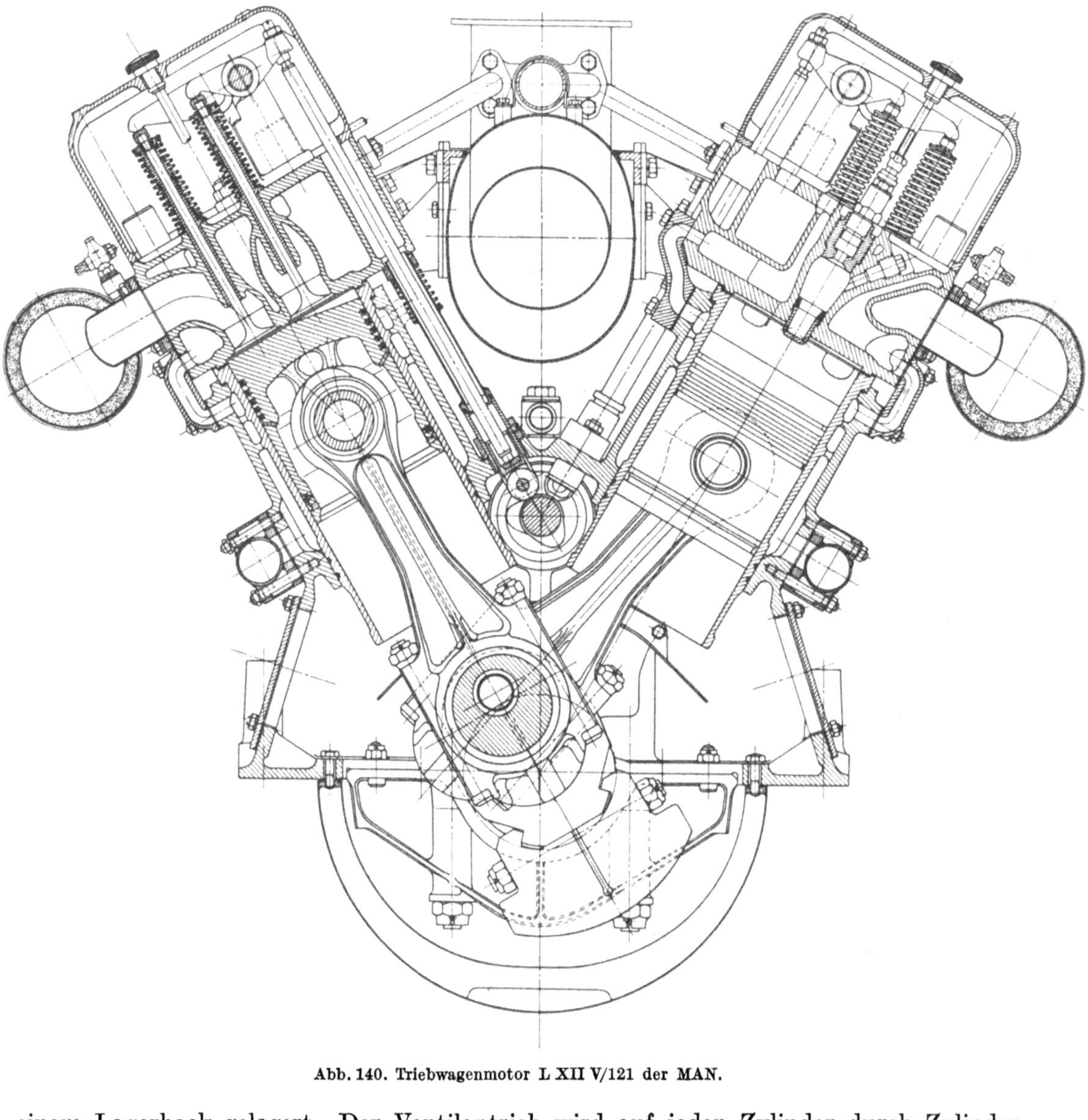

Abb. 140. Triebwagenmotor L XII V/121 der MAN.

einem Lagerbock gelagert. Der Ventilantrieb wird auf jeden Zylinder durch Zylinderkopfhauben abgeschlossen.

c) Kurbelgehäuseoberteil.

Das Kurbelgehäuseoberteil aus Grauguß reicht von der Kurbelwelle bis zu den Zylinderköpfen. Seine Gestaltung ist wesentlich durch die oberhalb der Kurbelwelle in der Mitte des Motors liegende Nockenwelle bestimmt. Zur Gewichtsersparnis werden die Stoßstangen außerhalb des Kurbelgehäuses in Verkleidungsrohren geführt. Dadurch bildet das Kurbelgehäuseoberteil für beide Zylinderreihen nur die Wände für den Kühlwasserraum.

Jede Zylinderlaufbuchse hat einen eigenen Kühlwassermantel im Gußstück des Gehäuses. Der Kraftfluß von den Zylinderköpfen zu den Lagern erfolgt über lange Zuganker, die von der Oberkante des Gehäuses bis zu den Lagerstellen reichen. Die Zuganker sind jeweils in der Mitte zwischen zwei Zylindern angeordnet.

Die Lagerdeckel weichen von den herkömmlichen Ausführungen ab. Sie sind gleichzeitig als Versteifungsbügel für das Kurbelgehäuse ausgebildet, wozu außer den eigentlichen

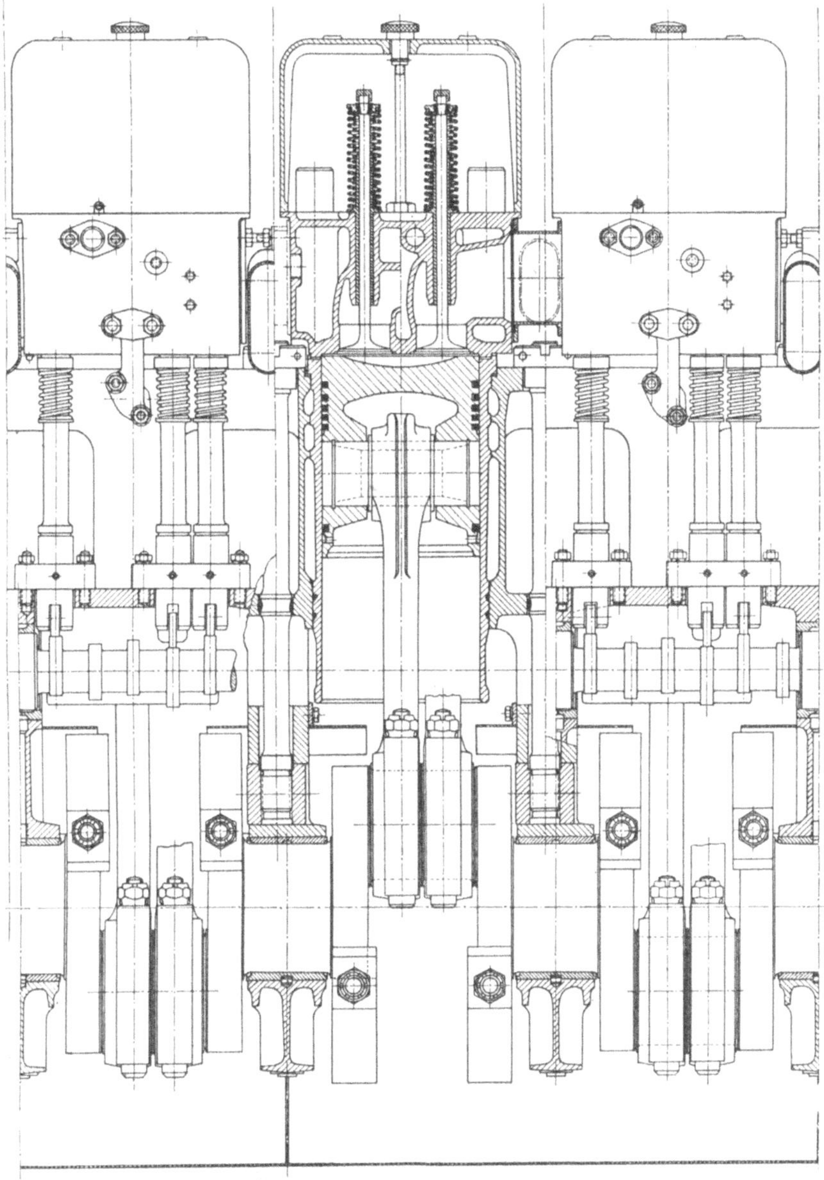

Abb. 141. Längsschnitt zu Motor Abb. 140.

Lagerdeckelschrauben noch zwei kleine Befestigungsschrauben vorgesehen sind. Gegen quer zur Kurbelwelle wirkende Kräfte wird der Lagerdeckel durch Paßflächen am Gehäuse abgestützt. Das Kurbelgehäuse ist an der Teilebene zur Ölwanne zu einem durchgehenden Motorträger verbreitert.

d) Kurbelgehäuseunterteil.

Das Kurbelgehäuseunterteil besteht aus einer halbkreisförmigen geschweißten Blechwanne, die einfach herzustellen ist.

e) Motorsteuerung.

Die Nockenwelle wird schwungradseitig unmittelbar vom Kurbelwellenrad angetrieben. Der Antrieb der Wasserpumpe liegt quer zur Kurbelwelle. Der Räderkasten ist durch einen großen Deckel abgeschlossen. Die Nockenwelle ist nach jedem Zylinder gelagert. Die Lagerdurchmesser sind so groß, daß die Nockenwelle von vorne in das Gehäuse eingeschoben werden kann.

Rollenstößel dienen zum Antrieb der drei Stoßstangen je Zylinder. Die Einlaßventile werden durch eine Stoßstange, die beiden Auslaßventile durch die beiden außenliegenden Stoßstangen betätigt.

f) Triebwerk.

Die Kolben aus Aluminium-Silizium-Legierung haben außergewöhnlich dicke Kolbenböden. Sie tragen vier Dichtungsringe und je einen über und unter dem Kolbenbolzen liegenden Ölabstreifring. Der mit großem Durchmesser ausgebohrte Kolbenbolzen ist durch Seegerringe gesichert.

Die Pleuelstangen aus Vergütungsstahl haben einen besonders sorgfältig ausgebildeten Querschnittsverlauf. Der Schaft ist zur Schmierung des Kolbenbolzens durchbohrt. Die Pleuelstangen greifen nebeneinander am Kurbelzapfen an. Dadurch sind die Zylindermitten beider Reihen um den Betrag der Versetzung der Pleuelstangenmitten verschoben. Die Pleuellager haben Stahlschalen mit Bleibronzeausguß.

Die Kurbelwelle ist nach jeder Kröpfung gelagert. Sie besteht aus Chrom-Molybdän-Stahl und hat gehärtete Lagerstellen. An jeder Kurbelkröpfung sind zwei Gegengewichte zur Entlastung der Wellenlager angebracht. Die Kurbelwelle läuft in Stahlschalen mit Bleibronzeausguß.

g) Schmierung.

Die Schmierölpumpe wird unmittelbar durch ein Zahnrad von der Kurbelwelle angetrieben. Bei 1400 U/min des Motors beträgt die Drehzahl der Schmierölpumpe 1050 U/min, ihre Fördermenge 16 m³/h. Die Schmierölpumpe drückt das Öl durch die Ölkühler in ein Spaltfilter mit 0,13 mm Spaltweite, dem zwei Feinfilter (Spaltfilter mit 0,08 mm Spaltweite) nachgeschaltet sind. Von dort wird das Öl durch die innerhalb des V angeordnete Hauptölleitung den Kurbelwellen- und Pleuellagern zugeführt. Umlenkventile ermöglichen bei kalter Maschine das Ausschalten der Ölkühler.

h) Kühlwasserpumpe.

Die Kühlwasserpumpe wird am abtriebseitigen Motorende durch Kegelräder angetrieben. Sie läuft mit 2450 U/min bei einer Motordrehzahl von 1400 U/min und hat eine Fördermenge von 58 m³/h bei einer Förderhöhe von 1,6 kg/cm². Das Kühlwasser wird von der Pumpe beiden Zylinderreihen an den Außenseiten zugeführt.

Die Kühlwasserpumpe hat ein geschlossenes Laufrad und Spiralgehäuse.

8. Triebwagenmotor T 12 M 133 der Klöckner-Humboldt-Deutz AG.

Motorbauart: V
Gabelwinkel: 360
Bohrung: 220 mm
Hub: 330 mm
Hubraum: 150,5 l
Verdichtungsverhaltnis: 17
Drehzahl: 700 U/min
Leistung: 1200 PS

Mittlere Kolbengeschwindigkeit: 7,7 m/sec
Nutzdruck (p_e): 5,1 kg/cm²
Motorgewicht: 6300 kg
Leistungsgewicht: 5,25 kg/PS
Hubraumleistung: 8 Ps/l
Hubraumgewicht: 42 kg/l
Ölinhalt: 80 l

Der Motor wurde u. a. auch für die Verwendung als Triebwagenmotor entwickelt. Er arbeitet im Zweitakt mit Umkehrspülung nach Schnürle. Bei der Entwicklung wurde große Leistung, geringer Raumbedarf und geringes Gewicht angestrebt. Da zu erwarten war, daß das Leistungsgewicht bereits durch Verwendung eines hochentwickelten Zweitakt-Verfahrens herabgesetzt wird, wurde auf eine ausgesprochene Leichtbauweise von vornherein verzichtet. Leichtmetall wurde daher nur in beschränktem Umfang für Nebenteile verwendet.

Der für gleichmäßigen Zündabstand erforderliche Gabelwinkel wäre 30°. Es wurde jedoch aus baulichen Gründen ein Gabelwinkel von 36° gewählt, um Einspritzpumpe, Regler, Gebläseantrieb sowie weitere Hilfsmaschinen innerhalb des V anordnen zu können, wodurch dem Streben nach geringer Motorbreite entsprochen wird.

Der Motor hat sich bei schwerer Dauererprobung bewährt.

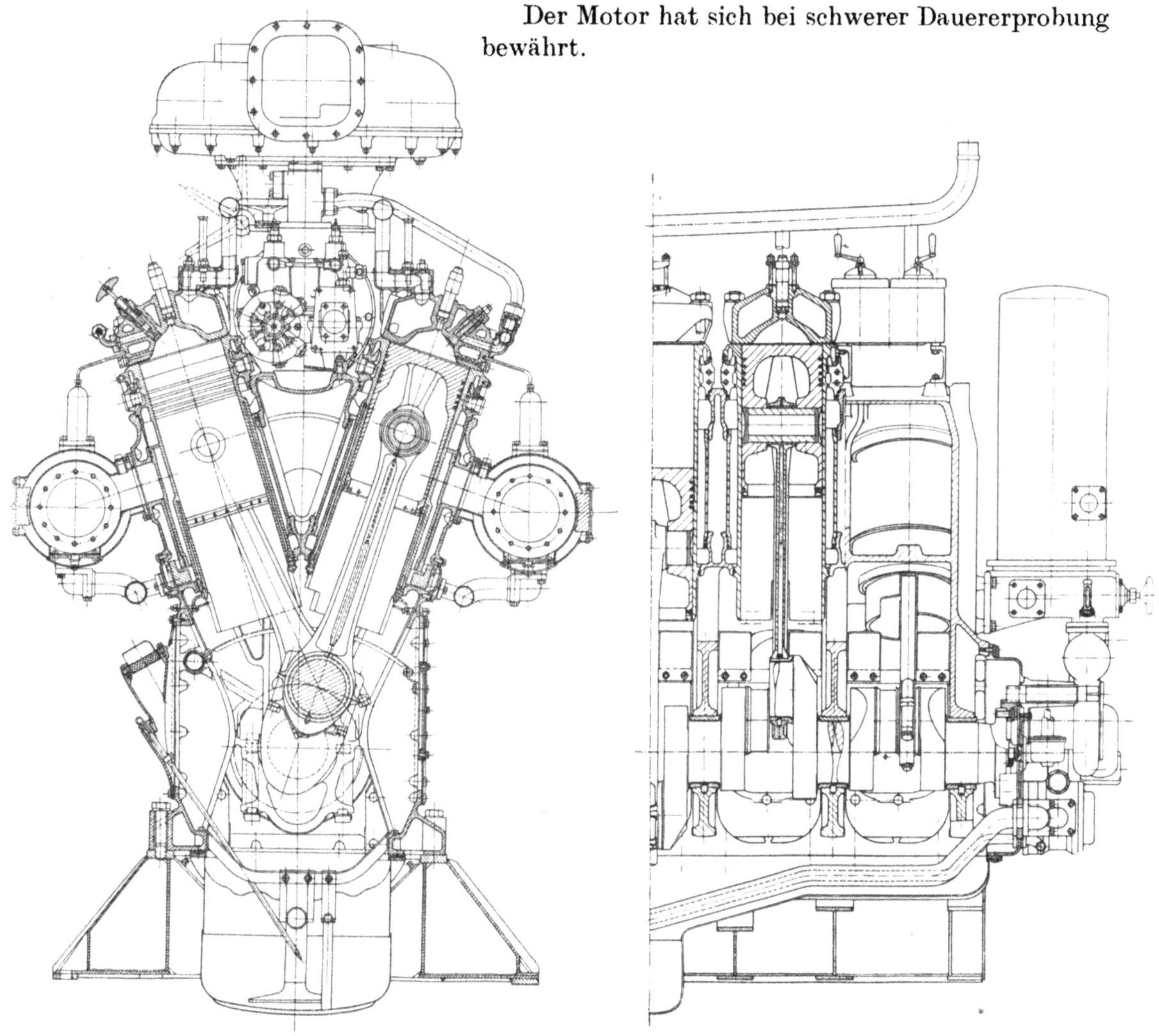

Abb. 142. Triebwagenmotor T 12 M 133 der Klöckner-Humboldt-Deutz AG.

a) Verbrennungsverfahren.

Der Motor arbeitet mit direkter Einspritzung durch eine Mehrlochdüse. Der Verbrennungsraum liegt zur Gänze im Zylinderkopf. Die Kolben haben flache Böden.

b) Zylinder, Zylinderköpfe.

Die nassen Zylinderlaufbuchsen sind aus hochwertigem Grauguß. Durch Hinaufziehen des Kühlwasserraumes gegen den Zylinderkopf wird eine gute Kühlung des Kolbens im Bereich der Kolbenringe im oberen Totpunkt erreicht. Im Bereich der Schlitze ist die Laufbuchse wegen der Kühlung doppelwandig ausgeführt und ober- sowie unterhalb der Schlitze durch je einen Kupferring mit dahinterliegendem Gummiring gegen

Kühlwasser abgedichtet. Die Laufbuchse stützt sich mit einem zweiteiligen Stützring, der den Dichtungsdruck der 4 Zylinderkopfschrauben auf das Kurbelgehäuseoberteil überträgt, gegen dieses. Der Stützring wird durch Gummiringe abgedichtet.

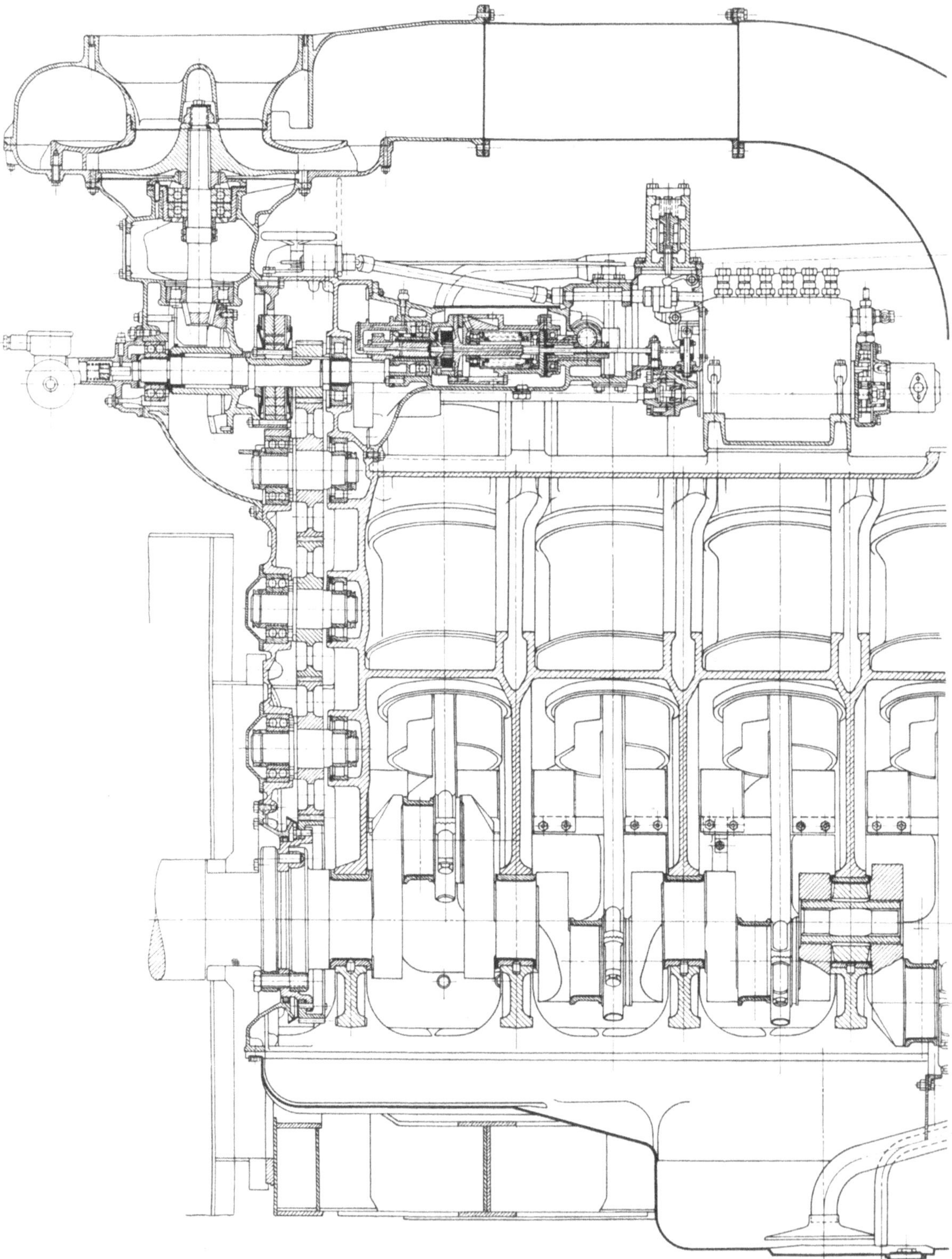

Abb. 143. Regler, Einspritzpumpen- und Gebläseantrieb des Triebwagenmotors T 12 133 der Klöckner-Humboldt-Deutz A. G.

Das Zylinderschmieröl wird der Lauffläche durch Bohrungen in der Laufbuchse zugeführt.

Die Maschine hat Einzelzylinderköpfe aus Grauguß. Das Einspritzventil sitzt zentral. Im Zylinderkopf ist auf der einen Seite das Anlaßventil, auf der anderen Seite ein Aufladeventil zum Auffüllen der Anlaßluftflaschen angeordnet. Der Zylinderkopf wird durch 4 verhältnismäßig lange Schrauben am Kurbelgehäuse befestigt. Als Zylinderkopfdichtung dient ein Kupferring. Das Kühlwasser tritt von der Zylinderlaufbüchse an 2 Stellen, die durch Gummiringe gedichtet sind, in den Zylinderkopf. Der Kühlwasserabfluß liegt am höchsten Punkt des Kopfes, eine anschließende Armatur ermöglicht die Einstellung der Kühlwassermenge und die Anbringung eines Thermometers.

c) Kurbelgehäuseoberteil.

Das Kurbelgehäuseoberteil aus Grauguß ist bis weit unter die Kurbelwellenmitte herabgezogen. Dadurch war es möglich, auf jeder Seite 3 große Öffnungen anzubringen, durch die das Triebwerk gut zugänglich ist.

Kräftig bemessene Zugbänder leiten die Verbrennungskräfte von den Zylinderkopfschrauben zu den Kurbelwellenlagern. Die beiden an einem Kurbelzapfen angreifenden Pleuelstangen liegen nebeneinander, daher sind die Zugbänder in dem Bereich der Laufbuchsen etwas aus der Mitte versetzt.

Zur Verringerung des Motorengewichtes ist die Kurbelwelle, wie bei Fahrzeug- und Triebwagenmotoren üblich, im Kurbelgehäuseoberteil gelagert. Die kräftigen Lagerdeckel aus Gußeisen mit Doppel-T-Querschnitt sind durch je 2 Kopfschrauben am Kurbelgehäuseoberteil befestigt. Die Seitenkräfte werden von Zentrierbüchsen um die Lagerdeckelschrauben aufgenommen.

Der Raum im Kurbelgehäuseoberteil zwischen beiden Zylinderreihen dient als Spülluftaufnehmer. Der Räderkasten für den schwungradseitig liegenden Antrieb der Einspritzpumpen und des Spülgebläses ist an das Kurbelgehäuseoberteil angegossen. Bearbeitungsschwierigkeiten für die Auflage der Stützringe zu den Zylinderlaufbüchsen entstehen dadurch nicht, da diese Auflagen als Kreisringflächen ausgebildet sind und daher nicht überfräst werden müssen. Die Kurbelwellendurchtritte werden durch Deckel aus Gußeisen abgeschlossen. Der Motor wird auf durchgehenden Befestigungsleisten aufgehängt.

d) Kurbelgehäuseunterteil.

Das Kurbelgehäuseunterteil besteht aus dünnwandigem Blech und ist mit Gummi gegen das Kurbelgehäuseoberteil abgedichtet. Der Ölsumpf liegt in der Mitte der Maschine. Eine besondere Absaugpumpe ist daher auch bei Schräglage nicht erforderlich.

e) Motorsteuerung.

Das Spülgebläse und die Einspritzpumpe werden durch Stirnräder auf der Schwungradseite angetrieben. Das Antriebsrad auf der Kurbelwelle ist auf dem Kurbelwellenflansch befestigt. Es treibt über 3 gleich große Zwischenräder die Vorgelegewelle für das Gebläse. Die Zwischenräder sind mit zylindrischem Sitz und Flanschverbindung auf ihren Wellen befestigt. Diese laufen aus Montagegründen in je einem Zylinderrollenlager und einem Pendelkugellager. Letzteres hat den Achsialschub der schrägverzahnten Räder aufzunehmen.

Das Spülgebläse wird von der Vorlegewelle durch Kegelräder mit Klingelnberg-Verzahnung angetrieben. Zwischen dem Antriebsritzel und dem großen Kegelrad auf der Vorgelegewelle ist eine hochelastische Federbandkupplung mit Reibungsdämpfer eingeschaltet, um Ungleichförmigkeiten der Drehgeschwindigkeit vom Gebläseantrieb fernzuhalten und eine Überbeanspruchung des Antriebes bei Beschleunigung des Motors zu verhindern.

f) Spülluftgebläse.

Zur Förderung der Spülluft dient ein Zentrifugalgeblase, das gegenüber einem Kapselgebläse den Vorteil erheblich geringeren Gewichts- und Raumbedarfs hat. Das Gebläse hat senkrechte Welle. Es fördert nach Messungen bei 7590 U/min, entsprechend 700 U/min des Motors, 9125 m³/h Spülluft gegen einen Druck von 0,218 atü. Diese Werte entsprechen einem Luftaufwand 1,43, der Auspuffgegendruck betrug 0,06 atü. Das Laufrad aus Duraluminium hat 420 mm Durchmesser und sitzt auf einer Mehrkeilwelle. Der vor dem Laufrad aufgesetzte Vorsatzläufer aus Aluminiumguß ist in Abb. 143 nicht dargestellt.

Das Spiralgehäuse ist aus Leichtmetall ausgeführt. An das Gebläse schließt die Spülluftleitung an, die in den Aufnehmer mündet.

g) Triebwerk.

Die Kolben bestehen aus der übereutektischen Aluminium-Siliciumlegierung KS 280. Diese Legierung verbindet gute Wärmeleitfähigkeit mit geringem Warmeausdehnungskoeffizienten und ist deshalb für hochbeanspruchte Zweitaktkolben besonders geeignet. Die Kolbenlänge ist durch den Hub des Motors und durch die Anordnung der unteren Zylinderschmierbohrung gegeben, die in der oberen Totlage überdeckt sein muß. Der Kolben hat 5 Kolbenringe und am unteren Ende einen Ölabstreifring.

Die Anordnung der Kanäle zu den Schlitzen erfordert einen im Verhältnis zu Viertaktmotoren größeren Zylinderabstand. Dieser ermoglicht die Verwendung nebeneinanderliegender Pleuelstangen für die beiden an einem Kurbelzapfen angreifenden Zylinder. Die Pleuelstangen aller Zylinder werden dadurch nicht nur gleich, sondern auch erheblich einfacher als die bei Viertakt-V-Motoren mit kleinen Zylinderabständen häufig verwendeten Gabelpleuelstangen. Zur Schmierung der Pleuelbuchse ist die Pleuelstange der Länge nach durchbohrt. Die Pleuelbuchse besteht aus einem mit Bleibronze ausgegossenem Stahlrohr.

Der Lagerdeckel des Pleuellagers ist mit Kopfschrauben befestigt und durch eine Kerbverzahnung seitlich gesichert. Beide Pleuellager einer Kröpfung haben an den Berührungsflächen hart verchromte Anlaufbunde. Das Verhältnis von Durchmesser zur Gesamtlänge des Pleuelzapfens ist 0,88. Er ist also trotz der nebeneinanderliegenden Pleuelstangen kurz. Dadurch ergeben sich durch die Verbrennungsdrücke bei niedrigen Drehzahlen hohe Lagerbeanspruchungen von 200 kg/cm². Die mittlere Lagerbelastung bei 700 U/min ist ungefähr 50 kg/cm². Die Erprobung der Maschine im Dauerbetrieb hat gezeigt, daß diese Lagerbeanspruchung keine Schwierigkeiten verursacht.

Die Kurbelwelle aus Chrom-Molybdänstahl ist an den Laufflächen nach dem Doppel-Duroverfahren gehärtet. Um eine einfache Reihenherstellung zu ermöglichen, wurde die Welle im Mittellager geteilt, so daß jede Hälfte für sich im Gesenk geschlagen werden kann. Die Verbindung der beiden Kurbelwellenhälften im Mittellager erfolgt durch Hirthverzahnung mit einem Differentialgewindebolzen. Alle Lager haben gleiche Breite. Das Paßlager ist auf der Seite des Steuerungsantriebes angeordnet. Die Zündfolge ist 1 (36), 7 (24), 5 (36), 11 (24), 3 (36), 9 (24), 4 (36), 10 (24), 2 (36), 8 (24), 6 (36), 12 (24). Die eingeklammerten Zahlen sind die Zündabstände in Grad KW. Die Zylinder 1, 2 und 3 haben im Kurbelstern je einen Abstand von 120°, ebenso die Zylinder 4, 5 und 6. Beide Kurbelwellenhälften sind um 60° gegeneinander versetzt, so daß als Gesamtbild ein symmetrischer Kurbelstern entsteht. Bei der angegebenen Kurbelversetzung ist das mittlere Hauptlager am stärksten belastet. Es haben sich an ihm trotz der hohen mittleren Belastung von ungefähr 70 kg/cm² keine Anstände ergeben. Auch die Befürchtung, daß die Spülung der mittleren Zylinder 3, 9, 4 und 10, die bei der gewählten Zündfolge hintereinander gespült werden, schlechter als die der anderen Zylinder wird, hat sich als grundlos erwiesen.

Die Kurbelwelle hat an beiden Enden kräftige Flansche. Die Zuführung des Öles von den Wellenlagern zu den Pleuellagern erfolgt kontinuierlich durch schrage Bohrungen in den Kurbelwangen. Im Pleuelzapfen sind je 2 Schmierbohrungen für die beiden nebeneinanderliegenden Pleuellager angebracht.

h) Einspritzpumpe und Regler.

Die beiden nebeneinanderliegenden 6-Zylinder-Bosch-Einspritzpumpen der Größe Z werden von der früher erwähnten Vorgelegewelle durch ein aufgeschnittenes Ritzel angetrieben. Die Steuereinrichtung für die Anlaßventile ist am Ende einer Einspritzpumpe angeflanscht. Auf dem Wellenende der anderen Einspritzpumpe spritzt ein Sicherheitsregler, der bei Versagen des Hauptreglers die Brennstoffzufuhr zu den Einspritzpumpen abstellt. Hinter diesem Sicherheitsregler ist die Brennstoffförderpumpe angebracht. Der Fliehkraftregler wird durch das Ritzel auf der Vorgelegewelle angetrieben. Im Antrieb ist eine hochelastische Kupplung eingeschaltet, die Schwankungen der Drehgeschwindigkeit vom Regler abhält.

i) Schmierung.

Der Antrieb der außenliegenden Schmierölpumpe erfolgt durch ein am vorderen Kurbelwellenflansch angeschraubtes Zahnrad. Die Saugleitung der Schmierölpumpe führt zur Mitte des Ölsumpfes. Das Schmieröl wird von der Ölpumpe durch ein Spaltfilter und ein dahinter geschaltetes Feinfilter (Faudi-Filter) gedrückt, durchfließt dann den Ölkühler und gelangt von diesem in die Hauptölleitung, einem in die Querwände des Kurbelgehäuseoberteils eingewalzten, geglühten Stahlrohr. Von diesem führen schräge Bohrungen zu den Wellenlagern.

Die Zylinderschmierung erfolgt durch einen Boschöler, der über die Einspritzpumpe angetrieben wird. Die Schmierung der Zylinder wird abhängig von der Motorbelastung geregelt, um ein Überschmieren zu vermeiden.

k) Kühlwasserpumpe.

Die Kreiselpumpe für das Kühlwasser wird vom Zahnrad am vorderen Kurbelwellenflansch angetrieben. Um selbsttätiges Ansaugen zu erreichen, ist in die Kreiselpumpe eine selbstsaugende Wasserringpumpe eingebaut. Das geförderte Kühlwasser durchströmt erst den Ölkühler und wird von dort durch je 2 Kühlwasserverteilrohre an den beiden außeren Motorseiten den einzelnen Zylindern zugeführt.

l) Auspuffrohre.

Die geschweißten Auspuffrohre aus nichtrostendem Blech liegen an den äußeren Motorseiten und sind wassergekühlt.

III. Ottomotoren für Kraftfahrzeuge.

1. Motoren für Kleinwagen.

a) Motor Fiat 500 der Fiat-Werke AG. Turin.

In den kleinsten Personenwagen der Fiat-Werke wird ein Vierzylindermotor mit 570 cm³ Hubraum eingebaut. Trotz der kleinen Abmessungen dieses Wagens wurde für den Motor die Reihenbauart beibehalten. Der Motor wurde jedoch im Fahrzeug ganz nach vorne gesetzt und der Kühler über das Schwungrad des Motors gestellt.

Zylinderzahl: 4	Leistung: 13 PS
Motorbauart: Reihe	Nutzdruck (p_e): 5,1 kg/cm²
Bohrung: 52 mm	Motorgewicht: 60 kg
Hub: 67 mm	Leistungsgewicht: 4,62 kg/PS
Hubraum: 0,57 l	Hubraumleistung: 22,8 PS/l
Verdichtungsverhaltnis: 6,5	Hubraumgewicht: 105,2 kg/l
Drehzahl: 4000 U/min	Ölinhalt: 2 l
Mittl. Kolbengeschwindigkeit: 8,9 m/sec	

Der Motor hat stehende Ventile, sein Aufbau ist außerordentlich klar und einfach. Der Zylinderkopf ist wegen der hohen Verdichtung von $\varepsilon = 6{,}5$ aus Leichtmetall gegossen.

Das Kurbelgehäuseoberteil ist weit unter die Kurbelwellenmitte heruntergezogen und als Tunnelgehäuse ausgebildet. Die Kurbelwelle läuft in zwei Gleitlagern. Das schwung-

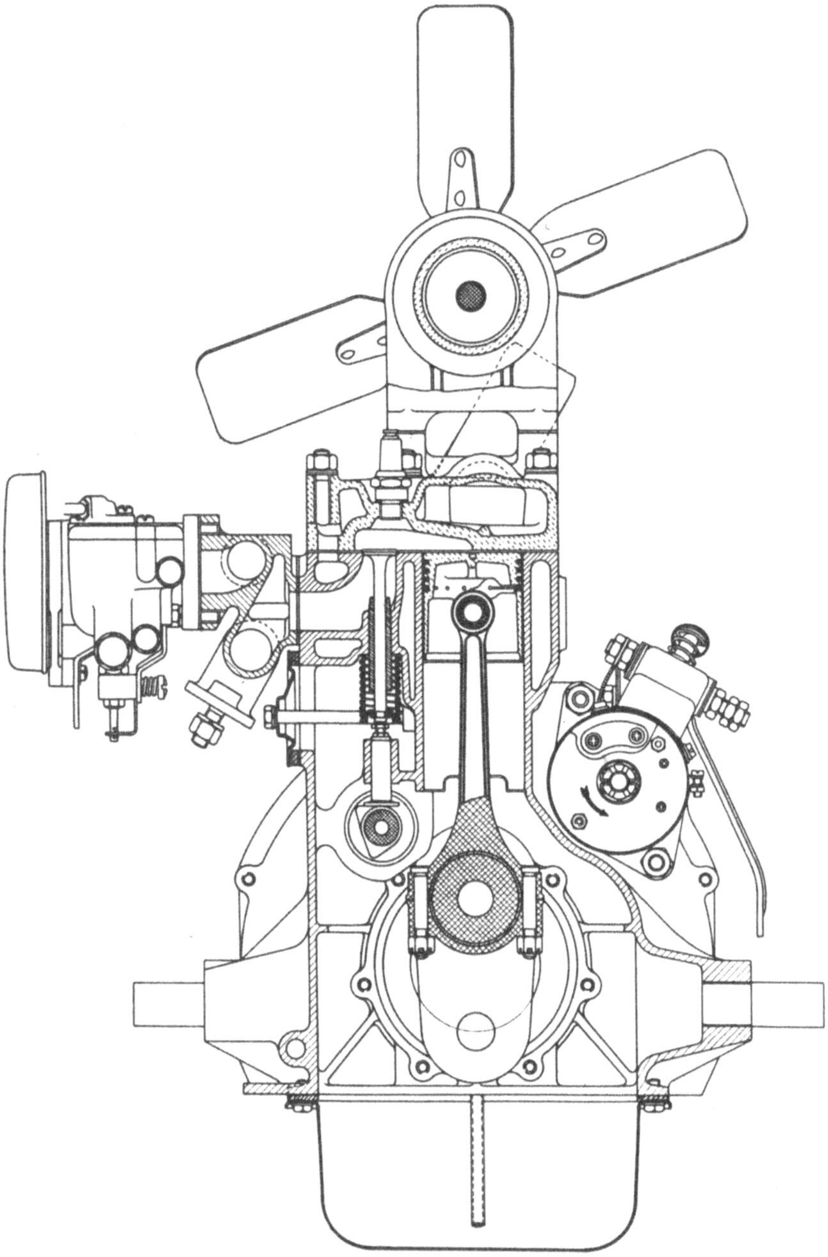

Abb. 144. Motor „Fiat 500" der Fiat-Werke AG. Turin.

radseitige Lager sitzt in einem Flanschdeckel, welcher die große Einbauöffnung im Gestell abschließt und die Abdichtung der Kurbelwelle trägt.

Die Kurbelwelle ist zur Vermeidung von Biegungsschwingungen außerordentlich kräftig ausgeführt. Das Verhältnis von Pleuelzapfendurchmesser zur Zylinderbohrung ist bedingt durch die Art der Lagerung 0,865, also ganz ungewöhnlich groß. Die Länge des Pleuelzapfens beträgt das 0,623fache seines Durchmessers.

Um eine kurze Baulänge zu erzielen, stoßen die eingegossenen Zylinder unmittelbar aneinander. Das Verhältnis von Zylinderabstand zur Bohrung wird dadurch mit 1,172 außergewöhnlich klein.

Das Schwungrad ist in der Kurbelwelle angeflanscht. Aus diesem Grunde hat das schwungradseitige Kurbelwellenlager den großen Durchmesser von 52 mm.

Die Nockenwelle wird vom vorderen Kurbelwellenende durch eine Rollenkette angetrieben. Ein einfacher Deckel und die vordere Gehäusewand umschließen den Nokkenwellenantrieb. Die Ölpumpe sitzt in unmittelbarer Nähe des vorderen Kurbelwellenlagers und wird gemeinsam mit dem Zündverteiler vom vorderen Ende der Nockenwelle durch Schraubenräder angetrieben.

Die Lichtmaschine ist über dem Zylinderkopf gelagert und wird durch einen kräftigen Gummikeilriemen angetrieben. Das Nachspannen des Riemens erfolgt durch Wegnehmen von Beilagscheiben zwischen den Riemenscheibenhälften. Der Lüfter sitzt am hinteren Ende der Lichtmaschinenwelle.

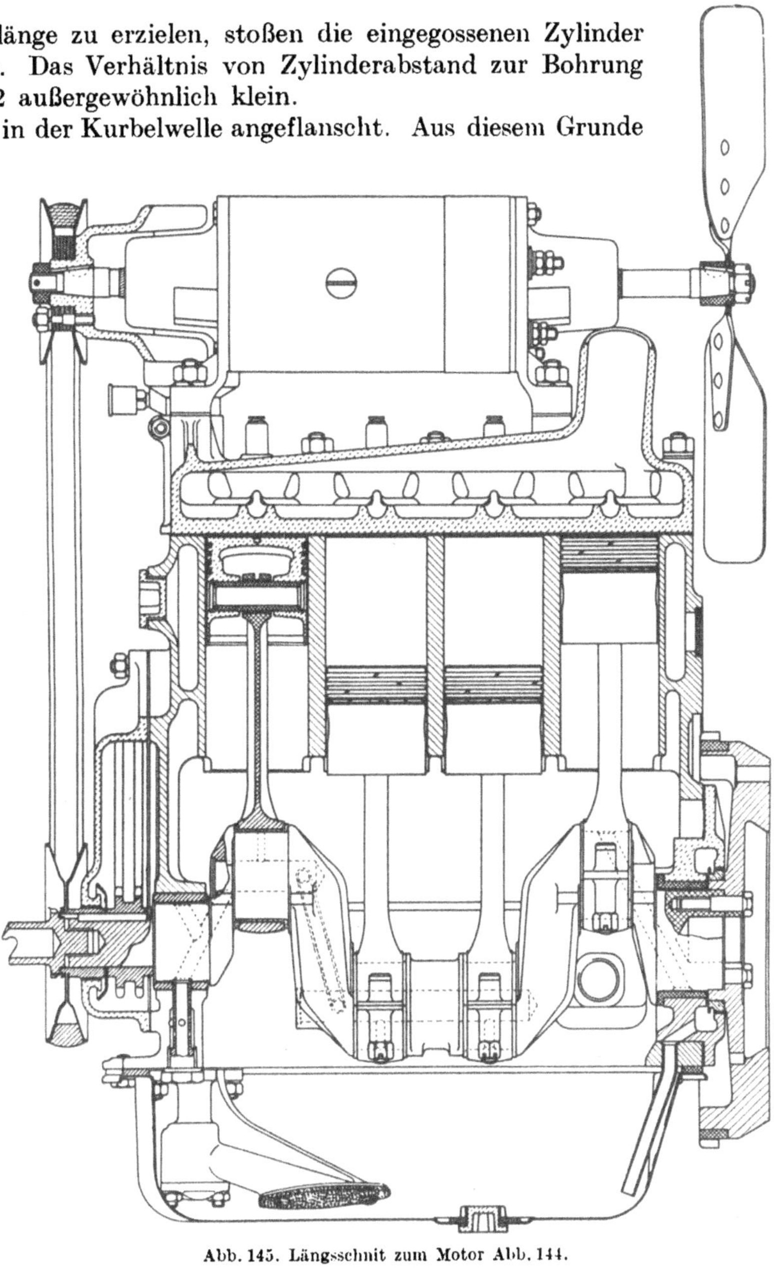

Abb. 145. Längsschnit zum Motor Abb. 144.

Auspuff- und Ansaugrohr sind zu einem Gußstück vereinigt. Das Saugrohr wird dadurch auf einfache Weise beheizt.

b) Motor Steyr 55 der Steyr-Daimler-Puch AG.

Der Motor des „Steyr 55" verdient als vorbildliche Ausführung eines Kleinwagenmotors besondere Beachtung. Die grundlegenden Anforderungen beim Entwurf dieses Motors waren kleine Längen- und Breitenabmessungen, um den Motor vor der Vorderachse anordnen zu können, ohne den Lenkeinschlag der Räder zu behindern. Der Motor wurde als Boxermotor ausgeführt. Der Kühler ist auf den Motorblock gestellt. Der Lüfter sitzt auf der Welle der Lichtanlaßmaschine vor dem Kühler. Auf diese Weise konnte die gesamte Baulänge eines nach üblicher Art angeordneten Kühlers und Lüfters eingespart werden; außerdem werden die Wasserführungen sehr einfach.

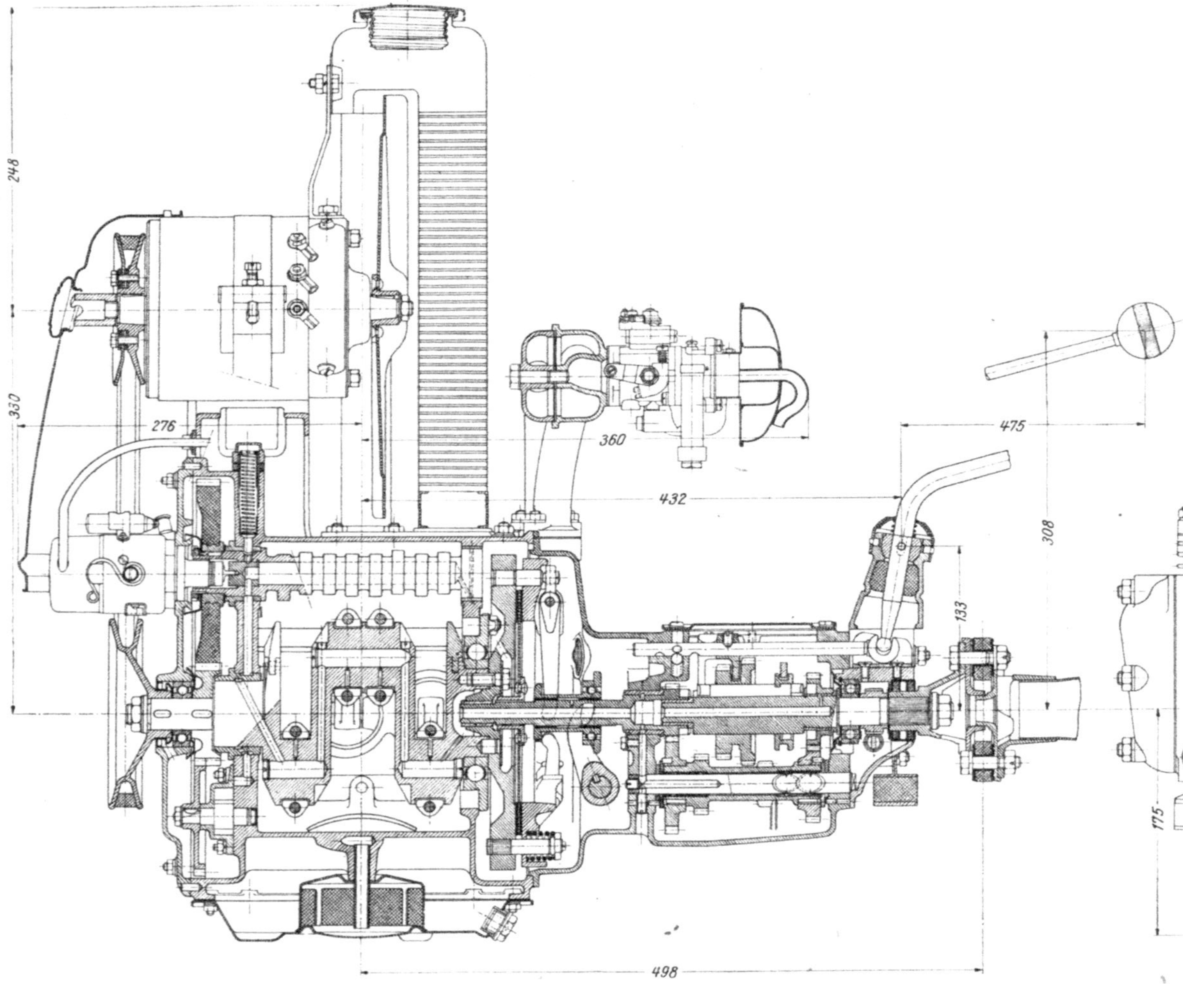

Abb. 146.

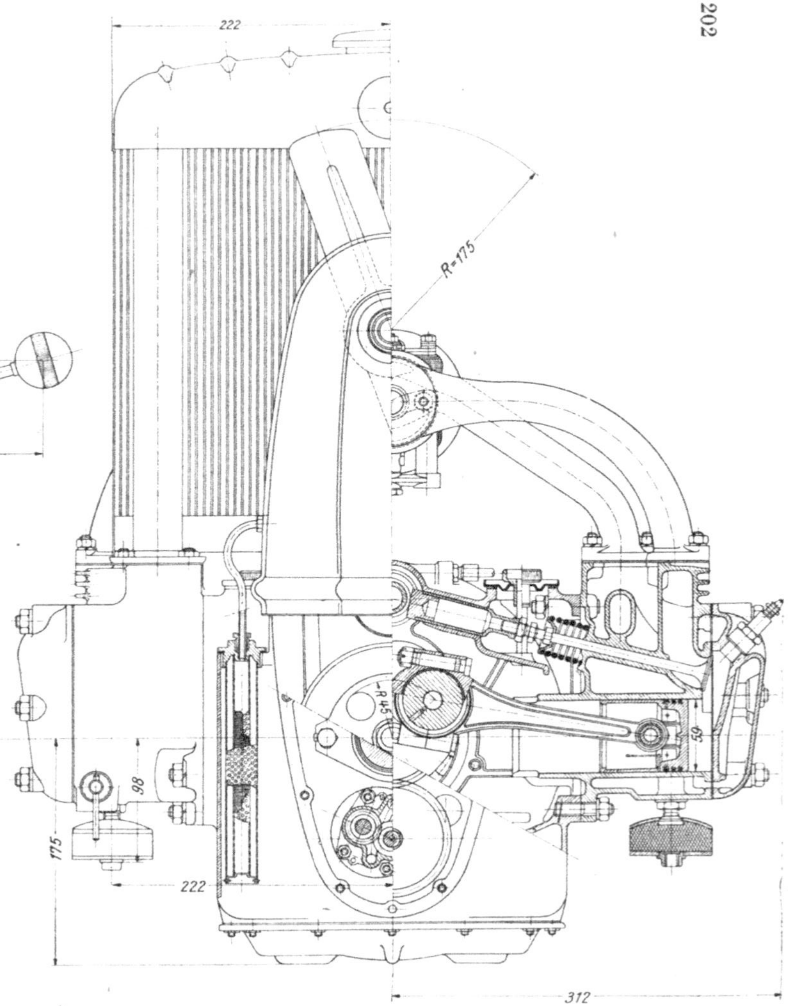

Abb. 147.

Abb. 146 und 147. Motor „Steyr 55“ der Steyr-Daimler-Puch AG.

Mit diesem Motor erhält das Fahrzeug trotz des kurzen Radstandes einen erstaunlich geräumigen Fahrgastraum.

Zylinderzahl: 4	Leistung: 25 PS
Motorbauart: Boxer	Nutzdruck (p_e): 5,4 kg/cm²
Bohrung: 64 mm	Motorgewicht: 110 kg
Hub: 90 mm	Leistungsgewicht: 4,4 kg/PS
Hubraum: 1,15 l	Hubraumleistung: 21,75 PS/l
Verdichtungsverhältnis: 5,9	Hubraumgewicht: 95,6 kg/l
Höchstdrehzahl: 3600 U/min	Ölinhalt: 5 l
Mittl. Kolbengeschwindigkeit: 10,8 m/sec	

Der Motor hat stehende Ventile.

Die Kurbelwelle ist nur zweimal gelagert und daher, mit Rücksicht auf Biegungsschwingungen, sehr kräftig bemessen. Das vordere Gleitlager ermöglicht eine einfache Ölzufuhr von der, durch Stirnräder angetriebenen, Zahnradölpumpe zu den Pleuellagern. An der Schwungradseite läuft die Welle in einem Kugellager eigener Erzeugung, dessen Außenring als Flansch ausgebildet ist.

Das Kurbelgehäuse aus Leichtmetall ist als Tunnelgehäuse ausgeführt, d. h. die Kurbelwelle wird durch eine große Öffnung von der Schwungradseite her eingeschoben. Zum Einbau der Kurbelwelle hat der Sitz des Kugellagers Ausnehmungen für die durchzuschiebenden Kurbelwangen. Das angeflanschte Schwungrad trägt die Lagerung der hohlen Kupplungswelle. Diese leitet Umlauföl in das Getriebe, von wo es wieder zum Ölsumpf zurückfließt. Die Zusammenfassung des Umlaufs von Motor- und Getriebeöl erspart die schwungradseitige Kurbelwellenabdichtung und verringert die Baulänge.

Die Nockenwelle liegt oberhalb der Kurbelwelle und wird mit Stirnrädern angetrieben. Das Nockenwellenrad ist aus Kunststoff hergestellt. Die Lagerstellen sind an die Umlaufschmierung angeschlossen.

Der Zündverteiler sitzt am vorderen Ende der Nockenwelle.

Die Ölpumpe ist besonders einfach. Sie wird durch ein Stirnrad von der Kurbelwelle aus angetrieben. Eine Wand der Ölpumpe wird vom Kurbelgehäuse gebildet.

An das Kurbelgehäuse werden auf beiden Seiten die Zylinderblöcke mit den stehenden Ventilen aufgesetzt. Von den Zylinderköpfen wird das heiße Kühlwasser auf beiden Seiten durch Rohre, die Bestandteile des Kühlers sind, der oberen Wasserkammer des Kühlers zugeleitet. Vom Kühler tritt das Wasser unten unmittelbar in den Zylinderblock ein.

Der Antrieb der Lichtanlassermaschine und des auf ihrer Welle sitzenden Lüfters erfolgt durch einen kräftigen Gummikeilriemen, der an der Riemenscheibe der Lichtmaschine durch Wegnahme von Beilagen zwischen den Riemenscheibenhalften nachgespannt werden kann.

2. Motoren für Personenwagen mittlerer Leistung.

a) Motor Adler Trumpf 1,7 l der Adler-Werke vorm. H. Kleyer AG.

Die Maschine des Adler Trumpf 1,7 l entspricht der Standardbauart für Wagen mittlerer Größe, für die sich der Vierzylindermotor in den letzten Jahren durchgesetzt hat.

Es hat in der Tat viel für sich ein Hubvolumen von 1,7 l auf nur vier Zylinder aufzuteilen. Der Vierzylindermotor hat weniger und nicht so feingliedrige Teile als der Sechszylindermotor mit gleichem Gesamthubraum. Die kleinere Baulänge vergrößert den Nutzraum des Wagens. Die Gefahr des Auftretens gefährlicher Drehschwingungen ist beim Vierzylinder geringer als beim Sechszylinder. Der erschütterungsfreie Gang des Sechszylindermotors mit vollständigem Massenausgleich kann auch beim Vierzylinder, trotz der freien Massenkräfte zweiter Ordnung, durch eine gut ausgebildete elastische Lagerung erreicht werden. Kennzeichnend für den Vorzug, den der Vierzylinder für Wagen der Mittelklasse genießt, ist auch die große Verbreitung, welche der 1,7 l Mercedes 170 V in wenigen Jahren erreichte. Der einzige Nachteil des Vierzylinders gegenüber dem Sechs-

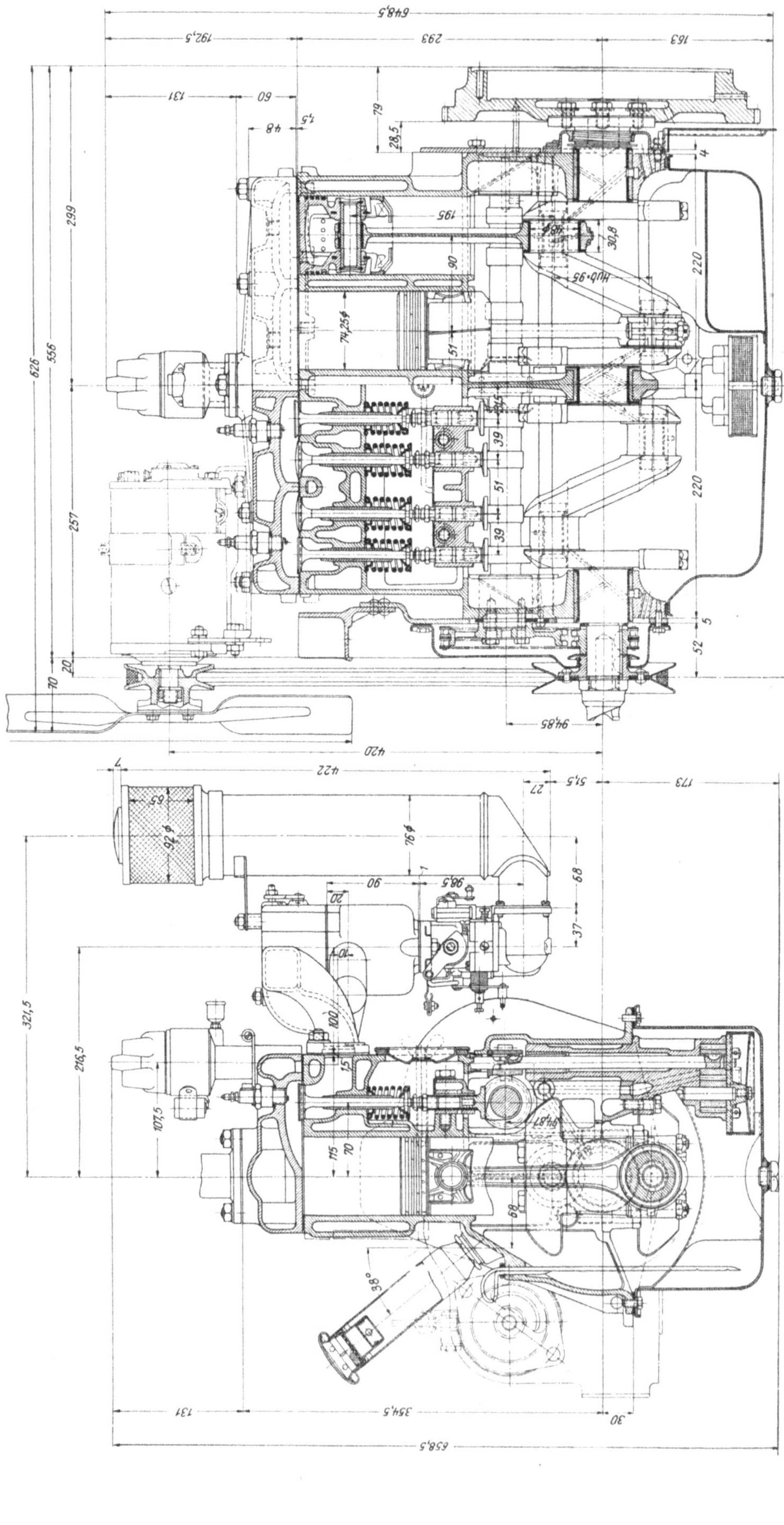

Abb. 148. Motor „Adler Trumpf" 1,7 l der Adler-Werke vormals H. Kleyer AG.

zylinder besteht in seiner kleineren Elastizität. Im direkten Gang liegt die unterste Betriebsdrehzahl beim Vierzylinder höher als beim Sechszylinder.

Motorkennzahlen:
Zylinderzahl: 4
Motorbauart: Reihe
Bohrung: 74,25 mm
Hub: 95,00 mm
Hubraum: 1,7 l
Verdichtungsverhältnis: 6,25
Höchstleistung: 38 PS bei 3800 U/min
Dauerleistung: 36 PS bei 3200 U/min
Mittlere Kolbengeschwindigkeit: 12 m/sec bei 3800 U/min; 10,2 m/sec bei 3200 U/min
Nutzdruck (p_e): 5,3 kg/cm² bei 38 PS
Nutzdruck (p_e): 5,96 kg/cm² bei 36 PS
Motorgewicht: 118 kg
Leistungsgewicht: 3,1 kg/PS
Hubraumleistung: 22,4 PS/l bei 38 PS
Hubraumgewicht: 69,4 kg/l
Ölinhalt: 4,5 l

Der Motor hat stehende Ventile und einen Verbrennungsraum nach Art des Ricardobrennraums.

Zylinderblock und Kurbelgehäuseoberteil sind zu einem Gußstück vereinigt. Die Unterkante des Kurbelgehäuseoberteils liegt unter der Kurbelwellenmitte, so daß die Kurbelwellenabdichtung in einem ungeteilten Deckel sitzt. Die Kurbelwelle ist dreimal gelagert und hat zur Entlastung des mittleren Kurbelwellenlagers Gegengewichte.

Die Nockenwelle wird an der Lüfterseite durch eine Kette angetrieben. Der Antrieb wird durch einen gepreßten Blechdeckel verschalt, der gegen eine starke, am Kurbelgehäuseoberteil befestigte Blechplatte geschraubt ist. Das Kurbelgehäuseunterteil ist aus Blech gepreßt.

Das Antriebsrad für die Ölpumpe und den Zündverteiler liegt in der Mitte der kräftig bemessenen Nockenwelle. Das Drucköl gelangt durch eine Bohrung im Befestigungsflansch der Ölpumpe in das Kurbelgehäuse. In dieses ist ein Stahlrohr als Hauptölleitung eingezogen. Von dieser wird das Öl durch schräge Bohrungen den Kurbelwellenlagern zugeführt und gelangt von dort durch je zwei um 130° versetzte Bohrungen in der Kurbelwelle zu den Pleuellagern. Die Kurbelzapfen sind hohl gebohrt und durch Blechrohre verschlossen, die auf die Länge des Kurbelzapfens einen kleineren Außendurchmesser als die Kurbelzapfenbohrung haben, so daß ein ringförmiger Ölraum entsteht. Das mittlere Kurbelwellenlager ist als Paßlager ausgebildet. Dies ist hier sehr zweckmäßig, da von diesem Lager zwei Kurbelzapfenlager mit Öl versorgt werden und Paßlager mit ihren seitlichen Anlaufflächen besser das Öl halten.

Das Schwungrad ist an einem kräftigen Flansch der Kurbelwelle befestigt.

Die Nockenwelle, die stehenden Ventile, sowie das Saug- und das Auspuffrohr liegen in der Fahrtrichtung gesehen rechts. Ein Blechdeckel verschließt den Raum mit den ebenen Antriebsstößeln für die Ventile. Anlasser, Peilstab, Kurbelgehäuseentlüftung und die Einfüllöffnung für das Schmieröl liegen auf der linken Seite.

Der Motor hat Thermosyphon-Kühlung.

Die Lichtmaschine ist über dem Zylinderkopf gelagert und wird durch einen kräftigen Keilriemen angetrieben. Ihre Welle trägt am vorderen Ende den Lüfter. Der Riemen wird durch Schwenken der Lichtmaschine nachgespannt.

b) Motor 97 der Ringhoffer Tatrawerke AG.

Zylinderzahl: 4
Motorbauart: Boxer
Bohrung: 75 mm
Hub: 99 mm
Hubráum: 1,75 l
Verdichtungsverhaltnis: 1 : 5,69
Drehzahl: 3500 U/min
Mittlerer Kolbengeschwindigkeit 11,55 m/sec
Leistung: 45 PS
Nutzdruck (p_e): 6,62
Motorgewicht: 120 kg
Leistungsgewicht: 2,67 kg/PS
Hubraumleistung: 25,7 PS/l
Hubraumgewicht: 68,6 kg/l
Ölinhalt: 5 kg

Der Motor ist ein luftgekühlter 4-Zylinder-Boxermotor. Die Bauart der Zylinder und Zylinderköpfe stimmt mit dem später besprochenen Baumuster 87 derselben Firma überein. Die Nockenwellen liegen oberhalb der Zylinderköpfe und werden von der Kurbelwelle durch eine zweifache Rollenkette angetrieben. Der Nockenwellenantrieb ist in einem Kettenradgehäuse aus Leichtmetall, das am vorderen Ende des Kurbelgehäuses angeflanscht ist, untergebracht. Ein von Hand aus nachstellbares Kettenrad dient zum

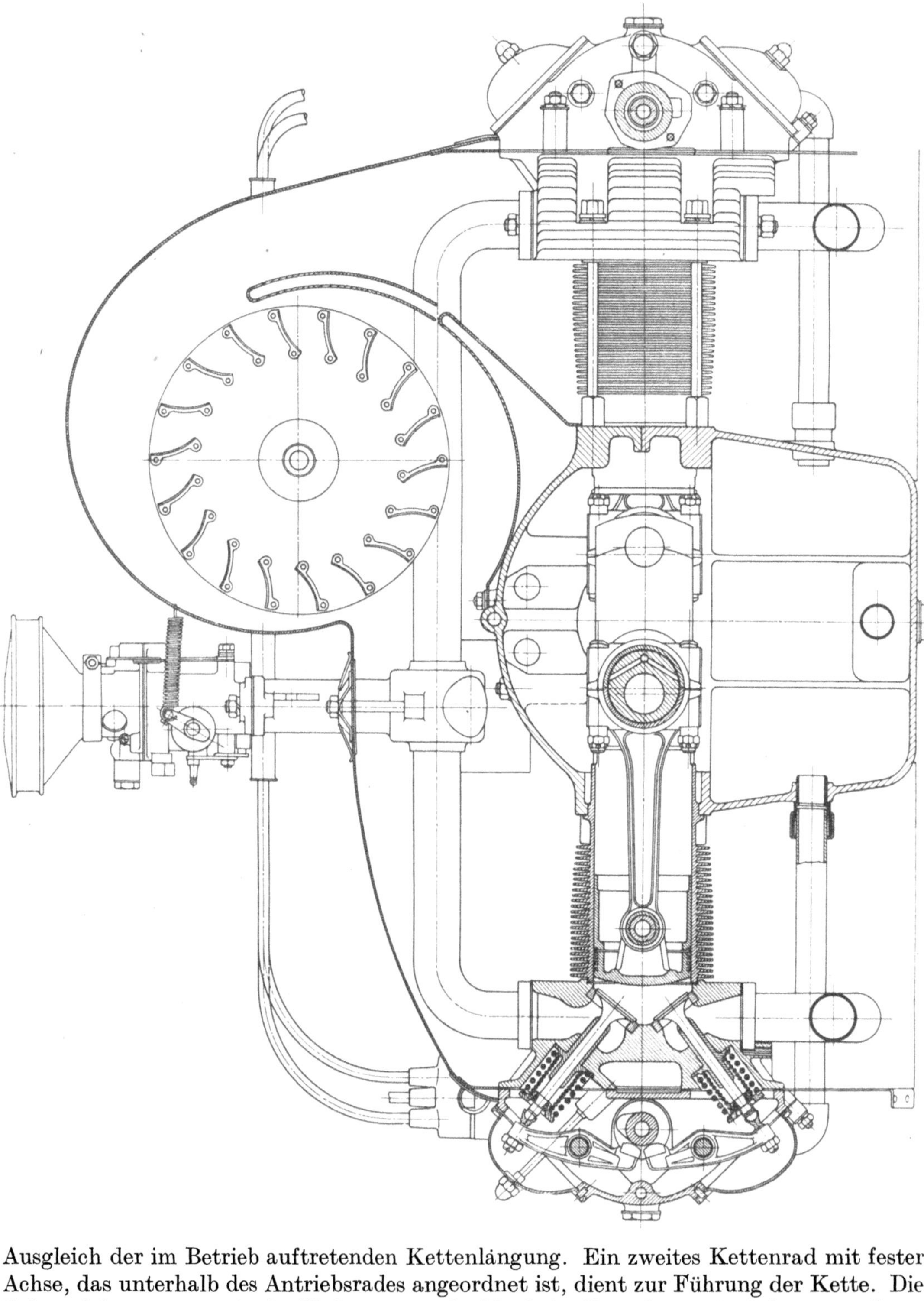

Abb. 149. Motor 97 der Ringhoffer-Tatra Werke AG.

Ausgleich der im Betrieb auftretenden Kettenlängung. Ein zweites Kettenrad mit fester Achse, das unterhalb des Antriebsrades angeordnet ist, dient zur Führung der Kette. Die Zahnradölpumpe sitzt in der Verlängerung der Kurbelwellenachse und wird vom vorderen Ende der Kurbelwelle durch eine Keilwelle angetrieben. Das andere Ende der Ölpumpenwelle ist noch in einem besonderen Kugellager gelagert und trägt die Keilriemenscheibe für den Antrieb des Kühlluftgebläses. Das Kurbelgehäuse ist durch die Kurbelwellenmitte horizontal geteilt. Die Kurbelwelle ist dreimal gelagert. Die Lagerdeckelschrauben sind gleichzeitig als Verbindungsschrauben der beiden Kurbelgehäusehälften ausgebildet.

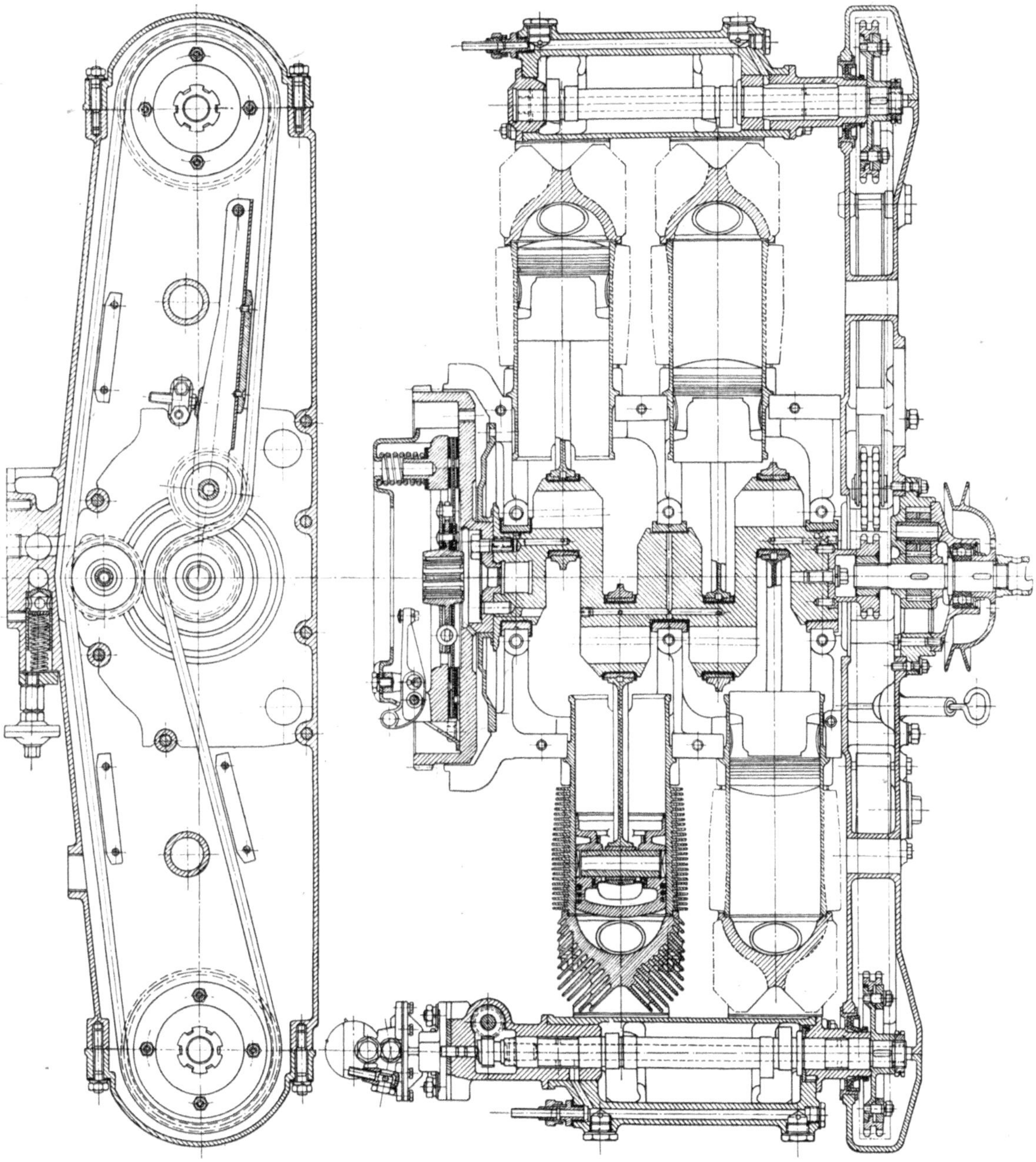

Abb. 150. Langsschnitt und Schnitt durch den Nockenwellenantrieb zum Motor Abb. 149

Das Kühlluftgebläse ist beim 4-Zylinder-Boxermotor mit einer besonderen Lagerung versehen und liegt oberhalb des Motors. Es wird von der Kurbelwelle durch Keilriemen angetrieben. Wie aus der Abb. 149 ersichtlich, wurde auf eine gute Kühlluftverteilung und Kühlluftführung Wert gelegt. Durch den Riemenantrieb des Kühlluftgebläses kann die Kühlluftgebläsedrehzahl höher gewählt werden als die Motordrehzahl, wodurch sich kleinere Abmessungen für das Gebläse ergeben. Außerdem wird eine Verlängerung der Motorbaulange durch diese Anordnung vermieden.

c) 2 l-Motor der Bayrischen Motorenwerke AG.

Der 2 l-Motor der Bayrischen Motorenwerke ist ein neuzeitlicher Sechszylindermotor mittlerer Leistung.

Zylinderzahl: 6	Leistung: 55 PS
Motorbauart: Reihe	Mittl. Nutzdruck (p_e): 6,7 kg/cm²
Bohrung: 66 mm	Motorgewicht: 135 kg
Hub: 96 mm	Leistungsgewicht: 2,46 kg/PS
Hubraum: 1,971 l	Hubraumleistung: 27,9 PS/l
Verdichtungsverhältnis: 6,3	Hubraumgewicht: 68,5 kg/l
Drehzahl: 3750 U/min	Ölinhalt: 3,5 l
Mittl. Kolbengeschwindigkeit: 12 m/sec	

Wie üblich, ist der Zylinderblock mit dem Kurbelgehäuseoberteil zu einem Gußstück zusammengefaßt. Die Teilebene zum Kurbelgehäuseunterteil liegt in Kurbelwellemitte.

Die Kurbelwelle ist viermal gelagert und trägt zur Gehäuse- und Lagerentlastung Gegengewichte, die durch Kopfschrauben befestigt werden. Die Lagerdeckel der Kurbelwellenendlager werden an Stelle gesonderter Abschlußdeckel zur Abdichtung der Wellenaustritte herangezogen. Der Anschluß des Kurbelgehäuseunterteils an den Stirnseiten erfolgt mit einer halbkreisförmigen Dichtung über diesen Lagerdeckeln.

Die Nockenwelle wird an der Lüfterseite durch eine Zweifachrollenkette angetrieben. Ein gepreßter Blechdeckel, der an die Stirnseite des Kurbelgehäuseoberteils geschraubt ist, bildet die Verschalung des Nockenwellenantriebes. Die Nockenwelle ist viermal gelagert und trägt in der Mitte das Antriebsrad für die, gegen die Zylinderachse geneigte, Antriebswelle für Zündverteiler und Ölpumpe. Ihre Lagerstellen sind an die Umlaufschmierung angeschlossen. Das Drucköl wird dem Gehäuse durch eine Bohrung im Befestigungsflansch der Ölpumpe zugeleitet. Es durchfließt ein Spaltfilter im Hauptstrom und gelangt durch die hohle Befestigungsschraube des Ölfilters in die Hauptölleitung. Von dort wird es den Lagern der Kurbelwelle und der Nockenwelle zugeführt. Durch schräge Bohrungen in den Kurbelwangen fließt das Öl von den Kurbelwellenlagern in die hohlgebohrten Kurbelzapfen.

Das Schwungrad ist mit Kopfschrauben am kräftigen Kurbelwellenflansch befestigt.

Der Motor hat hängende Ventile, die über Stößel, Stoßstangen und Kipphebel betätigt werden. Vergaser, Saugleitung und Auspuffleitung liegen mit den Zündkerzen auf der in Fahrrichtung rechten Motorseite. Nockenwelle, Ölpumpe, Zündverteiler und Ölfilter liegen auf der linken Motorseite.

Die für alle Zylinder gemeinsame Kipphebelachse ist nach je zwei Zylindern, also viermal gelagert. Das Öl wird durch sie den Kipphebellagern zugeführt. Der Kipphebelraum ist durch eine Zylinderkopfhaube abgeschlossen. Den Stoßstangenraum im Kurbelgehäuseoberteil und im Zylinderkopf verschließt ein gepreßter Deckel. Diese Ausführung ist bemerkenswert, da dadurch sowohl das Kurbelgehäuse, wie auch der Zylinderkopf gußtechnisch einfacher gestaltet und Gewichtsersparnisse erzielt werden konnten.

Die Kühlwasserpumpe ist am Zylinderkopf befestigt und in üblicher Art ausgeführt. Der Lüfter sitzt auf ihrer Welle. Lichtmaschine und Wasserpumpe werden durch einen Gummikeilriemen angetrieben.

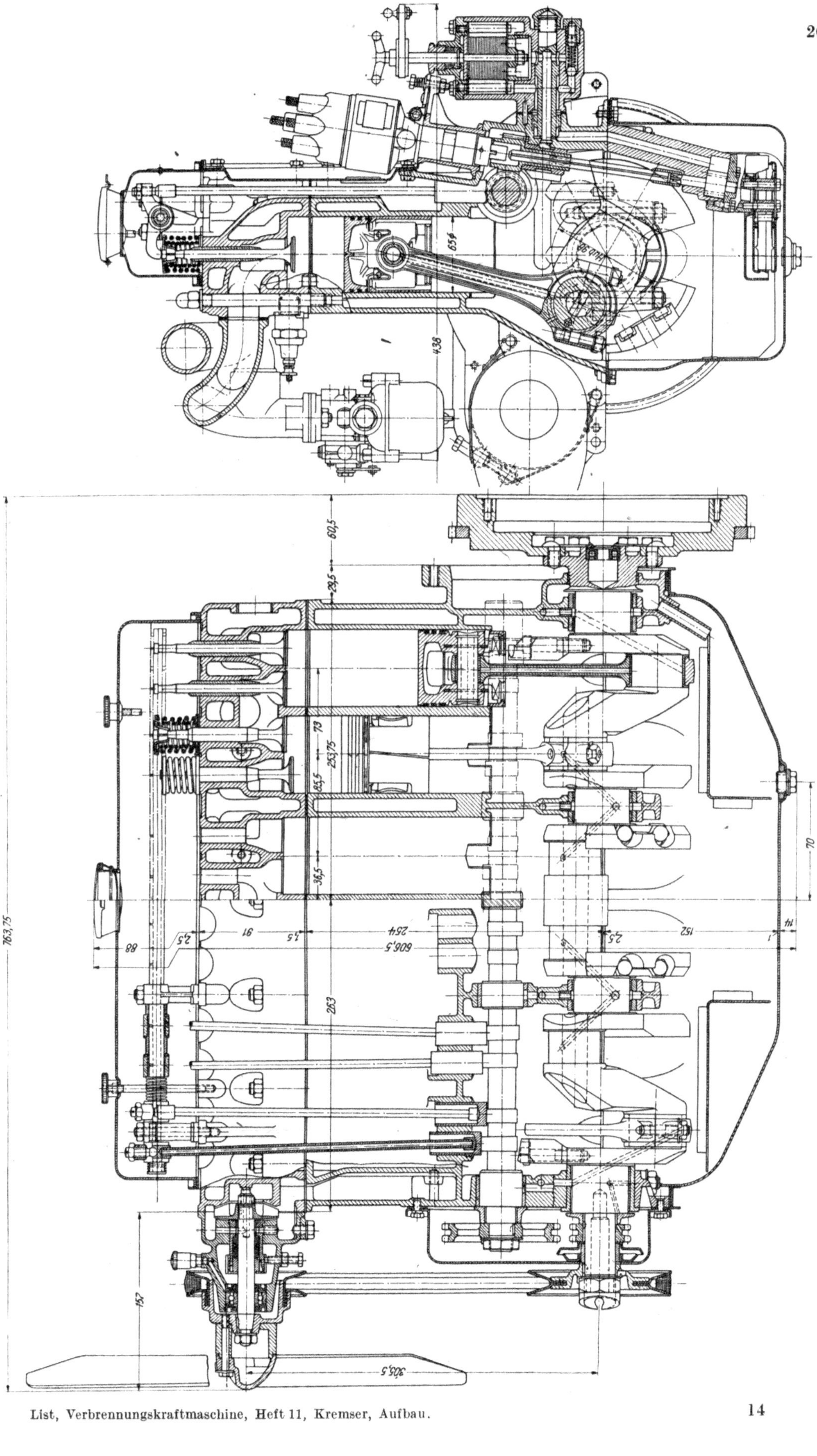

Abb. 151. 2 l-Motor der Bayrischen Motorenwerke AG.

d) Motor Steyr 630 der Steyr-Daimler-Puch AG.

Zylinderzahl: 6
Motorbauart: Reihe
Bohrung: 73 mm
Hub: 90 mm
Hubraum: 2,26 l
Verdichtungsverhaltnis: 6,5

Drehzahl: 3800 U/min
Mittl. Kolbengeschwindigkeit: 11,4 m/sec
Leistung: 55 PS
Mittlerer Nutzdruck (p_e): 5,75 kg/m²
Hubraumleistung: 24,3 PS/l

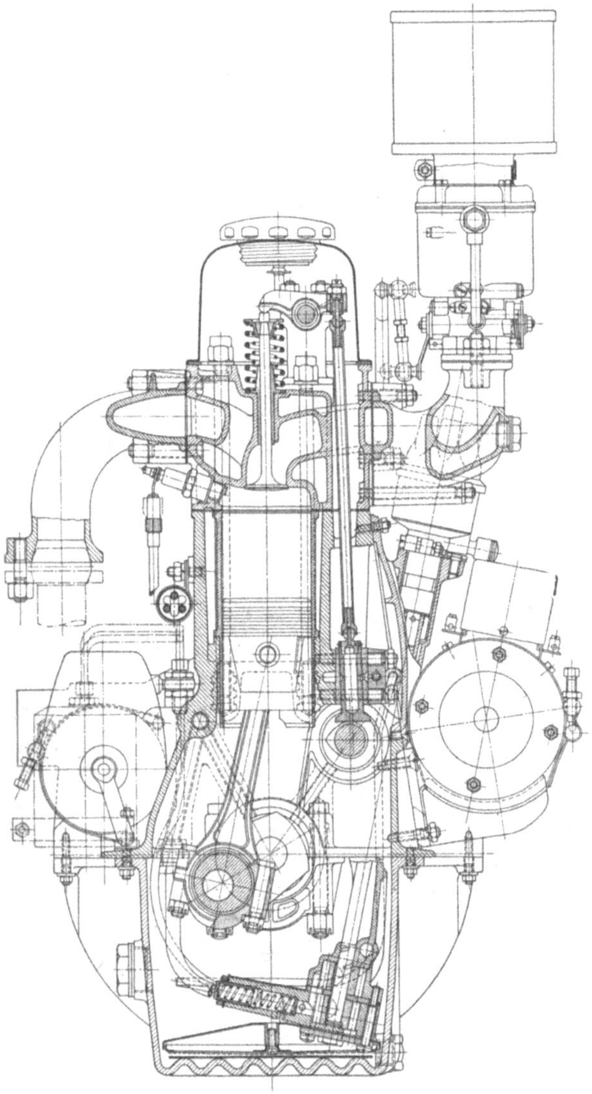

Abb. 152. Motor Steyr 630 der Steyr-Daimler-Puch AG.

Der Motor dient als Antriebsmaschine für mittlere Personenwagen. Er ist eine besonders hochwertige Konstruktion mit interessanten Einzelheiten.

Der Zylinderkopf ist für alle sechs Zylinder gemeinsam. Saug- und Auspuffleitungen liegen an verschiedenen Seiten des Motors. Der Verbrennungsraum ist scheibenförmig und liegt zur Gänze im Zylinderkopf. Die Zündkerzen sind auf der Auspuffseite angeordnet.

Das Kurbelgehäuseoberteil ist ein Leichtmetall-Kokillenguß. Die Teilebene liegt in Kurbelwellenmitte. Die nassen Zylinderlaufbuchsen aus Grauguß sind in das Kurbelgehäuse eingesetzt und dichten mit einem Bund gegen die Trennwand zwischen Kühlwasserraum und Triebwerksraum. Im Kühlwasserraum stehen die Rohre völlig frei und dichten unmittelbar gegen die Dichtfläche des Zylinderkopfes. Die Zylinderkopfschrauben reichen von der Oberkante des Zylinderkopfes durch den Kühlwasserraum bis zu der Trennwand zwischen diesem und dem Triebwerksraum. Bei ihrer Bemessung war die Herabsetzung der Dauerfestigkeit durch Korrosion zu berücksichtigen. Die Zylinderkopfschrauben sitzen nicht unmittelbar im Leichtmetall, sondern in besonders eingegossenen Büchsen

Durch die Ausführung der Zylinderlaufbuchsen wird das Kurbelgehäuseoberteil sehr einfach. Es war deshalb auch möglich, für dieses Gehäuse eine Kokille anzufertigen. Die Kurbelwelle ist nach jeder Kröpfung gelagert. Das Kurbelgehäuseunterteil aus Leichtmetall ist an der unteren Seite wellenförmig verrippt, um eine Vergrößerung der wärmeabführenden Oberfläche und erhöhte Festigkeit z. B. gegen Steinschlag zu erreichen.

In üblicher Weise ist die Antriebswelle der Schmierölpumpe nach oben zum Antrieb des Zündverteilers verlängert. Von der Schmierölpumpe wird das Öl durch im Kurbelgehäuseoberteil eingegossene Rohrleitungen der Hauptölleitung zugeführt.

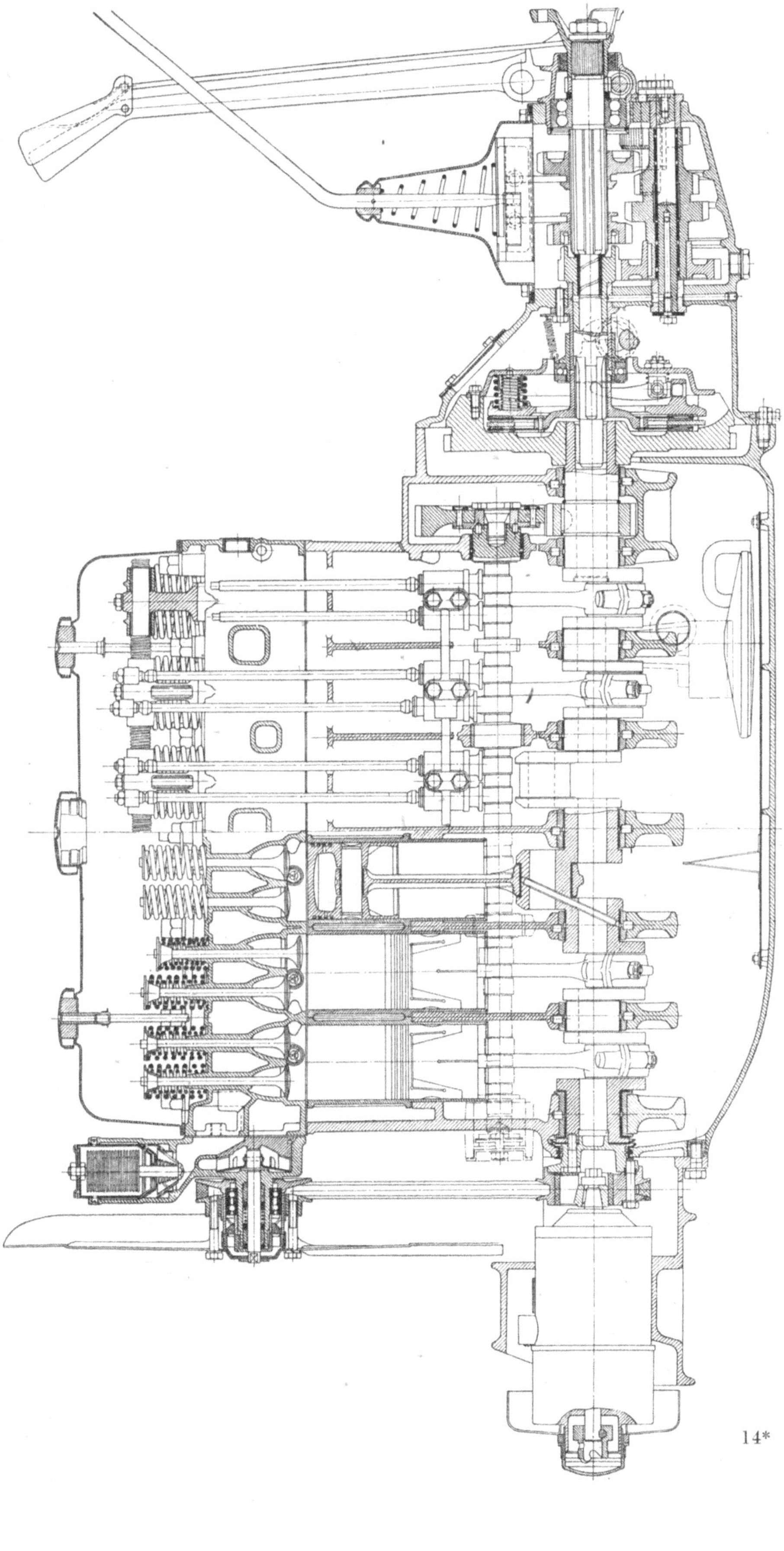

Abb. 153. Längsschnitt zum Motor Abb. 152.

e) Motor 87 der Ringhoffer Tatra-Werke AG.

Zylinderzahl: 8
Motorbauart: V
Gabelwinkel: 90°
Bohrung: 75 mm
Hub: 84 mm
Hubraum: 2,97 l
Verdichtungsverhältnis: 5,6 1
Drehzahl: 3600 U/min

Mittl. Kolbengeschwindigkeit: 10 m/sec
Leistung: 75 PS
Nutzdruck (p_e): 6,3 kg/cm²
Motorgewicht: 188 kg
Leistungsgewicht: 2,7 kg/PS
Hubraumleistung: 23,6 PS/l
Hubraumgewicht: 63,2 kg/l
Ölinhalt: 8 l

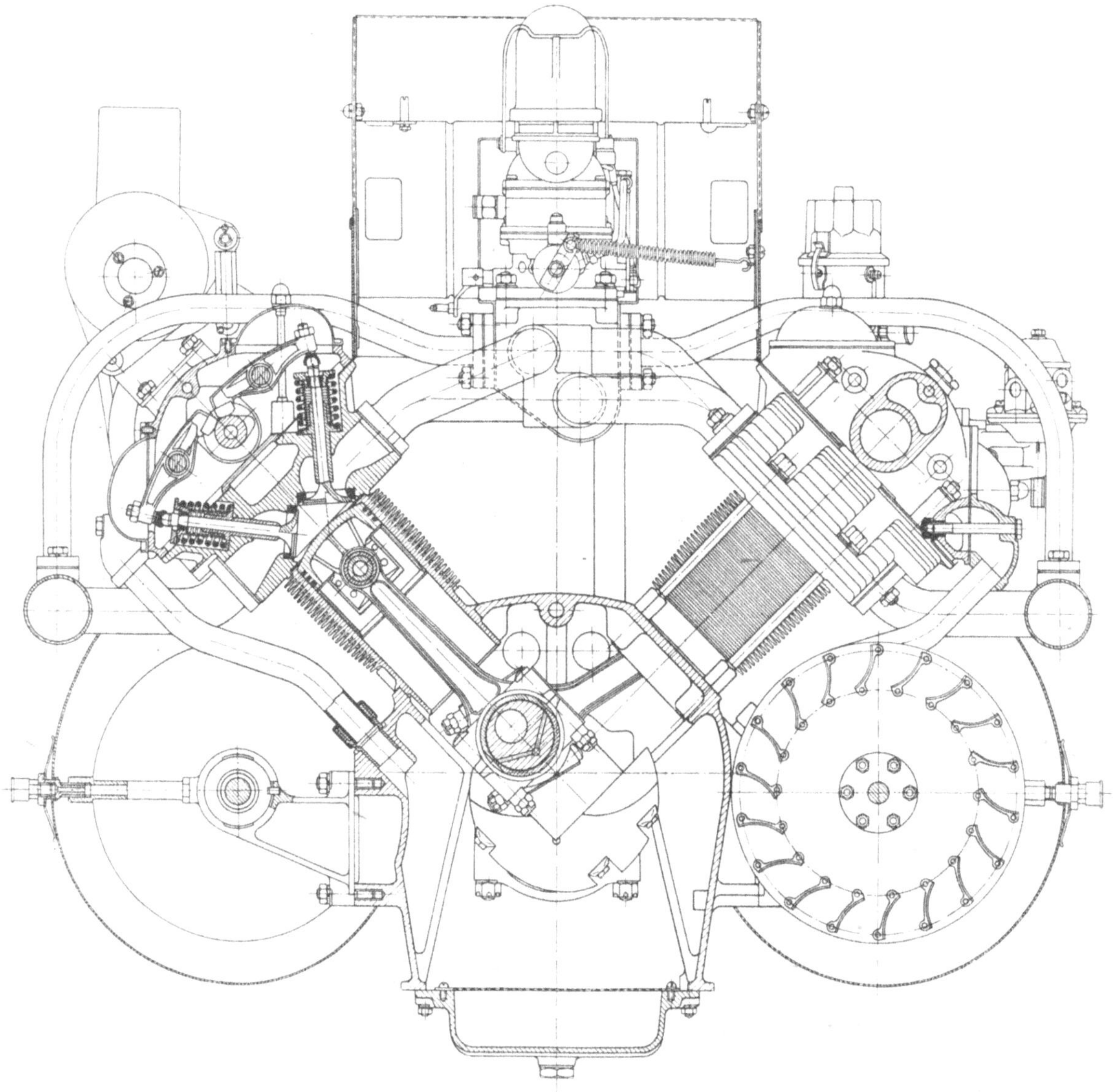

Abb. 154. Motor 87 der Ringhoffer-Tatra-Werke AG.

Der Motor ist ein luftgekühlter Achtzylindermotor in V-Form mit 90° Gabelwinkel und wird als Heckmotor in den bekannten, stromlinienförmigen Personenwagen der Ringhoffer Tatra-Werke eingebaut.

Der Aufbau des Motors und die Anordnung der Hilfsmaschinen sind außerordentlich klar und zweckmäßig.

Die Einzelzylinderköpfe sind durch je vier Zuganker mit dem Kurbelgehäuseoberteil verbunden. Die verrippten Zylinder aus hochwertigem Grauguß werden daher durch die Befestigungsschrauben auf Druck beansprucht. Die Zylinderköpfe sind aus Leichtmetall, in Sandform gegossen und gußtechnisch einfach gestaltet. Die Ventilsitzringe aus Bronze sind in den Zylinderkopf eingepreßt. Die Bauart des Zylinderkopfes ist wesentlich durch die oben liegende Nockenwelle bestimmt. Die Ventile sind, dem halbkugelförmigen Verbrennungsraum entsprechend, zur Zylinderachse geneigt. Sie haben lange Ventilführungen und je zwei Ventilfedern. Die Einlaßkanäle sind nach der Innenseite des V gerichtet. Die Aus-

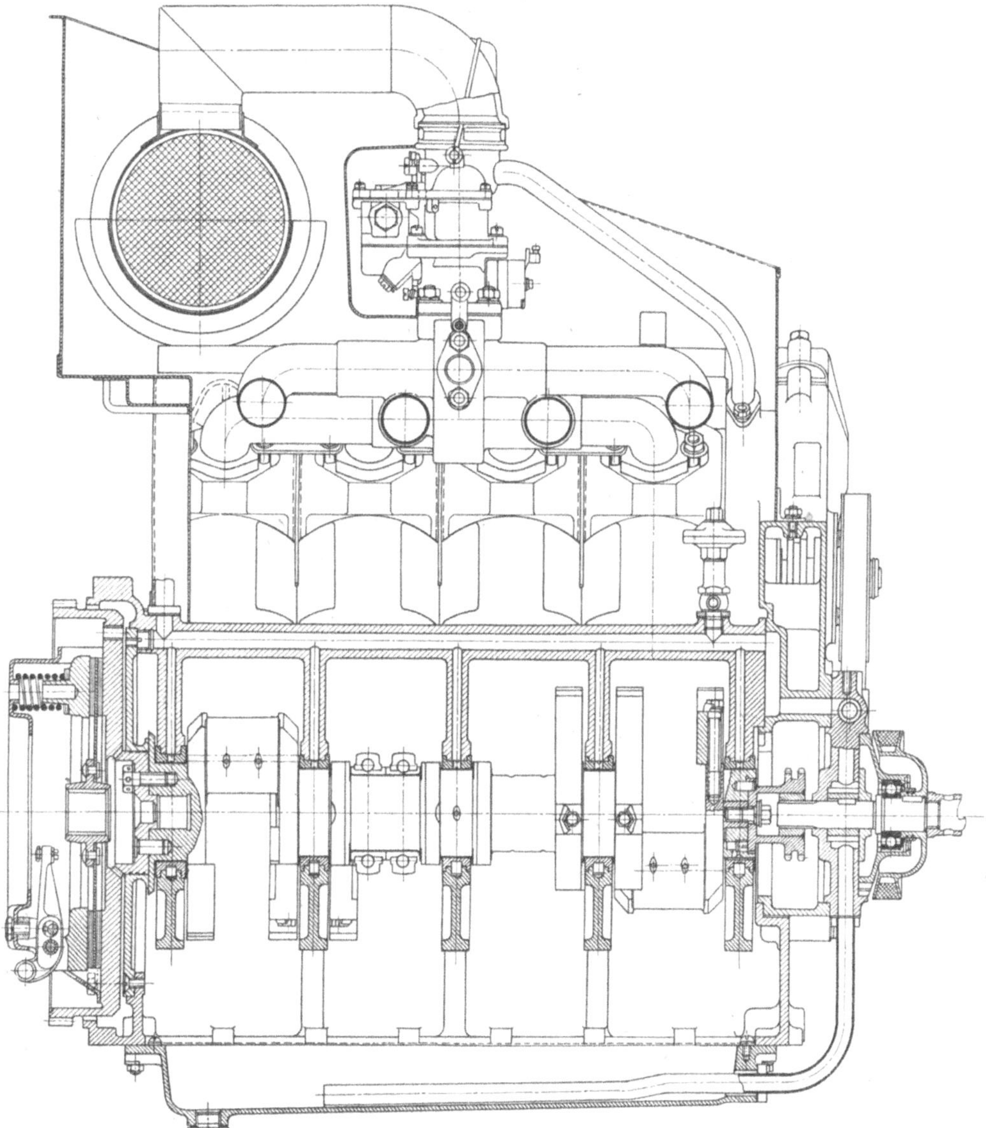

Abb. 155. Längsschnitt zum Motor Abb. 154.

laßkanale münden gegenüber, die Auspuffrohre schließen daher an den äußeren Seiten der Zylinderreihen an. Die Nockenwelle ist in einem, für die vier Zylinder einer Reihe gemeinsamen, Gehäuse gelagert, das gegen die Oberseite der einzelnen Zylinderköpfe abdichtet.

Die Ventile werden von den Nocken durch Kipphebel betätigt. Diese drücken mit einer kugeligen Einstellschraube auf die Ventile. Die Einstellschrauben sind durch Öffnungen im Nockenwellengehäuse zugänglich; diese sind durch leicht abnehmbare Blechdeckel verschlossen. Zwischen Zylinderkopf und Zylinder liegt eine Ringdichtung.

Der Solex-Doppelfallstromvergaser liegt in der Mitte zwischen beiden Zylinderreihen. Damit ergibt sich eine besonders günstige und übersichtliche Führung der Saugleitungen, die durch je eine, von beiden Auspuffrohren ausgehende, Steigleitung beheizt werden.

Das Kurbelgehäuseoberteil besteht aus Leichtmetall. Die Teilebene zum Kurbelgehäuseunterteil liegt weit unter der Kurbelwellenmitte. Die beiden Stirnwände des Kurbelgehäuseoberteils sind nach unten durchgezogen. An der Schwungradseite wird das Kurbelgehäuse durch einen großen runden Deckel dicht abgeschlossen. Am vorderen Ende des Kurbelgehäuseoberteils schließt der Kasten für den Nockenwellenantrieb an. Die Hauptölleitung ist zwischen den Zylinderreihen in das Kurbelgehäuseoberteil gebohrt. Von ihr führen Bohrungen zu den Kurbelwellenlagern.

Das Kurbelgehäuseunterteil besteht aus Leichtmetall. Ein großes Sieb trennt den Ölraum im Kurbelgehäuseunterteil vom Triebwerksraum.

Die beiden über den Zylinderreihen liegenden Nockenwellen werden vom vorderen Ende der Kurbelwelle mittels einer Zweifachrollenkette angetrieben. Die Kette wird durch ein Spannrad nachgespannt, das auf einem von außen nachstellbaren Hebel gelagert ist. Von einem zweiten fest eingespannten Kettenrad wird das eine Kühlluftgebläse, von der Kurbelwelle das zweite Kühlluftgebläse durch kurze Gummikeilriemen angetrieben.

Die Kolben der Nelson-Bauart tragen zwei Dichtungsringe und einen Ölabstreifring. Je zwei im V liegende Zylinder arbeiten mit nebeneinanderliegenden Pleuelstangen auf einen Kurbelzapfen.

Die Kurbelwelle ist fünfmal gelagert. Durch Gegengewichte an jeder Kröpfung wird vollständiger Massenausgleich des Triebwerkes erreicht.

Die am vorderen Kurbelwellenende angeordnete Zahnradpumpe saugt das Öl durch eine Leitung aus dem Kurbelgehäuseunterteil und drückt es über ein Filter durch den Ölkühler in die Hauptolleitung. Die Nockenwellen und Kipphebel werden von dieser aus geschmiert.

Mit Rücksicht auf den Einbau des Motors in das Fahrzeug wird der Kühlluftstrom von den Motoraußenseiten nach innen geführt. Die beiden Kühlluftgebläse liegen daher an den äußeren Motorseiten; sie haben doppelseitigen Lufteintritt. Die Luft wird durch eine Leitvorrichtung aus Blech zu den Zylindern und Zylinderköpfen geleitet und innerhalb des V nach oben abgeführt.

3. Motoren für große Personenwagen und Nutzfahrzeuge.

a) Motor Ford V 8 der Ford-Werke AG., Köln.

Das Streben nach Vergrößerung des Nutzraumes bei gleichzeitiger Erhöhung der Motorleistung, sowie die Forderung nach weiterer Gewichtsverminderung der Motoren führte zur V-Bauart von Otto-Motoren größerer Leistung. Ford Köln baut zwei Größen von Achtzylinder-Motoren in V-Form.

1. V 8—60
Zylinderzahl: 8
Motorbauart: V
Gabelwinkel: 90°
Bohrung: 66 mm (2,6″)
Hub: 81,5 mm (3,2″)
Hubraum: 2,23 l
Verdichtungsverhältnis: 6,6
Drehzahl: 3500 U/min
Mittl. Kolbengeschwindigkeit 9,55 m/sec
Leistung: 60 PS
Nutzdruck (p_e): 6,83 kg/cm²
Motorgewicht: 124 kg
Leistungsgewicht: 2,06 kg/PS
Hubraumleistung: 26,8 PS/l
Hubraumgewicht: 55,5 kg/l
Ölinhalt: 3,8 l

2. V 8—85
Zylinderzahl: 8
Motorbauart: V
Gabelwinkel: 90°
Bohrung: 77,5 mm (3,062″)
Hub: 95,5 mm (3,75″)
Hubraum: 3,6 l
Verdichtungsverhältnis: 6,15
Drehzahl: 3800 U/min
Mittl. Kolbengeschwindigkeit 12,05 m/sec
Leistung: 85 PS
Hochstleistung: 90 PS
Nutzdruck (p_e): 5,9 kg/cm² bei 90 PS
Motorgewicht: 195 kg
Leistungsgewicht: 2,16 kg/PS
Hubraumleistung: 25 PS/l bei 90 PS
Hubraumgewicht: 54,2 kg/l
Ölinhalt: 4 l

Der Motor hat seitlich angeordnete stehende Ventile. Der V-Winkel von 90° ergibt gleichmäßigen Zündabstand.

Die aus Chrom-Silizium-Halbstahl gegossene Kurbelwelle hat angegossene Gegengewichte und eine für den Massenausgleich günstige Anordnung der Kurbelversetzung (s. Heft 10, Abb. 119). Die Kurbelwelle läuft in drei kräftigen Wellenlagern aus Kadmium-Silberlegierung. Die Pleuelstangen von je zwei im V liegenden Zylindern greifen auf einen gemeinsamen Kurbelzapfen an. Sie liegen nebeneinander, haben jedoch eine gemeinsame Lagerschale, die innen und außen mit Gleitflächen aus Lagermetall versehen ist, da sie sich sowohl um den Kurbelzapfen, als auch in den beiden Pleuelstangen drehen soll.

Das Schwungrad ist an der Kurbelwelle angeflanscht. Am vorderen Kurbelwellenende sitzt das Stirnrad für den Nockenwellenantrieb. Das Nockenwellenrad ist aus Kunststoff hergestellt. Die Nockenwelle ist über der Kurbelwelle in drei kräftigen Buchsen gelagert. Von dem vorderen Ende der Nockenwelle wird der, mit einem Fliehkraftregler für die automatische Zündpunktverstellung ausgestattete, Zündverteiler angetrieben. Der Nockenwellenantrieb wird durch einen einfachen Gußdeckel abgeschlossen, auf dem der Zündverteiler angebracht ist. In der Mitte des schwungradseitigen Lagers der Nockenwelle sitzt ein Exzenter für den Antrieb der Brennstofförderpumpe.

Ein Stahlrohr, das knapp über der Steuerwelle liegt, bildet die Hauptölleitung. Von dieser werden über die Lagerstellen der Nockenwelle, in denen zur Ölumführung Ringnuten vorgesehen sind, die Kurbelwellenlager mit Öl versorgt. Das abgeschleuderte Öl spritzt auf die Antriebszahnräder. Über den lüfterseitigen Lagern der Nockenwelle sitzt das Ölregelventil.

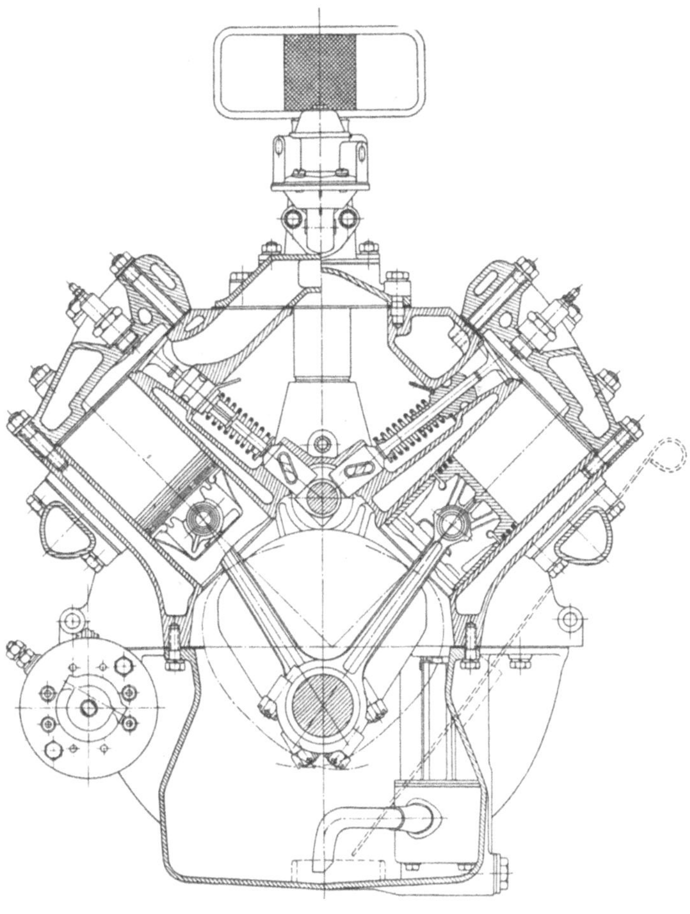
Abb. 156. Motor Ford V 8 der Ford Werke AG.-Köln

Das Kurbelgehäuseoberteil hat eine Wandstärke von 4—5 mm und reicht bis zur Kurbelwellenmitte. Die Zylinder sind eingegossen. Auffallend ist der weit heruntergezogene Kühlwassermantel. Die Kolben sind dadurch auch noch im untersten Totpunkt vollständig im Bereich gekühlter Wände. Nach Ansicht amerikanischer Motorenbauer soll dadurch gegenüber der in Europa üblichen Ausführung die Kolbenkühlung verbessert werden.

Das Kurbelgehäuseunterteil aus Leichtmetall ist ein verhältnismäßig teures Gußstück.

Die Ventile werden durch hohle Gußstößel mit in der Kokille gehärteter Lauffläche angetrieben. Zur Entfernung des Kernes im gegossenen Stößel sind drei Schrägfenster vorgesehen. Ford verzichtet auf jede Nachstellung der Ventile. Die Ventilführungen sind geteilt und werden mit einem Klemmbügel gesichert. Dagegen bildet der Konus für die Befestigung der Federteller ein Stück mit dem Ventilschaft. Die Federteller sind geschlitzt und können von der Seite eingeschoben werden.

Ein Leichtmetallgußstück, in dem sich die Einlaßkanäle fortsetzen, schließt das Kurbelgehäuseoberteil nach oben ab. Es trägt in der Mitte des Motors den Doppel-Fallstromvergaser und dient als Auflager für Lichtmaschine und Brennstofförderpumpe.

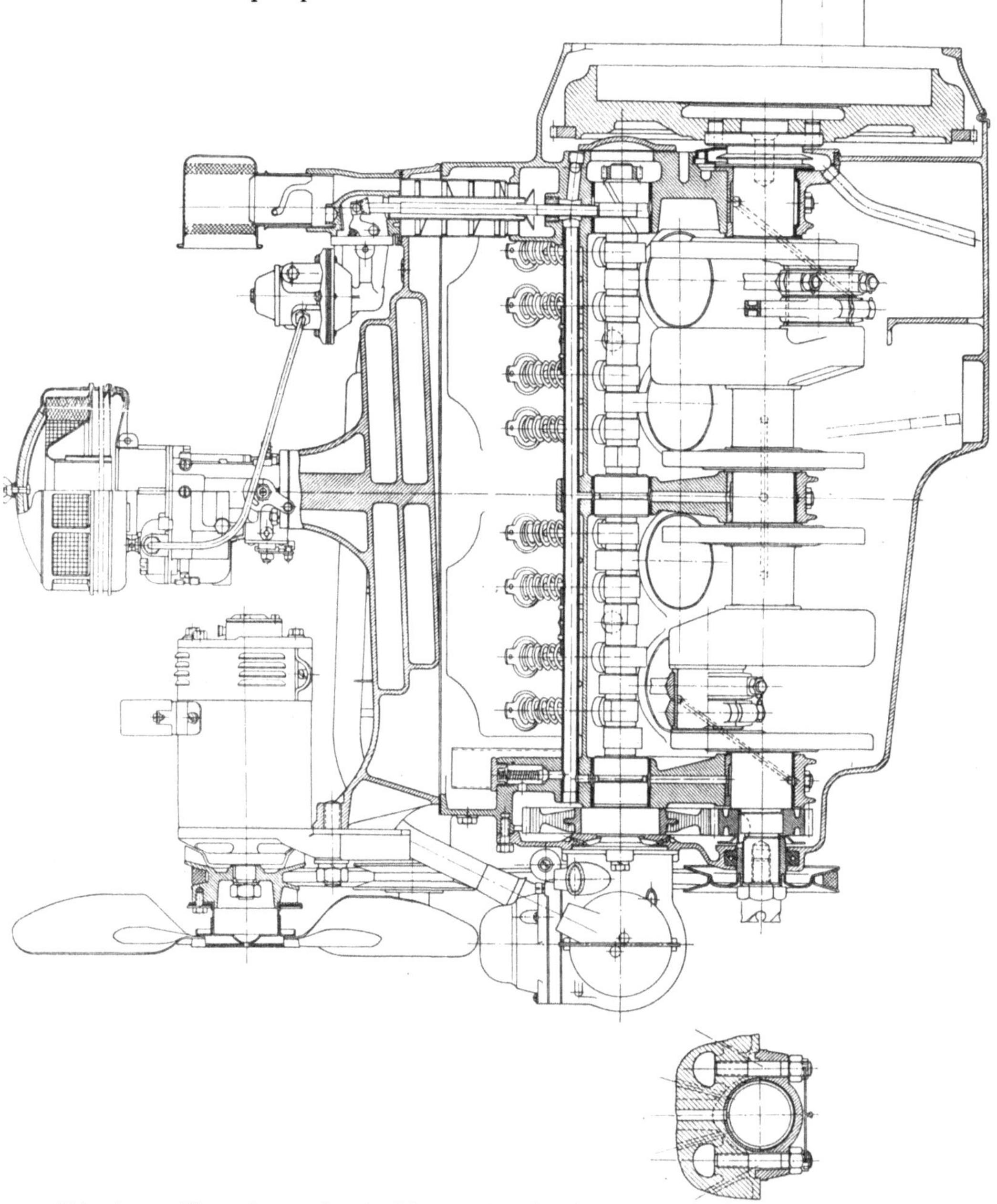

Abb. 157. Längsschnitt zum Motor Abb. 156.

Die Auspuffkanale werden in Motormitte für je zwei Zylinder einer Reihe und an den Motorenden für je einen Zylinder einer Reihe durch das Kühlwasser zu den Außenseiten des Motors geführt.

Die beiden Kühlwasserpumpen sind ziemlich tief am Kurbelgehauseoberteil angeordnet. Die Wasserpumpen und die Lichtmaschine, die auch den Lüfter trägt, werden durch einen Gummikeilriemen angetrieben. Zur Nachspannung desselben wird die Lichtmaschine gehoben.

b) Nutzkraftwagen-Motor M 159 der Daimler-Benz AG.

Zylinderzahl: 6
Motorbauart: Reihe
Bohrung: 80 mm
Hub: 86 mm
Gesamthubraum: 2594 cm³
Verdichtungsverhaltnis: 6,3
Drehzahl: 3000 U/min

Leistung: 60 PS
Nutzdruck (p_e): 6,95 kg/cm² $p_{max} = 8{,}25$ kg/cm²
Motorgewicht: 225 kg
Leistungsgewicht: 3,75 kg/PS $b_{min} = 246$ g/PSe h
Hubraumleistung: 23 PS/l
Hubraumgewicht: 86,5 kg/l
Ölinhalt: 6,5 l

Der Motor dient als Antriebsmotor für 1½ t-Nutzkraftwagen.

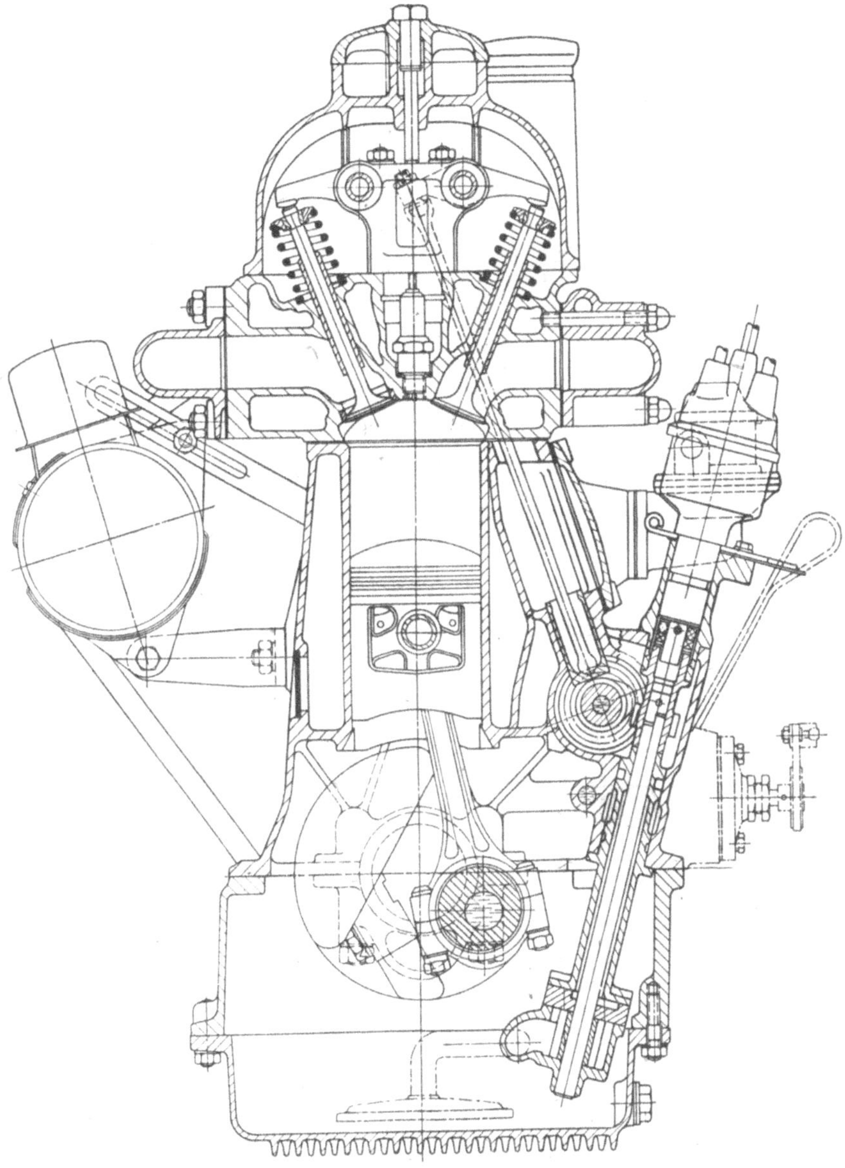

Abb. 158. Nutzkraftwagenmotor M 159 der Daimler-Benz AG.

α) Zylinderkopf.

Der Motor hat hängende Ventile und halbkugelförmigen Brennraum. Die Zündkerze sitzt in der Verlängerung der Zylinderachse. Die beiden Ventile sind zur Zylinderachse geneigt angeordnet; dadurch werden große Ventilquerschnitte untergebracht. Die Ventile haben lange gußeiserne Führungen. Das Auslaßventil hat einen eingepreßten Sitz.

Jedes Ventil hat nur eine Feder, deren Befestigung den Kraftfahrnormen entspricht. Der Zylinderkopf ist für alle 6 Zylinder gemeinsam.

Das Ansaugrohr ist mit den Vergasern rechts in der Fahrtrichtung angeordnet, das Auspuffrohr liegt auf der anderen Motorseite. Die Kipphebel sind auf der, über den ganzen

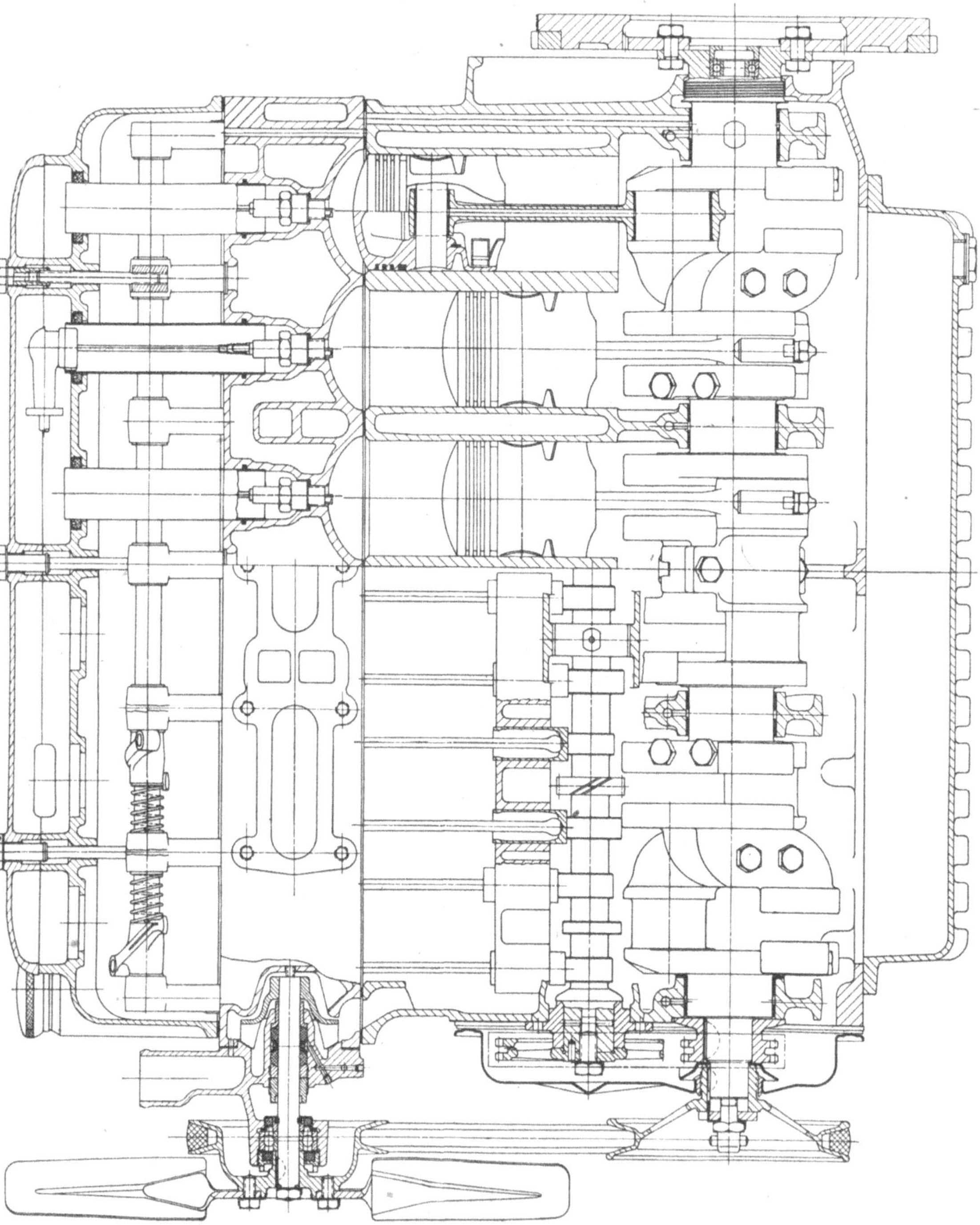

Abb. 159. Längsschnitt zum Motor Abb. 158.

Zylinderkopf reichenden, Kipphebelachse gelagert. Diese ist zwischen je 2 Zylindern in Böcken befestigt. Die Kipphebel und Ventile werden durch Umlauföl geschmiert. Der Zylinderkopf ist an seiner oberen Seite tassenförmig ausgebildet, so daß das abfließende Öl aufgefangen und in den Triebwerksraum zurückgeleitet werden kann.

Eine gegossene Zylinderkopfhaube aus Aluminium umschließt die Ventilsteuerung. Die Zündkerzen werden gegen den Raum über den Ventilen durch eingesetzte Blechrohre abgedichtet. Die Zylinderkopfhaube ist an der oberen Seite als Kanal für die Zündkabel ausgebildet. Dieser wird durch einen angeschraubten Deckel verschlossen. Der Zylinderkopf hat reichlich bemessene Kühlwasserräume. Zur Beheizung des Ansaugrohres sind an 2 Stellen von der Auspuffseite her Kanäle quer durch den Zylinderkopf geführt.

β) Zylinder-Kurbelgehäuseoberteil.

Die Zylinder sind in das Kurbelgehäuseoberteil eingegossen. Dieses reicht bis Mitte Kurbelwelle und besteht aus dünnwandigem Grauguß. Der Kühlmantel um die Zylinder ist außergewöhnlich tief heruntergezogen.

Die Kurbelwelle ist viermal gelagert. Die Lagerdeckel sind mit je 2 Stiftschrauben am Kurbelgehäuseoberteil befestigt. Die Querwande des Gehäuses, die die Lager aufnehmen, sind durch Rippen für die Weiterleitung der Verbrennungskräfte verstärkt.

An der Vorderseite des Kurbelgehäuseoberteils ist der Räderkastendeckel für den Nockenwellenantrieb angeschraubt. Die Nockenwelle liegt im unteren Drittel des Kurbelgehäuseoberteils. Der Raum für den Stoßstangenantrieb ist durch einen über die ganze Länge der Maschine reichenden Deckel abgeschlossen.

Die Hauptölleitung ist in das Gehäuse gebohrt. Von ihr führen Bohrungen zu den Kurbel- und Nockenwellenlagern.

γ) Kurbelgehäuseunterteil.

Zur besseren Zugänglichkeit des Triebwerkes und der leichteren Abdichtung der Kurbelwelle besteht das Kurbelgehäuseunterteil aus zwei Teilen. Der an das Kurbelgehäuseoberteil anschließende Teil ist rahmenförmig ausgebildet. In ihm und in dem Kurbelgehäuseoberteil sitzt die schwungradseitige Abdichtung der Kurbelwelle. An diesen rahmenförmigen Teil schließt die Ölwanne aus Leichtmetall an. Sie ist am Boden zum Zwecke der Ölkühlung verrippt.

δ) Motorsteuerung.

Der Nockenwellenantrieb liegt, wie bei Ottomotoren üblich, am vorderen Motorenende und erfolgt durch eine zweifache Rollenkette. Das Kettenrad auf der Kurbelwelle hat zylindrischen Sitz und ist mit einem Scheibenkeil befestigt. Das Nockenwellenrad wird durch eine zentrale Schraube gegen die Stirnfläche der Nockenwelle gedrückt und durch 2 zylindrische Paßstifte mitgenommen. Die Kipphebel der Ventile werden von der untenliegenden Nockenwelle durch Gleitstößel und schräge Stoßstangen betätigt. Durch diese gut durchdachte Konstruktion wurde eine oberhalb des Zylinderkopfes angeordnete Nockenwelle zum Antrieb der schräg liegenden Ventile vermieden.

ε) Triebwerk.

Die Verwendung von Mahle-Autothermik-Kolben aus Leichtmetall ermöglicht ein kleines Kolbenlaufspiel. Die Kolben tragen drei Dichtungsringe und einen oberhalb des Kolbenbolzens liegenden Ölabstreifring. An jeder Kröpfung der Kurbelwelle sind Gegengewichte mit Kopfschrauben befestigt. Die Pleuellager bestehen aus Stahlschalen mit Bleibronzeausguß. Die Kurbelwellenlager sind ebenfalls Stahlschalen, jedoch mit Weißmetallausguß. Das vorderste Wellenlager (neben dem Steuerungsantrieb) ist als Paßlager ausgebildet. Ein Schwingungsdampfer ist nicht vorgesehen.

ζ) Vergaser und Kraftstoffpumpe.

Der Motor hat einen Solex-Doppel-Fallstromvergaser Typ 32 JFF. Das Saugrohr ist mit einer leistungsabhängigen Gemischvorwärmung ausgestattet. Die Kraftstoffförderpumpe ist eine Membranpumpe und wird von der Nockenwelle durch einen Exzenter über einen Hebel angetrieben.

η) Schmierung.

Die Zahnradpumpe wird durch ein auf die Nockenwelle aufgeschnittenes Schraubenrad angetrieben und liegt unmittelbar über dem Ölsumpf. Der Zündverteiler sitzt am oberen Ende der geneigten Antriebswelle für die Ölpumpe. Die Pumpe fördert durch den Hohlraum zwischen ihrer Antriebswelle und dem diese umschließenden Gehäuse in das Spaltfilter. Von dort gelangt das Öl in die Hauptölleitung. Den Kipphebeln wird das Öl durch Bohrungen im Kurbelgehäuseoberteil und im Zylinderkopf zugeleitet.

ϑ) Lüfter und Wasserpumpe.

Die Wasserpumpe ist am vorderen Ende des Zylinderkopfes angeflanscht, ihre Welle trägt auch den Lüfter. Die Wasserpumpe und die auf der linken Motorseite gelagerte Lichtmaschine werden durch einen kräftigen Gummikeilriemen im Dreieck angetrieben. Die Nachstellung dieses Gummikeilriemens erfolgt durch Ausschwenken der Lichtmaschine.

c) 12-Zylindermotor DSO 8 der Maybach Motorenbau G. m. b. H.

Zylinderzahl: 12	Leistung: 150 PS bei 2300 U/min
Motorbauart: V	Hochstleistung: 200 PS bei 3200 U/min
Gabelwinkel: 60°	Nutzdruck (p_e): 7,6 kg/cm²
Bohrung: 92 mm	Motorgewicht: 510 kg
Hub: 100 mm	Leistungsgewicht: 2,55 kg/PS
Hubraum: 7,973 l	Hubraumleistung: 25 PS/l
Verdichtungsverhältnis: 6,3	Hubraumgewicht: 64 kg/l
Höchstdrehzahl: 3200 U/min	Ölinhalt: 12 l
Mittl. Kolbengeschwindigkeit: 10 m/sec	

Der Motor wird für schwere Personenwagen und Omnibusse verwendet. Seine niedrige Kolbengeschwindigkeit bei Höchstdrehzahl ermöglicht hohe Dauerbeanspruchung. Das niedrige Leistungsgewicht wird durch weitgehende Verwendung von Leichtmetall erreicht.

Das Kurbelgehäuseoberteil ist mit den Zylinderblöcken zu einem Gußstück vereinigt und besteht aus Leichtmetall. Seine Gestaltung ist wesentlich durch die Anordnung der in der Mitte zwischen beiden Zylinderreihen liegenden Nockenwelle bestimmt. In das Kurbelgehäuseoberteil sind die 12 Zylinderlaufbuchsen aus Grauguß (Schleuderguß) trocken eingesetzt. Durch diese Ausführung wird das Kurbelgehäuseoberteil sehr steif. Die Verbrennungskräfte jedes Zylinders werden durch vier Stiftschrauben in das Kurbelgehäuseoberteil und in die Querwände eingeleitet, welche die Wellenlager aufnehmen. Diese langen Stiftschrauben zur Befestigung des für je sechs Zylinder gemeinsamen Zylinderkopfes sind unter der Trennwand zwischen Kühlwasser- und Triebwerksraum in das Kurbelgehäuse eingeschraubt. Die Teilebene zwischen Kurbelgehäuseoberteil und Unterteil geht durch die Kurbelwellenmitte. Der Aufbau des Kurbelgehäuseoberteils ist weiters dadurch bestimmt, daß je zwei auf einem Kurbelzapfen gemeinsam angreifende Pleuelstangen, nebeneinander liegen. Es müssen deshalb nach Abb. 161 die Querwande zur Aufnahme der Wellenlager gegenüber den Zylindermitten der rechten und linken Zylinderreihe um den Betrag versetzt werden, der sich durch die Verwendung nebeneinander liegender Pleuelstangen ergibt. Die Kurbelwelle ist nach jeder Kröpfung gelagert. Das mittlere Lager und die beiden Endlager sind breiter als die übrigen Lager. Die Nockenwelle wird auf der Schwungradseite angetrieben. Dort ist die Kurbelwelle zu beiden Seiten des Kurbelwellenrades gelagert. Der Räderkasten wird durch das Kurbelgehäuseoberteil gebildet. Die Lagerdeckel für die Wellenlager sind aus Leichtmetall und werden mit Stiftschrauben am Kurbelgehäuseoberteil befestigt.

Das Kurbelgehäuseunterteil besteht aus Leichtmetall. Schwungradseitig wird die Paßfläche des Kurbelgehäuseoberteils für die Kupplungsglocke am Kurbelgehauseunterteil fortgesetzt. Das Kurbelgehäuseunterteil nimmt den Ölvorrat auf. Die Ölpumpe ist durch einen Verschlußdeckel zugänglich.

Die Zylinderköpfe mit hängenden Ventilen sind für die sechs Zylinder einer Reihe zusammengegossen. Jeder Zylinder hat ein Saug- und ein Auspuffventil. Um genügende Ventilquerschnitte unterzubringen, sind in der eingesetzten trockenen Laufbuchse Ventiltaschen ausgenommen. Wegen der Lage der Nockenwelle zwischen beiden Zylinderreihen werden die Krümmer für den Aus- und Einlaß nach den Außenseiten des Motors geführt. Die Stoßstangen werden durch den Zylinderkopf geführt. Die Kipphebel werden durch die hohl gebohrte Kipphebelachse geschmiert. Diese ist zwischen je zwei

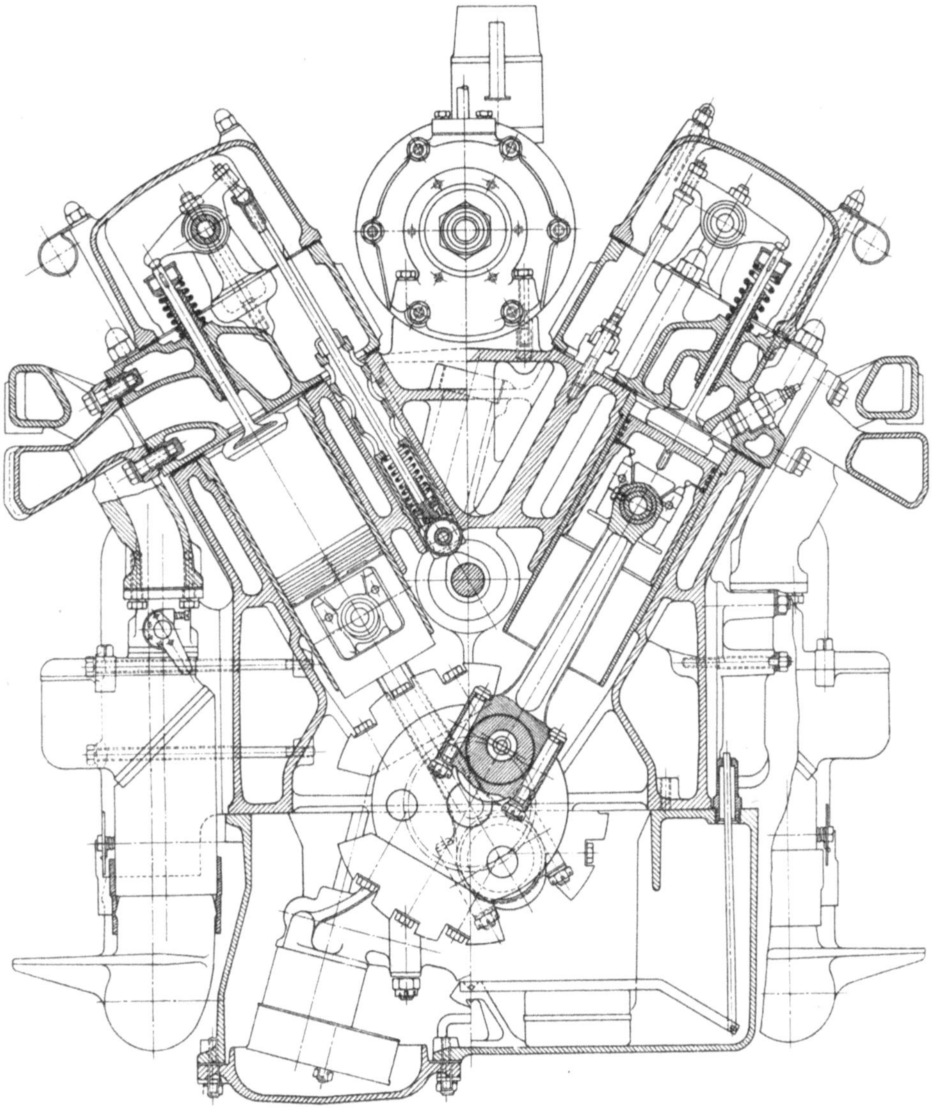

Abb. 160. 12-Zylindermotor DSO 8 der Maybach Motorenbau G. m. b. H.

Zylindern in einem Bock gelagert. Das vom Ventilantrieb abfließende Öl wird durch Bohrungen im Kurbelgehäuseoberteil zum Triebwerksraum zurückgeführt.

Der Ventilantrieb ist durch eine Zylinderkopfhaube aus Leichtmetall nach außen abgeschlossen. Die Zündkerzen liegen leicht zugänglich an den Außenseiten der Zylinderreihen.

Die Kurbelwelle aus hochwertigem Vergütungsstahl hat gehärtete Lagerstellen, an jeder Kröpfung zwei Gegengewichte und läuft in acht Weißmetallagern. Das Öl wird den Pleuellagern von den Wellenlagern durch die hohl gebohrten Wellen- und Pleuelzapfen

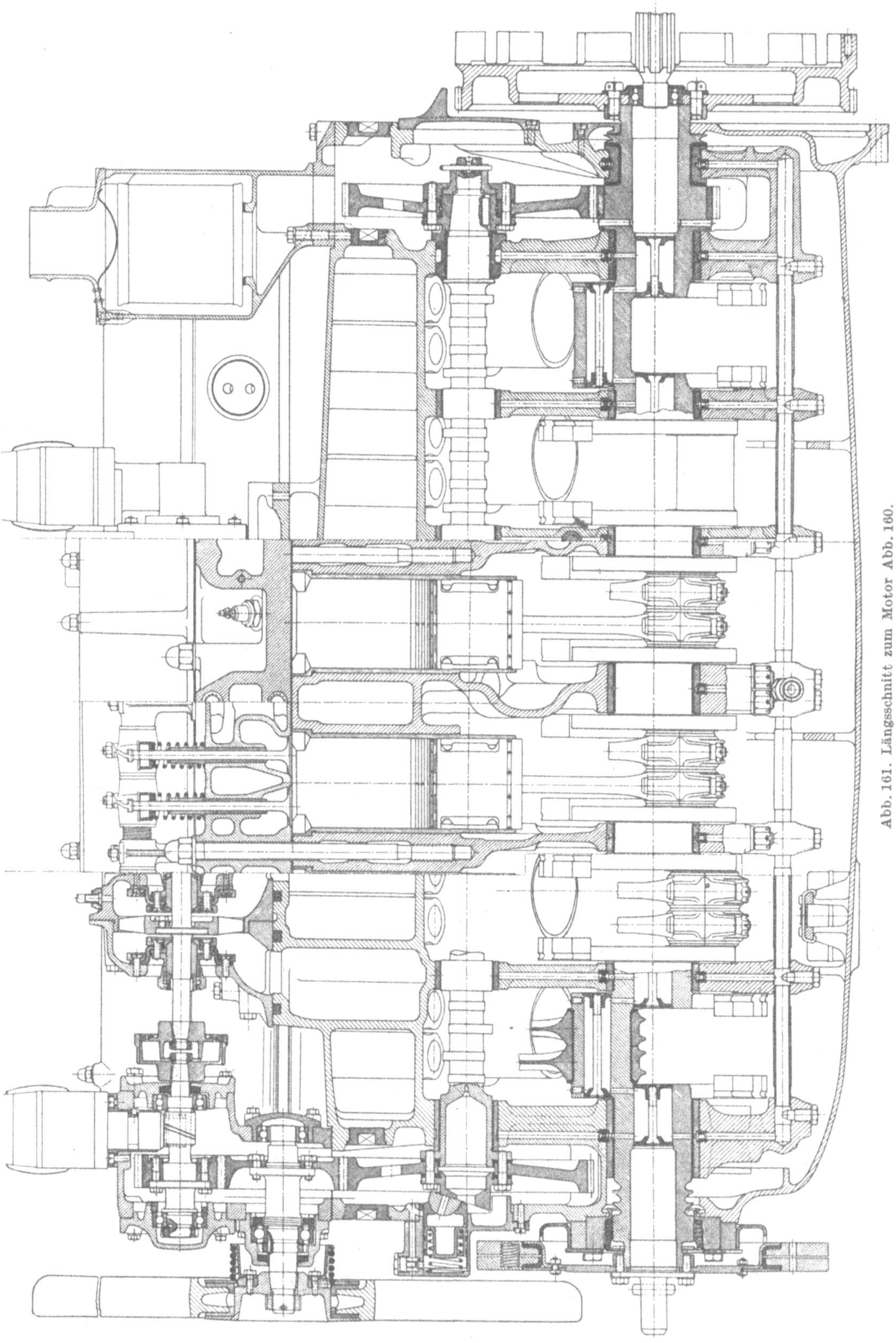

Abb. 161. Längsschnitt zum Motor Abb. 160.

zugeführt. Am vorderen Ende der Kurbelwelle ist ein reichlich bemessener Drehschwingungsdämpfer angeflanscht.

Die Kolben tragen drei Dichtungsringe und einen Ölabstreifring. Sie sind als Nelson-Kolben mit eingegossenen Invar-Stahlstreifen ausgeführt. Die Pleuelbuchse ist unmittelbar mit Lagermetall ausgegossen. Eine Bronzebuchse bildet das Kolbenbolzenlager. Das Pleuelstangenverhältnis ist 1:4,5.

Die Nockenwelle wird schwungradseitig durch Stirnrad angetrieben und ist nach jeder Zylinderteilung gelagert. Die Ventile werden über die im Kurbelgehäuseoberteil gleitenden Rollenstößel mit Stoßstangen und Kipphebel betätigt. Die Anordnung des Nockenwellenantriebes an der Schwungradseite ergibt ruhigen Lauf und geringen Verschleiß der Antriebszahnräder.

Die Ölpumpe wird durch Schraubenräder von der Steuerwelle aus angetrieben und ist in einer Mulde des Kurbelgehäuseunterteiles an einem Lagerdeckel befestigt. Zum Schutz der Ölpumpe ist saugseitig ein Metallsieb vorgesehen. Von der Ölpumpe wird das Öl über einen Filz-Filter zum Ölkühler zwischen Kühlerblock und Kühlerabdeckung geleitet. Die Hauptölleitung zur Zuführung des Öles zu den Wellenlagern ist an den Lagerdeckeln befestigt. Durch die hohlgebohrte Kurbelwelle wird das Öl den Pleuellagern zugeführt. Ein Teil des Öles wird zur Schmierung der Nockenwellenlager abgezweigt. Vom mittleren Wellenlager gelangt Öl durch Bohrungen im Gehäuse zu den Zylinderköpfen und schmiert den Ventilantrieb.

Die Wasserpumpe ist auf dem Kurbelgehäuse zwischen beiden Zylinderreihen angeordnet und wird vom vorderen Ende der Nockenwelle durch ein Novotextrad über ein Zwischenrad angetrieben. Von der Kühlwasserpumpe wird das Wasser über die an beide Zylinderreihen angegossenen Kanäle zu den Zylindern und von dort in den Zylinderkopf geführt. Das Kühlwasser fließt an den vorderen Enden der Zylinderköpfe ab. Der Lüfter ist auf der kugelgelagerten Zwischenradwelle des Wasserpumpenradantriebs befestigt Die Zundverteiler werden von Schraubenrädern auf der Wasserpumpenwelle angetrieben.

Benutztes Schrifttum.

1. Triebnigg, H.: Der Leistungsaufwand beim Anlassen von Verbrennungskraftmaschinen. ATZ. 1937, Heft 7.
2. Keller, C.: Achsial-Gebläse vom Standpunkt der Tragflügel-Theorie. Mitt. a. d. Inst. f. Aerodynamik, Eidgenössische Technische Hochschule Zurich.
3. Irmer, H.: Messungen des Staubabscheidungsgrades von Luftfiltern. Motor-Kritik 1939, Heft 16.
4. Pfleiderer, C.: Kreiselpumpen. Berlin: Springer, 1932.
5. Stroewe: Dieselmotoren im Eisenbahnbetrieb. MTZ. Jahrg. 2, 1940, Heft 5.
6. Buschmann, H.: Triebwagenmotoren. MTZ, Jahrg. 2, 1940, Heft 5.

Springer-Verlag in Wien

Die Verbrennungskraftmaschine

Herausgegeben von

Professor Dr. **Hans List** VDI
Dresden

(Erscheint in 14 in sich abgeschlossenen und einzeln käuflichen Heften.)

Heft 1: **Vorwort und Einführung.** Von Prof. Dr. H. List, VDI, Graz. — **Die Betriebsstoffe für Verbrennungskraftmaschinen.** Von Dr. A. von Philippovich, Berlin. — **Die Gaserzeuger.** Von Obering. Dipl.-Ing. K. Schmidt, Köln-Deutz. Mit 57 Textabbildungen. XII, 106 Seiten. 1939. RM 9.60

Heft 2: **Thermodynamik der Verbrennungskraftmaschine.** Von Professor Dr. H. List VDI, Graz. Mit 121 Textabbildungen. VIII, 123 Seiten. 1939. RM 12.—

Heft 5: **Die Gasmaschine.** Von Direktor Dr.-Ing. A. Schnürle, Köln-Deutz. Mit 170 Textabbildungen. VIII, 114 Seiten. 1939. RM 12.60

Heft 7: **Gemischbildung und Verbrennung im Dieselmotor.** Von Dr.-Ing. A. Pischinger VDI, Köln-Deutz, unter Mitarbeit von Dr.-Ing. O. Cordier VDI, Köln-Deutz. Mit 174 Textabbildungen. VIII, 128 Seiten. 1939. RM 12.60

Heft 8. Zweiter Teil: **Die Dynamik der Verbrennungskraftmaschine.** Von Professor Dr.-Ing. H. Schron, München. Mit 187 Textabbildungen. VIII, 201 Seiten. 1942. RM 21.60

Heft 10: **Das Triebwerk schnellaufender Verbrennungskraftmaschinen.** Von Obering. H. Kremser, Köln-Deutz. Mit 184 Textabbildungen. IX, 136 Seiten. 1939. RM 16.50

Heft 11: **Der Aufbau schnellaufender Verbrennungskraftmaschinen für Kraftfahrzeuge und Triebwagen.** Von Ober-Ingenieur H. Kremser, Köln-Deutz. Mit 161 Textabbildungen. IX, 224 Seiten. 1942. RM 28.50

Die weiteren Hefte werden behandeln: Heft 3: **Wärmeübergang.** — Heft 4: **Ladungswechsel.** — Heft 6: **Gemischbildung im Benzinmotor.** — Heft 8, Erster Teil: **Allgemeine Fragen der Gestaltung, Festigkeit und Werkstoffe, Gleitflächen und Schmierung.** — Heft 9: **Die Steuerung und Regulierung der Verbrennungskraftmaschine.** — Heft 12: **Ortsfeste und Schiffsdieselmotoren.** — Heft 13: **Flugmotoren.** — Heft 14: **Betriebszahlen und Wirtschaftlichkeit.**

Zu beziehen durch jede Buchhandlung

Verbrennungsmotoren. Thermodynamische und versuchsmäßige Grundlagen unter besonderer Berücksichtigung der Flugmotoren. Von Dr.-Ing. habil. **Fritz A. F. Schmidt,** Leiter des Institutes für motorische Arbeitsverfahren und Thermodynamik der Deutschen Versuchsanstalt für Luftfahrt, E. V. (DVL), Berlin-Adlershof, Dozent an der Technischen Hochschule Berlin. Mit 159 Abbildungen im Text. VIII, 326 Seiten. 1939. RM 33.—

Schnellaufende Dieselmaschinen. Beschreibungen, Erfahrungen, Berechnung, Konstruktion und Betrieb. Von Marinebaurat a. D. Prof. Dr.-Ing. **O. Föppl,** Braunschweig, Oberingenieur Dr.-Ing. **H. Strombeck,** Leunawerke, und Prof. Dr. techn. **L. Ebermann,** Lemberg. Vierte, neubearbeitete Auflage. Mit 143 Textabbildungen und 9 Tafeln, darunter Zusammenstellungen von Maschinen von AEG, Benz, Českomoravská-Kolben-Daněk A.-G., Daimler, Deutz, Germaniawerft, Körting, L. Lang und MAN Augsburg. VI, 237 Seiten. 1929. Ganzleinen RM 14.85

Zweitakt-Dieselmaschinen kleinerer und mittlerer Leistung. Von Ing. Dr. techn. **J. Zeman** VDI, Wien. Mit 240 Abbildungen im Text. XI, 245 Seiten. 1935. (Springer-Verlag, Wien.) RM 18.—; Ganzleinen RM 20.—

Bau und Berechnung der Verbrennungskraftmaschinen. Von Prof. **Otto Kramer,** Karlsruhe. Zweite, neubearbeitete und erweiterte Auflage. Mit 203 Abbildungen. IV, 202 Seiten. 1941. RM 6.90

Kreisprozesse der Gasturbinen und die Versuche zu ihrer Verwirklichung. Von Dr.-Ing. **Rudolf Fuchs,** Karlsruhe. Mit 59 Textabbildungen. IV, 80 Seiten. 1940. RM 6.60

Explosions- und Verbrennungsvorgänge in Gasen. Von Dr. sc. nat. **Wilhelm Jost,** Professor am Physikalisch-Chemischen Institut der Universität Leipzig. Mit 277 Abbildungen im Text. VIII, 608 Seiten. 1939. RM 46.50

Spezifische Wärme, Enthalpie, Entropie und Dissoziation technischer Gase. Von Dozent Dr. phil. habil. **E. Justi,** Berlin. Mit 43 Abbildungen im Text und 116 Tabellen. VI, 157 Seiten. 1938. RM 18.—

Treibstoffe für Verbrennungsmotoren. Von Dr.-Ing. **Franz Spausta.** Mit 70 Textabbildungen. X, 346 Seiten. 1939. (Springer-Verlag, Wien.) RM 18,—; Ganzleinen RM 19.80

Zu beziehen durch jede Buchhandlung

GPSR Compliance

The European Union's (EU) General Product Safety Regulation (GPSR) is a set of rules that requires consumer products to be safe and our obligations to ensure this.

If you have any concerns about our products, you can contact us on ProductSafety@springernature.com

In case Publisher is established outside the EU, the EU authorized representative is:

Springer Nature Customer Service Center GmbH
Europaplatz 3
69115 Heidelberg, Germany

Batch number: 10578403

Printed by Printforce, the Netherlands